Spring+Spring MVC+MyBatis+ Spring Boot 框架整合开发

IntelliJ IDEA版·微课视频版

陈 恒 主编

吴 镝 杨 松 张立杰 孙国元 副主编

清华大学出版社

北京

内 容 简 介

本书详细地讲解了Spring、Spring MVC、MyBatis、Spring Boot、MyBatis-Plus等Java EE框架的基础知识和实际应用。全书共20章，第1~5章主要讲解Spring框架的相关知识，内容包括Spring入门、Spring IoC、Spring Bean、Spring AOP以及Spring的事务管理；第6~13章主要讲解Spring MVC的相关知识，内容包括Spring MVC入门、Controller、数据绑定和表单标签库、拦截器、数据验证、国际化、异常统一处理以及文件的上传和下载；第14章主要讲解MyBatis的相关知识，内容包括MyBatis开发入门、映射器、动态SQL以及SSM框架整合的思想与流程；第15章是基于SSM框架的案例实战，详细介绍电子商务平台的设计与实现过程；第16~19章主要讲解Spring Boot的相关知识，内容包括Spring Boot入门、Spring Boot的Web开发、Spring Boot的数据访问、Spring Test单元测试；第20章是基于Spring Boot+MyBatis-Plus框架的案例实战，详细介绍名片管理系统的设计与实现过程。书中案例侧重实用性、趣味性强、分布合理、通俗易懂，有助于读者快速掌握SSM、Spring Boot以及MyBatis-Plus框架的基础知识、编程技巧以及完整的开发体系，为大型项目的开发打下坚实的基础。

本书开发环境为IntelliJ IDEA+Tomcat 10，使用的开发软件为Spring Framework 6.0、MyBatis 3.5.11、Spring Boot 3.0以及MyBatis-Plus 3.5.3.1。

本书可作为高等院校计算机及相关专业的教材或教学参考书，也可作为Java技术的培训教材，适合广大Java EE应用开发人员阅读与使用。

图书在版编目（CIP）数据

Spring+Spring MVC+MyBatis+Spring Boot框架整合开发：IntelliJ IDEA版：微课视频版 / 陈恒主编.—北京：清华大学出版社，2024.8
（全栈开发技术丛书）
ISBN 978-7-302-65954-9

Ⅰ.①S… Ⅱ.①陈… Ⅲ.①JAVA语言—程序设计 Ⅳ.①TP312.8

中国国家版本馆CIP数据核字（2024）第065051号

策划编辑：魏江江
责任编辑：王冰飞
封面设计：刘　键
责任校对：时翠兰
责任印制：丛怀宇

出版发行：清华大学出版社
　　　　网　　　址：https://www.tup.com.cn, https://www.wqxuetang.com
　　　　地　　　址：北京清华大学学研大厦A座　　　　　邮　　编：100084
　　　　社　总　机：010-83470000　　　　　　　　　　邮　　购：010-62786544
　　　　投稿与读者服务：010-62776969, c-service@tup.tsinghua.edu.cn
　　　　质　量　反　馈：010-62772015, zhiliang@tup.tsinghua.edu.cn
　　　　课　件　下　载：https://www.tup.com.cn, 010-83470236
印　装　者：三河市铭诚印务有限公司
经　　　销：全国新华书店
开　　　本：185mm×260mm　　　印　　张：24　　　字　　数：601千字
版　　　次：2024年8月第1版　　　　　　　　　　印　　次：2024年8月第1次印刷
印　　　数：1~1500
定　　　价：69.80元

产品编号：101555-01

前言

党的二十大报告指出：教育、科技、人才是全面建设社会主义现代化国家的基础性、战略性支撑。必须坚持科技是第一生产力、人才是第一资源、创新是第一动力，深入实施科教兴国战略、人才强国战略、创新驱动发展战略，开辟发展新领域新赛道，不断塑造发展新动能新优势。高等教育与经济社会发展紧密相连，对促进就业创业、助力经济社会发展、增进人民福祉具有重要意义。

本书适合具有 Java 编程基础和 Java Web 相关知识的读者学习。

在 IntelliJ IDEA + Tomcat 10 开发环境下，本书使用 Spring Framework 6.0、MyBatis 3.5.11、Spring Boot 3.0 以及 MyBatis-Plus 3.5.3.1 详细讲解 SSM、Spring Boot、MyBatis-Plus 等框架的基础知识和使用方法。本书不仅介绍了 SSM、Spring Boot、MyBatis-Plus 等框架的基础知识，而且精心设计了大量实例。读者通过本书可以快速地掌握 SSM、Spring Boot、MyBatis-Plus 等框架的实践应用，提高 Java EE 应用的开发能力。

全书共 20 章，各章的具体内容如下：

第 1 章主要讲解 Spring 框架的基础知识，包括 Spring 框架的体系结构、核心容器、开发环境以及入门程序等内容。

第 2 章主要介绍 Spring IoC 的基本概念、Spring IoC 容器以及依赖注入的类型等内容。

第 3 章对 Spring 中的 Bean 进行详细介绍，主要包括 Spring Bean 的配置、实例化、作用域、生命周期以及装配方式等内容。

第 4 章主要介绍 AOP 的相关知识，包括 AOP 的概念和术语、动态代理、AOP 的实现以及 AspectJ 的开发等内容。

第 5 章主要介绍 Spring 框架所支持的事务管理，包括编程式事务管理和声明式事务管理。

第 6 章主要讲解 Spring MVC 的设计思想以及 Spring MVC 的工作原理。

第 7 章详细讲解基于注解的控制器，包括 @Controller 注解和 @RequestMapping 注解类型的使用，这是 Spring MVC 框架的重点内容之一。

第 8 章讲解数据绑定、表单标签库以及 JSON 数据交互，这也是 Spring MVC 框架的重点内容之一。

第 9 章主要介绍拦截器的概念、原理以及实际应用。

第 10 章详细讲解 Spring MVC 框架的输入验证体系，包括 Spring 验证和 Jakarta Bean Validation（JSR 380）验证等主要内容。

第 11 章介绍 Spring MVC 国际化的实现方法，包括 JSP 页面信息国际化以及错误消息国际化等主要内容。

第 12 章详细讲解如何使用 Spring MVC 框架进行异常的统一处理，包括使用

SimpleMappingExceptionResolver 类、HandlerExceptionResolver 接口、@ExceptionHandler 注解以及 @ControllerAdvice 注解进行异常的统一处理。

第 13 章讲解如何使用 Spring MVC 框架进行文件的上传和下载。

第 14 章详细讲解 MyBatis 框架的相关内容，包括环境构建、工作原理、配置文件、映射文件、级联查询、动态 SQL 语句、缓存机制以及 SSM 框架整合开发流程，该内容是本书的重点内容之一。

第 15 章以电子商务平台的设计与实现为综合案例，讲述如何使用 SSM（Spring+Spring MVC+MyBatis）框架整合开发一个 Web 应用。

第 16 章讲解 Spring Boot 的基础知识，包括核心注解 @SpringBootApplication、基本配置、读取应用配置、日志配置、自动配置原理等内容。

第 17 章详细讲解 Spring Boot 的 Web 开发，包括 Thymeleaf 视图模板引擎技术、Thymeleaf 页面信息国际化、Spring Boot 与 Thymeleaf 的表单验证等内容。

第 18 章详细介绍 Spring Boot 的数据访问，包括 MyBatis-Plus 的基础知识、Spring Boot 与 MyBatis 的整合开发、Spring Boot 与 MyBatis-Plus 的整合开发等内容。

第 19 章主要介绍 Spring Test 单元测试的相关内容，包括 JUnit 5 的注解、断言以及单元测试用例。

第 20 章以名片管理系统的设计与实现为综合案例，讲述如何使用 Spring Boot + MyBatis-Plus 框架整合开发一个 Web 应用。

为方便各类高等院校选用教材和读者自学，本书配有教学大纲、教学课件、思政教案、程序源码、教学进度表、实验大纲、实验指导书、在线题库、习题答案、800 分钟的微课视频等配套资源。

资源下载提示

课件等资源：扫描封底的"图书资源"二维码，在公众号"书圈"下载。

素材（源码）等资源：扫描目录上方的二维码下载。

在线自测题：扫描封底的作业系统二维码，再扫描自测题二维码在线做题及查看答案。

微课视频：扫描封底的文泉云盘防盗码，再扫描书中相应章节的视频讲解二维码，可以在线学习。

本书的出版得到清华大学出版社相关人员的大力支持，在此表示衷心感谢。同时，编者参阅了相关书籍、博客以及其他官网资源，在此对这些资源的贡献者与分享者深表感谢。由于前端框架技术发展迅速，并且持续改进与优化，加上编者水平有限，书中难免会有不足之处，敬请各位专家和读者批评指正。

本书是辽宁省一流本科课程"工程项目实训"以及辽宁省教育科学"十四五"规划 2021 年度课题立项"面向交叉应用的大数据管理专业课程体系构建（JG21DB143）"的建设成果。

编　者

2024 年 8 月

扫一扫

源码下载

目录

第 4 章　Spring AOP

第 5 章　Spring 的事务管理

第 6 章　Spring MVC 入门

第 7 章　Spring MVC 的 Controller

第 8 章　数据绑定和表单标签库

第 9 章　拦截器

第 10 章　数据验证

第 11 章　国际化

第 12 章　异常统一处理 🎥

第 13 章　文件的上传和下载

第 14 章　MyBatis

第 15 章　电子商务平台的设计与实现（SSM）

第 16 章　Spring Boot 入门

第 20 章　名片管理系统的设计与实现（Spring Boot+MyBatis-Plus）🎥

第1章 ▷ Spring 入门

学习目的与要求

本章重点讲解 Spring 开发环境的构建。通过本章的学习，要求读者了解 Spring 的体系结构，掌握 Spring 开发环境的构建。

本章主要内容

❖ Spring 的体系结构
❖ Spring 开发环境的构建
❖ 使用 IntelliJ IDEA 开发 Spring 入门程序

Spring 是当前主流的 Java 企业级应用程序开发框架，为企业级应用开发提供了丰富的功能。掌握 Spring 框架的使用，已是 Java 开发者必备的技能之一。本章将学习如何使用 IntelliJ IDEA 开发 Spring 入门程序，不过在此之前需要构建 Spring 的开发环境。

1.1 Spring 简介

▶ 1.1.1 Spring 的由来

Spring 是一个轻量级的 Java 企业级应用程序开发框架，最早由 Rod Johnson 创建，目的是解决企业级应用开发的业务逻辑层和其他各层的耦合问题。它是一个分层的 Java SE/EE full-stack（一站式）轻量级开源框架，为开发 Java 应用程序提供全面的基础架构支持。Spring 负责基础架构，因此 Java 开发者可以专注于应用程序的开发。

Spring Framework 6.0 于 2022 年 11 月正式发布，这是 2023 年及以后新一代框架的开始，包含 OpenJDK 和 Java 生态系统中当前和即将到来的创新。Spring Framework 6.0 作为重大更新，要求使用 Java 17 或更高版本，并且已迁移到 Jakarta EE 9+（在 jakarta 命名空间中取代了以前基于 javax 的 API），以及对其他基础设施的修改。基于这些变化，Spring Framework 6.0 支持最新的 Web 容器，例如 Tomcat 10，以及最新的持久性框架 Hibernate ORM 6.1。这些特性仅可用于 Servlet API 和 JPA 的 jakarta 命名空间变体。

在基础架构方面，Spring Framework 6.0 引入了 Ahead-Of-Time（AOT）转换的基础以及对 Spring 应用程序上下文的 AOT 转换和相应的 AOT 处理支持的基础，能够事先将应用程序或 JDK 中的字节码编译成机器码。Spring Framework 6.0 中还有许多新功能和改进可用，例如 HTTP 接口客户端、对 RFC 7807 问题详细信息的支持以及 HTTP 客户端的基于 Micrometer 的可观察性。

▶ 1.1.2 Spring 的体系结构

Spring 的功能模块被有组织地分散到约 20 个模块中，这些模块分布在核心容器（Core

Container）层、数据访问/集成（Data Access/Integration）层、Web 层、面向切面编程（Aspect-Oriented Programming，AOP）模块、植入（Instrumentation）模块、消息传输（Messaging）和测试（Test）模块中，如图 1.1 所示。

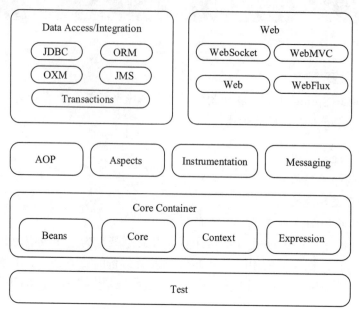

图 1.1　Spring 的体系结构

❶ Core Container 层

Spring 的 Core Container 层是建立其他模块的基础，由 Beans（spring-beans）、Core（spring-core）、Context（spring-context）和 Expression（spring-expression，Spring 表达式语言）等模块组成。

spring-beans 模块：提供了 BeanFactory，是工厂模式的一个经典实现，Spring 将管理对象称为 Bean。

spring-core 模块：提供了框架的基本组成部分，包括控制反转（Inversion of Control，IoC）和依赖注入（Dependency Injection，DI）功能。

spring-context 模块：建立在 spring-beans 和 spring-core 模块的基础之上，提供一个框架式的对象访问方式，是访问定义和配置的任何对象的媒介。

spring-expression 模块：提供了一个强大的表达式语言，用于在运行时查询和操作对象图。这是对 JSP 2.1 规范中规定的统一表达式语言（Unified Expression Language，UEL）的扩展。该语言支持设置和获取属性值、属性分配、方法调用、访问数组、集合和索引器的内容、逻辑和算术运算、变量命名以及从 Spring 的 IoC 容器中以名称检索对象。它还支持列表投影、选择以及常见的列表聚合。

❷ AOP 和 Instrumentation 模块

Spring 框架中与 AOP 和 Instrumentation 相关的模块有 AOP（spring-aop）模块、Aspects（spring-aspects）模块以及 Instrumentation（spring-instrument）模块。

spring-aop 模块：提供了一个符合 AOP 要求的面向切面的编程实现，允许定义方法拦截器和切入点，将代码按照功能进行分离，以便干净地解耦。

spring-aspects 模块：提供了与 AspectJ 的集成功能，AspectJ 是一个功能强大且成熟的

AOP 框架。

　　spring-instrument 模块：提供了类植入（Instrumentation）支持和类加载器的实现，可以在特定的应用服务器中使用。Instrumentation 提供了一种虚拟机级别支持的 AOP 实现方式，使得开发者无须对 JDK 做任何升级和改动就可以实现某些 AOP 的功能。

　　❸ Messaging 模块

　　Spring 4.0 以后新增了 Messaging（spring-messaging）模块，该模块提供了对消息传递体系结构和协议的支持。

　　❹ Data Access/Integration 层

　　Data Access/Integration 层由 JDBC（spring-jdbc）、ORM（spring-orm）、OXM（spring-oxm）、JMS（spring-jms）和 Transactions（spring-tx）模块组成。

　　spring-jdbc 模块：提供了一个 JDBC 的抽象层，消除了烦琐的 JDBC 编码和数据库厂商特有的错误代码解析。

　　spring-orm 模块：为流行的对象关系映射（Object-Relational Mapping）API 提供集成层，包括 JPA 和 Hibernate。使用 spring-orm 模块，可以将这些 O/R 映射框架与 Spring 提供的所有其他功能结合使用，例如声明式事务管理功能。

　　spring-oxm 模块：提供了一个支持对象 /XML 映射的抽象层实现，例如 JAXB、Castor、JiBX 和 XStream。

　　spring-jms 模块（Java Messaging Service）：指 Java 消息传递服务，包含用于生产和使用消息的功能。自 Spring 4.1 以后，提供了与 spring-messaging 模块的集成。

　　spring-tx 模块（事务模块）：支持用于实现特殊接口和所有 POJO（普通 Java 对象）类的编程和声明式事务管理。

　　❺ Web 层

　　Web 层由 Web（spring-web）、WebMVC（spring-webmvc）、WebSocket（spring-websocket）和 WebFlux（spring-webflux）模块组成。

　　spring-web 模块：提供了基本的 Web 开发集成功能。例如多文件上传功能、使用 Servlet 监听器初始化一个 IoC 容器以及 Web 应用上下文。

　　spring-webmvc 模块：也称为 Web-Servlet 模块，包含用于 Web 应用程序的 Spring MVC 和 REST Web Services 实现。Spring MVC 框架提供了领域模型代码和 Web 表单之间的清晰分离，并与 Spring Framework 的所有其他功能集成。本书的第 6 章将会详细讲解 Spring MVC 框架。

　　spring-websocket 模块：Spring 4.0 后新增的模块，它提供了 WebSocket 和 SockJS 的实现，主要是与 Web 前端的全双工通信的协议。

　　spring-webflux 模块：spring-webflux 是一个新的非阻塞的函数式 Reactive Web 框架，可以用来建立异步的、非阻塞的、事件驱动的服务，并且扩展性非常好（该模块是 Spring 5 新增的模块）。

　　❻ Test 模块

　　Test（spring-test）模块支持使用 JUnit 或 TestNG 对 Spring 组件进行单元测试和集成测试。

1.2 Spring 开发环境的构建

在使用 Spring 框架开发 Spring 应用之前，应先搭建其开发环境。

▶ 1.2.1 配置 IntelliJ IDEA 的 Web 服务器

如果在用户的计算机上已经安装了 IntelliJ IDEA（本书使用的是 ideaIU-2022.2.1），那么可以使用 IntelliJ IDEA 便捷地构建 Java Web 应用。虽然 IntelliJ IDEA 自带了 OpenJDK，但建议用户在使用之前先安装并配置 JDK 和 Web 服务器。其具体步骤如下：

❶ 安装 JDK

安装并配置 JDK（本书采用的 JDK 是 jdk-18_windows-x64_bin.exe），在按照提示安装完成 JDK 以后，需要配置环境变量。在 Win10 系统下，配置环境变量的示例如图 1.2 和图 1.3 所示。

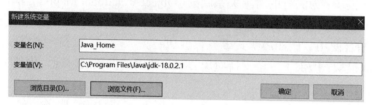

图 1.2　新建系统变量 Java_Home

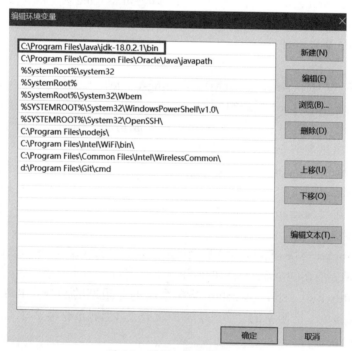

图 1.3　编辑环境变量 Path

❷ 安装 Web 服务器

目前比较常用的 Web 服务器有 Tomcat、JRun、Resin、WebSphere、WebLogic 等，本书采用的是 Tomcat 10.0。

登录 Apache 软件基金会的官方网站（http://jakarta.Apache.org/tomcat），下载 Tomcat 10.0 的免安装版（本书采用 apache-tomcat-10.0.23-windows-x64.zip）。登录网站之后，首先在 Download 中选择 Tomcat 10.0，然后在 Binary Distributions 的 Core 中选择相应版本。

在安装 Tomcat 之前需要先安装 JDK 并配置系统变量 Java_Home。将下载的 apache-tomcat-10.0.23-windows-x64.zip 解压缩到某个目录下，解压缩后将出现如图 1.4 所示的目录结构。

软件 (D:) › soft › Java EE › apache-tomcat-10.0.23		
名称	修改日期	类型
bin	2022/7/14 10:16	文件夹
conf	2022/7/14 10:16	文件夹
lib	2022/7/14 10:16	文件夹
logs	2022/7/14 10:16	文件夹
temp	2022/7/14 10:16	文件夹
webapps	2022/7/14 10:16	文件夹
work	2022/7/14 10:16	文件夹
BUILDING.txt	2022/7/14 10:16	文本文档
CONTRIBUTING.md	2022/7/14 10:16	MD 文件
LICENSE	2022/7/14 10:16	文件
NOTICE	2022/7/14 10:16	文件
README.md	2022/7/14 10:16	MD 文件
RELEASE-NOTES	2022/7/14 10:16	文件
RUNNING.txt	2022/7/14 10:16	文本文档

图 1.4　Tomcat 目录结构

通过执行 Tomcat 根目录下 bin 文件夹中的 startup.bat 来启动 Tomcat 服务器。执行 startup.bat 启动 Tomcat 服务器会占用一个 MS-DOS 窗口，如果关闭当前 MS-DOS 窗口将关闭 Tomcat 服务器。

Tomcat 服务器启动后，在浏览器的地址栏中输入 "http://localhost:8080"，将出现如图 1.5 所示的 Tomcat 测试页面。

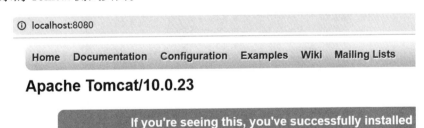

图 1.5　Tomcat 测试页面

❸ 集成 Tomcat

启动 IntelliJ IDEA，选择 File/Settings 命令，在弹出的 Settings 对话框中选择 Build, Execution, Deployment 下的 Application Servers，然后单击 + 号，选择 Tomcat Server 选项，弹出如图 1.6 所示的 Tomcat Server 对话框，在此选择 Tomcat 目录。

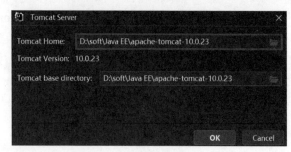

图 1.6　Tomcat Server 对话框

在图 1.6 中单击 OK 按钮即可完成 Tomcat 的配置。

至此可以使用 IntelliJ IDEA 创建 Java Web 应用，并在 Tomcat 下运行。

▶ 1.2.2　Spring 的下载

在使用 Spring 框架开发应用程序时，需要引用 Spring 框架自身的 JAR 包。Spring Framework 6.0.0 的 JAR 包可以从 Maven 中央库获得。

在 Spring 的 JAR 包中有 4 个基础包，即 spring-core-6.0.0.jar、spring-beans-6.0.0.jar、spring-context-6.0.0.jar 和 spring-expression-6.0.0.jar，分别对应 Spring 核心容器的 spring-core 模块、spring-beans 模块、spring-context 模块和 spring-expression 模块。

对于 Spring 框架的初学者，在开发 Spring 应用时，只需要将 Spring 的 4 个基础包和 Spring Commons Logging Bridge 对应的 JAR 包 spring-jcl-6.0.0.jar 复制到 Web 应用的 WEB-INF/lib 目录下即可。

扫一扫

视频讲解

1.3　使用 IntelliJ IDEA 开发 Spring 入门程序

本节通过一个简单的入门程序向读者演示 Spring 框架的使用过程，具体如下：

❶ 使用 IntelliJ IDEA 创建模块并导入 JAR 包

首先使用 IntelliJ IDEA 创建一个名为 ch1 的项目，如图 1.7 所示。

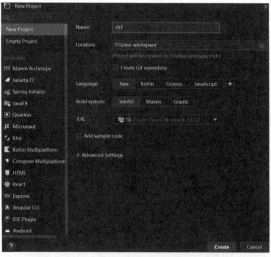

图 1.7　使用 IntelliJ IDEA 创建 ch1 项目

然后在 ch1 项目中创建一个名为 ch1_1 的模块，如图 1.8 所示。

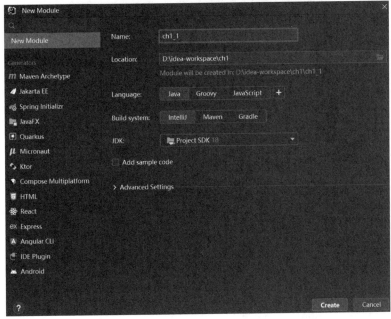

图 1.8　使用 IntelliJ IDEA 创建 ch1_1 模块

接着右击模块名 ch1_1，在弹出的快捷菜单中选择 Add Framework Support 命令，给 ch1_1 模块添加 Web Application，如图 1.9 所示。

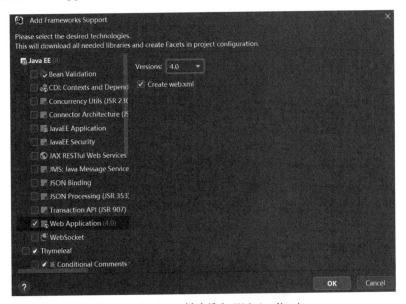

图 1.9　给 ch1_1 模块添加 Web Application

最后将 Spring 的 4 个基础包和 Spring Commons Logging Bridge 对应的 JAR 包 spring-jcl-6.0.0.jar 复制到 ch1_1 的 WEB-INF/lib 目录中。具体做法是在 WEB-INF 目录下创建 lib 目录，将 JAR 包复制到 lib 中，然后右击选择 Add as Library，添加为模块依赖，如图 1.10 所示。

图 1.10　给模块添加依赖

> 注意：在讲解 Spring MVC 框架之前，本书的实例并没有真正运行 Java Web 应用。创建 Java Web 应用的目的是方便添加相关 JAR 包。

❷ 创建接口 TestDao

Spring 解决的是业务逻辑层和其他各层的耦合问题，因此它将面向接口的编程思想贯穿整个系统应用。

在 ch1_1 模块的 src 目录下创建一个名为 dao 的包，并在该包中创建接口 TestDao，在接口中定义一个 sayHello() 方法，代码如下：

```
package dao;
public interface TestDao {
    public void sayHello();
}
```

❸ 创建接口 TestDao 的实现类 TestDaoImpl

在 dao 包下创建 TestDao 的实现类 TestDaoImpl，代码如下：

```
package dao;
public class TestDaoImpl implements TestDao{
    @Override
    public void sayHello() {
        System.out.println("Hello, Study hard!");
    }
}
```

❹ 创建配置文件 applicationContext.xml

在 ch1_1 模块的 src 目录下创建 Spring 的配置文件 applicationContext.xml，并在该文件中使用实现类 TestDaoImpl 创建一个 id 为 test 的 Bean，代码如下：

```
<?xml version="1.0" encoding="UTF-8"?>
<beans xmlns="http://www.springframework.org/schema/beans"
    xmlns:xsi="http://www.w3.org/2001/XMLSchema-instance"
    xsi:schemaLocation="http://www.springframework.org/schema/beans
        http://www.springframework.org/schema/beans/spring-beans.xsd">
    <!-- 将指定类 TestDaoImpl 配置给 Spring，让 Spring 创建其实例 -->
    <bean id="test" class="dao.TestDaoImpl"/>
</beans>
```

> 注：配置文件的名称可以自定义，但习惯上将其命名为 applicationContext.xml，有时也命名为 beans.xml。有关 Bean 的创建，将在本书第 3 章中详细讲解，这里读者只需了解即可。另外，配置文件信息不需要读者手写，可以从 Spring 的帮助文档中复制（使用浏览器打开 https://docs.spring.io/spring-framework/docs/current/reference/html/core.html#spring-core，在 1.2.1 Configuration Metadata 节中可以找到配置文件的约束信息）。

❺ 创建测试类

在 ch1_1 模块的 src 目录下创建一个名为 test 的包，并在该包中创建 Test 类，代码如下：

```
package test;
import org.springframework.context.ApplicationContext;
import org.springframework.context.support.ClassPathXmlApplicationContext;
import dao.TestDao;
public class Test {
    private static ApplicationContext appCon;
    public static void main(String[] args) {
        appCon = new ClassPathXmlApplicationContext
            ("applicationContext.xml");
        // 从容器中获取 test 实例, test 为配置文件中的 id
        TestDao tt = appCon.getBean("test", TestDao.class);
        tt.sayHello();
    }
}
```

执行上述 main() 方法后，将在控制台输出 "Hello, Study hard!"。在上述 main() 方法中并没有使用 new 运算符创建 TestDaoImpl 类的对象，而是通过 Spring IoC 容器来获取实现类的对象，这就是 Spring IoC 的工作机制。在本书第 2 章将详细讲解 Spring IoC 的工作机制。

本章小结

本章首先简单介绍了 Spring 的体系结构，然后详细讲解了在 IntelliJ IDEA 中如何构建 Spring 的开发环境，最后以 ch1_1 模块为例简要介绍了 Spring 入门程序的开发流程。

扫一扫

自测题

习题 1

（1）Spring 的核心容器由哪些模块组成？

（2）如何找到 Spring 框架的官方 API？

（3）Spring 是一个轻量级的 Java 开发框架，最早由 Rod Johnson 创建，目的是解决企业级应用开发的（　　）和其他各层的耦合问题。

　　A. 视图层　　　　　　B. 控制层　　　　　　C. 数据访问层　　　　D. 业务逻辑层

（4）spring-core 模块提供了 Spring 框架的基本组成部分，包括控制反转和（　　）功能。

　　A. 依赖注入　　　　　B. 切面注入　　　　　C. 对象注入　　　　　D. 解耦注入

学习目的与要求

本章主要介绍了 Spring IoC 的基本概念、Spring IoC 容器以及依赖注入的类型等内容。通过本章的学习，要求读者了解 Spring IoC 容器，掌握 Spring IoC 的基本概念以及依赖注入的类型。

本章主要内容

❖ Spring IoC 的基本概念
❖ Spring IoC 容器
❖ 依赖注入的类型

IoC（控制反转）是 Spring 框架的基础，也是 Spring 框架的核心理念。本章将学习 IoC 的基本概念、容器以及依赖注入的类型等内容。

2.1　Spring IoC 的基本概念

控制反转（Inversion of Control, IoC）是一个比较抽象的概念，是 Spring 框架的核心，用来消减计算机程序的耦合问题。依赖注入（Dependency Injection，DI）是 IoC 的另外一种说法，是从不同的角度描述相同的概念。下面通过一个实际生活中的例子解释 IoC 和 DI。

当人们需要一件东西时，第一反应就是找东西，比如想吃面包，最直观的做法就是按照自己的口味自己制作面包，也就是主动制作。然而，现在有各种网店、实体店，已经没有必要自己制作面包，如果想吃面包了，到网店或实体店购买即可。

上面只是列举了一个非常简单的例子，但包含了控制反转的思想，即把制作面包的主动权交给店家。下面通过面向对象编程思想继续探讨这两个概念。

当某个 Java 对象（调用者，比如您）需要调用另一个 Java 对象（被调用者，即被依赖对象，比如面包）时，在传统编程模式下，调用者通常会采用"new 被调用者"的代码方式来创建对象（比如您自己制作面包）。这种方式会增加调用者与被调用者之间的耦合性，不利于后期代码的升级与维护。

当 Spring 框架出现后，对象的实例不再由调用者来创建，而是由 Spring 容器（比如网店或实体店）来创建。Spring 容器会负责控制程序之间的关系（比如网店或实体店负责控制您与面包的关系），而不是由调用者的程序代码直接控制。这样，控制权由调用者转移到 Spring 容器，控制权发生了反转，这就是 Spring 的控制反转。

从 Spring 容器角度来看，Spring 容器负责将被依赖对象赋值给调用者的成员变量，相当于为调用者注入它所依赖的实例，这就是 Spring 的依赖注入，主要目的是解耦，体现一种"组合"的理念。

综上所述，控制反转是一种通过描述（在 Spring 中可以是 XML 或注解）并通过第三方去产生或获取特定对象的方式。在 Spring 中实现控制反转的是 IoC 容器，其实现方法是依赖注入。

2.2　Spring IoC 容器

扫一扫

视频讲解

由 2.1 节可知，实现控制反转的是 Spring IoC 容器。Spring IoC 容器的设计主要基于 BeanFactory 和 ApplicationContext 两个接口。

▶ 2.2.1　BeanFactory

BeanFactory 由 org.springframework.beans.factory.BeanFactory 接口定义，它提供了完整的 IoC 服务支持，是一个管理 Bean 的工厂，主要负责初始化各种 Bean，用于访问 Spring IoC 容器的根接口。

虽然 XML 文件一直是定义配置元数据（例如 Bean 的定义）的传统格式，但是可以通过提供少量 XML 配置以声明方式启用对其他元数据格式（例如 Java 注解）的支持。本书采用 XML 文件和 Java 注解相结合的方式进行 Spring 应用的相关配置。

org.springframework.beans.factory.support.DefaultListableBeanFactory 类是 BeanFactory 接口的默认实现，同时也是 org.springframework.beans.factory.support.BeanDefinitionRegistry 接口的实现。BeanDefinitionRegistry 接口定义了 Bean 的注册、移除、查询等一系列操作。BeanFactory 可以结合 org.springframework.beans.factory.xml.XmlBeanDefinitionReader 类加载 XML 配置文件中 Bean 的定义来初始化 Spring IoC 容器。在 Spring 框架中，构成应用程序的基本单元并由 Spring IoC 容器管理的对象称为 Bean。Bean 是由 Spring IoC 容器实例化、组装和管理的对象。

【例 2-1】　使用 DefaultListableBeanFactory 类创建 BeanFactory 实例，初始化 Spring IoC 容器。

该例的代码是在 ch1_1 代码的基础上实现的，具体如下：

```java
package test;
import org.springframework.beans.factory.BeanFactory;
import org.springframework.beans.factory.support.BeanDefinitionRegistry;
import org.springframework.beans.factory.support.DefaultListableBeanFactory;
import org.springframework.beans.factory.xml.XmlBeanDefinitionReader;
import dao.TestDao;
public class Test2_1 {
    public static void main(String[] args) {
        BeanFactory beanFac = new DefaultListableBeanFactory();
        XmlBeanDefinitionReader reader =
            new XmlBeanDefinitionReader((BeanDefinitionRegistry) beanFac);
        reader.loadBeanDefinitions("applicationContext.xml");
        // 从容器中获取 test 实例, test 为配置文件中的 id
        TestDao tt = beanFac.getBean("test", TestDao.class);
        tt.sayHello();
    }
}
```

▶ 2.2.2　ApplicationContext

ApplicationContext 是 BeanFactory 的子接口，也称为应用上下文，由 org.springframework.

context.ApplicationContext 接口定义。ApplicationContext 接口除了包含 BeanFactory 的所有功能以外，还添加了对国际化、资源访问、事件传播等内容的支持，因此通常建议使用 ApplicationContext 接口初始化 Spring IoC 容器。

创建 ApplicationContext 接口实例有多种方法，其中比较方便的方法有以下 3 种。

❶ 通过 ClassPathXmlApplicationContext 创建

ClassPathXmlApplicationContext 将从 classPath 类路径（src 目录）寻找指定的 XML 配置文件，找到并装载，完成 ApplicationContext 的实例化工作。

【例 2-2】 使用 ClassPathXmlApplicationContext 类创建 ApplicationContext 实例，初始化 Spring IoC 容器。

该例的代码是在 ch1_1 代码的基础上实现的，具体如下：

```
package test;
import org.springframework.context.ApplicationContext;
import org.springframework.context.support.ClassPathXmlApplicationContext;
import dao.TestDao;
public class Test2_2 {
    private static ApplicationContext appCon;
    public static void main(String[] args) {
        // 初始化 Spring IoC 容器, ClassPathXmlApplicationContext 可以加载多个配
        // 置文件
        appCon = new ClassPathXmlApplicationContext
            ("applicationContext.xml");
        // 从容器中获取 test 实例
        TestDao tt = appCon.getBean("test", TestDao.class);
        tt.sayHello();
    }
}
```

❷ 通过 FileSystemXmlApplicationContext 创建

FileSystemXmlApplicationContext 将从指定文件的绝对路径中寻找 XML 配置文件，找到并装载，完成 ApplicationContext 的实例化工作。

【例 2-3】 使用 FileSystemXmlApplicationContext 类创建 ApplicationContext 实例，初始化 Spring IoC 容器。

该例的代码是在 ch1_1 代码的基础上实现的，具体如下：

```
package test;
import org.springframework.context.ApplicationContext;
import org.springframework.context.support.FileSystemXmlApplicationContext;
import dao.TestDao;
public class Test2_3 {
    private static ApplicationContext appCon;
    public static void main(String[] args) {
        // 初始化 Spring IoC 容器
        appCon = new FileSystemXmlApplicationContext(
            "D:\idea-workspace\ch1\ch1_1\src\applicationContext.xml");
        // 通过容器获取 test 实例
        TestDao tt = appCon.getBean("test", TestDao.class);
        tt.sayHello();
    }
}
```

采用绝对路径的加载方式将导致程序的灵活性变差，一般不推荐使用，因此通常在 Spring 的 Java 应用中通过 ClassPathXmlApplicationContext 类来实例化 ApplicationContext

容器，而在 Web 应用中将 ApplicationContext 容器的实例化工作交给 Web 服务器完成。

❸ 通过 Web 服务器实例化 ApplicationContext 容器

当通过 Web 服务器实例化 ApplicationContext 容器时，一般使用基于 org.springframework. web.context.ContextLoaderListener 的实现方式（该方式将在 Spring MVC 的相关章节中讲解），此方法只需要在 web.xml 中添加以下代码：

```xml
<context-param>
    <!-- 加载 src 目录下的 applicationContext.xml 文件 -->
    <param-name>contextConfigLocation</param-name>
    <param-value>
        classpath:applicationContext.xml
    </param-value>
</context-param>
<!-- 指定以 ContextLoaderListener 方式启动 Spring 容器 -->
<listener>
    <listener-class>
        org.springframework.web.context.ContextLoaderListener
    </listener-class>
</listener>
```

综上所述，在 Spring 框架中应用程序类与配置元数据（例如 XML 配置文件中 Bean 的定义）相结合创建和初始化 ApplicationContext（Spring IoC 容器）后，就产生了一个完全配置且可执行的系统或应用程序，如图 2.1 所示。

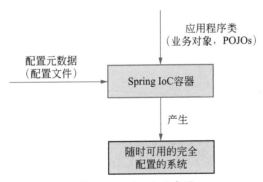

图 2.1　Spring IoC 容器

▶ 2.2.3　GenericApplicationContext

GenericApplicationContext 是最为灵活的应用程序上下文实现，在该实现内部有一个 DefaultListableBeanFactory 实例。GenericApplicationContext 可以采用混合方式处理 Bean 的定义，而不是采用特定的 Bean 定义方式来创建 Bean。对于基于 XML 的 Bean 定义，虽然可以使用 ClassPathXmlApplicationContext 或 FileSystemXmlApplicationContext 类代替，但是它们不能使用混合（例如 properties 属性文件）的 Bean 定义，而且文件路径的表示方式单一，不能灵活修改。

【例 2-4】　通过 XML 和 properties 的混合方式来创建 Bean。

该例的代码是在 ch1_1 代码的基础上实现的，具体如下：

```java
package test;
import org.springframework.beans.factory.support.BeanDefinitionRegistry;
import org.springframework.beans.factory.support.
    PropertiesBeanDefinitionReader;
```

```
import org.springframework.beans.factory.xml.XmlBeanDefinitionReader;
import org.springframework.context.support.GenericApplicationContext;
import dao.TestDao;
    @SuppressWarnings("deprecation")
public class Test2_4 {
public static void main(String[] args) {
        // 初始化 Spring IoC 容器
        GenericApplicationContext context = new
            GenericApplicationContext();
        // 读取 XML 配置
        XmlBeanDefinitionReader xmlReader
            = new XmlBeanDefinitionReader((BeanDefinitionRegistry) context);
        xmlReader.loadBeanDefinitions("applicationContext.xml");
        // 读取 properties 配置
        PropertiesBeanDefinitionReader propReader = new
            PropertiesBeanDefinitionReader(context);
        propReader.loadBeanDefinitions("myApplicationContext.properties");
        // 只能调用一次
        context.refresh();
        // 通过容器获取 test 实例
        TestDao tt = context.getBean("test", TestDao.class);
        tt.sayHello();
        tt = context.getBean("yourtest", TestDao.class);
        tt.sayHello();
    }
}
```

在上述实例中，myApplicationContext.properties 属性文件的内容为 yourtest.(class)=dao. TestDaoImpl，"yourtest" 为 Bean 的名字，"dao.TestDaoImpl" 为创建 Bean 的类。

扫一扫

视频讲解

2.3 依赖注入的类型

在 Spring 框架中，实现 Spring IoC 容器的方法是依赖注入。依赖注入的作用是在使用 Spring 框架创建对象时动态地将其所依赖的对象（例如属性值）注入 Bean 组件中。Spring 框架的依赖注入主要有两种实现方式：一种是使用构造方法注入；另一种是使用属性的 Setter 方法注入。

▶ 2.3.1 使用构造方法注入

Spring 框架可以采用 Java 的反射机制，通过构造方法完成依赖注入。基于构造方法的依赖注入是通过容器调用带有多个参数的构造方法来实现的，每个参数表示一个依赖项。下面通过一个实例讲解使用构造方法注入的实现过程。

【例 2-5】 使用构造方法注入的实现过程。

❶ 创建模块并导入 JAR 包

参考 1.3 节创建名为 ch2 的项目，在 ch2 项目中创建一个名为 ch2_5 的模块，同时给 ch2_5 模块添加 Web Application，并将 Spring 的 4 个基础包和 Spring Commons Logging Bridge 对应的 JAR 包 spring-jcl-6.0.0.jar 复制到 ch2_5 的 WEB-INF/lib 目录中，添加为模块依赖。

❷ 创建 dao

在 ch2_5 模块的 src 目录下创建名为 dao 的包，并在该包中创建 TestDIDao 接口和接口实现类 TestDIDaoImpl。创建 dao 的目的是在 service 中使用构造方法依赖注入 TestDIDao 接口对象。

TestDIDao 接口的代码如下：

```
package dao;
public interface TestDIDao {
    public void sayHello();
}
```

TestDIDaoImpl 实现类的代码如下：

```
package dao;
public class TestDIDaoImpl implements TestDIDao{
    @Override
    public void sayHello() {
        System.out.println("TestDIDao say: Hello, Study hard!");
    }
}
```

❸ 创建 service

在 ch2_5 模块的 src 目录下创建 service 包，并在该包中创建 TestDIService 接口和接口实现类 TestDIServiceImpl。在 TestDIServiceImpl 中使用构造方法依赖注入 TestDIDao 接口对象。

TestDIService 接口的代码如下：

```
package service;
public interface TestDIService {
    public void sayHello();
}
```

TestDIServiceImpl 实现类的代码如下：

```
package service;
import dao.TestDIDao;
public class TestDIServiceImpl implements TestDIService{
    //TestDIServiceImpl 依赖于 TestDIDao
    private TestDIDao testDIDao;
    // 构造方法，用于实现依赖注入接口对象 testDIDao
    public TestDIServiceImpl(TestDIDao testDIDao) {
        super();
        this.testDIDao = testDIDao;
    }
    @Override
    public void sayHello() {
        // 调用 testDIDao 中的 sayHello() 方法
        testDIDao.sayHello();
        System.out.println("TestDIService 构造方法注入 say: Hello, Study
            hard!");
    }
}
```

❹ 编写配置文件

在 ch2_5 模块的 src 目录下创建 Spring 配置文件 applicationContext.xml。在配置文件中首先将 dao.TestDIDaoImpl 类托管给 Spring，让 Spring 创建其对象，然后将 service. TestDIServiceImpl 类托管给 Spring，让 Spring 创建其对象，同时给构造方法传递实参。配置文件的具体代码如下：

```xml
<?xml version="1.0" encoding="UTF-8"?>
<beans xmlns="http://www.springframework.org/schema/beans"
    xmlns:xsi="http://www.w3.org/2001/XMLSchema-instance"
    xsi:schemaLocation="http://www.springframework.org/schema/beans
        http://www.springframework.org/schema/beans/spring-beans.xsd">
    <!-- 将指定类 TestDIDaoImpl 配置给 Spring，让 Spring 创建其实例 -->
    <bean id="myTestDIDao"class="dao.TestDIDaoImpl"/>
    <!-- 使用构造方法注入 -->
    <bean id="testDIService"class="service.TestDIServiceImpl">
        <!-- 将 myTestDIDao 注入 TestDIServiceImpl 类的属性 testDIDao 上 -->
        <constructor-arg index="0" ref="myTestDIDao"/>
    </bean>
</beans>
```

在配置文件中，constructor-arg 元素用于定义类构造方法的参数，index 用于定义参数的位置，ref 用于指定某个实例的引用，如果参数是常量值，ref 由 value 代替。

❺ 创建 test

在 ch2_5 模块的 src 目录下创建 test 包，并在该包中创建测试类 TestDI，具体代码如下：

```java
package test;
import org.springframework.context.ApplicationContext;
import org.springframework.context.support.ClassPathXmlApplicationContext;
import service.TestDIService;
public class TestDI {
    private static ApplicationContext appCon;
    public static void main(String[] args) {
        appCon = new ClassPathXmlApplicationContext("applicationContext.
            xml");
        // 通过容器获取 testDIService 实例，测试构造方法注入
        TestDIService ts = (TestDIService)appCon.getBean("testDIService");
        ts.sayHello();
    }
}
```

使用构造方法注入，避免循环依赖注入的情况发生，例如类 A 通过构造方法注入类 B 的实例，而类 B 通过构造方法注入类 A 的实例。此情况需要将 A 和 B 的 Bean 配置为相互注入，若 Spring IoC 容器在运行时检测到循环引用将抛出 BeanCurrentlyInCreation Exception 异常。

▶ 2.3.2   使用属性的 Setter 方法注入

Setter 方法注入是 Spring 框架中最主流的注入方式，它利用 Java Bean 规范所定义的 Setter 方法来完成注入，灵活且可读性高。基于 Setter 方法的依赖注入，是在调用无参数构造方法或无参数静态工厂方法实例化 Bean 之后通过容器调用 Bean 的 Setter 方法来实现的。对于 Setter 方法注入，Spring 框架也是使用 Java 的反射机制实现的。下面接着 2.3.1 节的 ch2_5 模块讲解使用属性的 Setter 方法注入的实现过程。

【例 2-6】 使用属性的 Setter 方法注入的实现过程。

❶ 创建接口实现类 TestDIServiceImpl1

在 service 包中创建接口实现类 TestDIServiceImpl1，在 TestDIServiceImpl1 中使用属性的 Setter 方法依赖注入 TestDIDao 接口对象。具体代码如下：

```java
package service;
import dao.TestDIDao;
```

```
public class TestDIServiceImpl1 implements TestDIService{
    //TestDIServiceImpl1 依赖于 TestDIDao
    private TestDIDao testDIDao;
    // 添加 testDIDao 属性的 Setter 方法，用于实现依赖注入
    public void setTestDIDao(TestDIDao testDIDao) {
        this.testDIDao = testDIDao;
    }
    @Override
    public void sayHello() {
        // 调用 testDIDao 中的 sayHello() 方法
        testDIDao.sayHello();
        System.out.println("TestDIService Setter 方法注入  say: Hello, Study
            hard!");
    }
}
```

❷ 将 TestDIServiceImpl1 类托管给 Spring

将 service.TestDIServiceImpl1 类托管给 Spring，让 Spring 创建其对象，同时调用 TestDIServiceImpl1 类的 Setter 方法完成依赖注入。在配置文件 applicationContext.xml 中添加如下代码：

```
<!-- 使用 Setter 方法注入 -->
<bean id="testDIService1" class="service.TestDIServiceImpl1">
<!-- 调用 TestDIServiceImpl1 类的 Setter 方法，将 myTestDIDao 注入
    TestDIServiceImpl1 类的属性 testDIDao 上 -->
    <property name="testDIDao" ref="myTestDIDao"/>
</bean>
```

❸ 在 test 中测试 Setter 方法注入

在主类中添加如下代码测试 Setter 方法注入：

```
// 通过容器获取 testDIService1 实例，测试 Setter 方法注入
TestDIService ts1 = (TestDIService)appCon.getBean("testDIService1");
ts1.sayHello();
```

本章小结

本章首先通过生活中的例子讲解了 IoC 的基本概念，然后详细介绍了 IoC 容器的实现方式，最后通过实例演示了依赖注入的两种实现方式。

扫一扫

自测题

习题 2

（1）举例说明 IoC 容器的实现方式。

（2）在 Spring 框架中什么是控制反转？什么是依赖注入？使用控制反转与依赖注入有什么优点？

（3）Spring 框架采用 Java 的（　　　）机制进行依赖注入。

    A. 反射　　　　　　　　B. 异常　　　　　　　　C. 事件　　　　　　　　D. 多态

（4）在 Spring 框架中实现控制反转的是（　　　）容器。

    A. Spring MVC　　　　B. Spring IoC　　　　　C. Spring AOP　　　　D. Spring Bean

学习目的与要求

本章主要介绍 Spring Bean 的配置、实例化、作用域、生命周期以及装配方式等内容。通过本章的学习，要求读者了解 Spring Bean 的生命周期，掌握 Spring Bean 的配置、实例化、作用域以及装配方式等内容。

本章主要内容

❖ Bean 的配置
❖ Bean 的实例化
❖ Bean 的作用域
❖ Bean 的生命周期
❖ Bean 的装配方式

在 Spring 的应用中，使用 Spring IoC 容器可以创建、装配和配置应用组件对象，这里的组件对象称为 Bean。本章重点学习如何将 Bean 装配注入 Spring IoC 容器中。

3.1 Bean 的配置

Spring 可以看作一个大型工厂，用于生产和管理 Spring 容器中的 Bean。如果要使用这个工厂生产和管理 Bean，需要开发者将 Bean 配置到 Spring 的配置文件中。Spring 框架支持 XML 和 Properties 两种格式的配置文件，在实际开发中常用 XML 格式的配置文件。

XML 配置文件的根元素是 <beans>，在 <beans> 中包含了多个 <bean> 元素，每个 <bean> 元素定义一个 Bean，并描述 Bean 如何被装配到 Spring 容器中。<bean> 元素的常用属性及其子元素如表 3.1 所示。

表 3.1　<bean> 元素的常用属性及其子元素

属性或子元素名称	描　　述
id	Bean 在 BeanFactory 中的唯一标识，在代码中通过 BeanFactory 获取 Bean 实例时需要以此作为索引名称
class	Bean 的具体实现类，使用类名（例如 dao.TestDIDaoImpl）
scope	指定 Bean 实例的作用域，具体属性值及含义参见 3.3 节
<constructor-arg>	<bean> 元素的子元素，使用构造方法注入，指定构造方法的参数。该元素的 index 属性指定参数的序号，ref 属性指定对 BeanFactory 中其他 Bean 的引用关系，type 属性指定参数的类型，value 属性指定参数的常量值

续表

属性或子元素名称	描　　述
<property>	<bean> 元素的子元素，用于设置一个属性。该元素的 name 属性指定 Bean 实例中的相应属性名称，value 属性指定 Bean 的属性值，ref 属性指定属性对 BeanFactory 中其他 Bean 的引用关系
<list>	<property> 元素的子元素，用于封装 List 或数组类型的依赖注入，具体用法参见 3.5 节
<map>	<property> 元素的子元素，用于封装 Map 类型的依赖注入，具体用法参见 3.5 节
<set>	<property> 元素的子元素，用于封装 Set 类型的依赖注入，具体用法参见 3.5 节
<entry>	<map> 元素的子元素，用于设置一个键值对，具体用法参见 3.5 节

Bean 的配置示例代码如下：

```xml
<?xml version="1.0" encoding="UTF-8"?>
<beans xmlns="http://www.springframework.org/schema/beans"
    xmlns:xsi="http://www.w3.org/2001/XMLSchema-instance"
    xsi:schemaLocation="http://www.springframework.org/schema/beans
        http://www.springframework.org/schema/beans/spring-beans.xsd">
<!-- 使用 id 属性定义 myTestDIDao，其对应的实现类为 dao.TestDIDaoImpl -->
<bean id="myTestDIDao" class="dao.TestDIDaoImpl"/>
<!-- 使用构造方法注入 -->
<bean id="testDIService" class="service.TestDIServiceImpl">
    <!-- 给构造方法传引用类型的参数值 myTestDIDao -->
    <constructor-arg index="0" ref="myTestDIDao"/>
</bean>
</beans>
```

3.2　Bean 的实例化

扫一扫

视频讲解

在面向对象编程中，如果想使用某个对象，需要先实例化该对象。同样，在 Spring 框架中，如果想使用 Spring 容器中的 Bean，也需要先实例化 Bean。Spring 框架实例化 Bean 有 3 种方式，即构造方法实例化、静态工厂方法实例化和实例工厂方法实例化（其中，最常用的实例化方法是构造方法实例化）。

▶ 3.2.1　构造方法实例化

在 Spring 框架中，Spring 容器可以调用 Bean 对应类中的无参数构造方法来实例化 Bean，这种方式称为构造方法实例化。下面通过一个实例来演示构造方法实例化 Bean 的过程。

【例 3-1】　构造方法实例化 Bean。

❶ 创建模块 ch3_1

参考 1.3 节创建名为 ch3 的项目，在 ch3 项目中创建一个名为 ch3_1 的模块，同时给 ch3_1 模块添加 Web Application，并将 Spring 的 4 个基础包和 Spring Commons Logging Bridge 对应的 JAR 包 spring-jcl-6.0.0.jar 复制到 ch3_1 的 WEB-INF/lib 目录中，添加为模块

依赖。

❷ 创建 BeanClass 类

在 ch3_1 模块的 src 目录下创建 instance 包，并在该包中创建 BeanClass 类，代码如下：

```java
package instance;
public class BeanClass {
    public String message;
    public BeanClass() {
        message = "构造方法实例化 Bean";
    }
    public BeanClass(String s) {
        message = s;
    }
}
```

❸ 创建配置文件

在 ch3_1 模块的 src 目录下创建 Spring 的配置文件 applicationContext.xml，在配置文件中定义一个 id 为 constructorInstance 的 Bean，代码如下：

```xml
<?xml version="1.0" encoding="UTF-8"?>
<beans xmlns="http://www.springframework.org/schema/beans"
    xmlns:xsi="http://www.w3.org/2001/XMLSchema-instance"
    xsi:schemaLocation="http://www.springframework.org/schema/beans
        http://www.springframework.org/schema/beans/spring-beans.xsd">
    <!-- 构造方法实例化 Bean -->
    <bean id="constructorInstance" class="instance.BeanClass"/>
</beans>
```

❹ 创建测试类

在 ch3_1 模块的 src 目录下创建 test 包，并在该包中创建测试类 TestInstance，代码如下：

```java
package test;
import org.springframework.context.ApplicationContext;
import org.springframework.context.support.ClassPathXmlApplicationContext;
import instance.BeanClass;
public class TestInstance {
    private static ApplicationContext appCon;
    public static void main(String[] args) {
        appCon = new ClassPathXmlApplicationContext
            ("applicationContext.xml");
        // 测试构造方法实例化 Bean
        BeanClass b1 = (BeanClass)appCon.getBean("constructorInstance");
        System.out.println(b1+ b1.message);
    }
}
```

运行上述测试类，控制台的输出结果如图 3.1 所示。

图 3.1　构造方法实例化 Bean 的运行结果

▶ 3.2.2　静态工厂方法实例化

在使用静态工厂方法实例化 Bean 时，要求开发者在工厂类中创建一个静态方法来创建 Bean 的实例。在配置 Bean 时，需要使用 class 属性指定静态工厂类，同时还需要使用 factory-method 属性指定工厂类中的静态方法。下面通过一个实例来演示静态工厂方法实例化 Bean 的过程。

【例 3-2】　静态工厂方法实例化 Bean。

该实例在例 3-1 的基础上实现，具体过程如下。

❶ 创建工厂类 BeanStaticFactory

在 instance 包中创建工厂类 BeanStaticFactory，在该类中有一个静态方法来实例化对象，具体代码如下：

```
package instance;
public class BeanStaticFactory {
    private static BeanClass beanInstance = new BeanClass("调用静态工厂方法实
        例化 Bean");
    public static BeanClass createInstance() {
        return beanInstance;
    }
}
```

❷ 编辑配置文件

在配置文件 applicationContext.xml 中添加如下配置代码：

```
<!-- 静态工厂方法实例化 Bean，createInstance 为静态工厂类 BeanStaticFactory 中的静态
    方法 -->
<bean id="staticFactoryInstance" class="instance.BeanStaticFactory"
    factory-method="createInstance"/>
```

❸ 添加测试代码

在测试类 TestInstance 中添加如下代码：

```
// 测试静态工厂方法实例化 Bean
BeanClass b2 = (BeanClass)appCon.getBean("staticFactoryInstance");
System.out.println(b2  + b2.message);
```

此时测试类的运行结果如图 3.2 所示。

图 3.2　实例化 Bean 的运行结果

▶ 3.2.3　实例工厂方法实例化

在使用实例工厂方法实例化 Bean 时，要求开发者在工厂类中创建一个实例方法来创建 Bean 的实例。在配置 Bean 时，需要使用 factory-bean 属性指定配置的实例工厂，同时还需要使用 factory-method 属性指定实例工厂中的实例方法。下面通过一个实例来演示实例工厂方法实例化 Bean 的过程。

【例 3-3】　实例工厂方法实例化 Bean。

该实例在例 3-2 的基础上实现，具体过程如下。

❶ 创建工厂类 BeanInstanceFactory

在 instance 包中创建工厂类 BeanInstanceFactory，在该类中有一个实例工厂方法来实

例化对象，具体代码如下：

```
package instance;
public class BeanInstanceFactory {
    public BeanClass createBeanClassInstance() {
        return new BeanClass("调用实例工厂方法实例化 Bean");
    }
}
```

❷ 编辑配置文件

在配置文件 applicationContext.xml 中添加如下配置代码：

```
<!-- 配置实例工厂 -->
<bean id="myFactory" class="instance.BeanInstanceFactory"/>
<!-- 使用 factory-bean 属性指定配置工厂,
使用 factory-method 属性指定使用工厂中的哪个方法实例化 Bean -->
<bean id="instanceFactoryInstance" factory-bean="myFactory"
    factorymethod="createBeanClassInstance"/>
```

❸ 添加测试代码

在测试类 TestInstance 中添加如下代码：

```
// 测试实例工厂方法实例化 Bean
BeanClass b3 = (BeanClass)appCon.getBean("instanceFactoryInstance");
System.out.println(b3 + b3.message);
```

此时测试类的运行结果如图 3.3 所示。

图 3.3 实例化 Bean 的运行结果

扫一扫

视频讲解

3.3 Bean 的作用域

在 Spring 中不仅可以完成 Bean 的实例化，还可以为 Bean 指定作用域。在 Spring 6.0
中为 Bean 的实例定义了如表 3.2 所示的作用域。

表 3.2 Bean 的作用域

作用域名称	描　　述
singleton	默认的作用域，使用 singleton 定义的 Bean 在 Spring 容器中只有一个 Bean 实例
prototype	Spring 容器每次获取 prototype 定义的 Bean 都将创建一个新的 Bean 实例
request	在一次 HTTP 请求中容器将返回一个 Bean 实例，不同的 HTTP 请求返回不同的 Bean 实例。该作用域仅在 Web Spring 应用程序上下文中使用
session	在一个 HTTP Session 中容器将返回同一个 Bean 实例。该作用域仅在 Web Spring 应用程序上下文中使用
application	为每个 ServletContext 对象创建一个实例，即同一个应用共享一个 Bean 实例。该作用域仅在 Web Spring 应用程序上下文中使用

续表

作用域名称	描　　述
websocket	为每个 WebSocket 对象创建一个 Bean 实例。该作用域仅在 Web Spring 应用程序上下文中使用

在表 3.2 所示的 6 种作用域中，singleton 和 prototype 是最常用的两种作用域，后面 4 种作用域仅用在 Web Spring 应用程序上下文中，在本节将会对 singleton 和 prototype 作用域进行详细的讲解。

▶ 3.3.1　singleton 作用域

当将 Bean 的 scope 设置为 singleton 时，Spring IoC 容器仅生成和管理一个 Bean 实例。在使用 id 或 name 获取 Bean 实例时，IoC 容器将返回共享的 Bean 实例。

由于 singleton 是 scope 的默认方式，所以有两种方式将 Bean 的 scope 设置为 singleton。配置文件的示例代码如下：

```
<bean id="constructorInstance" class="instance.BeanClass"/>
```

或

```
<bean id="constructorInstance" class="instance.BeanClass" scope=
    "singleton"/>
```

下面通过一个实例来测试 singleton 作用域。

【例 3-4】　测试 singleton 作用域。

该实例在例 3-3 的基础上实现，仅需要在测试类中添加如下代码：

```
BeanClass b4 = (BeanClass)appCon.getBean("instanceFactoryInstance");
System.out.println(b4 + b4.message);
```

此时测试类的代码具体如下：

```
package test;
import org.springframework.context.ApplicationContext;
import org.springframework.context.support.ClassPathXmlApplicationContext;
import instance.BeanClass;
public class TestInstance {
    private static ApplicationContext appCon;
    public static void main(String[] args) {
        appCon = new ClassPathXmlApplicationContext
            ("applicationContext.xml");
        // 测试构造方法实例化 Bean
        BeanClass b1 = (BeanClass)appCon.getBean("constructorInstance");
        System.out.println(b1 + b1.message);
        // 测试静态工厂方法实例化 Bean
        BeanClass b2 = (BeanClass)appCon.getBean("staticFactoryInstance");
        System.out.println(b2 + b2.message);
        // 测试实例工厂方法实例化 Bean
        BeanClass b3 = (BeanClass)appCon.getBean("instanceFactoryInstance");
        System.out.println(b3 + b3.message);
        BeanClass b4 = (BeanClass)appCon.getBean("instanceFactoryInstance");
        System.out.println(b4 + b4.message);
    }
}
```

测试类的运行结果如图 3.4 所示。

图 3.4　singleton 作用域的运行结果

从图 3.4 所示的运行结果可知，在获取多个作用域为 singleton 的同名 Bean 实例时，IoC 容器仅返回同一个 Bean 实例。

▶ 3.3.2　prototype 作用域

当将 Bean 的 scope 设置为 prototype 时，Spring IoC 容器将为每次请求创建一个新的实例。如果将 3.2.3 节中 id 为 instanceFactoryInstance 的 Bean 定义修改如下：

```
<bean id="instanceFactoryInstance" factory-bean="myFactory"
    factory-method="createBeanClassInstance" scope="prototype"/>
```

此时测试类的运行结果如图 3.5 所示。

图 3.5　prototype 作用域的运行结果

从图 3.5 所示的运行结果可知，在获取多个作用域为 prototype 的同名 Bean 实例时，IoC 容器将返回多个不同的 Bean 实例。

扫一扫

视频讲解

3.4　Bean 的生命周期

一个对象的生命周期包括创建（实例化与初始化）、使用以及销毁等阶段，在 Spring 中，Bean 对象的生命周期也遵循这一过程，但是 Spring 提供了许多对外接口，允许开发者对 3 个过程（实例化、初始化、销毁）的前后做一些操作。在 Spring 中，实例化是为 Bean 对象开辟空间，初始化则是对属性的初始化。

Spring 容器可以管理 singleton 作用域的 Bean 的生命周期，在此作用域下，Spring 能够精确地知道 Bean 何时被创建，何时初始化完成，以及何时被销毁。对于 prototype 作用域的 Bean，Spring 只负责创建，当容器创建了 Bean 的实例后，Bean 实例就交给了客户端的代码管理，Spring 容器将不再跟踪其生命周期，并且不会管理那些被配置成 prototype 作用域的 Bean。在 Spring 中 Bean 的生命周期的执行是一个很复杂的过程，用户可借鉴 Servlet 的生命周期（实例化、初始化 init、接收请求 service、销毁 destroy）理解 Bean 的生命周期。

Bean 的生命周期的整个过程如下：

（1）根据 Bean 的配置情况实例化一个 Bean。

（2）根据 Spring 上下文对实例化的 Bean 进行依赖注入，即对 Bean 的属性进行初始化。

（3）如果 Bean 实现了 BeanNameAware 接口，将调用它实现的 setBeanName (String beanId) 方法设置 Bean 的名字，此处参数传递的是 Spring 配置文件中 Bean 的 ID。

（4）如果 Bean 实现了 BeanFactoryAware 接口，将调用它实现的 setBeanFactory (BeanFactory beanFactory) 方法设置 Bean 工厂，此处参数传递的是当前 Spring 工厂实例的引用。

（5）如果 Bean 实现了 ApplicationContextAware 接口，将调用它实现的 setApplication Context(ApplicationContext ac) 方法设置应用的上下文，此处参数传递的是 Spring 上下文实例的引用。

（6）如果 Bean 关联了 BeanPostProcessor 接口，将调用预初始化方法 postProcessBefore Initialization(Object obj, String s) 对 Bean 进行初始化前的操作。

（7）如果 Bean 实现了 InitializingBean 接口，将调用 afterPropertiesSet() 方法对 Bean 进行初始化。

（8）如果 Bean 在 Spring 配置文件中配置了 init-method 属性，将自动调用其配置的初始化方法进行初始化操作。

（9）如果 Bean 关联了 BeanPostProcessor 接口，将调用 postProcessAfterInitialization (Object obj, String s) 方法，由于是在 Bean 初始化结束时调用 postProcessAfterInitialization () 方法，也可用于内存或缓存技术。

以上工作（1~9）完成后就可以使用该 Bean，由于该 Bean 的作用域是 singleton，所以调用的是同一个 Bean 实例。

（10）当 Bean 不再需要时将经过销毁阶段，如果 Bean 实现了 DisposableBean 接口，将调用其实现的 destroy () 方法将 Spring 中的 Bean 销毁。

（11）如果在配置文件中通过 destroy-method 属性指定了 Bean 的销毁方法，将调用其配置的销毁方法进行销毁。

在 Spring 中，通过实现特定的接口或通过 <bean> 元素的属性设置可以对 Bean 的生命周期过程产生影响。开发者可以随意地配置 <bean> 元素的属性，但不建议过多地使用 Bean 实现接口，因为这样将使代码和 Spring 的聚合过于紧密。下面通过一个实例演示 Bean 的生命周期。

【例 3-5】　演示 Bean 的生命周期。

❶ 创建模块 ch3_5

在 ch3 项目中创建一个名为 ch3_5 的模块，同时给 ch3_5 模块添加 Wcb Application，并将 Spring 的 4 个基础包和 Spring Commons Logging Bridge 对应的 JAR 包 spring-jcl-6.0.0.jar 复制到 ch3_5 的 WEB-INF/lib 目录中，添加为模块依赖。

❷ 创建 Bean 的实现类

在 ch3_5 模块的 src 目录下创建名为 life 的包，并在 life 包下创建 BeanLife 类。在 BeanLife 类中有两个方法：一个用于演示初始化过程；另一个用于演示销毁过程。其具体代码如下：

```
package life;
public class BeanLife {
```

```
BeanLife(){
    System.out.println(" 执行构造方法，创建对象。");
}
public void initMyself() {
    System.out.println(this.getClass().getName() + " 执行自定义的初始化方法 ");
}
public void destroyMyself() {
    System.out.println(this.getClass().getName() +" 执行自定义的销毁方法 ");
}
}
```

❸ 创建配置文件

在 ch3_5 模块的 src 目录下创建 Spring 的配置文件 applicationContext.xml，在配置文件中定义一个 id 为 beanLife 的 Bean，使用 init-method 属性指定初始化方法，使用 destroy-method 属性指定销毁方法，具体配置代码如下：

```
<?xml version="1.0" encoding="UTF-8"?>
<beans xmlns="http://www.springframework.org/schema/beans"
xmlns:xsi="http://www.w3.org/2001/XMLSchema-instance"
xsi:schemaLocation="http://www.springframework.org/schema/beans
        http://www.springframework.org/schema/beans/spring-beans.xsd">
    <!-- 配置 Bean，使用 init-method 属性指定初始化方法，使用 destroy-method 属性指定
        销毁方法 -->
<bean id="beanLife" class="life.BeanLife" init-method="initMyself"
    destroy-method="destroyMyself"/>
</beans>
```

❹ 测试生命周期

在 ch3_5 模块的 src 目录下创建一个名为 test 的包，并在该包中创建测试类 TestLife，具体代码如下：

```
package test;
import org.springframework.context.support.ClassPathXmlApplicationContext;
import life.BeanLife;
public class TestLife {
    public static void main(String[] args) {
        // 初始化 Spring 容器，加载配置文件
        // 为了方便演示销毁方法的过行，这里使用 ClassPathXmlApplicationContext
        ClassPathXmlApplicationContext ctx =
            new ClassPathXmlApplicationContext("applicationContext.xml");
        System.out.println(" 获得对象前 ");
        BeanLife blife = (BeanLife)ctx.getBean("beanLife");
        System.out.println(" 获得对象后 " + blife);
        ctx.close();        // 关闭容器，销毁 Bean 对象
    }
}
```

上述测试类运行结果如图 3.6 所示。

图 3.6　Bean 的生命周期演示效果

从图 3.6 可以看出，在加载配置文件时创建 Bean 对象，执行了 Bean 的构造方法和初始化方法 initMyself()；在获得对象后，关闭容器时，执行了 Bean 的销毁方法 destroyMyself。

扫一扫

视频讲解

3.5　Bean 的装配方式

Bean 的装配可以理解为将 Bean 依赖注入 Spring 容器中，Bean 的装配方式即 Bean 依赖注入的方式。Spring 容器支持基于 XML 配置的装配、基于注解的装配以及自动装配等多种装配方式，其中最受人们青睐的装配方式是基于注解的装配（在本书后续章节中采用基于注解的装配方式装配 Bean）。本节将主要讲解基于 XML 配置的装配和基于注解的装配。

▶ 3.5.1　基于 XML 配置的装配

基于 XML 配置的装配方式已经有很久的历史了，曾经是主要的装配方式。在通过 2.3 节的学习后，大家知道 Spring 提供了两种基于 XML 配置的装配方式，即使用构造方法注入和使用属性的 Setter 方法注入。

在使用构造方法注入方式装配 Bean 时，Bean 的实现类需要提供带参数的构造方法，并在配置文件中使用 <bean> 元素的子元素 <constructor-arg> 来定义构造方法的参数；在使用属性的 Setter 方法注入方式装配 Bean 时，Bean 的实现类需要提供一个默认无参数的构造方法，并为需要注入的属性提供对应的 Setter 方法，另外还需要使用 <bean> 元素的子元素 <property> 为每个属性注入值。

下面通过一个实例来讲解基于 XML 配置的装配方式。

【例 3-6】　基于 XML 配置的装配方式。

❶ 创建模块 ch3_6

在 ch3 项目中创建一个名为 ch3_6 的模块，同时给 ch3_6 模块添加 Web Application，并将 Spring 的 4 个基础包和 Spring Commons Logging Bridge 对应的 JAR 包 spring-jcl-6.0.0.jar 复制到 ch3_6 的 WEB-INF/lib 目录中，添加为模块依赖。

❷ 创建 Bean 的实现类

在 ch3_6 模块的 src 目录下创建名为 assemble 的包，并在该包中创建 ComplexUser 类，在 ComplexUser 类中分别使用构造方法注入和使用属性的 Setter 方法注入，具体代码如下：

```java
package assemble;
import java.util.Arrays;
import java.util.List;
import java.util.Map;
import java.util.Set;
public class ComplexUser {
    private String uname;
    private List<String> hobbyList;
    private Map<String,String> residenceMap;
    private Set<String> aliasSet;
    private String[] array;
    /*
     * 使用构造方法注入，需要提供带参数的构造方法
     */
    public ComplexUser(String uname, List<String> hobbyList, Map<String,
        String> residenceMap, Set<String> aliasSet, String[] array) {
```

```java
        super();
        this.uname = uname;
        this.hobbyList = hobbyList;
        this.residenceMap = residenceMap;
        this.aliasSet = aliasSet;
        this.array = array;
    }
    /**
     * 使用属性的 Setter 方法注入，提供默认无参数的构造方法，并为注入的属性提供 Setter 方法
     */
    public ComplexUser() {
        super();
    }
    /****** 此处省略所有属性的 Setter 方法 ******/
    @Override
    public String toString() {
        return "ComplexUser [uname=" + uname + ", hobbyList=" + hobbyList +
            ", residenceMap=" + residenceMap + ", aliasSet=" + aliasSet +
            ", array=" + Arrays.toString(array) + "]";
    }
}
```

❸ 创建配置文件

在 ch3_6 模块的 src 目录下创建 Spring 的配置文件 applicationContext.xml，在配置文件中使用实现类 ComplexUser 配置 Bean 的两个实例，具体代码如下：

```xml
<?xml version="1.0" encoding="UTF-8"?>
<beans xmlns="http://www.springframework.org/schema/beans"
    xmlns:xsi="http://www.w3.org/2001/XMLSchema-instance"
    xsi:schemaLocation="http://www.springframework.org/schema/beans
        http://www.springframework.org/schema/beans/spring-beans.xsd">
    <!-- 使用构造方法注入方式装配 ComplexUser 实例 user1 -->
    <bean id="user1" class="assemble.ComplexUser">
    <constructor-arg index="0" value="chenheng1"/>
    <constructor-arg index="1">
        <list>
        <value>唱歌</value>
        <value>跳舞</value>
        <value>爬山</value>
    </list>
    </constructor-arg>
    <constructor-arg index="2">
        <map>
            <entry key="dalian" value="大连"/>
            <entry key="beijing" value="北京"/>
            <entry key="shanghai" value="上海"/>
        </map>
    </constructor-arg>
    <constructor-arg index="3">
        <set>
            <value>陈恒100</value>
            <value>陈恒101</value>
            <value>陈恒102</value>
        </set>
    </constructor-arg>
    <constructor-arg index="4">
        <array>
            <value>aaaaa</value>
            <value>bbbbb</value>
        </array>
    </constructor-arg>
    </constructor-arg>
    </bean>
```

```xml
<!-- 使用 Setter 方法注入方式装配 ComplexUser 实例 user2 -->
<bean id="user2" class="assemble.ComplexUser">
<property name="uname" value="chenheng2"/>
<property name="hobbyList">
    <list>
        <value>看书</value>
        <value>学习 Spring</value>
    </list>
</property>
<property name="residenceMap">
    <map>
        <entry key="shenzhen" value="深圳"/>
        <entry key="guangzhou" value="广州"/>
        <entry key="tianjin" value="天津"/>
    </map>
</property>
<property name="aliasSet">
    <set>
        <value>陈恒 103</value>
        <value>陈恒 104</value>
        <value>陈恒 105</value>
    </set>
</property>
<property name="array">
    <array>
        <value>cccccc</value>
        <value>dddddd</value>
    </array>
</property>
</bean>
</beans>
```

❹ 测试基于 XML 配置的装配方式

在 ch3_6 模块的 src 目录下创建名为 test 的包，并在该包中创建测试类 TestAssemble，具体代码如下：

```java
package test;
import org.springframework.context.ApplicationContext;
import org.springframework.context.support.ClassPathXmlApplicationContext;
import assemble.ComplexUser;
public class TestAssemble {
    private static ApplicationContext appCon;
    public static void main(String[] args) {
        appCon = new ClassPathXmlApplicationContext
            ("applicationContext.xml");
        // 使用构造方法装配测试
        ComplexUser u1 = (ComplexUser)appCon.getBean("user1");
        System.out.println(u1);
        // 使用 Setter 方法装配测试
        ComplexUser u2 = (ComplexUser)appCon.getBean("user2");
        System.out.println(u2);
    }
}
```

上述测试类的运行结果如图 3.7 所示。

图 3.7 基于 XML 配置的装配方式的测试结果

▶ 3.5.2　基于注解的装配

在 Spring 框架中，尽管使用 XML 配置文件可以很简单地装配 Bean，但如果应用中有大量的 Bean 需要装配，会导致 XML 配置文件过于庞大，不方便以后的升级维护，因此在更多的时候推荐开发者使用注解（annotation）的方式去装配 Bean。

需要注意的是，基于注解的装配需要使用 <context:component-scan> 元素或 @ComponentScan 注解定义包（注解所在的包）扫描的规则，然后根据定义的规则找出哪些类（Bean）需要自动装配到 Spring 容器中，然后交给 Spring 进行统一管理。

Spring 框架基于 AOP 编程（面向切面编程）实现注解解析，因此在使用注解编程时需要导入 spring-aop-6.0.0.jar 包。

在 Spring 框架中定义了一系列的注解，常用的注解如下。

❶ 声明 Bean 的注解

1）@Component

该注解是一个泛化的概念，仅表示一个组件对象（Bean），可以作用在任何层次上。下面通过一个实例演示 @Component() 注解的用法。

【例 3-7】　演示 @Component() 注解的用法。

（1）创建模块 ch3_7。在 ch3 项目中创建一个名为 ch3_7 的模块，同时给 ch3_7 模块添加 Web Application，并将 Spring 的 4 个基础包、Spring Commons Logging Bridge 对应的 JAR 包 spring-jcl-6.0.0.jar 以及 Spring AOP 的 JAR 包 spring-aop-6.0.0.jar 复制到 ch3_7 的 WEB-INF/lib 目录中，添加为模块依赖。

（2）创建 Bean 的实现类。在 ch3_7 模块的 src 目录下创建名为 annotation 的包，并在该包中创建 Bean 的实现类 AnnotationUser。在 AnnotationUser 类中使用 @Component() 注解声明一个 Bean 对象，同时使用 @Value 注解注入属性值，具体代码如下：

```
package annotation;
import java.util.List;
import java.util.Map;
import org.springframework.beans.factory.annotation.Value;
import org.springframework.stereotype.Component;
@Component()
/** 相当于 @Component("annotationUser")
 * 或 @Component(value = "annotationUser"),
 * annotationUser 为 Bean 的 id，默认为首字母小写的类名
**/
public class AnnotationUser {
    @Value("chenheng")
    private String uname;
    @Value("#{{'0411': ' 大连 ', '010': ' 北京 '}}")
    private Map<String, String> cities;
    @Value("{' 篮球 ',' 足球 ',' 排球 ',' 乒乓球 '}")
    private List<String> hobbyList;
    @Value("22")
    private int age;
    /** 省略 Setter 和 Getter 方法 **/
    @Override
    public String toString() {
        return "AnnotationUser [uname=" + uname + ", cities=" + cities + ",
            hobbyList=" + hobbyList + ", age=" + age + "]";
    }
}
```

（3）配置注解。现在有了 Bean 的实现类，但还不能使用 Bean 对象，因为 Spring 容器并不知道去哪里扫描 Bean 对象。此时需要在配置文件中使用 <context:component-scan> 元素配置注解，注解的配置方式如下：

```
<context:component-scan base-package="Bean 所在的包路径 "/>
```

在 ch3_7 模块的 src 目录下创建配置文件 annotationContext.xml，代码如下：

```
<?xml version="1.0" encoding="UTF-8"?>
<beans xmlns="http://www.springframework.org/schema/beans"
    xmlns:xsi="http://www.w3.org/2001/XMLSchema-instance"
    xmlns:context="http://www.springframework.org/schema/context"
    xsi:schemaLocation="http://www.springframework.org/schema/beans
        http://www.springframework.org/schema/beans/spring-beans.xsd
        http://www.springframework.org/schema/context
        http://www.springframework.org/schema/context/spring-context.xsd">
    <!-- 通过 component-scan 扫描指定包 annotation 及其子包下所有基于注解的 Bean 实现
        进行注解解析 -->
    <context:component-scan base-package="annotation"/>
</beans>
```

（4）测试 Bean 对象。在 ch3_7 模块的 src 目录下创建名为 test 的包，并在该包中创建测试类 TestAnnotation，测试上述基于注解的 Bean，具体测试代码如下：

```
package test;
import org.springframework.context.ApplicationContext;
import org.springframework.context.support.ClassPathXmlApplicationContext;
import annotation.AnnotationUser;
public class TestAnnotation {
    private static ApplicationContext appCon;
    public static void main(String[] args) {
        appCon = new ClassPathXmlApplicationContext("annotationContext.
            xml");
        AnnotationUser au = (AnnotationUser)appCon.getBean
            ("annotationUser");
        System.out.println(au);
    }
}
```

2）@Repository

该注解用于将数据访问层（DAO）的类标识为 Bean，即注解数据访问层 Bean，其功能与 @Component() 相同。

3）@Service

该注解用于标注一个业务逻辑组件类（Service 层），其功能与 @Component() 相同。

4）@Controller

该注解用于标注一个控制器组件类（Spring MVC 的 Controller），其功能与 @Component() 相同。

❷ 注入 Bean 的注解

1）@Autowired

该注解可以对类的成员变量、方法及构造方法进行标注，完成自动装配的工作。通过使用 @Autowired 来消除 Setter 和 Getter 方法。默认按照 Bean 的类型进行装配。

2）@Resource

该注解与 @Autowired 的功能一样，区别在于该注解默认是按照名称来装配注入的，只有当找不到与名称匹配的 Bean 时才会按照类型来装配注入；而 @Autowired 默认按照 Bean 的类型进行装配，如果想按照名称来装配注入，则需要结合 @Qualifier 注解一起使用。

@Resource 注解有两个属性，即 name 和 type。其中，name 属性指定 Bean 的实例名称，即按照名称来装配注入；type 属性指定 Bean 的类型，即按照 Bean 的类型进行装配。

@Resource 注解类（jakarta.annotation.Resource）位于 annotations-api.jar 包中，因此在使用该注解时可以从 Tomcat 10 的 lib 目录下将 annotations-api.jar 包复制到项目或模块的 WEB-INF/lib 目录中。

3）@Qualifier

该注解与 @Autowired 注解配合使用。当 @Autowired 注解需要按照名称来装配注入时，需要结合该注解一起使用，Bean 的实例名称由 @Qualifier 注解的参数指定。

在上面几个注解中，虽然 @Repository、@Service 和 @Controller 等注解的功能与 @Component() 相同，但为了使标注类的用途更加清晰（层次化），在实际开发中推荐使用 @Repository 标注数据访问层（DAO 层）、使用 @Service 标注业务逻辑层（Service 层）以及使用 @Controller 标注控制器层（控制层）。

下面通过一个简单实例向读者演示基于注解的依赖注入的使用过程。

【例 3-8】 基于注解的依赖注入的使用过程。该实例的具体要求是在 Controller 层中依赖注入 Service 层，在 Service 层中依赖注入 DAO 层。

（1）创建模块 ch3_8。在 ch3 项目中创建一个名为 ch3_8 的模块，同时给 ch3_8 模块添加 Web Application，并将 Spring 的 4 个基础包、Spring Commons Logging Bridge 对应的 JAR 包 spring-jcl-6.0.0.jar、jakarta.annotation.Resource 注解类对应的 JAR 包 annotations-api.jar 以及 Spring AOP 的 JAR 包 spring-aop-6.0.0.jar 复制到 ch3_8 的 WEB-INF/lib 目录中，添加为模块依赖。

（2）创建 DAO 层。在 ch3_8 模块的 src 目录下创建名为 annotation.dao 的包，并在该包中创建 TestDao 接口和 TestDaoImpl 实现类，将实现类 TestDaoImpl 使用 @Repository 注解标注为数据访问层。

TestDao 的代码如下：

```
package annotation.dao;
public interface TestDao {
    public void save();
}
```

TestDaoImpl 的代码如下：

```
package annotation.dao;
import org.springframework.stereotype.Repository;
@Repository("testDaoImpl")
/** 相当于 @Repository，但如果在 Service 层中使用 @Resource(name="testDaoImpl"),
    testDaoImpl 不能省略。testDaoImpl 为 IoC 容器中的对象名 **/
public class TestDaoImpl implements TestDao{
    @Override
    public void save() {
        System.out.println("testDao save");
    }
}
```

（3）创建 Service 层。在 ch3_8 模块的 src 目录下创建名为 annotation.service 的包，并

在该包中创建 TestService 接口和 TestServiceImpl 实现类，将实现类 TestServiceImpl 使用
@Service 注解标注为业务逻辑层。

TestService 的代码如下：

```
package annotation.service;
public interface TestService {
    public void save();
}
```

TestServiceImpl 的代码如下：

```
package annotation.service;
import org.springframework.stereotype.Service;
import annotation.dao.TestDao;
//Tomcat 10中的包, Spring Framework 6.0支持jakarta命名空间
import jakarta.annotation.Resource;
@Service("testServiceImpl")        // 相当于 @Service
public class TestServiceImpl implements TestService{
    @Resource(name="testDaoImpl")
    /** 相当于 @Autowired, @Autowired 默认按照 Bean 类型注入 **/
    private TestDao testDao;
    @Override
    public void save() {
        testDao.save();
        System.out.println("testService save");
    }
}
```

（4）创建 Controller 层。在 ch3_8 模块的 src 目录下创建名为 annotation.controller 的包，
并在该包中创建 TestController 类，将 TestController 类使用 @Controller 注解标注为控制器层。

TestController 的代码如下：

```
package annotation.controller;
import org.springframework.beans.factory.annotation.Autowired;
import org.springframework.stereotype.Controller;
import annotation.service.TestService;
@Controller
public class TestController {
    @Autowired
    private TestService testService;
    public void save() {
        testService.save();
        System.out.println("testController save");
    }
}
```

（5）创建配置文件。在使用注解时，在 Spring 的配置文件中需要使用 "<context:
component-scan base-package="Bean 所在的包路径 "/>" 语句扫描使用注解的包，Spring IoC 容
器根据 XML 配置文件的扫描信息提供包以及子包中被注解标注的类的实例供应用程序使用。

在 ch3_8 模块的 src 目录下创建名为 config 的包，并在该包中创建名为 applica-
tionContext.xml 的配置文件，具体配置内容如下：

```
<?xml version="1.0" encoding="UTF-8"?>
<beans xmlns="http://www.springframework.org/schema/beans"
    xmlns:xsi="http://www.w3.org/2001/XMLSchema-instance"
    xmlns:context="http://www.springframework.org/schema/context"
    xsi:schemaLocation="http://www.springframework.org/schema/beans
        http://www.springframework.org/schema/beans/spring-beans.xsd
```

```
        http://www.springframework.org/schema/context
        http://www.springframework.org/schema/context/spring-context.xsd">
    <!-- 扫描 annotation 包及其子包中的注解 -->
    <context:component-scan base-package="annotation"/>
</beans>
```

（6）创建测试类。在 ch3_8 模块的 src 目录下创建名为 annotation.test 的包，并在该包中创建测试类 TestAnnotation，具体测试代码如下：

```
package annotation.test;
import org.springframework.context.ApplicationContext;
import org.springframework.context.support.ClassPathXmlApplicationContext;
import annotation.controller.TestController;
public class TestAnnotation {
    private static ApplicationContext appCon;
    public static void main(String[] args) {
        appCon = new ClassPathXmlApplicationContext
            ("config/applicationContext.xml");
        TestController tt = (TestController)appCon.getBean
            ("testController");
        tt.save();
    }
}
```

本章小结

本章重点学习了如何将 Bean 装配注入 Spring IoC 容器中，即 Bean 的装配方式。通过本章的学习，读者应该掌握 Bean 的两种常用装配方式，即基于 XML 配置的装配和基于注解的装配，其中基于注解的装配方式尤其重要，它是当前主流的装配方式。

扫一扫

自测题

习 题 3

（1）Bean 的实例化有哪几种常见的方法？

（2）简述基于注解的装配方式的基本用法。

（3）@Autowired 和 @Resource 的区别是什么？

（4）Bean 的默认作用域是（　　　）。

    A. page   B. request   C. singleton   D. prototype

（5）在下面代码片段中，使用 @Controller 注解装配了 Bean，而 Bean 的 id 是（　　　）。

```
@Controller
public class TestController {
    ...
}
```

    A. TestController   B. testController   C. 无 id   D. 任意名称

（6）Spring 框架基于（　　　）编程实现注解解析，因此在使用注解编程时需要导入 spring-aop-x.y.z.jar 包。

    A. 面向切面   B. 面向对象   C. 面向过程   D. 面向业务

（7）（　　　）注解用于标注一个控制器组件类，其功能与 @Component() 相同。

    A. @Autowired   B. @Controller   C. @Service   D. @Repository

（8）（　　）注解用于标注一个数据访问层 Bean，其功能与 @Component() 相同。

  A. @Autowired B. @Controller C. @Service D. @Repository

（9）在 Spring 中可以通过 scope 属性来设置 Bean 实例的作用域。如果在 Spring 容器中只有某个 Bean 的一个实例，那么该 Bean 实例的 scope 属性值是（　　）。

  A. prototype B. singleton C. unique D. application

学习目的与要求

本章主要介绍了 AOP 的概念和术语、动态代理、AOP 的实现以及 AspectJ 的开发等主要内容。通过本章的学习，要求读者掌握 AOP 的相关概念及实现，并进一步掌握动态代理。

本章主要内容

❖ AOP 的概念和术语
❖ 动态代理
❖ AOP 的实现
❖ AspectJ 的开发

Spring AOP 是 Spring 框架体系结构中非常重要的功能模块之一，该模块提供了面向切面编程的实现。面向切面编程在事务处理、日志记录、安全控制等操作中被广泛使用。本章将对 Spring AOP 的相关概念及实现进行详细讲解。

4.1　Spring AOP 的基本概念

▶ 4.1.1　AOP 的概念

AOP 即面向切面编程。它与 OOP（Object-Oriented Programming，面向对象编程）相辅相成，提供了与 OOP 不同的抽象软件结构的视角。在 OOP 中，以类作为程序的基本单元，而 AOP 中的基本单元是 Aspect（切面）。Struts 2 的拦截器的设计就是基于 AOP 的思想，是一个比较经典的应用。

在业务处理代码中通常都有日志记录、性能统计、安全控制、事务处理、异常处理等操作。尽管使用 OOP 可以通过封装或继承的方式达到代码的重用，但仍然存在同样的代码分散到各个方法中的情况，因此采用 OOP 处理日志记录等操作不仅增加了开发者的工作量，而且提高了升级维护的困难。为了解决此类问题，AOP 思想应运而生。AOP 采取横向抽取机制，即将分散在各个方法中的重复代码提取出来，然后在程序编译或运行阶段将这些抽取出来的代码应用到需要执行的地方。这种横向抽取机制采用传统的 OOP 是无法办到的，因为 OOP 实现的是父子关系的纵向重用。但是 AOP 不是 OOP 的替代品，而是 OOP 的补充，它们相辅相成。

在 AOP 中，横向抽取机制的类与切面的关系如图 4.1 所示。

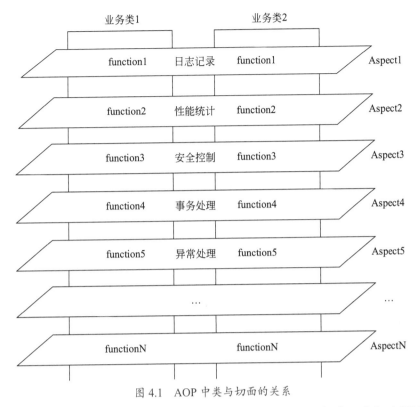

图 4.1　AOP 中类与切面的关系

从图 4.1 可以看出，通过切面 Aspect 分别在业务类 1 和业务类 2 中加入了日志记录、性能统计、安全控制、事务处理、异常处理等操作。

▶ 4.1.2　AOP 的术语

在 Spring AOP 框架中涉及以下常用术语。

（1）切面：切面（Aspect）是指封装横切到系统功能（例如事务处理）的类。

（2）连接点：连接点（Joinpoint）是指程序运行中的一些时间点，例如方法的调用或异常的抛出。

（3）切入点：切入点（Pointcut）是指需要处理的连接点。在 Spring AOP 中，所有的方法执行都是连接点，而切入点是一个描述信息，它修饰的是连接点，通过切入点确定哪些连接点需要被处理。切面、连接点和切入点的关系如图 4.2 所示。

（4）通知（增强处理）：通知是由切面添加到特定的连接点（满足切入点规则）的一段代码，即在定义好的切入点处所要执行的程序代码，可以将其理解为切面开启后切面的方法，因此通知是切面的具体实现。

（5）引入：引入（Introduction）允许在现有的实现类中添加自定义的方法和属性。

（6）目标对象：目标对象（Target Object）是指所有被通知的对象。如果 AOP 框架使用运行时代理的方式（动态的 AOP）来实现切面，那么通知对象总是一个代理对象。

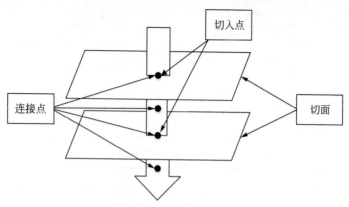

图 4.2　切面、连接点和切入点的关系

（7）代理：代理（Proxy）是通知应用到目标对象之后被动态创建的对象。

（8）织入：织入（Weaving）是将切面代码插入目标对象上，从而生成代理对象的过程。根据不同的实现技术，AOP 织入有 3 种方式：编译器织入，需要有特殊的 Java 编译器；类装载器织入，需要有特殊的类装载器；动态代理织入，在运行期为目标类添加通知生成子类的方式。Spring AOP 框架默认采用动态代理织入，而 AspectJ（基于 Java 语言的 AOP 框架）采用编译器织入和类装载器织入。

扫一扫

视频讲解

4.2　动态代理

在 Java 中有多种动态代理技术，例如 JDK、CGLIB、Javassist、ASM，其中最常用的动态代理技术有 JDK 和 CGLIB。目前，在 Spring AOP 中常用 JDK 和 CGLIB 两种动态代理技术。

▶ 4.2.1　JDK 动态代理

JDK 动态代理是 java.lang.reflect.* 包提供的方式，必须借助一个接口才能产生代理对象，因此对于使用业务接口的类，Spring 默认使用 JDK 动态代理实现 AOP。下面通过一个实例演示使用 JDK 动态代理实现 Spring AOP。

【例 4-1】　使用 JDK 动态代理实现 Spring AOP。

❶ 创建模块

创建一个名为 ch4 的项目，然后在 ch4 项目中创建一个名为 ch4_1 的模块。

❷ 创建接口及实现类

在 ch4_1 模块的 src 目录下创建一个名为 dynamic.jdk 的包，在该包中创建接口 TestDao 和接口实现类 TestDaoImpl。该实现类作为目标类，在代理类中对其方法进行增强处理。

TestDao 的代码如下：

```
package dynamic.jdk;
public interface TestDao {
    public void save();
    public void modify();
    public void delete();
}
```

TestDaoImpl 的代码如下：

```java
package dynamic.jdk;
public class TestDaoImpl implements TestDao{
    @Override
    public void save() {
        System.out.println(" 保存 ");
    }
    @Override
    public void modify() {
        System.out.println(" 修改 ");
    }
    @Override
    public void delete() {
        System.out.println(" 删除 ");
    }
}
```

❸ 创建切面类

在 ch4_1 模块的 src 目录下创建一个名为 aspect 的包，在该包中创建切面类 MyAspect，在该类中可以定义多个通知（增强处理的功能方法）。

MyAspect 的代码如下：

```java
package aspect;
/**
 * 切面类，可以定义多个通知，即增强处理的方法
 */
public class MyAspect {
    public void check() {
        System.out.println(" 模拟权限控制 ");
    }
    public void except() {
        System.out.println(" 模拟异常处理 ");
    }
    public void log() {
        System.out.println(" 模拟日志记录 ");
    }
    public void monitor() {
        System.out.println(" 性能监测 ");
    }
}
```

❹ 创建代理类

在 dynamic.jdk 包中创建代理类 JDKDynamicProxy。在 JDK 动态代理中，代理类必须实现 java.lang.reflect.InvocationHandler 接口，并编写代理方法。在代理方法中，需要通过 Proxy 实现动态代理。

JDKDynamicProxy 的代码如下：

```java
package dynamic.jdk;
import java.lang.reflect.InvocationHandler;
import java.lang.reflect.Method;
import java.lang.reflect.Proxy;
import aspect.MyAspect;
public class JDKDynamicProxy implements InvocationHandler {
    // 声明目标类接口对象（真实对象）
    private TestDao testDao;
    /** 创建代理的方法，建立代理对象和真实对象的代理关系，并返回代理对象 **/
    public Object createProxy(TestDao testDao) {
```

```
        this.testDao = testDao;
        // 类装载器
        ClassLoader cld = JDKDynamicProxy.class.getClassLoader();
        // 被代理对象实现的所有接口
        Class[] clazz = testDao.getClass().getInterfaces();
        // 使用代理类进行增强，返回代理后的对象
        return Proxy.newProxyInstance(cld, clazz, this);
    }
    /**
     * 代理的逻辑方法，所有动态代理类的方法调用都交给该方法处理
     * proxy 为被代理对象
     * method 为将要被执行的方法的信息
     * args 为执行方法时需要的参数
     * return 返回代理结果
     */
    @Override
    public Object invoke(Object proxy, Method method, Object[] args) throws
        Throwable {
        // 创建一个切面
        MyAspect myAspect = new MyAspect();
        // 前增强
        myAspect.check();
        myAspect.except();
        // 在目标类上调用方法，并传入参数，相当于调用 testDao 中的方法
        Object obj = method.invoke(testDao, args);
        // 后增强
        myAspect.log();
        myAspect.monitor();
        return obj;
    }
}
```

❺ 创建测试类

在 dynamic.jdk 包中创建测试类 JDKDynamicTest。在主方法中创建代理对象和目标对象，然后从代理对象中获取对目标对象增强后的对象，最后调用该对象的添加、修改和删除方法。

JDKDynamicTest 的代码如下：

```
package dynamic.jdk;
public class JDKDynamicTest {
    public static void main(String[] args) {
        // 创建代理对象
        JDKDynamicProxy jdkProxy = new JDKDynamicProxy();
        // 创建目标对象
        TestDao testDao = new TestDaoImpl();
        /** 从代理对象中获取增强后的目标对象，该对象是一个被代理的对象，它会进入代理的逻
               辑方法 invoke 中 **/
        TestDao testDaoAdvice = (TestDao)jdkProxy.createProxy(testDao);
        // 执行方法
        testDaoAdvice.save();
        System.out.println("==============");
        testDaoAdvice.modify();
        System.out.println("==============");
        testDaoAdvice.delete();
    }
}
```

上述测试类的运行结果如图 4.3 所示。

从图 4.3 可以看出，testDao 实例中的增加、修改和删除方法已经被成功调用，并且在调用前后分别增加了"模拟权限控制""模拟异常处理""模拟日志记录"和"性能监测"的功能。

▶ 4.2.2　CGLIB 动态代理

从 4.2.1 节可知，JDK 动态代理必须提供接口才能使用，对于没有提供接口的类，只能采用 CGLIB 动态代理。

CGLIB（Code Generation Library）是一个高性能开源的代码生成包，采用非常底层的字节码技术，对指定的目标类生成一个子类，并对子类进行增强。在 Spring Core 包中已经集成了 CGLIB 所需要的 JAR 包，所以不需要另外导入 JAR 包。下面通过一个实例演示 CGLIB 动态代理的实现过程。

图 4.3　JDK 动态代理的
测试结果

【例 4-2】　CGLIB 动态代理的实现过程。

❶　创建模块，导入相关 JAR 包

在 ch4 项目中创建一个名为 ch4_2 的模块，同时给 ch4_2 模块添加 Web Application，并将 spring-core-6.0.0.jar 复制到 ch4_2 的 WEB-INF/lib 目录中，添加为模块依赖。

❷　创建目标类

在 ch4_2 模块的 src 目录下创建一个名为 dynamic.cglib 的包，在该包中创建目标类 TestDao，该类不需要实现任何接口。

TestDao 的代码如下：

```
package dynamic.cglib;
public class TestDao {
    public void save() {
        System.out.println(" 保存 ");
    }
    public void modify() {
        System.out.println(" 修改 ");
    }
    public void delete() {
        System.out.println(" 删除 ");
    }
}
```

❸　创建切面类

在 ch4_2 模块的 src 目录下创建一个名为 aspect 的包，在该包中创建切面类 MyAspect，在该类中可以定义多个通知（增强处理的功能方法）。MyAspect 类的代码与例 4-1 中 MyAspect 类的代码相同，这里不再赘述。

❹　创建代理类

在 dynamic.cglib 包中创建代理类 CglibDynamicProxy，该类实现 MethodInterceptor 接口。CglibDynamicProxy 的代码如下：

```
package dynamic.cglib;
import java.lang.reflect.Method;
import org.springframework.cglib.proxy.Enhancer;
import org.springframework.cglib.proxy.MethodInterceptor;
import org.springframework.cglib.proxy.MethodProxy;
```

```
import aspect.MyAspect;
public class CglibDynamicProxy implements MethodInterceptor{
    /**
     *  创建代理的方法，生成 CGLIB 代理对象
     *  target 为目标对象，需要增强的对象
     *  返回目标对象的 CGLIB 代理对象
     */
    public Object createProxy(Object target) {
        // 创建一个动态类对象，即增强类对象
        Enhancer enhancer = new Enhancer();
        // 确定需要增强的类，设置其父类
        enhancer.setSuperclass(target.getClass());
        // 确定代理逻辑对象为当前对象，要求当前对象实现 MethodInterceptor 的方法
        enhancer.setCallback(this);
        // 返回创建的代理对象
        return enhancer.create();
    }
    /**
     *  intercept 方法会在程序执行目标方法时被调用
     *  proxy 为 CGLIB 根据指定父类生成的代理对象
     *  method 为拦截方法
     *  args 为拦截方法的参数数组
     *  methodProxy 为方法的代理对象，用于执行父类的方法
     *  返回代理结果
     */
    @Override
    public Object intercept(Object proxy, Method method, Object[] args,
        MethodProxy methodProxy) throws Throwable {
        // 创建一个切面
        MyAspect myAspect = new MyAspect();
        // 前增强
        myAspect.check();
        myAspect.except();
        // 目标方法的执行，返回代理结果
        Object obj = methodProxy.invokeSuper(proxy, args);
        // 后增强
        myAspect.log();
        myAspect.monitor();
        return obj;
    }
}
```

❺ 创建测试类

在 dynamic.cglib 包中创建测试类 CglibDynamicTest。在主方法中创建代理对象和目标对象，然后从代理对象中获取对目标对象增强后的对象，最后调用该对象的添加、修改和删除方法。

CglibDynamicTest 的代码如下：

```
package dynamic.cglib;
public class CglibDynamicTest {
    public static void main(String[] args) {
        // 创建代理对象
        CglibDynamicProxy cdp = new CglibDynamicProxy();
        // 创建目标对象
        TestDao testDao = new TestDao();
        // 获取增强后的目标对象
        TestDao testDaoAdvice = (TestDao)cdp.createProxy(testDao);
        // 执行方法
        testDaoAdvice.save();
        System.out.println("==============");
```

```
        testDaoAdvice.modify();
        System.out.println("=============");
        testDaoAdvice.delete();
    }
}
```

上述测试类的运行结果与图 4.3 一样，这里不再赘述。

4.3　基于代理类的 AOP 实现

从 4.2 节可知，在 Spring 中默认使用 JDK 动态代理实现 AOP 编程。使用 org.springframework.aop.framework.ProxyFactoryBean 创建代理是 Spring AOP 实现的最基本方式。

❶ 通知的类型

在讲解 ProxyFactoryBean 之前先了解一下通知的类型。通知根据在目标类方法的连接点位置可以分为以下 6 种类型。

（1）环绕通知：环绕通知（org.aopalliance.intercept.MethodInterceptor）是在目标方法执行前和执行后实施增强，可应用于日志记录、事务处理等功能。

（2）前置通知：前置通知（org.springframework.aop.MethodBeforeAdvice）是在目标方法执行前实施增强，可应用于权限管理等功能。

（3）后置返回通知：后置返回通知（org.springframework.aop.AfterReturningAdvice）是在目标方法成功执行后实施增强，可应用于关闭流、删除临时文件等功能。

（4）后置（最终）通知：后置通知（org.springframework.aop.AfterAdvice）是在目标方法执行后实施增强，与后置返回通知不同的是，不管是否发生异常都要执行该类通知，该类通知可应用于释放资源。

（5）异常通知：异常通知（org.springframework.aop.ThrowsAdvice）是在方法抛出异常后实施增强，可应用于处理异常、记录日志等功能。

（6）引入通知：引入通知（org.springframework.aop.IntroductionInterceptor）是在目标类中添加一些新的方法和属性，可应用于修改目标类（增强类）。

❷ ProxyFactoryBean

ProxyFactoryBean 是 org.springframework.beans.factory.FactoryBean 接口的实现类，FactoryBean 负责实例化一个 Bean 实例，ProxyFactoryBean 负责为其他 Bean 实例创建代理实例。ProxyFactoryBean 类的常用属性如表 4.1 所示。

表 4.1　ProxyFactoryBean 类的常用属性

属　　性	描　　述
target	代理的目标对象
proxyInterfaces	代理需要实现的接口列表，如果是多个接口，可以使用以下格式赋值： <list> 　<value></value> 　… <list>

续表

属　　性	描　　述
interceptorNames	需要织入目标的 Advice
proxyTargetClass	是否对类进行代理而不是对接口进行代理，默认为 false，使用 JDK 动态代理；当为 true 时，使用 CGLIB 动态代理
singleton	返回的代理实例是否为单例，默认为 true
optimize	当设置为 true 时，强制使用 CGLIB 动态代理

下面通过一个实现环绕通知的实例演示 Spring 使用 ProxyFactoryBean 创建 AOP 代理的过程。

【例 4-3】　Spring 使用 ProxyFactoryBean 创建 AOP 代理实现环绕通知的过程。

（1）创建模块，导入相关 JAR 包。在 ch4 项目中创建一个名为 ch4_3 的模块，同时给 ch4_3 模块添加 Web Application，并将 Spring 的 4 个基础包、Spring Commons Logging Bridge 对应的 JAR 包 spring-jcl-6.0.0.jar 和 spring-aop-6.0.0.jar 以及 AOP 联盟提供的规范包 aopalliance-1.0.jar（https://mvnrepository.com/artifact/aopalliance/aopalliance/1.0）复制到 ch4_3 的 WEB-INF/lib 目录中，添加为模块依赖。

（2）创建切面类。由于该实例实现环绕通知，所以切面类需要实现 org.aopalliance. intercept.MethodInterceptor 接口。在 ch4_3 模块的 src 目录下创建名为 spring.proxyfactorybean 的包，并在该包中创建切面类 MyAspect。

MyAspect 的代码如下：

```
package spring.proxyfactorybean;
import org.aopalliance.intercept.MethodInterceptor;
import org.aopalliance.intercept.MethodInvocation;
/**
 * 切面类
 */
public class MyAspect implements MethodInterceptor{
    @Override
    public Object invoke(MethodInvocation arg0) throws Throwable {
        // 增强方法
        check();
        except();
        // 执行目标方法
        Object obj = arg0.proceed();
        // 增强方法
        log();
        monitor();
        return obj;
    }
    public void check() {
        System.out.println(" 模拟权限控制 ");
    }
    public void except() {
        System.out.println(" 模拟异常处理 ");
    }
    public void log() {
        System.out.println(" 模拟日志记录 ");
    }
    public void monitor() {
```

```
        System.out.println(" 性能监测 ");
    }
}
```

（3）创建接口及实现类。在 ch4_3 模块的 src 目录下创建一个名为 dao 的包，在该包中创建接口 TestDao 和接口实现类 TestDaoImpl。该实现类作为目标类，在 AOP 代理中对其方法进行增强处理。

TestDao 的代码如下：

```
package dao;
public interface TestDao {
    public void save();
    public void modify();
    public void delete();
}
```

TestDaoImpl 的代码如下：

```
package dao;
public class TestDaoImpl implements TestDao{
    @Override
    public void save() {
        System.out.println(" 保存 ");
    }
    @Override
    public void modify() {
        System.out.println(" 修改 ");
    }
    @Override
    public void delete() {
        System.out.println(" 删除 ");
    }
}
```

（4）配置切面并指定代理。切面类需要配置为 Bean 实例，Spring 容器才能将其识别为切面对象。在 spring.proxyfactorybean 包中创建配置文件 applicationContext.xml，并在该文件中配置切面和指定代理对象。

applicationContext.xml 的代码如下：

```
<?xml version="1.0" encoding="UTF-8"?>
<beans xmlns="http://www.springframework.org/schema/beans"
    xmlns:xsi="http://www.w3.org/2001/XMLSchema-instance"
    xsi:schemaLocation="http://www.springframework.org/schema/beans
        http://www.springframework.org/schema/beans/spring-beans.xsd">
    <!-- 定义目标对象 -->
    <bean id="testDao" class="dao.TestDaoImpl"/>
    <!-- 创建一个切面 -->
    <bean id="myAspect" class="spring.proxyfactorybean.MyAspect"/>
    <!-- 使用 Spring 代理工厂定义一个名为 testDaoProxy 的代理对象 -->
    <bean id="testDaoProxy" class="org.springframework.aop.framework.
        ProxyFactoryBean">
        <!-- 指定代理实现的接口 -->
        <property name="proxyInterfaces" value="dao.TestDao"/>
        <!-- 指定目标对象 -->
        <property name="target" ref="testDao"/>
        <!-- 指定切面，植入环绕通知 -->
        <property name="interceptorNames" value="myAspect"/>
        <!-- 指定代理方式，true 表示指定 CGLIB 动态代理；默认为 false，指定 JDK 动态代
            理 -->
```

```
                <property name="proxyTargetClass" value="true"/>
        </bean>
</beans>
```

在上述配置文件中首先通过 <bean> 元素定义了目标对象和切面，然后使用 ProxyFac-toryBean 类定义了代理对象。

（5）创建测试类。在 spring.proxyfactorybean 包中创建测试类 ProxyFactoryBeanTest，在主方法中使用 Spring 容器获取代理对象，并执行目标方法。

ProxyFactoryBeanTest 的代码如下：

```
package spring.proxyfactorybean;
import org.springframework.context.ApplicationContext;
import org.springframework.context.support.ClassPathXmlApplicationContext;
import dao.TestDao;
public class ProxyFactoryBeanTest {
    private static ApplicationContext appCon;
    public static void main(String[] args) {
        appCon = new ClassPathXmlApplicationContext
            ("/spring/proxyfactorybean/applicationContext.xml");
        // 从容器中获取增强后的目标对象
        TestDao testDaoAdvice = (TestDao)appCon.getBean("testDaoProxy");
        // 执行方法
        testDaoAdvice.save();
        System.out.println("================");
        testDaoAdvice.modify();
        System.out.println("================");
        testDaoAdvice.delete();
    }
}
```

上述测试类的运行结果与图 4.3 一样，这里不再赘述。

扫一扫

视频讲解

4.4　基于 XML 配置开发 AspectJ

AspectJ 是一个基于 Java 语言的 AOP 框架。从 Spring 2.0 以后引入了 AspectJ 的支持。目前的 Spring 框架建议开发者使用 AspectJ 实现 Spring AOP。使用 AspectJ 实现 Spring AOP 有两种方式：一种是基于 XML 配置开发 AspectJ；另一种是基于注解开发 AspectJ。本节讲解基于 XML 配置开发 AspectJ 的相关知识，基于注解开发 AspectJ 的相关知识将在 4.5 节讲解。

基于 XML 配置开发 AspectJ 是指通过 XML 配置文件定义切面、切入点及通知，所有这些定义都必须在 <aop:config> 元素内。<aop:config> 元素及其子元素如表 4.2 所示。

表 4.2　<aop:config> 元素及其子元素

元 素 名 称	用　　途
<aop:config>	开发 AspectJ 的顶层配置元素，在配置文件的 <beans> 下可以包含多个该元素
<aop:aspect>	配置（定义）一个切面，<aop:config> 元素的子元素，ref 属性指定切面的定义
<aop:pointcut>	配置切入点，<aop:aspect> 元素的子元素，expression 属性指定通知增强哪些方法

续表

元　素　名　称	用　　途
<aop:before>	配置前置通知，<aop:aspect> 元素的子元素，method 属性指定前置通知方法，pointcut-ref 属性指定关联的切入点
<aop:after-returning>	配置后置返回通知，<aop:aspect> 元素的子元素，method 属性指定后置返回通知方法，pointcut-ref 属性指定关联的切入点
<aop:around>	配置环绕通知，<aop:aspect> 元素的子元素，method 属性指定环绕通知方法，pointcut-ref 属性指定关联的切入点
<aop:after-throwing>	配置异常通知，<aop:aspect> 元素的子元素，method 属性指定异常通知方法，pointcut-ref 属性指定关联的切入点。如果没有异常发生，将不会执行
<aop:after>	配置后置（最终）通知，<aop:aspect> 元素的子元素，method 属性指定后置（最终）通知方法，pointcut-ref 属性指定关联的切入点
<aop:declare-parents>	给通知引入新的额外接口，增强功能。不要求读者掌握该类型的通知

下面通过一个实例演示基于 XML 配置开发 AspectJ 的过程。

【例 4-4】　基于 XML 配置开发 AspectJ。

❶ 创建模块，导入相关 JAR 包

在 ch4 项目中创建一个名为 ch4_4 的模块，同时给 ch4_4 模块添加 Web Application，并将 Spring 的 4 个基础包，Spring Commons Logging Bridge 对应的 JAR 包 spring-jcl-6.0.0.jar、spring-aop-6.0.0.jar 和 spring-aspects-6.0.0.jar（Spring 为 AspectJ 提供的实现），以及 AspectJ 框架所提供的规范包 aspectjweaver-1.9.9.1.jar（https://mvnrepository.com/artifact/org.aspectj/aspectjweaver/1.9.9.1）复制到 ch4_4 的 WEB-INF/lib 目录中，添加为模块依赖。

❷ 创建切面类

在 ch4_4 模块的 src 目录下创建名为 aspectj.xml 的包，并在该包中创建切面类 MyAspect，在类中编写各种类型的通知。

MyAspect 的代码如下：

```
package aspectj.xml;
import org.aspectj.lang.JoinPoint;
import org.aspectj.lang.ProceedingJoinPoint;
/**
 * 切面类，在此类中编写各种类型的通知
 */
public class MyAspect {
    /**
     * 前置通知，使用 JoinPoint 接口作为参数获得目标对象信息
     */
    public void before(JoinPoint jp) {
        System.out.print(" 前置通知：模拟权限控制 ");
        System.out.println(", 目标类对象：" + jp.getTarget()
        + ", 被增强处理的方法：" + jp.getSignature().getName());
    }
    /**
     * 后置返回通知
     */
    public void afterReturning(JoinPoint jp) {
```

```
            System.out.print(" 后置返回通知: " + " 模拟删除临时文件 ");
            System.out.println(", 被增强处理的方法: " + jp.getSignature().
                getName());
    }
    /**
     * 环绕通知
     * ProceedingJoinPoint 是 JoinPoint 的子接口, 代表可以执行的目标方法
     * 返回值的类型必须是 Object
     * 必须有一个参数是 ProceedingJoinPoint 类型
     * 必须抛出 Throwable
     */
    public Object around(ProceedingJoinPoint pjp) throws Throwable{
        // 开始
        System.out.println(" 环绕开始: 执行目标方法前, 模拟开启事务 ");
        // 执行当前目标方法
        Object obj = pjp.proceed();
        // 结束
        System.out.println(" 环绕结束: 执行目标方法后, 模拟关闭事务 ");
        return obj;
    }
    /**
     * 异常通知
     */
    public void except(Throwable e) {
        System.out.println(" 异常通知: " + " 程序执行异常 " + e.getMessage());
    }

    /**
     * 后置（最终）通知
     */
    public void after() {
        System.out.println(" 最终通知: 模拟释放资源 ");
    }
}
```

❸ 创建接口及实现类

在 ch4_4 模块的 src 目录下创建一个名为 dao 的包，在该包中创建接口 TestDao 和接口实现类 TestDaoImpl。该实现类将作为目标类，对其方法进行增强处理。接口 TestDao 和接口实现类 TestDaoImpl 的代码与例 4-3 一样，这里不再赘述。

❹ 创建配置文件并编写相关配置

在 aspectj.xml 包中创建配置文件 applicationContext.xml，并为 <aop:config> 元素及其子元素编写 AOP 的相关配置。

applicationContext.xml 的代码如下：

```
<?xml version="1.0" encoding="UTF-8"?>
<beans xmlns="http://www.springframework.org/schema/beans"
    xmlns:xsi="http://www.w3.org/2001/XMLSchema-instance"
    xmlns:aop="http://www.springframework.org/schema/aop"
    xsi:schemaLocation="http://www.springframework.org/schema/beans
        http://www.springframework.org/schema/beans/spring-beans.xsd
        http://www.springframework.org/schema/aop
        http://www.springframework.org/schema/aop/spring-aop.xsd">
    <!-- 定义目标对象 -->
    <bean id="testDao" class="dao.TestDaoImpl"/>
    <!-- 定义切面 -->
    <bean id="myAspect" class="aspectj.xml.MyAspect"/>
```

```
        <!-- AOP 配置 -->
        <aop:config>
        <!-- 配置切面 -->
        <aop:aspect ref="myAspect">
            <!-- 配置切入点，通知增强哪些方法 -->
            <aop:pointcut expression="execution(* dao.*.*(..))" id=
                "myPointCut"/>
            <!-- 将通知与切入点关联 -->
            <!-- 关联前置通知 -->
            <aop:before method="before" pointcut-ref="myPointCut"/>
            <!-- 关联后置返回通知，在目标方法成功执行后执行 -->
            <aop:after-returning method="afterReturning" pointcut-ref=
                "myPointCut"/>
            <!-- 关联环绕通知 -->
            <aop:around method="around" pointcut-ref="myPointCut"/>
            <!-- 关联异常通知，如果没有异常发生，将不会执行增强，throwing 属性设置通知的第
                二个参数名称 -->
            <aop:after-throwing method="except" pointcut-ref="myPointCut"
                throwing="e"/>
            <!-- 关联后置（最终）通知，不管目标方法是否成功都要执行 -->
            <aop:after method="after" pointcut-ref="myPointCut"/>
        </aop:aspect>
        </aop:config>
</beans>
```

在上述配置文件中，expression="execution(* dao.*.*(..))" 为定义切入点表达式，该切入点表达式的意思是匹配 dao 包中任意类的任意方法的执行。其中 execution() 是表达式的主体，第一个 * 表示的是返回类型，使用 * 代表所有类型；dao 表示的是需要匹配的包名，后面第二个 * 表示的是类名，使用 * 代表匹配包中所有的类；第三个 * 表示的是方法名，使用 * 表示所有方法；后面 (..) 表示方法的参数，其中"..."表示任意参数。另外，注意第一个 * 与包名之间有一个空格。读者如果想了解更多切入点表达式的配置信息，可参考 Spring 官方文档的切入点声明部分。

❺ 创建测试类

在 aspectj.xml 包中创建测试类 XMLAspectJTest，在主方法中使用 Spring 容器获取代理对象，并执行目标方法。

XMLAspectJTest 的代码如下：

```
package aspectj.xml;
import org.springframework.context.ApplicationContext;
import org.springframework.context.support.ClassPathXmlApplicationContext;
import dao.TestDao;
public class XMLAspectJTest {
    private static ApplicationContext appCon;
    public static void main(String[] args) {
        appCon = new ClassPathXmlApplicationContext("/aspectj/xml/
            applicationContext.xml");
        // 从容器中获取增强后的目标对象
        TestDao testDaoAdvice = (TestDao)appCon.getBean("testDao");
        // 执行方法
        testDaoAdvice.save();
    }
}
```

上述测试类的运行结果如图 4.4 所示。

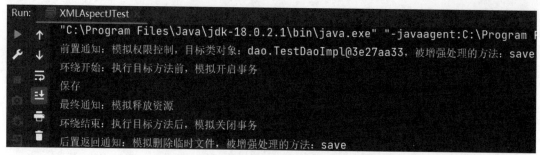

图 4.4　基于 XML 配置开发 AspectJ 的运行结果

异常通知得到执行，可以在 dao.TestDaoImpl 类的 save() 方法中添加异常代码，例如"int
n = 100/0;"，然后重新运行测试类，运行结果如图 4.5 所示。

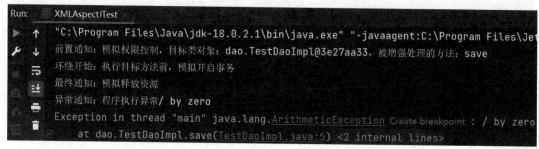

图 4.5　异常通知的执行结果

从图 4.4 和图 4.5 可以看出各类型通知与目标方法的执行过程，具体如图 4.6 所示。

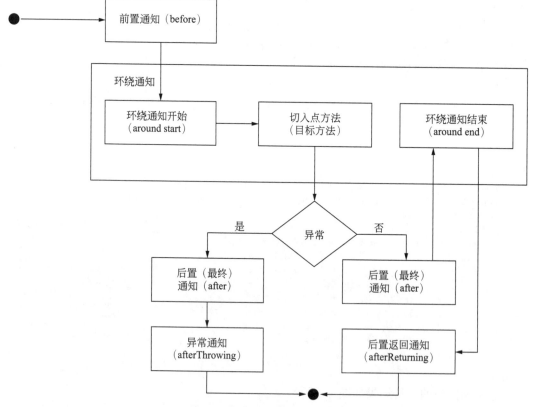

图 4.6　各类型通知的执行过程

4.5　基于注解开发 AspectJ

基于注解开发 AspectJ 要比基于 XML 配置开发 AspectJ 便捷许多，因此在实际开发中推荐使用注解方式。注解的相关内容已在 3.5.2 节学习，本节有关 AspectJ 注解，如表 4.3 所示。

表 4.3　AspectJ 注解

注解名称	描　　述
@Aspect	用于定义一个切面，注解在切面类上
@Pointcut	用于定义切入点表达式。在使用时需要定义一个切入点方法。该方法是一个返回值为 void，且方法体为空的普通方法
@Before	用于定义前置通知。在使用时通常为其指定 value 属性值，该值可以是已有的切入点，也可以直接定义切入点表达式
@AfterReturning	用于定义后置返回通知。在使用时通常为其指定 value 属性值，该值可以是已有的切入点，也可以直接定义切入点表达式
@Around	用于定义环绕通知。在使用时通常为其指定 value 属性值，该值可以是已有的切入点，也可以直接定义切入点表达式
@AfterThrowing	用于定义异常通知。在使用时通常为其指定 value 属性值，该值可以是已有的切入点，也可以直接定义切入点表达式。另外，它还有一个 throwing 属性用于访问目标方法抛出的异常，该属性值与异常通知方法中同名的形参一致
@After	用于定义后置（最终）通知。在使用时通常为其指定 value 属性值，该值可以是已有的切入点，也可以直接定义切入点表达式

下面通过一个实例讲解基于注解开发 AspectJ 的过程。

【例 4-5】　基于注解开发 AspectJ。

❶ 创建模块，导入相关 JAR 包

在 ch4 项目中创建一个名为 ch4_5 的模块，同时给 ch4_5 模块添加 Web Application，添加的模块依赖与 ch4_4 模块相同，这里不再赘述。

❷ 创建切面类并进行注解

在 ch4_5 模块的 src 目录下创建名为 aspectj.annotation 的包，在该包中创建切面类 MyAspect。在 MyAspect 类中首先使用 @Aspect 注解定义一个切面类，由于该类在 Spring 中是作为组件使用的，所以还需要使用 @Component 注解；然后使用 @Pointcut 注解切入点表达式，并通过定义方法来表示切入点名称；最后在每个通知方法上添加相应的注解，并将切入点名称作为参数传递给需要执行增强的通知方法。

MyAspect 的代码如下：

```
package aspectj.annotation;
import org.aspectj.lang.JoinPoint;
import org.aspectj.lang.ProceedingJoinPoint;
import org.aspectj.lang.annotation.After;
import org.aspectj.lang.annotation.AfterReturning;
import org.aspectj.lang.annotation.AfterThrowing;
import org.aspectj.lang.annotation.Around;
```

```java
import org.aspectj.lang.annotation.Aspect;
import org.aspectj.lang.annotation.Before;
import org.aspectj.lang.annotation.Pointcut;
import org.springframework.stereotype.Component;
/**
 * 切面类，在此类中编写各种类型的通知
 */
@Aspect            // 对应 <aop:aspect ref="myAspect">
@Component         // 对应 <bean id="myAspect" class="aspectj.xml.MyAspect"/>
public class MyAspect {
    /**
     * 定义切入点
     */
    @Pointcut("execution(* dao.*.*(..))")        // 也可以直接注解到通知方法上
    private void myPointCut() {
        // 对应 <aop:pointcut expression="execution(* dao.*.*(..))"
        //id="myPointCut"/>
    }
    /**
     * 前置通知，使用 JoinPoint 接口作为参数获得目标对象信息
     */
    @Before("myPointCut()")        // 对应 <aop:before method="before"
                                   //pointcut-ref="myPointCut"/>
//@Pointcut("execution(* dao.*.*(..))")
    public void before(JoinPoint jp) {
        System.out.print("前置通知：模拟权限控制 ");
        System.out.println("，目标类对象：" + jp.getTarget()
        + "，被增强处理的方法：" + jp.getSignature().getName());
    }
    /**
     * 后置返回通知
     */
    @AfterReturning("myPointCut()")
    public void afterReturning(JoinPoint jp) {
        System.out.print("后置返回通知：" + "模拟删除临时文件 ");
        System.out.println("，被增强处理的方法：" + jp.getSignature().
            getName());
    }
    /**
     * 环绕通知
     * ProceedingJoinPoint 是 JoinPoint 的子接口，代表可以执行的目标方法
     * 返回值的类型必须是 Object
     * 必须有一个参数是 ProceedingJoinPoint 类型
     * 必须抛出 Throwable
     */
    @Around("myPointCut()")
    public Object around(ProceedingJoinPoint pjp) throws Throwable{
        // 开始
        System.out.println("环绕开始：执行目标方法前，模拟开启事务 ");
        // 执行当前目标方法
        Object obj = pjp.proceed();
        // 结束
        System.out.println("环绕结束：执行目标方法后，模拟关闭事务 ");
        return obj;
    }
    /**
     * 异常通知
     */
    @AfterThrowing(value="myPointCut()",throwing="e")
    public void except(Throwable e) {
        System.out.println("异常通知：" + "程序执行异常" + e.getMessage());
    }
```

```
/**
 * 后置（最终）通知
 */
@After("myPointCut()")
public void after() {
    System.out.println(" 最终通知：模拟释放资源 ");
}
}
```

❸ 创建接口及实现类

在 ch4_5 模块的 src 目录下创建一个名为 dao 的包，在该包中创建接口 TestDao 和接口实现类 TestDaoImpl。该实现类将作为目标类，对其方法进行增强处理。使用 @Repository 注解将目标类 dao.TestDaoImpl 注解为目标对象，注解代码如下：

```
@Repository("testDao")
```

接口 TestDao 和接口实现类 TestDaoImpl 的其他代码与例 4-3 一样，这里不再赘述。

❹ 创建配置文件

在 aspectj.annotation 包中创建配置文件 applicationContext.xml，并在配置文件中指定需要扫描的包，使注解生效，同时需要启动基于注解的 AspectJ 支持。

applicationContext.xml 的代码如下：

```xml
<?xml version="1.0" encoding="UTF-8"?>
<beans xmlns="http://www.springframework.org/schema/beans"
    xmlns:xsi="http://www.w3.org/2001/XMLSchema-instance"
    xmlns:aop="http://www.springframework.org/schema/aop"
    xmlns:context="http://www.springframework.org/schema/context"
    xsi:schemaLocation="http://www.springframework.org/schema/beans
        http://www.springframework.org/schema/beans/spring-beans.xsd
        http://www.springframework.org/schema/aop
        http://www.springframework.org/schema/aop/spring-aop.xsd
        http://www.springframework.org/schema/context
        http://www.springframework.org/schema/context/spring-context.xsd">
    <!-- 指定需要扫描的包，使注解生效 -->
    <context:component-scan base-package="aspectj.annotation"/>
    <context:component-scan base-package="dao"/>
    <!-- 启动基于注解的 AspectJ 支持 -->
    <aop:aspectj-autoproxy/>
</beans>
```

❺ 创建测试类

测试类和运行结果与例 4-4 相同，这里不再赘述。

本章小结

本章主要讲解了 Spring AOP 框架的相关知识，包括 AOP 概念、AOP 术语、动态代理、基于代理类的 AOP 实现以及 AspectJ 框架的 AOP 开发方式等知识。

扫一扫

自测题

习 题 4

（1）什么是 AOP？AOP 有哪些术语？为什么要学习 AOP 编程？

（2）在 Java 中有哪些常用的动态代理技术？

（3）AspectJ 框架的 AOP 开发方式有哪几种？

（4）在 OOP 中以类作为程序的基本单元，而 AOP 中的基本单元是（　　）。

    A. 切面　　　　　　　B. 函数　　　　　　　C. 接口　　　　　　　D. 过程

（5）Spring AOP 采取（　　）机制，即将分散在各个方法中的重复代码提取出来，然后在程序编译或运行阶段将这些抽取出来的代码应用到需要执行的地方。

    A. 面向过程　　　　　B. 纵向抽取　　　　　C. 横向抽取　　　　　D. 面向对象

学习目的与要求

本章主要介绍了 Spring 框架所支持的事务管理，包括编程式事务管理和声明式事务管理。通过本章的学习，要求读者掌握声明式事务管理，了解编程式事务管理。

本章主要内容

❖ Spring 的数据库编程
❖ 编程式事务管理
❖ 声明式事务管理

在数据库操作中，事务管理是一个重要的概念。例如，银行转账，当从 A 账户向 B 账户转 1000 元后，银行的系统将从 A 账户上扣除 1000 元，而在 B 账户上加 1000 元，这是正常处理的结果。

一旦银行系统出错了怎么办？这里假设发生两种情况：

（1）A 账户少了 1000 元，但 B 账户却没有多 1000 元。

（2）B 账户多了 1000 元钱，但 A 账户却没有被扣钱。

客户和银行都不愿意发生上面两种情况。那么有没有措施保证转账顺利进行？这种措施就是数据库事务管理机制。

Spring 的事务管理简化了传统的数据库事务管理流程，提高了开发效率。在学习事务管理之前，需要了解 Spring 的数据库编程。

5.1 Spring 的数据库编程

扫一扫

视频讲解

数据库编程是互联网编程的基础，Spring 框架为开发者提供了 JDBC 模板模式，即 jdbcTemplate，它可以简化许多代码，但在实际应用中 jdbcTemplate 并不常用，在工作中更多的是使用 Hibernate 框架和 MyBatis 框架进行数据库编程。

本节简要介绍 Spring jdbcTemplate 的使用方法，对于 MyBatis 框架的相关内容将在第 14 章详细介绍，对于 Hibernate 框架本书不再涉及，需要的读者可以查阅 Hibernate 框架的相关知识。

▶ 5.1.1 Spring JDBC 的配置

本节 Spring 的数据库编程主要使用 Spring JDBC 模块的 core 包和 dataSource 包。core 包是 JDBC 的核心功能包，包括常用的 JdbcTemplate 类；dataSource 包是访问数据源的工具类包。使用 Spring JDBC 操作数据库，需要对其进行配置。配置文件的示例代码如下：

```
<!-- 配置数据源 -->
```

```
<bean id="dataSource" class="org.springframework.jdbc.datasource.
    DriverManagerDataSource">
        <!-- MySQL 数据库驱动 -->
        <property name="driverClassName" value="com.mysql.cj.jdbc.
            Driver"/>
        <!-- 连接数据库的 URL -->
        <property name="url" value="jdbc:mysql://127.0.0.1:3306/
            springtest?useUnicode=
true&amp;characterEncoding=UTF-8&amp;allowMultiQueries=true&amp;
    serverTimezone=GMT%2B8"/>
        <!-- 连接数据库的用户名 -->
        <property name="username" value="root"/>
        <!-- 连接数据库的密码 -->
        <property name="password" value="root"/>
</bean>
<!-- 配置 JDBC 模板 -->
<bean id="jdbcTemplate" class="org.springframework.jdbc.core.
    JdbcTemplate">
        <property name="dataSource" ref="dataSource"/>
</bean>
```

在上述示例代码中，配置 JDBC 模板时，需要将 dataSource 注入 jdbcTemplate，而在数据访问层（Dao 层）需要使用 jdbcTemplate 时，也需要将 jdbcTemplate 注入对应的 Bean 中。示例代码如下：

```
...
@Repository("testDao")
public class TestDaoImpl implements TestDao{
    @Autowired
    // 使用配置文件中的 JDBC 模板
    private JdbcTemplate jdbcTemplate;
    ...
}
```

▶ 5.1.2 Spring jdbcTemplate 的使用方法

在获取 JDBC 模板后如何使用它是本节将要讲述的内容。首先需要了解 jdbcTemplate 类的常用方法，该类的常用方法是 update() 和 query() 方法。

（1）public int update(String sql,Object args[])：该方法可以对数据表进行增加、修改、删除等操作。使用 args[] 设置 SQL 语句中的参数，并返回更新的行数。示例代码如下：

```
String insertSql = "insert into user values(null,?,?)";
Object param1[] = {"chenheng1", " 男 "};
jdbcTemplate.update(sql, param1);
```

（2）public List<T> query (String sql, RowMapper<T> rowMapper, Object args[])：该方法可以对数据表进行查询操作。rowMapper 将结果集映射到用户自定义的类中（前提是自定义类中的属性与数据表的字段对应）。示例代码如下：

```
String selectSql ="select * from user";
RowMapper<MyUser> rowMapper = new BeanPropertyRowMapper<MyUser>(MyUser.
    class);
List<MyUser> list = jdbcTemplate.query(sql, rowMapper, null);
```

下面通过一个实例演示 Spring JDBC 的使用过程。

【例 5-1】 使用 Spring JDBC 访问数据库。

❶ 创建模块并导入 JAR 包

创建名为 ch5 的项目，然后在 ch5 项目中创建一个名为 ch5_1 的模块，同时给 ch5_1 模块添加 Web Application，并将 Spring 的 4 个基础包、Spring Commons Logging Bridge 对应的 JAR 包 spring-jcl-6.0.0.jar 和 spring-aop-6.0.0.jar、MySQL 数据库的驱动程序 JAR 包（mysql-connector-java-8.0.29.jar）、Spring JDBC 的 JAR 包（spring-jdbc-6.0.0.jar）、Java 增强库（lombok-1.18.24.jar）以及 Spring 事务管理的 JAR 包（spring-tx-6.0.0.jar）复制到 ch5_1 的 WEB-INF/lib 目录中，添加为模块依赖，如图 5.1 所示。

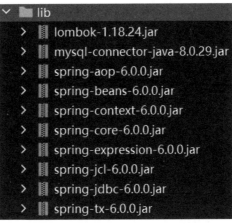

图 5.1　ch5_1 模块所依赖的 JAR 包

❷ 创建并编辑配置文件

在 ch5_1 模块的 src 目录中创建配置文件 applicationContext.xml，并在该文件中配置数据源和 JDBC 模板，具体代码如下：

```xml
<?xml version="1.0" encoding="UTF-8"?>
<beans xmlns="http://www.springframework.org/schema/beans"
    xmlns:xsi="http://www.w3.org/2001/XMLSchema-instance"
    xmlns:context="http://www.springframework.org/schema/context"
    xsi:schemaLocation="http://www.springframework.org/schema/beans
        http://www.springframework.org/schema/beans/spring-beans.xsd
        http://www.springframework.org/schema/context
        http://www.springframework.org/schema/context/spring-context.xsd">
    <!-- 指定需要扫描的包（包括子包），使注解生效 -->
    <context:component-scan base-package="dao"/>
    <!-- 配置数据源 -->
    <bean id="dataSource" class="org.springframework.jdbc.datasource.
        DriverManagerDataSource">
        <!-- MySQL 数据库驱动 -->
        <property name="driverClassName" value="com.mysql.cj.jdbc.
            Driver"/>
        <!-- 连接数据库的 URL -->
        <property name="url" value="jdbc:mysql://127.0.0.1:3306/springtest?
            useUnicode=true&amp;characterEncoding=UTF-8&amp;
            allowMultiQueries=true&amp;serverTimezone=GMT%2B8"/>
        <!-- 连接数据库的用户名 -->
        <property name="username" value="root"/>
        <!-- 连接数据库的密码 -->
        <property name="password" value="root"/>
    </bean>
    <!-- 配置 JDBC 模板 -->
    <bean id="jdbcTemplate" class="org.springframework.jdbc.core.
```

```
                    JdbcTemplate">
            <property name="dataSource" ref="dataSource"/>
       </bean>
</beans>
```

❸ 创建实体类

在 ch5_1 模块的 src 目录中创建名为 entity 的包，并在该包中创建实体类 MyUser。该类的属性与数据表 user 中的字段一致。数据表 user 的结构如图 5.2 所示。

名	类型	长度	小数点	允许空值 (	
▶ uid	int	10	0	☐	🔑1
uname	varchar	20	0	☑	
usex	varchar	10	0	☑	

图 5.2　数据表 user 的结构

实体类 MyUser 的代码如下：

```
package entity;
import lombok.Data;
/**
* 使用 @Data 注解实体属性无须 Setter 和 Getter 方法，但需要给 IDEA 安装 Lombok 插件（安
* 装后重构模块）
*/
@Data
public class MyUser {
    private Integer uid;
    private String uname;
    private String usex;
    public String toString() {
        return "myUser [uid=" + uid +", uname=" + uname + ", usex=" +
            usex + "]";
    }
}
```

❹ 创建数据访问层 Dao

在 ch5_1 模块的 src 目录中创建名为 dao 的包，并在 dao 包中创建 TestDao 接口和 TestDaoImpl 实现类。在实现类 TestDaoImpl 中使用 JDBC 模板 jdbcTemplate 访问数据库，并将该类注解为 @Repository("testDao")。

TestDao 接口的代码如下：

```
package dao;
import java.util.List;
import entity.MyUser;
public interface TestDao {
    public int update(String sql, Object[] param);
    public List<MyUser> query(String sql, Object[] param);
}
```

TestDaoImpl 实现类的代码如下：

```
package dao;
import java.util.List;
import org.springframework.beans.factory.annotation.Autowired;
import org.springframework.jdbc.core.BeanPropertyRowMapper;
import org.springframework.jdbc.core.JdbcTemplate;
import org.springframework.jdbc.core.RowMapper;
import org.springframework.stereotype.Repository;
import entity.MyUser;
@Repository("testDao")
```

```
public class TestDaoImpl implements TestDao{
    @Autowired
    // 使用配置文件中的 JDBC 模板
    private JdbcTemplate jdbcTemplate;
    /**
     * 更新方法，包括添加、修改、删除
     * param 为 sql 中的参数，例如通配符？
     */
    @Override
    public int update(String sql, Object[] param) {
        return jdbcTemplate.update(sql, param);
    }
    /**
     * 查询方法
     * param 为 sql 中的参数，例如通配符？
     */
    @Override
    public List<MyUser> query(String sql, Object[] param) {
        RowMapper<MyUser> rowMapper = new BeanPropertyRowMapper
            <MyUser>(MyUser.class);
        return jdbcTemplate.query(sql, rowMapper, param);
    }
}
```

❺ 创建测试类

在 ch5_1 模块的 src 目录中创建名为 test 的包，并在该包中创建测试类 TestSpringJDBC。在主方法中调用数据访问层 Dao 中的方法，对数据表 user 进行操作。具体代码如下：

```
package test;
import java.util.List;
import org.springframework.context.ApplicationContext;
import org.springframework.context.support.ClassPathXmlApplicationContext;
import dao.TestDao;
import entity.MyUser;
public class TestSpringJDBC {
    private static ApplicationContext appCon;
    public static void main(String[] args) {
        appCon = new ClassPathXmlApplicationContext
            ("applicationContext.xml");
        TestDao td = (TestDao)appCon.getBean("testDao");
        String insertSql = "insert into user values(null,?,?)";
        // 数组 param 的值与 insertSql 语句中的？一一对应
        Object param1[] = {"chenheng1", "男"};
        Object param2[] = {"chenheng2", "女"};
        Object param3[] = {"chenheng3", "男"};
        Object param4[] = {"chenheng4", "女"};
        // 添加用户
        td.update(insertSql, param1);
        td.update(insertSql, param2);
        td.update(insertSql, param3);
        td.update(insertSql, param4);
        // 查询用户
        String selectSql ="select * from user";
        List<MyUser> list = td.query(selectSql, null);
        for(MyUser mu: list) {
            System.out.println(mu);
        }
    }
}
```

运行上述测试类，运行结果如图 5.3 所示。

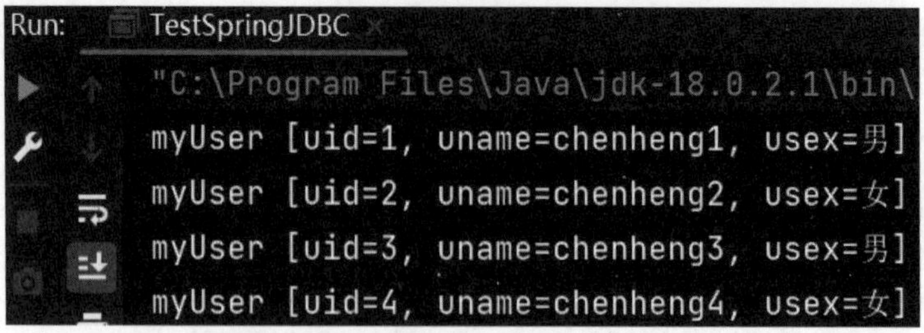

图 5.3　Spring 数据库编程的运行结果

5.2　编程式事务管理

在代码中显式调用 beginTransaction()、commit()、rollback() 等与事务管理相关的方法，这就是编程式事务管理。当只有少数事务操作时，采用编程式事务管理比较合适。

▶ 5.2.1　基于底层 API 的编程式事务管理

基于底层 API 的编程式事务管理就是根据 PlatformTransactionManager、Transaction-Definition 和 TransactionStatus 3 个核心接口通过编程的方式来进行事务管理。

下面通过一个实例讲解基于底层 API 的编程式事务管理。

【例 5-2】　基于底层 API 的编程式事务管理。

❶ 创建模块并导入 JAR 包

在 ch5 项目中创建一个名为 ch5_2 的模块，同时给 ch5_2 模块添加 Web Application，并将 Spring 的 4 个基础包、Spring Commons Logging Bridge 对应的 JAR 包 spring-jcl-6.0.0.jar 和 spring-aop-6.0.0.jar、MySQL 数据库的驱动程序 JAR 包（mysql-connector-java-8.0.29.jar）、Spring JDBC 的 JAR 包（spring-jdbc-6.0.0.jar）以及 Spring 事务管理的 JAR 包（spring-tx-6.0.0.jar）复制到 ch5_2 的 WEB-INF/lib 目录中，添加为模块依赖。

❷ 给数据源配置事务管理器

在 ch5_2 模块的 src 目录中创建配置文件 applicationContext.xml，并在配置文件中使用 PlatformTransactionManager 接口的一个间接实现类 DataSourceTransactionManager 为数据源添加事务管理器，具体配置代码如下：

```xml
<?xml version="1.0" encoding="UTF-8"?>
<beans xmlns="http://www.springframework.org/schema/beans"
    xmlns:xsi="http://www.w3.org/2001/XMLSchema-instance"
    xmlns:context="http://www.springframework.org/schema/context"
    xsi:schemaLocation="http://www.springframework.org/schema/beans
        http://www.springframework.org/schema/beans/spring-beans.xsd
        http://www.springframework.org/schema/context
        http://www.springframework.org/schema/context/spring-context.xsd">
<!-- 指定需要扫描的包（包括子包），使注解生效 -->
<context:component-scan base-package="dao"/>
<!-- 配置数据源 -->
<bean id="dataSource" class="org.springframework.jdbc.datasource.
    DriverManagerDataSource">
    <!-- MySQL 数据库驱动 -->
    <property name="driverClassName" value="com.mysql.cj.jdbc.
        Driver"/>
    <!-- 连接数据库的 URL -->
```

```
            <property name="url" value="jdbc:mysql://127.0.0.1:3306/
                springtest?useUnicode=true&amp;characterEncoding=UTF-8&amp;
                allowMultiQueries=true&amp;serverTimezone=GMT%2B8"/>
            <!-- 连接数据库的用户名 -->
            <property name="username" value="root"/>
            <!-- 连接数据库的密码 -->
            <property name="password" value="root"/>
        </bean>
        <!-- 配置 JDBC 模板 -->
        <bean id="jdbcTemplate" class="org.springframework.jdbc.core.
            JdbcTemplate">
            <property name="dataSource" ref="dataSource"/>
        </bean>
        <!-- 为数据源添加事务管理器 -->
        <bean id="txManager"
            class="org.springframework.jdbc.datasource.
                DataSourceTransactionManager">
            <property name="dataSource" ref="dataSource"/>
        </bean>
    </beans>
```

❸ 创建数据访问类

在 ch5_2 模块的 src 目录中创建名为 dao 的包，在该包中创建数据访问类 CodeTransaction，并使用 @Repository("codeTransaction") 注解为数据访问层。在 CodeTransaction 类中使用编程的方式进行数据库的事务管理。

CodeTransaction 类的代码如下：

```
package dao;
import org.springframework.beans.factory.annotation.Autowired;
import org.springframework.jdbc.core.JdbcTemplate;
import org.springframework.jdbc.datasource.DataSourceTransactionManager;
import org.springframework.stereotype.Repository;
import org.springframework.transaction.TransactionDefinition;
import org.springframework.transaction.TransactionStatus;
import org.springframework.transaction.support.DefaultTransactionDefinition;
@Repository("codeTransaction")
public class CodeTransaction {
    @Autowired
    // 使用配置文件中的 JDBC 模板
    private JdbcTemplate jdbcTemplate;
    // 依赖注入事务管理器 txManager（配置文件中的 Bean）
    @Autowired
    private DataSourceTransactionManager txManager;
    public void test() {
        // 默认事务定义，例如隔离级别、传播行为等
        TransactionDefinition tf = new DefaultTransactionDefinition();
        // 开启事务 ts
        TransactionStatus ts = txManager.getTransaction(tf);
        // 删除表中的数据
        String sql = " delete from user ";
        // 添加数据
        String sql1 = " insert into user values(?,?,?) ";
        Object param[] = { 1, "陈恒", "男" };
        try {
            // 删除数据
            jdbcTemplate.update(sql);
            // 添加一条数据
            jdbcTemplate.update(sql1, param);
            // 添加相同的一条数据，使主键重复
            jdbcTemplate.update(sql1, param);
```

```
                        // 提交事务
                        txManager.commit(ts);
                        System.out.println("执行成功，没有事务回滚！");
                } catch (Exception e) {
                        System.out.println("主键重复，事务回滚！");
                }
        }
}
```

❹ 创建测试类

在 ch5_2 模块的 src 目录中创建名为 test 的包，并在该包中创建测试类 TestCodeTransaction，具体代码如下：

```
package test;
import org.springframework.context.ApplicationContext;
import org.springframework.context.support.ClassPathXmlApplicationContext;
import dao.CodeTransaction;
public class TestCodeTransaction {
    private static ApplicationContext appCon;
    public static void main(String[] args) {
        appCon = new ClassPathXmlApplicationContext
            ("applicationContext.xml");
        CodeTransaction ct = (CodeTransaction)appCon.getBean
            ("codeTransaction");
        ct.test();
    }
}
```

上述测试类的运行结果如图 5.4 所示。

图 5.4　基于底层 API 的编程式事务管理的测试结果

从程序运行前后数据表中的数据可以看出，取消了主键重复前执行的删除和插入操作，即事务回滚。

▶ 5.2.2　基于 TransactionTemplate 的编程式事务管理

事务管理的代码散落在业务逻辑代码中，破坏了原有代码的条理性，并且每一个业务方法都包含了类似的启动事务、提交以及回滚事务的样板代码。

TransactionTemplate 的 execute() 方法有一个 TransactionCallback 接口类型的参数，该接口中定义了一个 doInTransaction() 方法，通常以匿名内部类的方式实现 TransactionCallback 接口，并在其 doInTransaction() 方法中书写业务逻辑代码。这里可以使用默认的事务提交和回滚规则，在业务代码中不需要显式调用任何事务管理的 API。doInTransaction() 方法有一个 TransactionStatus 类型的参数，可以在方法的任何位置调用该参数的 setRollbackOnly() 方法将事务标识为回滚，以执行事务回滚。

根据默认规则，如果在执行回调方法的过程中抛出了未检查异常，或者显式调用了 setRollbackOnly() 方法，则回滚事务；如果事务执行完成或者抛出了 checked 类型的异常，则提交事务。

【例 5-3】　基于 TransactionTemplate 的编程式事务管理。

❶ 创建模块并导入 JAR 包

在 ch5 项目中创建一个名为 ch5_3 的模块，同时给 ch5_3 模块添加 Web Application，并将 ch5_2 模块的 lib 复制到 ch5_3 模块的 WEB-INF 目录中，添加为模块依赖。

❷ 为事务管理器添加事务模板

在 ch5_3 模块的 src 目录中创建配置文件 applicationContext.xml，在配置文件中使用 org.springframework.transaction.support.TransactionTemplate 类为事务管理器添加事务模板，具体配置代码如下：

```xml
<?xml version="1.0" encoding="UTF-8"?>
<beans xmlns="http://www.springframework.org/schema/beans"
    xmlns:xsi="http://www.w3.org/2001/XMLSchema-instance"
    xmlns:context="http://www.springframework.org/schema/context"
    xsi:schemaLocation="http://www.springframework.org/schema/beans
        http://www.springframework.org/schema/beans/spring-beans.xsd
        http://www.springframework.org/schema/context
        http://www.springframework.org/schema/context/spring-context.xsd">
<!-- 指定需要扫描的包（包括子包），使注解生效 -->
<context:component-scan base-package="dao"/>
<!-- 配置数据源 -->
<bean id="dataSource" class="org.springframework.jdbc.datasource.
    DriverManagerDataSource">
    <!-- MySQL 数据库驱动 -->
    <property name="driverClassName" value="com.mysql.cj.jdbc.
        Driver"/>
    <!-- 连接数据库的 URL -->
    <property name="url" value="jdbc:mysql://127.0.0.1:3306/
        springtest?useUnicode=true&amp;characterEncoding=UTF-8&amp;
        allowMultiQueries=true&amp;serverTimezone=GMT%2B8"/>
    <!-- 连接数据库的用户名 -->
    <property name="username" value="root"/>
    <!-- 连接数据库的密码 -->
    <property name="password" value="root"/>
</bean>
<!-- 配置 JDBC 模板 -->
<bean id="jdbcTemplate" class="org.springframework.jdbc.core.
    JdbcTemplate">
    <property name="dataSource" ref="dataSource"/>
</bean>
<!-- 为数据源添加事务管理器 -->
    <bean id="txManager"
        class="org.springframework.jdbc.datasource.
            DataSourceTransactionManager">
        <property name="dataSource" ref="dataSource"/>
    </bean>
    <!-- 为事务管理器 txManager 创建 transactionTemplate -->
    <bean id="transactionTemplate" class="org.springframework.
        transaction.support.TransactionTemplate">
    <property name="transactionManager" ref="txManager"/>
    </bean>
</beans>
```

❸ 创建数据访问类

在 ch5_3 模块的 src 目录中创建名为 dao 的包，并在该包中创建数据访问类 TransactionTemplateDao，同时注解为 @Repository("transactionTemplateDao")。在 TransactionTemplateDao 类中使用编程的方式进行数据库的事务管理。

数据访问类 TransactionTemplateDao 的代码具体如下：

```
package dao;
import org.springframework.beans.factory.annotation.Autowired;
import org.springframework.jdbc.core.JdbcTemplate;
import org.springframework.stereotype.Repository;
import org.springframework.transaction.TransactionStatus;
import org.springframework.transaction.support.TransactionCallback;
import org.springframework.transaction.support.TransactionTemplate;
@Repository("transactionTemplateDao")
public class TransactionTemplateDao {
    // 依赖注入 JDBC 模板
    @Autowired
    private JdbcTemplate jdbcTemplate;
    // 依赖注入 transactionTemplate
    @Autowired
    private TransactionTemplate transactionTemplate;
    public void test() {
        // 以匿名内部类的方式实现 TransactionCallback 接口，使用默认的事务提交和回滚
        // 规则，在业务代码中不需要显式调用任何事务处理的 API
        transactionTemplate.execute(new TransactionCallback<Object>(){
            @Override
            public Object doInTransaction(TransactionStatus arg0) {
                // 删除表中的数据
                String sql = " delete from user  ";
                // 添加数据
                String sql1 = " insert into user values(?,?,?) ";
                Object param[] = {1,"陈恒","男"};
                try{
                    // 删除数据
                    jdbcTemplate.update(sql);
                    // 添加一条数据
                    jdbcTemplate.update(sql1, param);
                    // 添加相同的一条数据，使主键重复
                    jdbcTemplate.update(sql1, param);
                    System.out.println(" 执行成功，没有事务回滚！ ");
                }catch(Exception e){
                    System.out.println(" 主键重复，事务回滚！ ");
                }
                return null;
            }
        });
    }
}
```

❹ 创建测试类

在 ch5_3 模块的 src 目录中创建名为 test 的包，并在该包中创建测试类 TransactionTemplateTest，测试类的代码具体如下：

```
package test;
import org.springframework.context.ApplicationContext;
import org.springframework.context.support.ClassPathXmlApplicationContext;
import dao.TransactionTemplateDao;
public class TransactionTemplateTest {
    private static ApplicationContext appCon;
    public static void main(String[] args) {
        appCon = new ClassPathXmlApplicationContext
            ("applicationContext.xml");
        TransactionTemplateDao ct = (TransactionTemplateDao)appCon.
            getBean("transactionTemplateDao");
        ct.test();
    }
}
```

5.3 声明式事务管理

Spring 的声明式事务管理是通过 AOP 技术实现的事务管理，其本质是对方法执行前后进行拦截，在目标方法执行前，创建或者加入一个事务；在目标方法执行后，根据执行情况提交事务或回滚事务。

声明式事务管理最大的优点是不需要通过编程的方式管理事务，因此不需要在业务逻辑代码中掺杂事务管理的代码，只需要相关的事务规则声明，便可以将事务规则应用到业务逻辑中。通常情况下，在开发中使用声明式事务管理，不仅因为其简单，更因为这样使纯业务代码不被污染，极大地方便了后期的代码维护。

与编程式事务管理相比，声明式事务管理唯一不足的地方是，最细粒度只能作用到方法级别，无法像编程式事务管理那样可以作用到代码块级别。如果的确有需求，也可以通过变通的方法进行解决，比如将需要进行事务管理的代码块独立为方法。

Spring 的声明式事务管理可以通过两种方式来实现：一种是基于 XML 的方式；另一种是基于 @Transactional 注解的方式。

▶ 5.3.1 基于 XML 方式的声明式事务管理

基于 XML 方式的声明式事务管理是通过在配置文件中配置事务规则的相关声明来实现的。Spring 框架提供了 tx 命名空间来配置事务，用 <tx:advice> 元素来配置事务的通知。在配置 <tx:advice> 元素时，一般需要指定 id 和 transaction-manager 属性，其中 id 属性是配置文件中的唯一标识，transaction-manager 属性用于指定事务管理器。另外还需要 <tx:attributes> 子元素，该子元素可配置多个 <tx:method> 子元素指定执行事务的细节。

当 <tx:advice> 元素配置了事务的增强处理后，就可以通过编写 AOP 配置，让 Spring 自动对目标对象生成代理。下面通过一个实例演示如何通过 XML 方式来实现 Spring 的声明式事务管理。

【例 5-4】 基于 XML 方式的声明式事务管理。

为了体现事务管理的流程，本实例创建了 Dao、Service 和 Controller 3 层，具体实现步骤如下。

❶ 创建模块并导入 JAR 包

在 ch5 项目中创建一个名为 ch5_4 的模块，同时给 ch5_4 模块添加 Web Application，并将如图 5.5 所示的 JAR 包复制到 ch5_4 的 WEB-INF/lib 目录中，添加为模块依赖。

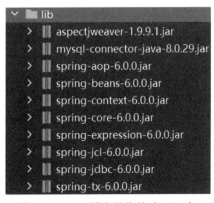

图 5.5 ch5_4 模块所依赖的 JAR 包

❷ 创建 Dao 层

在 ch5_4 模块的 src 目录下创建名为 com.statement.dao 的包，并在该包中创建 TestDao 接口和 TestDaoImpl 实现类。在 Dao 层中有两个数据操作方法，即 save() 和 delete()。

TestDao 接口的代码如下：

```
package com.statement.dao;
public interface TestDao {
    public int save(String sql, Object param[]);
    public int delete(String sql, Object param[]);
}
```

TestDaoImpl 实现类的代码如下：

```
package com.statement.dao;
import org.springframework.beans.factory.annotation.Autowired;
import org.springframework.jdbc.core.JdbcTemplate;
import org.springframework.stereotype.Repository;
@Repository("testDao")
public class TestDaoImpl implements TestDao{
    @Autowired
    private JdbcTemplate jdbcTemplate;
    @Override
    public int save(String sql, Object[] param) {
        return jdbcTemplate.update(sql,param);
    }
    @Override
    public int delete(String sql, Object[] param) {
        return jdbcTemplate.update(sql,param);
    }
}
```

❸ 创建 Service 层

在 ch5_4 模块的 src 目录下创建名为 com.statement.service 的包，并在该包中创建 TestService 接口和 TestServiceImpl 实现类。在 Service 层中依赖注入 Dao 层。

TestService 接口的代码如下：

```
package com.statement.service;
public interface TestService {
    public void test();
}
```

TestServiceImpl 实现类的代码如下：

```
package com.statement.service;
import org.springframework.beans.factory.annotation.Autowired;
import org.springframework.stereotype.Service;
import com.statement.dao.TestDao;
@Service("testService")
public class TestServiceImpl implements TestService{
    @Autowired
    private TestDao testDao;
    @Override
    public void test() {
        String deleteSql ="delete from user";
        String saveSql = "insert into user values(?,?,?)";
        Object param[] = {1,"chenheng","男"};
        testDao.delete(deleteSql, null);
        testDao.save(saveSql, param);
        // 插入两条主键重复的数据
```

```
            testDao.save(saveSql, param);
    }
}
```

❹ 创建 Controller 层

在 ch5_4 模块的 src 目录下创建名为 com.statement.controller 的包，并在该包中创建 StatementController 控制器类。在 Controller 层中依赖注入 Service 层。

StatementController 类的代码如下：

```
package com.statement.controller;
import org.springframework.beans.factory.annotation.Autowired;
import org.springframework.stereotype.Controller;
import com.statement.service.TestService;
@Controller
public class StatementController {
    @Autowired
    private TestService testService;
    public void test() {
        testService.test();
    }
}
```

❺ 创建配置文件

在 ch5_4 模块的 src 目录下创建配置文件 XMLstatementapplicationContext.xml，在配置文件中使用 <tx:advice> 编写通知声明事务，使用 <aop:config> 编写 AOP 让 Spring 自动对目标对象生成代理。

XMLstatementapplicationContext.xml 文件的配置代码如下：

```
<?xml version="1.0" encoding="UTF-8"?>
<beans xmlns="http://www.springframework.org/schema/beans"
    xmlns:xsi="http://www.w3.org/2001/XMLSchema-instance"
    xmlns:aop="http://www.springframework.org/schema/aop"
    xmlns:tx="http://www.springframework.org/schema/tx"
    xmlns:context="http://www.springframework.org/schema/context"
    xsi:schemaLocation="http://www.springframework.org/schema/beans
        http://www.springframework.org/schema/beans/spring-beans.xsd
        http://www.springframework.org/schema/context
        http://www.springframework.org/schema/context/spring-context.xsd
        http://www.springframework.org/schema/aop
        http://www.springframework.org/schema/aop/spring-aop.xsd
        http://www.springframework.org/schema/tx
        http://www.springframework.org/schema/tx/spring-tx.xsd">
    <!-- 指定需要扫描的包（包括子包），使注解生效 -->
    <context:component-scan base-package="com.statement"/>
    <!-- 配置数据源 -->
    <bean id="dataSource" class="org.springframework.jdbc.datasource.
        DriverManagerDataSource">
        <!-- MySQL 数据库驱动 -->
        <property name="driverClassName" value="com.mysql.cj.jdbc.
            Driver"/>
        <!-- 连接数据库的 URL -->
        <property name="url" value="jdbc:mysql://127.0.0.1:3306/springtest?
            useUnicode=true&amp;characterEncoding=UTF-8&amp;
```

```
            allowMultiQueries=true&amp;serverTimezone=GMT%2B8"/>
        <!-- 连接数据库的用户名 -->
        <property name="username" value="root"/>
        <!-- 连接数据库的密码 -->
        <property name="password" value="root"/>
    </bean>
    <!-- 配置 JDBC 模板 -->
    <bean id="jdbcTemplate" class="org.springframework.jdbc.core.
        JdbcTemplate">
        <property name="dataSource" ref="dataSource"/>
    </bean>
    <!-- 为数据源添加事务管理器 -->
    <bean id="txManager"
        class="org.springframework.jdbc.datasource.
            DataSourceTransactionManager">
        <property name="dataSource" ref="dataSource"/>
    </bean>
    <!-- 编写通知声明事务 -->
    <tx:advice id="myAdvice" transaction-manager="txManager">
        <tx:attributes>
            <!-- *表示任意方法 -->
            <tx:method name="*"/>
        </tx:attributes>
    </tx:advice>
    <!-- 编写 AOP，让 Spring 自动对目标对象生成代理，需要使用 AspectJ 的表达式 -->
    <aop:config>
        <!-- 定义切入点 -->
        <aop:pointcut expression="execution(* com.statement.service.*.*())"
            id="txPointCut"/>
        <!-- 切面：将切入点与通知关联 -->
        <aop:advisor advice-ref="myAdvice" pointcut-ref="txPointCut"/>
    </aop:config>
</beans>
```

❻ 创建测试类

在 ch5_4 模块的 src 目录下创建名为 com.statement.test 的包，并在该包中创建测试类 XMLTest，在测试类中通过访问 Controller 测试基于 XML 方式的声明式事务管理。

测试类 XMLTest 的代码如下：

```
package com.statement.test;
import org.springframework.context.ApplicationContext;
import org.springframework.context.support.ClassPathXmlApplicationContext;
import com.statement.controller.StatementController;
public class XMLTest {
    public static void main(String[] args) {
        ApplicationContext appCon =
    new ClassPathXmlApplicationContext("/com/statement/xml/
        XMLstatementapplicationContext.xml");
        StatementController ct = (StatementController)appCon.getBean
        ("statementController");
        ct.test();
    }
}
```

测试类 XMLTest 的运行结果如图 5.6 所示。

图 5.6　测试类 XMLTest 的运行结果

从测试类 XMLTest 运行前后数据表中的数据可以看出，取消了主键重复前执行的删除和插入操作，即事务回滚。

▶ 5.3.2　基于 @Transactional 注解的声明式事务管理

@Transactional 注解可以作用于接口、接口方法、类以及类方法上。当作用于类上时，该类的所有 public 方法都将具有该类型的事务属性，同时也可以在方法级别使用该注解来覆盖类级别的定义。虽然 @Transactional 注解可以作用于接口、接口方法、类以及类方法上，但是 Spring 小组建议用户不要在接口或者接口方法上使用该注解，因为它只有在使用基于接口的代理时才会生效。

可以使用 @Transactional 注解的属性定制事务行为，具体属性如表 5.1 所示。

表 5.1　@Transactional 的具体属性

属　　性	属性值的含义	默 认 值
propagation	propagation 定义了事务的生命周期，主要有以下选项。 ① propagation.REQUIRED：当需要事务支持的方法 A 被调用时，没有事务新建一个事务。当在方法 A 中调用另一个方法 B 时，方法 B 将使用相同的事务。如果方法 B 发生异常需要数据回滚，整个事务数据回滚。 ② propagation.REQUIRES_NEW：对于方法 A 和方法 B，在方法调用时，无论是否有事务都开启一个新的事务；方法 B 有异常不会导致方法 A 的数据回滚。 ③ propagation.NESTED：和 Propagation.REQUIRES_NEW 类似，仅支持 JDBC，不支持 JPA 或 Hibernate。 ④ propagation.SUPPORTS：在方法调用时有事务就使用事务，没有事务不创建事务。 ⑤ propagation.NOT_SUPPORTED：强制方法在事务中执行，若有事务，在方法调用到结束阶段事务都将被挂起。 ⑥ propagation.NEVER：强制方法不在事务中执行，若有事务则抛出异常。 ⑦ propagation.MANDATORY：强制方法在事务中执行，若无事务则抛出异常	propagation.REQUIRED
isolation	isolation（隔离）决定了事务的完整性，可以设置多事务对相同数据的处理机制，主要包含以下隔离级别（前提是当前数据库是否支持）。	isolation.DEFAULT

续表

属　　性	属性值的含义	默　认　值
isolation	① isolation.READ_UNCOMMITTED：在 A 事务中修改了一条记录但没有提交事务；在 B 事务中可以读取到修改后的记录，可导致脏读、不可重复读以及幻读。 ② isolation.READ_COMMITTED：只有当在 A 事务中修改了一条记录且提交事务后，B 事务才可以读取到提交后的记录，防止脏读，但可能导致不可重复读和幻读。 ③ isolation.REPEATABLE_READ：不仅能实现 isolation.READ_COMMITTED 的功能，还能阻止当 A 事务读取了一条记录，B 事务将不允许修改该条记录，可阻止脏读和不可重复读，但可能出现幻读。 ④ isolation.SERIALIZABLE：在此级别下事务是顺序执行的，可以避免上述级别的缺陷，但开销较大。 ⑤ isolation.DEFAULT：使用当前数据库的默认隔离级别。例如 Oracle 和 SQL Server 是 READ_COMMITTED；MySQL 是 REPEATABLE_READ	isolation.DEFAULT
timeout	指定事务过期时间，默认为当前数据库的事务过期时间	
readOnly	指定当前事务是否为只读事务	false
rollbackFor	指定哪个或哪些异常可以引起事务回滚（Class 对象数组，必须继承自 Throwable）	Throwable 的子类
rollbackForClassName	指定哪个或哪些异常可以引起事务回滚（类名数组，必须继承自 Throwable）	Throwable 的子类
noRollbackFor	指定哪个或哪些异常不可以引起事务回滚（Class 对象数组，必须继承自 Throwable）	Throwable 的子类
noRollbackForClassName	指定哪个或哪些异常不可以引起事务回滚（类名数组，必须继承自 Throwable）	Throwable 的子类

下面通过实例讲解如何使用 @Transactional 注解进行事务管理。

【例 5-5】 使用 @Transactional 注解进行事务管理。

该实例的 Dao、Service 和 Controller 层与 5.3.1 节中的实例相同，这里不再赘述，其他具体步骤如下。

❶ 创建模块并导入 JAR 包

在 ch5 项目中创建一个名为 ch5_5 的模块，同时给 ch5_5 模块添加 Web Application，并将 ch5_4 模块的 lib 复制到 ch5_5 模块的 WEB-INF 目录中，添加为模块依赖。

❷ 创建配置文件

在 ch5_5 模块的 src 目录下创建配置文件 annotationstatementapplicationContext.xml，在配置文件中使用 <tx:annotation-driven> 元素为事务管理器注册注解驱动器。

annotationstatementapplicationContext.xml 文件的配置代码如下：

```xml
<?xml version="1.0" encoding="UTF-8"?>
<beans xmlns="http://www.springframework.org/schema/beans"
    xmlns:xsi="http://www.w3.org/2001/XMLSchema-instance"
    xmlns:tx="http://www.springframework.org/schema/tx"
    xmlns:context="http://www.springframework.org/schema/context"
    xsi:schemaLocation="http://www.springframework.org/schema/beans
        http://www.springframework.org/schema/beans/spring-beans.xsd
        http://www.springframework.org/schema/context
        http://www.springframework.org/schema/context/spring-context.xsd
        http://www.springframework.org/schema/tx
        http://www.springframework.org/schema/tx/spring-tx.xsd">
    <!-- 指定需要扫描的包（包括子包），使注解生效 -->
    <context:component-scan base-package="com.statement"/>
    <!-- 配置数据源 -->
    <bean id="dataSource" class="org.springframework.jdbc.datasource.
        DriverManagerDataSource">
        <!-- MySQL 数据库驱动 -->
        <property name="driverClassName" value="com.mysql.cj.jdbc.Driver"/>
        <!-- 连接数据库的 URL -->
        <property name="url" value="jdbc:mysql://127.0.0.1:3306/
            springtest?useUnicode=true&amp;characterEncoding=UTF-8&amp;
            allowMultiQueries=true&amp;serverTimezone=GMT%2B8"/>
        <!-- 连接数据库的用户名 -->
        <property name="username" value="root"/>
        <!-- 连接数据库的密码 -->
        <property name="password" value="root"/>
    </bean>
    <!-- 配置 JDBC 模板 -->
    <bean id="jdbcTemplate" class="org.springframework.jdbc.core.
        JdbcTemplate">
        <property name="dataSource" ref="dataSource"/>
    </bean>
    <!-- 为数据源添加事务管理器 -->
    <bean id="txManager"
        class="org.springframework.jdbc.datasource.
            DataSourceTransactionManager">
        <property name="dataSource" ref="dataSource"/>
    </bean>
    <!-- 为事务管理器注册注解驱动器 -->
    <tx:annotation-driven transaction-manager="txManager"/>
</beans>
```

❸ 为 Service 层添加 @Transactional 注解

在 Spring MVC（在第 6 章讲解）中通常通过 Service 层进行事务管理，因此需要为 Service 层添加 @Transactional 注解。

添加 @Transactional 注解后的 TestServiceImpl 类的代码如下：

```java
package com.statement.service;
import org.springframework.beans.factory.annotation.Autowired;
import org.springframework.stereotype.Service;
import org.springframework.transaction.annotation.Transactional;
import com.statement.dao.TestDao;
@Service("testService")
@Transactional
// 加上注解 @Transactional 就可以指定这个类需要受 Spring 的事务管理
// 注意 @Transactional 只能针对 public 属性范围内的方法添加
public class TestServiceImpl implements TestService{
    @Autowired
    private TestDao testDao;
    @Override
```

```
        public void test() {
            String deleteSql ="delete from user";
            String saveSql = "insert into user values(?,?,?)";
            Object param[] = {1,"chenheng"," 男 "};
            testDao.delete(deleteSql, null);
            testDao.save(saveSql, param);
            // 插入两条主键重复的数据
            testDao.save(saveSql, param);
        }
    }
```

❹ 测试事务管理

在 ch5_5 模块的 src 目录下创建名为 com.statement.test 的包，并在该包中创建测试类 XMLTest，在测试类中通过访问 Controller 测试基于 XML 方式的声明式事务管理。

测试类 XMLTest 的代码如下：

```
package com.statement.test;
import org.springframework.context.ApplicationContext;
import org.springframework.context.support.ClassPathXmlApplicationContext;
import com.statement.controller.StatementController;
public class XMLTest {
    private static ApplicationContext appCon;
    public static void main(String[] args) {
        appCon = new ClassPathXmlApplicationContext
            ("annotationstatementapplicationContext.xml");
        StatementController ct = (StatementController)appCon.getBean
            ("statementController");
        ct.test();
    }
}
```

运行测试类 XMLTest，发现数据表 user 中的数据并没有变化，这是因为最后执行添加数据时主键重复，事务回滚，即回到程序运行的初始状态。

▶ 5.3.3 如何在声明式事务管理中捕获异常

声明式事务管理的流程：① Spring 根据配置完成事务定义，设置事务属性；②执行开发者的代码逻辑；③如果开发者的代码产生异常（例如主键重复）并且满足事务回滚的配置条件，则事务回滚，否则事务提交；④事务资源释放。

现在的问题是，如果开发者在代码逻辑中加入了 try...catch... 语句，Spring 还能不能在声明式事务管理中正常得到事务回滚的异常信息？答案是不能。例如将 5.3.2 节中 TestServiceImpl 实现类的 test 方法的代码修改如下：

```
@Override
public void test() {
    String deleteSql ="delete from user";
    String saveSql = "insert into user values(?,?,?)";
    Object param[] = {1,"chenheng"," 男 "};
    try {
        testDao.delete(deleteSql, null);
        testDao.save(saveSql, param);
        // 插入两条主键重复的数据
        testDao.save(saveSql, param);
    } catch (Exception e) {
        System.out.println(" 主键重复，事务回滚。");
    }
}
```

这时再运行测试类，发现主键重复但事务并没有回滚。这是因为在默认情况下，Spring 只在发生未被捕获的 RuntimeException 时才事务回滚。现在如何在事务管理中捕获异常呢？下面从声明式事务管理的两种实现方式来说明。

❶ 在基于 XML 方式的声明式事务管理中捕获异常

在基于 XML 方式的声明式事务管理中捕获异常需要补充两个步骤。

（1）修改声明事务的配置。针对 5.3.1 节，需要将 XMLstatementapplicationContext.xml 文件中的代码 "<tx:method name="*"/>" 修改为：

```
<tx:method name="*" rollback-for="java.lang.Exception"/>
<!-- rollback-for 属性指定回滚生效的异常类，多个异常类以逗号分隔；no-rollback-for 属
    性指定回滚失效的异常类 -->
```

（2）在 catch 语句中添加 "throw new RuntimeException();" 语句，代码如下：

```
@Override
public void test() {
    String deleteSql ="delete from user";
    String saveSql = "insert into user values(?,?,?)";
    Object param[] = {1,"chenheng"," 男 "};
    try {
        testDao.delete(deleteSql, null);
        testDao.save(saveSql, param);
        // 插入两条主键重复的数据
        testDao.save(saveSql, param);
    } catch (Exception e) {
        System.out.println(" 主键重复，事务回滚。");
        throw new RuntimeException();
    }
}
```

❷ 在基于 @Transaction 注解的声明式事务管理中捕获异常

在基于 @Transaction 注解的声明式事务管理中也同样需要补充两个步骤。

（1）修改 @Transactional 注解。针对 5.3.2 节，需要将 TestServiceImpl 类中的 @Transactional 注解修改为：

```
@Transactional(rollbackFor= {Exception.class})
//rollbackFor 指定回滚生效的异常类，多个异常类以逗号分隔；
//noRollbackFor 指定回滚失效的异常类
```

（2）需要在 catch 语句中添加 "throw new RuntimeException();" 语句，主动抛出 RuntimeException 异常。

> 注意：在实际工程应用中，经常在 catch 语句中添加 "TransactionAspectSupport. currentTransactionStatus().setRollbackOnly();" 语句。也就是说，不需要在 XML 配置文件中添加 rollback-for 属性或在 @Transaction 注解中添加 rollbackFor 属性。

本章小结

基于 TransactionDefinition、PlatformTransactionManager 和 TransactionStatus 的编程式事务管理是 Spring 提供的最原始的方式，通常在实际工程中不推荐使用，但了解这些方式

对理解 Spring 事务管理的本质有很大帮助。

　　基于 TransactionTemplate 的编程式事务管理是对原始事务管理方式的封装，使得编码更简单、清晰。基于 XML 和 @Transactional 的方式将事务管理简化到了极致，极大地提高了开发效率。

扫一扫

自测题

习题 5

　　（1）什么是编程式事务管理？在 Spring 中有哪几种编程式事务管理？
　　（2）简述声明式事务管理的处理方式。

学习目的与要求

本章重点讲解 MVC 的设计思想以及 Spring MVC 的工作原理。通过本章的学习，要求读者了解 Spring MVC 的工作原理，掌握 Spring MVC 应用的开发步骤。

本章主要内容

❖ Spring MVC 的工作原理
❖ 第一个 Spring MVC 应用

MVC 思想将一个应用分成 Model（模型）、View（视图）和 Controller（控制器）三部分，让这三部分以最低的耦合进行协同工作，从而提高应用的可扩展性和可维护性。Spring MVC 是一款优秀的基于 MVC 思想的应用框架，它是 Spring 提供的一个实现了 Web MVC 设计模式的轻量级 Web 框架。

6.1 MVC 模式与 Spring MVC 的工作原理

▶ 6.1.1 MVC 模式

❶ MVC 的概念

MVC 是 Model、View 和 Controller 的缩写，分别代表 Web 应用程序中的 3 种职责。

模型：用于存储数据以及处理用户请求的业务逻辑。

视图：向控制器提交数据，显示模型中的数据。

控制器：根据视图提出的请求，判断将请求和数据交给哪个模型处理，将处理后的有关结果交给哪个视图更新显示。

❷ 基于 Servlet 的 MVC 模式

基于 Servlet 的 MVC 模式的具体实现如下。

模型：一个或多个 JavaBean 对象，用于存储数据（实体模型，由 JavaBean 类创建）和处理业务逻辑（业务模型，由一般的 Java 类创建）。

视图：一个或多个 JSP 页面，向控制器提交数据和为模型提供数据显示，JSP 页面主要使用 HTML 标记和 JavaBean 标记来显示数据。

控制器：一个或多个 Servlet 对象，根据视图提交的请求进行控制，即将请求转发给处理业务逻辑的 JavaBean，并将处理结果存放到实体模型 JavaBean 中，输出给视图显示。

基于 Servlet 的 MVC 模式的流程如图 6.1 所示。

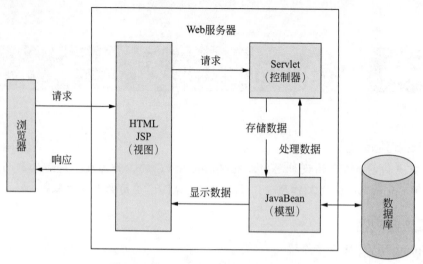

图 6.1　基于 Servlet 的 MVC 模式的流程

▶ 6.1.2　Spring MVC 的工作原理

Spring MVC 框架是高度可配置的，包含多种视图技术，例如 JSP 技术、Velocity、Tiles、iText 和 POI。Spring MVC 框架并不关心使用的视图技术，也不会强迫开发者只使用 JSP 技术，本书使用的视图是 JSP。

Spring MVC 框架主要由 DispatcherServlet、处理器映射、控制器、视图解析器、视图组成，其工作原理如图 6.2 所示。

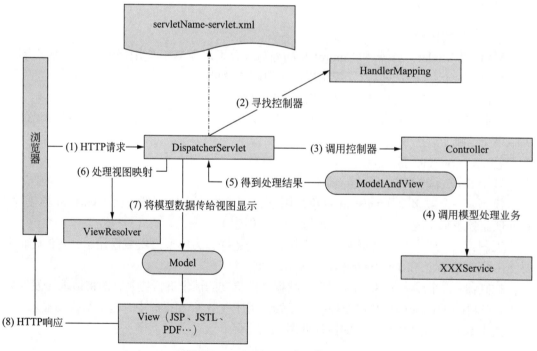

图 6.2　Spring MVC 的工作原理

从图 6.2 可总结出 Spring MVC 的工作流程如下：

（1）将客户端请求提交到 DispatcherServlet。

（2）由 DispatcherServlet 控制器寻找一个或多个 HandlerMapping，找到处理请求的 Controller。

（3）DispatcherServlet 将请求提交到 Controller。

（4）Controller 调用业务逻辑处理后返回 ModelAndView。

（5）DispatcherServlet 寻找一个或多个 ViewResolver 视图解析器，找到 ModelAndView 指定的视图。

（6）视图负责将结果显示到客户端。

▶ 6.1.3　Spring MVC 接口

在图 6.2 中包含 4 个 Spring MVC 接口，即 DispatcherServlet、HandlerMapping、Controller 和 ViewResolver。

Spring MVC 所有的请求都经过 DispatcherServlet 统一分发。DispatcherServlet 在将请求分发给 Controller 之前，需要借助于 Spring MVC 提供的 HandlerMapping 定位到具体的 Controller。

HandlerMapping 接口负责完成客户请求到 Controller 的映射。

Controller 接口将处理用户请求，这和 Java Servlet 扮演的角色是一致的。一旦 Controller 处理完用户请求，就返回 ModelAndView 对象给 DispatcherServlet 前端控制器，ModelAndView 中包含了模型（Model）和视图（View）。从宏观角度考虑，DispatcherServlet 是整个 Web 应用的控制器；从微观角度考虑，Controller 是单个 HTTP 请求处理过程中的控制器，而 ModelAndView 是 HTTP 请求过程中返回的模型（Model）和视图（View）。

ViewResolver 接口（视图解析器）在 Web 应用中负责查找 View 对象，从而将相应结果渲染给客户。

6.2　第一个 Spring MVC 应用

扫一扫

视频讲解

本节通过一个简单的 Web 应用 ch6_1 来演示 Spring MVC 入门程序的实现过程。

▶ 6.2.1　使用 IDEA 创建 Web 应用并添加相关依赖

❶ 向项目或模块的 WEB-INF/lib 目录中添加依赖

首先在 IDEA 中创建一个名为 ch6 的项目，在 ch6 项目中创建一个名为 ch6_1 的模块，同时为 ch6_1 模块添加 Web Application。然后将 Spring MVC 程序所需的 JAR 包，包括 Spring 的 4 个基础包、Spring Commons Logging Bridge 对应的 JAR 包 spring-jcl-6.0.0.jar、AOP 实现所需要的 JAR 包 spring-aop-6.0.0.jar 以及两个与 Web 相关的 JAR 包（spring-web-6.0.0.jar 和 spring-webmvc-6.0.0.jar），复制到 ch6_1 模块的 WEB-INF/lib 目录中，添加为项目依赖。

在 Tomcat 10 运行 Spring MVC 6.0 应用时，DispatcherServlet 接口依赖性能监控 micrometer-observation 和 micrometer-commons 两个包进行请求分发，因此 ch6_1 模块所添

Spring+Spring MVC+MyBatis+Spring Boot 框架整合开发（IntelliJ IDEA 版·微课视频版）

加的 JAR 包如图 6.3 所示。

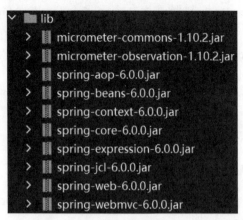

图 6.3 ch6_1 模块所添加的 JAR 包

❷ 为项目或模块添加 Tomcat 依赖

选择 File/Project Structure 命令，打开如图 6.4 所示的 Project Structure 界面。

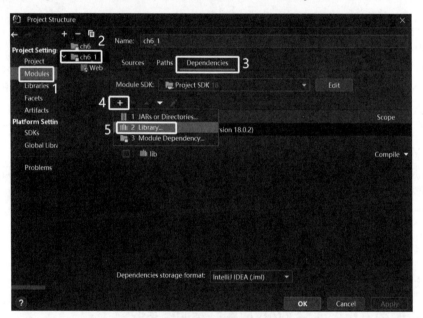

图 6.4 Project Structure 界面

按照图 6.4 所示的顺序操作，打开如图 6.5 所示的 Choose Libraries 界面。

图 6.5 Choose Libraries 界面

按照图 6.5 所示的顺序操作，返回如图 6.6 所示的 Project Structure 界面。

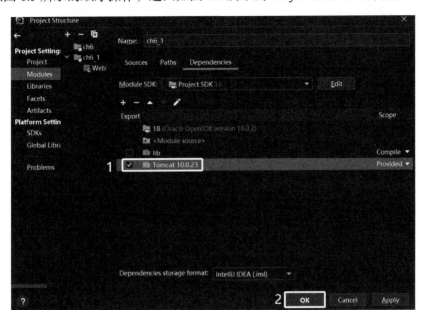

图 6.6　Project Structure 界面

按照图 6.6 所示的顺序操作，即可将 Tomcat 的相关 JAR 包添加到 ch6_1 模块中，为后续 Web 开发奠定基础。

▶ 6.2.2　在 web.xml 文件中部署 DispatcherServlet

在开发 Spring MVC 应用时需要在 web.xml（web/WEB-INF）文件中部署 DispatcherServlet，代码如下：

```xml
<?xml version="1.0" encoding="UTF-8"?>
<web-app xmlns:xsi="http://www.w3.org/2001/XMLSchema-instance"
    xmlns="https://jakarta.ee/xml/ns/jakartaee"
    xmlns:web="http://xmlns.jcp.org/xml/ns/javaee"
    xsi:schemaLocation="https://jakarta.ee/xml/ns/jakartaee
        https://jakarta.ee/xml/ns/jakartaee/web-app_5_0.xsd"
    id="WebApp_ID" version="5.0">
<display-name>ch6_1</display-name>
<welcome-file-list>
    <welcome-file>index.html</welcome-file>
    <welcome-file>index.jsp</welcome-file>
    <welcome-file>index.htm</welcome-file>
    <welcome-file>default.html</welcome-file>
    <welcome-file>default.jsp</welcome-file>
    <welcome-file>default.htm</welcome-file>
</welcome-file-list>
<!-- 部署 DispatcherServlet -->
<servlet>
    <servlet-name>springmvc</servlet-name>
    <servlet-class>org.springframework.web.servlet.DispatcherServlet
        </servlet-class>
    <!-- 表示容器在启动时立即加载 Servlet -->
    <load-on-startup>1</load-on-startup>
</servlet>
```

```
<servlet-mapping>
    <servlet-name>springmvc</servlet-name>
    <!-- 处理所有 URL -->
    <url-pattern>/</url-pattern>
</servlet-mapping>
</web-app>
```

上述 DispatcherServlet 的 Servlet 对象 springmvc 初始化时，将在应用程序的 WEB-INF 目录下查找一个配置文件（见 6.2.5 节），该配置文件的命名规则是 "servletName-servlet.xml"，例如 springmvc-servlet.xml。

另外，也可以将 Spring MVC 配置文件存放在应用程序目录中的任何地方，但需要使用 Servlet 的 init-param 元素加载配置文件。示例代码如下：

```
<!-- 部署 DispatcherServlet -->
<servlet>
    <servlet-name>springmvc</servlet-name>
    <servlet-class>org.springframework.web.servlet.DispatcherServlet
        </servlet-class>
    <init-param>
        <param-name>contextConfigLocation</param-name>
        <param-value>/WEN-INF/spring-config/springmvc-servlet.xml
            </param-value>
    </init-param>
    <load-on-startup>1</load-on-startup>
</servlet>
<servlet-mapping>
    <servlet-name>springmvc</servlet-name>
    <url-pattern>/</url-pattern>
</servlet-mapping>
```

▶ 6.2.3 创建 Web 应用首页

在 ch6_1 模块的 web 目录下有一个应用首页 index.jsp。index.jsp 的代码如下：

```
<%@ page language="java" contentType="text/html; charset=UTF-8"
    pageEncoding="UTF-8"%>
<!DOCTYPE html>
<html>
<head>
<meta charset="UTF-8">
<title>index.jsp</title>
</head>
<body>
    没注册的用户，请 <a href="register">注册 </a>！ <br>
    已注册的用户，请 <a href="login">登录 </a>！
</body>
</html>
```

▶ 6.2.4 创建 Controller 类

在 ch6_1 模块的 src 目录下创建名为 controller 的包，并在该包中创建 RegisterController 和 LoginController 两个传统风格的控制器类（实现了 Controller 接口），分别处理首页中"注册"和"登录"超链接的请求。

RegisterController 的具体代码如下：

```
package controller;
import org.springframework.web.servlet.ModelAndView;
import org.springframework.web.servlet.mvc.Controller;
import jakarta.servlet.http.HttpServletRequest;
import jakarta.servlet.http.HttpServletResponse;
public class RegisterController implements Controller{
    @Override
    public ModelAndView handleRequest(HttpServletRequest arg0,
        HttpServletResponse arg1) throws Exception {
        return new ModelAndView("/WEB-INF/jsp/register.jsp");
    }
}
```

LoginController 的具体代码如下：

```
package controller;
import org.springframework.web.servlet.ModelAndView;
import org.springframework.web.servlet.mvc.Controller;
import jakarta.servlet.http.HttpServletRequest;
import jakarta.servlet.http.HttpServletResponse;
public class LoginController implements Controller{
    @Override
    public ModelAndView handleRequest(HttpServletRequest arg0,
        HttpServletResponse arg1) throws Exception {
        return new ModelAndView("/WEB-INF/jsp/login.jsp");
    }
}
```

▶ 6.2.5　创建 Spring MVC 配置文件并配置 Controller 映射信息

在定义传统风格的控制器后，需要在 Spring MVC 配置文件中部署它们（学习基于注解的控制器后不再需要部署控制器）。在 WEB-INF 目录下创建名为 springmvc-servlet.xml 的配置文件（文件名的命名规则见 6.2.2 节），具体代码如下：

```
<?xml version="1.0" encoding="UTF-8"?>
<beans xmlns="http://www.springframework.org/schema/beans"
    xmlns:xsi="http://www.w3.org/2001/XMLSchema-instance"
    xsi:schemaLocation="
        http://www.springframework.org/schema/beans
        http://www.springframework.org/schema/beans/spring-beans.xsd">
    <!-- LoginController 控制器类，映射到"/login" -->
    <bean name="/login" class="controller.LoginController"/>
    <!-- RegisterController 控制器类，映射到"/register" -->
    <bean name="/register" class="controller.RegisterController"/>
</beans>
```

▶ 6.2.6　应用的其他页面

RegisterController 控制器处理成功后，跳转到"/WEB-INF/jsp/register.jsp"视图；LoginController 控制器处理成功后，跳转到"/WEB-INF/jsp/login.jsp"视图，因此在应用的"/WEB-INF/jsp"目录下应该有"register.jsp"和"login.jsp"两个页面，这两个 JSP 页面的代码在此省略。

▶ 6.2.7 在 IDEA 中发布并运行 Spring MVC 应用

在 IDEA 中第一次运行 Spring MVC 应用时需要将应用发布到 Tomcat，具体步骤如下：

在 IDEA 主界面中单击如图 6.7 所示的三角符号，选择 Edit Configurations 选项，打开如图 6.8 所示的服务器选择界面。

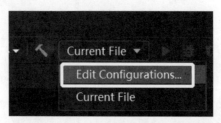

图 6.7　选择 Edit Configurations 选项

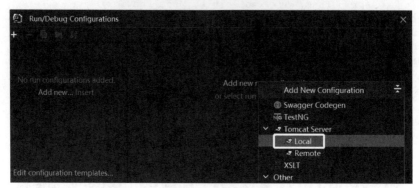

图 6.8　服务器选择界面

按照图 6.8 所示选择 Tomcat Server 下的 Local 选项打开 Deployment 界面，如图 6.9 所示。

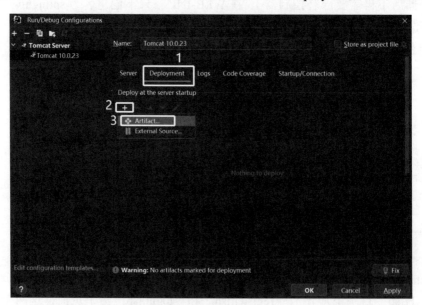

图 6.9　Deployment 界面

按照图 6.9 所示的顺序操作，打开如图 6.10 所示的界面，并修改应用的上下文路径。

图 6.10　修改应用的上下文路径

单击图 6.10 中的 OK 按钮，即可将 ch6_1 模块发布到 Tomcat。发布成功后，回到如图 6.11 所示的 IDEA 主界面。

图 6.11　IDEA 主界面

单击图 6.11 中所示的三角符号启动 Tomcat，即可运行 Web 应用 ch6_1，如图 6.12 所示。

图 6.12　Web 应用 ch6_1 的 index.jsp 页面

在如图 6.12 所示的页面中，当单击"注册"超链接时，根据 springmvc-servlet.xml 文件中的映射将请求转发给 RegisterController 控制器处理，处理后跳转到"/WEB-INF/jsp/register.jsp"视图；当单击"登录"超链接时，控制器处理后转到"/WEB-INF/jsp/login.jsp"视图。

6.3　视图解析器

在 6.2.4 节的控制器类中，请求处理后直接跳转到视图的物理地址，这样至少有两个缺点：一个是视图路径较长；另一个是暴露了视图的物理地址。幸运的是，Spring MVC 提供了视图解析器，将视图的物理地址变成逻辑地址。具体做法是在配置文件中使用 InternalResourceViewResolver 类定义 Spring MVC 的视图解析器（ViewResolver），示例代码如下：

```
<bean class="org.springframework.web.servlet.view.
    InternalResourceViewResolver"
        id="internalResourceViewResolver">
    <!-- 前缀 -->
    <property name="prefix" value="/WEB-INF/jsp/"/>
    <!-- 后缀 -->
    <property name="suffix" value=".jsp"/>
</bean>
```

上述视图解析器配置了前缀和后缀两个属性，因此 6.2.4 节的 RegisterController 和 LoginController 控制器类的视图路径仅需提供 register 和 login，视图解析器将会自动添加前缀和后缀。

本章小结

本章首先简单介绍了 MVC 模式；然后详细讲解了 Spring MVC 的工作原理，最后以 ch6_1 应用为例简要介绍了 Spring MVC 应用的开发步骤。

在 Spring MVC 中，开发者无须编写自己的 DispatcherServlet，传统的控制器类需要实现 Controller 接口。但从 Spring 2.5 版本开始，提供了基于注解的控制器。本书后续章节的应用程序尽量使用基于注解的控制器。

扫一扫

自测题

习题 6

（1）在开发 Spring MVC 应用时，如何部署 DispatcherServlet？又如何创建 Spring MVC 的配置文件？

（2）简述 Spring MVC 的工作流程。

（3）在 Spring MVC 中，以下描述错误的是（　　）。

　　A. Spring MVC 中必须是实现了 Handler 接口的 JavaBean 才能成为请求处理器

　　B. DispatcherServlet 是 Spring MVC 的前端 Servlet，和任何的 Servlet 一样，必须在 web.xml 中配置后才能起作用

　　C. 在 web.xml 中，根据 servlet-mapping 的 URL 不同，可以配置多个 DispatcherServlet

　　D. ModelAndView 中的 View 是逻辑视图名，而非真正的视图对象

（4）有关 MVC 的处理过程，以下描述不正确的是（　　）。

　　A. 首先控制器接收用户的请求，决定调用哪个业务模型来进行处理

　　B. 业务模型处理用户的请求并返回数据

　　C. 业务模型确定调用哪个视图进行数据展示

　　D. 视图将业务模型返回的数据呈现给用户

（5）下列关于 ModelAndView 的说法错误的是（　　）。

　　A. 控制器处理方法的返回值若为 ModelAndView，则既可以包含视图信息，也可以包含模型数据信息

　　B. 控制器处理方法的返回值若为 ModelAndView，在处理方法的方法体内，除了

通过 setViewName() 或者 setView() 设置视图以外，还必须通过 addObject() 添加模型数据

C. ModelAndView 的 addObject() 方法与 addAllObjects() 方法的区别：前者添加一个对象到 Model 中，后者是添加一个 Map 对象

D. "ModelAndView. setViewName ("welcome");" 中的 welcome 是逻辑视图名，并非真正的视图对象

（6）在 Spring MVC 中有一个 Servlet，通过它将前端的请求分发到各控制器，这个 Servlet 的名字是（　　　）。

A. DispatcherServlet　　　　　　　　B. ServletRequest

C. ServletResponse　　　　　　　　　D. DispatcherMapper

第7章 ▶ Spring MVC的Controller

学习目的与要求

本章重点讲解基于注解的控制器、Controller 接收请求参数的方式以及编写请求处理方法。通过本章的学习，要求读者掌握基于注解的控制器的编写方法，掌握在 Controller 中如何接收请求参数以及编写请求处理方法。

本章主要内容

- ❖ 基于注解的控制器
- ❖ 编写请求处理方法
- ❖ Controller 接收请求参数的方式
- ❖ 重定向和转发
- ❖ 应用 @Autowired 进行依赖注入
- ❖ @ModelAttribute 注解

在使用 Spring MVC 进行 Web 应用开发时，Controller 是 Web 应用的核心。Controller 实现类包含了对用户请求的处理逻辑，是用户请求和业务逻辑之间的"桥梁"，是 Spring MVC 框架的核心部分，负责具体的业务逻辑处理。

7.1 基于注解的控制器

在 6.2 节"第一个 Spring MVC 应用"中创建了两个传统风格的控制器，它们是实现了 Controller 接口的类。传统风格的控制器不仅需要在配置文件中部署映射，而且只能编写一个处理方法，不够灵活。使用基于注解的控制器具有如下两个优点：

（1）在基于注解的控制器类中可以编写多个处理方法，进而可以处理多个请求（动作）。这就允许将相关的操作编写在同一个控制器类中，从而减少控制器类的数量，方便以后的维护。

（2）基于注解的控制器不需要在配置文件中部署映射，仅需要使用 RequestMapping 注释类型注解一个方法进行请求处理。

在 Spring MVC 中最重要的两个注解类型是 Controller 和 RequestMapping，本章将重点介绍它们。

▶ 7.1.1 Controller 注解类型

在 Spring MVC 中使用 org.springframework.stereotype.Controller 注解类型声明某类的实例是一个控制器。例如，在应用的 src 目录下创建名为 controller 的包，并在该包中创建 Controller 注解的控制器类 IndexController，示例代码如下：

```
package controller;
import org.springframework.stereotype.Controller;
/**"@Controller" 表示 IndexController 的实例是一个控制器
 * @Controller 相当于 @Controller("indexController") 或 @Controller(value =
   "indexController")
 */
@Controller
public class IndexController {
    // 处理请求的方法
}
```

在 Spring MVC 中，使用扫描机制扫描应用中所有基于注解的控制器类。所以，为了让控制器类被 Spring MVC 框架扫描到，需要在配置文件中声明 spring-context，并使用 <context:component-scan/> 元素指定控制器类的基本包（请确保所有控制器类都在基本包及其子包下），示例代码如下：

```
<!-- 使用扫描机制扫描控制器类，控制器类都在 controller 包及其子包下 -->
<context:component-scan base-package="controller"/>
```

▶ 7.1.2　RequestMapping 注解类型

在基于注解的控制器类中，可以为每个请求编写对应的处理方法。那么如何将请求与处理方法一一对应呢？需要使用 org.springframework.web.bind.annotation.RequestMapping 注解类型将请求与处理方法一一对应。

❶ **方法级别注解**

方法级别注解的示例代码如下：

```
package controller;
import org.springframework.stereotype.Controller;
import org.springframework.web.bind.annotation.RequestMapping;
@Controller
public class IndexController {
    @RequestMapping(value = "/index/login")
    public String login() {
        /**login 代表逻辑视图名称，需要根据 Spring MVC 配置
         * 文件中视图解析器的前缀和后缀找到对应的物理视图
         */
        return "login";
    }
    @RequestMapping(value = "/index/register")
    public String register() {
        return "register";
    }
}
```

在上述示例代码中有两个 RequestMapping 注解语句，它们都作用在处理方法上。注解的 value 属性将请求 URL 映射到方法，value 属性是 RequestMapping 注解的默认属性，如果只有一个 value 属性，则可省略该属性。用户可以使用如下 URL 访问 login 方法（请求处理方法）：

```
http://localhost:8080/ch7_1/index/login
```

❷ **类级别注解**

类级别注解的示例代码如下：

```
package controller;
```

```
import org.springframework.stereotype.Controller;
import org.springframework.web.bind.annotation.RequestMapping;
@Controller
@RequestMapping("/index")
public class IndexController {
    @RequestMapping("/login")
    public String login() {
        return "login";
    }
    @RequestMapping("/register")
    public String register() {
        return "register";
    }
}
```

在类级别注解的情况下，控制器类中的所有方法都将映射为类级别的请求。用户可以使用如下 URL 访问 login 方法：

```
http://localhost:8080/ch7_1/index/login
```

为方便程序维护，建议开发者采用类级别注解，将相关处理放在同一个控制器类中，例如对商品的增、删、改、查处理方法都可以放在 GoodsOperate 控制类中。

@RequestMapping 注解的 value 属性表示请求路径；method 属性表示请求方式。如果方法上的 @RequestMapping 注解没有设置 method 属性，则 get 和 post 请求都可以访问；如果方法上的 @RequestMapping 注解设置了 method 属性，则只能是相应的请求方式可以访问。

@RequestMapping 还有特定于 HTTP 请求方式的组合注解，具体如下。

（1）@GetMapping：相当于 @RequestMapping(method=RequestMethod.GET)，处理 get 请求。使用 @RequestMapping 编写是 @RequestMapping(value = "requestpath", method = RequestMethod.GET)；使用 @GetMapping 可简写为 @GetMapping ("requestpath")。该方式通常在查询数据时使用。

（2）@PostMapping：相当于 @RequestMapping(method=HttpMethod.POST)，处理 post 请求。使用 @RequestMapping 编写是 @RequestMapping(value = "requestpath", method = RequestMethod.POST)；使用 @PostMapping 可简写为 @PostMapping("requestpath")。该方式通常在新增数据时使用。

（3）@PutMapping、@PatchMapping：相当于 @RequestMapping(method = RequestMethod.PUT/PATCH)，处理 put 和 patch 请求。使用 @RequestMapping 编写是 @RequestMapping(value = "requestpath", method = RequestMethod.PUT/PATCH)；使用 @PutMapping 可简写为 @PutMapping ("requestpath")。两者都是更新，@PutMapping 为全局更新，@PatchMapping 是对 put 方式的一种补充，put 是对整体的更新，patch 是对局部的更新。这两种方式通常在更新数据时使用。

（4）@DeleteMapping：相当于 @RequestMapping(method = RequestMethod.DELETE)，处理 delete 请求。使用 @RequestMapping 编写是 @RequestMapping(value = "requestpath", method = RequestMethod.DELETE)；使用 @PutMapping 可简写为 @DeleteMapping("requestpath")。该方式通常在删除数据时使用。

▶ 7.1.3　编写请求处理方法

在控制器类中每个请求处理方法可以有多个不同类型的参数，以及一个多种类型的返回结果。

❶ 请求处理方法中常出现的参数类型

如果需要在请求处理方法中使用 Servlet API 类型，那么可以将这些类型作为请求处理方法的参数类型。Servlet API 参数类型的示例代码如下：

```
package controller;
import jakarta.servlet.http.HttpServletRequest;
import jakarta.servlet.http.HttpSession;
import org.springframework.stereotype.Controller;
import org.springframework.web.bind.annotation.RequestMapping;
@Controller
@RequestMapping("/index")
public class IndexController {
    @RequestMapping("/login")
    public String login(HttpSession session, HttpServletRequest request) {
        session.setAttribute("skey", "session 范围的值 ");
        request.setAttribute("rkey", "request 范围的值 ");
        return "login";
    }
}
```

除了 Servlet API 参数类型以外，还有输入 / 输出流、表单实体类、注解类型、与 Spring 框架相关的类型等，这些类型在后续章节中使用时再详细介绍。特别重要的类型是 org.springframework.ui.Model 类型，该类型是一个包含 Map 的 Spring 框架类型。在每次调用请求处理方法时，Spring MVC 都将创建 org.springframework.ui.Model 对象。Model 参数类型的示例代码如下：

```
package controller;
import org.springframework.stereotype.Controller;
import org.springframework.ui.Model;
import org.springframework.web.bind.annotation.RequestMapping;
@Controller
@RequestMapping("/index")
public class IndexController {
    @RequestMapping("/register")
    public String register(Model model) {
    /* 在视图中可以使用 EL 表达式 ${success} 取出 model 中的值 */
        model.addAttribute("success", " 注册成功 ");
        return "register";
    }
}
```

❷ 请求处理方法常见的返回类型

最常见的返回类型就是代表逻辑视图名称的 String 类型。除了 String 类型以外，还有 ModelAndView（例如第 6 章的传统控制器）、Model、View 以及其他任意的 Java 类型。

7.2　Controller 接收请求参数的常见方式

扫一扫

视频讲解

Controller 接收请求参数的方式有很多种，有的适合 get 请求方式，有的适合 post 请求方式，有的两者都适合。下面分别介绍这些方式，读者可根据实际情况选择合适的接收方式。

▶ 7.2.1 通过实体 Bean 接收请求参数

通过一个实体 Bean 来接收请求参数适用于 get 和 post 提交请求方式。需要注意的是，Bean 的属性名称必须与请求参数名称相同。Bean 的属性类型根据实际情况而定，例如接收表单输入的年龄，属性类型应该为 int 或 integer。Spring MVC 框架将自动把表单输入的字符串转换为 Bean 属性对应的数据类型。

下面通过具体实例讲解如何使用实体 Bean 接收请求参数。

【例 7-1】 使用实体 Bean 接收请求参数。实例的具体要求：单击如图 7.1 所示的"注册"超链接，打开如图 7.2 所示的注册页面；注册成功，打开如图 7.3 所示的登录页面；登录成功，打开如图 7.4 所示的主页面。

图 7.1　首页面

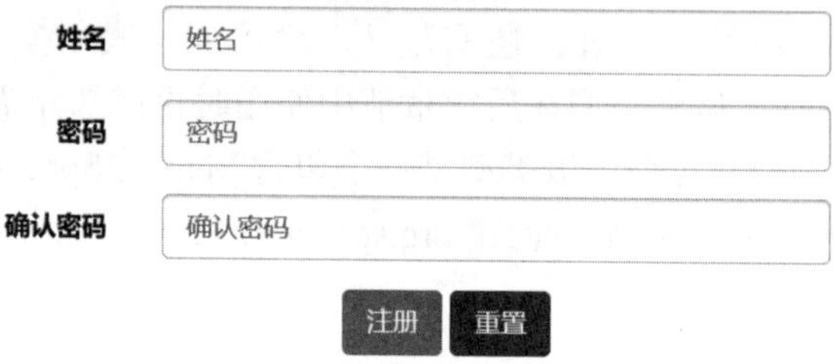

图 7.2　注册页面

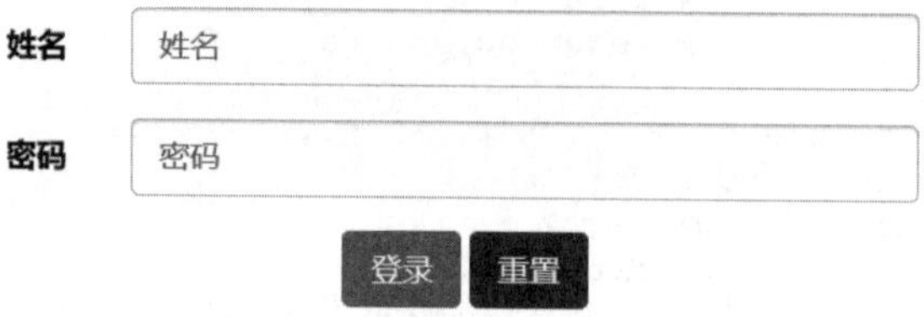

图 7.3　登录页面

图 7.4　主页面

该实例的具体实现步骤如下。

❶ 创建 Web 应用并引入 JAR 包

在 IDEA 中创建一个名为 ch7 的项目，在 ch7 项目中创建一个名为 ch7_1 的模块，同时为 ch7_1 模块添加 Web Application。在 ch7_1 模块的 WEB-INF/lib 目录中添加 Spring MVC 程序所需要的 JAR 包，包括 Spring 的 4 个基础 JAR 包、Spring Commons Logging Bridge 对应的 JAR 包 spring-jcl-6.0.0.jar、AOP 实现所需要的 JAR 包 spring-aop-6.0.0.jar、DispatcherServlet 接口所依赖的性能监控包（micrometer-observation.jar 和 micrometer-commons.jar）、Java 增强库（lombok-1.18.24.jar）以及两个与 Web 相关的 JAR 包（spring-web-6.0.0.jar 和 spring-webmvc-6.0.0.jar）。ch7_1 模块所添加的 JAR 包如图 7.5 所示。

```
v ➢ lib
    lombok-1.18.24.jar
    micrometer-commons-1.10.2.jar
    micrometer-observation-1.10.2.jar
    spring-aop-6.0.0.jar
    spring-beans-6.0.0.jar
    spring-context-6.0.0.jar
    spring-core-6.0.0.jar
    spring-expression-6.0.0.jar
    spring-jcl-6.0.0.jar
    spring-web-6.0.0.jar
    spring-webmvc-6.0.0.jar
```

图 7.5　ch7_1 模块所添加的 JAR 包

❷ 为模块添加 Tomcat 依赖

参考 6.2.1 节，为 ch7_1 模块添加 Tomcat 依赖。

❸ 创建首页面

在 ch7_1 模块的 web 目录下创建 index.jsp 页面，具体代码如下：

```jsp
<%@ page language="java" contentType="text/html; charset=UTF-8"
    pageEncoding="UTF-8"%>
<!DOCTYPE html>
<html>
<head>
<meta charset="UTF-8">
<title>Insert title here</title>
</head>
<body>
    没注册的用户，请 <a href="index/register">注册 </a>！ <br>
    已注册的用户，去 <a href="index/login">登录 </a>！
</body>
</html>
```

❹ 创建实体 Bean 类

在 ch7_1 模块的 src 目录下创建名为 pojo 的包，并在该包中创建实体类 UserForm，具体代码如下：

```java
package pojo;
import lombok.Data;
/**
 * 使用 @Data 注解实体属性无须 Setter 和 Getter 方法，需要给 IDEA 安装 Lombok 插件
 */
@Data
public class UserForm {
    private String uname;      // 与请求参数名称相同
    private String upass;
    private String reupass;
}
```

❺ 创建控制器类

在 ch7_1 模块的 src 目录下创建名为 controller 的包，并在该包中创建控制器类 IndexController 和 UserController。

IndexController 的代码如下：

```java
package controller;
import org.springframework.stereotype.Controller;
```

```java
import org.springframework.web.bind.annotation.GetMapping;
import org.springframework.web.bind.annotation.RequestMapping;
@Controller
@RequestMapping("/index")
public class IndexController {
    @GetMapping("/login")
    public String login() {
        return "login";        // 跳转到 "/WEB-INF/jsp/login.jsp"
    }
    @GetMapping("/register")
    public String register() {
        return "register";
    }
}
```

UserController 的代码如下：

```java
package controller;
import org.apache.commons.logging.Log;
import org.apache.commons.logging.LogFactory;
import org.springframework.stereotype.Controller;
import org.springframework.ui.Model;
import org.springframework.web.bind.annotation.PostMapping;
import org.springframework.web.bind.annotation.RequestMapping;
import jakarta.servlet.http.HttpSession;
import pojo.UserForm;
@Controller
@RequestMapping("/user")
public class UserController {
    // 得到一个用来记录日志的对象
    private static final Log logger = LogFactory.getLog(UserController.
        class);
    /**
     * 处理登录
     * 使用 UserForm 对象（实体 Bean）user 接收注册页面提交的请求参数
     */
    @PostMapping("/login")
    public String login(UserForm user, HttpSession session, Model model) {
            if("zhangsan".equals(user.getUname()
                    && "123456".equals(user.getUpass()))) {
                session.setAttribute("u", user);
                logger.info(" 成功 ");
                return "main";        // 登录成功, 跳转到 main.jsp
            }else{
                logger.info(" 失败 ");
                model.addAttribute("messageError", " 用户名或密码错误 ");
                return "login";
            }

    }
    /**
     * 处理注册
     * 使用 UserForm 对象（实体 Bean）user 接收注册页面提交的请求参数
     */
    @PostMapping("/register")
    public String register(UserForm user, Model model) {
        if("zhangsan".equals(user.getUname()
                && "123456".equals(user.getUpass())) {
            logger.info(" 成功 ");
            return "login";     // 注册成功, 跳转到 login.jsp
        }else{
            logger.info(" 失败 ");
```

```
                    // 在 register.jsp 页面上可以使用 EL 表达式取出 model 的 uname 值
                    model.addAttribute("uname", user.getUname());
                    return "register";          // 返回 register.jsp
            }
        }
    }
```

❻ 创建配置文件

在 ch7_1 模块的 web/WEB-INF 目录下创建配置文件 springmvc-servlet.xml 和 web.
xml。web.xml 的配置代码与第 6 章中的 ch6_1 应用一样，这里不再赘述。springmvc-
servlet.xml 的配置代码具体如下：

```
<?xml version="1.0" encoding="UTF-8"?>
<beans xmlns="http://www.springframework.org/schema/beans"
    xmlns:xsi="http://www.w3.org/2001/XMLSchema-instance"
    xmlns:mvc="http://www.springframework.org/schema/mvc"
    xmlns:context="http://www.springframework.org/schema/context"
    xsi:schemaLocation="
        http://www.springframework.org/schema/beans
        http://www.springframework.org/schema/beans/spring-beans.xsd
        http://www.springframework.org/schema/mvc
        http://www.springframework.org/schema/mvc/spring-mvc.xsd
        http://www.springframework.org/schema/context
        http://www.springframework.org/schema/context/spring-context.xsd">
    <!-- 使用扫描机制扫描控制器类 -->
    <context:component-scan base-package="controller"/>
    <mvc:annotation-driven/>
    <!-- annotation-driven 用于简化开发的配置，代替注解处理器和适配器的配置 -->
    <!-- 使用 resources 过滤掉不需要 DispatcherServlet 的资源（即静态资源，例如 CSS、
        JS、HTML、images），在使用 resources 时必须使用 annotation-driven，否则
        resources 元素将阻止任意控制器被调用 -->
    <!-- 允许 static 目录下的所有文件可见 -->
    <mvc:resources location="/static/" mapping="/static/**"></mvc:
        resources>
    <bean class="org.springframework.web.servlet.view.
        InternalResourceViewResolver"
        id="internalResourceViewResolver">
        <!-- 前缀 -->
        <property name="prefix" value="/WEB-INF/jsp/"/>
        <!-- 后缀 -->
        <property name="suffix" value=".jsp"/>
    </bean>
</beans>
```

❼ 创建页面视图

在 ch7_1 模块的 web/WEB-INF 目录下创建 jsp 文件夹，并在该文件夹中创建 register.
jsp（注册页面）、login.jsp（登录页面）和 main.jsp（主页面）。

register.jsp 的代码如下：

```
<%@ page language="java" contentType="text/html; charset=UTF-8"
    pageEncoding="UTF-8"%>
<%
String path = request.getContextPath();
String basePath = request.getScheme()+"://"+request.getServerName()+":"+
    request.getServerPort()+path+"/";
%>
<!DOCTYPE html>
<html>
<head>
```

```
<base href="<%=basePath%>">
<meta charset="UTF-8">
<title>注册</title>
<link href="static/css/bootstrap.min.css" rel="stylesheet">
</head>
<body>
<form class="form-horizontal" action="user/register" method="post">
        <br><br>
        <div class="form-group">
            <label class="col-sm-4 control-label">姓名</label>
            <div class="col-sm-4">
                <input name="uname" class="form-control" type="text"
                value="${uname}" placeholder="姓名"/>
            </div>
        </div>
        <div class="form-group">
            <label class="col-sm-4 control-label">密码</label>
            <div class="col-sm-4">
                <input name="upass" class="form-control" type="password"
                placeholder="密码"/>
            </div>
        </div>
        <div class="form-group">
            <label class="col-sm-4 control-label">确认密码</label>
            <div class="col-sm-4">
                <input name="reupass" class="form-control" type=
                    "password"
                placeholder="确认密码"/>
            </div>
        </div>
        <div class="form-group">
            <div class="col-sm-offset-5 col-sm-6">
                <button type="submit" class="btn btn-success">注册
                    </button>
                <button type="reset" class="btn btn-primary">重置</button>
            </div>
        </div>
    </form>
</body>
</html>
```

当注册失败时，回到注册页面，并在register.jsp的代码中使用了EL表达式语句"${uname}"取出"model.addAttribute("uname", user.getUname())"中的值。

login.jsp的代码如下：

```
<%@ page language="java" contentType="text/html; charset=UTF-8"
    pageEncoding="UTF-8"%>
<%
String path = request.getContextPath();
String basePath = request.getScheme()+"://"+request.getServerName()+":"+
    request.getServerPort()+path+"/";
%>
<!DOCTYPE html>
<html>
<head>
<base href="<%=basePath%>">
<meta charset="UTF-8">
<title>登录</title>
<link href="static/css/bootstrap.min.css" rel="stylesheet">
</head>
<body>
```

```
<form class="form-horizontal" action="user/login" method="post">
    <br><br>
    <div class="form-group">
        <label class="col-sm-4 control-label">姓名 </label>
        <div class="col-sm-4">
            <input name="uname" class="form-control" type="text"
                placeholder=" 姓名 "/>
        </div>
    </div>
    <div class="form-group">
        <label class="col-sm-4 control-label">密码 </label>
        <div class="col-sm-4">
        <input name="upass" class="form-control" type="password"
            placeholder=" 密码 "/>
        </div>
    </div>
    <div class="form-group">
        <div class="col-sm-offset-5 col-sm-6">
            <button type="submit" class="btn btn-success"> 登录
                </button>
            <button type="reset" class="btn btn-primary"> 重置 </button>
        </div>
    </div>
    ${messageError}
</form>
</body>
</html>
```

main.jsp 的代码如下 :

```
<%@ page language="java" contentType="text/html; charset=UTF-8"
    pageEncoding="UTF-8"%>
<%
String path = request.getContextPath();
String basePath = request.getScheme()+"://"+request.getServerName()+":"+
    request.getServerPort()+path+"/";
%>
<!DOCTYPE html>
<html>
<head>
<base href="<%=basePath%>">
<meta charset="UTF-8">
<title> 主页 </title>
</head>
<body>
    <!-- 使用 EL 表达式从 session 中取出用户信息 -->
    欢迎 ${u.uname} 登录成功
</body>
</html>
```

❽ 测试应用

参考 6.2.7 节，发布并运行 ch7_1 模块。

▶ 7.2.2　通过处理方法的形参接收请求参数

通过处理方法的形参接收请求参数，也就是直接把表单参数写在控制器类相应方法的形参中，即形参名称与请求参数名称完全相同。该接收参数方式适用于 get 和 post 提交请求方式。可以将 7.2.1 节控制器类 UserController 中 register 方法的代码修改为如下 :

```
/**
 * 通过形参接收请求参数，形参名称与请求参数名称完全相同
 */
@PostMapping("/register")
public String register(String uname, String upass, Model model) {
    if("zhangsan".equals(uname)
            && "123456".equals(upass)) {
        logger.info(" 成功 ");
        return "login";
    }else{
        logger.info(" 失败 ");
        model.addAttribute("uname", uname);
        return "register";
    }
}
```

▶ 7.2.3   通过 HttpServletRequest 接收请求参数

通过 HttpServletRequest 接收请求参数适用于 get 和 post 提交请求方式。可以将 7.2.1
节控制器类 UserController 中 register 方法的代码修改如下：

```
/*
 * 通过 HttpServletRequest 接收请求参数
 */
@PostMapping("/register")
public String register(HttpServletRequest request, Model model) {
    String uname = request.getParameter("uname");
    String upass = request.getParameter("upass");
    if("zhangsan".equals(uname)
            && "123456".equals(upass)) {
        logger.info(" 成功 ");
        return "login";
    }else{
        logger.info(" 失败 ");
        model.addAttribute("uname", uname);
        return "register";
    }
}
```

▶ 7.2.4   通过 @PathVariable 接收 URL 中的请求参数

通过 @PathVariable 获取 URL 中的参数，控制器类的示例代码具体如下：

```
package controller;
import org.springframework.stereotype.Controller;
import org.springframework.ui.Model;
import org.springframework.web.bind.annotation.PathVariable;
import org.springframework.web.bind.annotation.GetMapping;
import org.springframework.web.bind.annotation.RequestMapping;
@Controller
@RequestMapping("/user")
public class UserController {
    /**
     * 通过 @PathVariable 获取 URL 中的参数
     */
    @GetMapping("/register/{uname}/{upass}")
    public String register(@PathVariable String uname,@PathVariable
        String upass, Model model) {
        if("zhangsan".equals(uname)
                && "123456".equals(upass))
```

```
            return "login";
        else{
            model.addAttribute("uname", uname);
            return "register";
        }
    }
}
```

在访问 http://localhost:8080/ch7_1/user/register/zhangsan/123456 路径时，上述代码自动将 URL 中的模板变量 {uname} 和 {upass} 绑定到通过 @PathVariable 注解的同名参数上，即 uname=zhangsan、upass=123456。

7.2.5　通过 @RequestParam 接收请求参数

通过 @RequestParam 接收请求参数，适用于 get 和 post 提交请求方式。可以将 7.2.1 节控制器类 UserController 中 register 方法的代码修改如下：

```
/**
* 通过 @RequestParam 接收请求参数
*/
@PostMapping("/register")
public String register(@RequestParam String uname, @RequestParam String up-
    ass, Model model) {
    if("zhangsan".equals(uname)
            && "123456".equals(upass)) {
        logger.info(" 成功 ");
        return "login";
    }else{
        logger.info(" 失败 ");
        model.addAttribute("uname", uname);
        return "register";
    }
}
```

通过 @RequestParam 接收请求参数与 7.2.2 节"通过处理方法的形参接收请求参数"的区别是，当请求参数与接收参数名称不一致时，"通过处理方法的形参接收请求参数"不会报 400 错误，而"通过 @RequestParam 接收请求参数"会报 400 错误，方便查找错误。

7.2.6　通过 @ModelAttribute 接收请求参数

当将 @ModelAttribute 注解放在处理方法的形参上时，用于将多个请求参数封装到一个实体对象，从而简化数据绑定流程，而且自动暴露为模型数据，在视图页面展示时使用。7.2.1 节中只是将多个请求参数封装到一个实体对象，并不能暴露为模型数据，需要使用 model.addAttribute 语句才能暴露为模型数据。

通过 @ModelAttribute 注解接收请求参数适用于 get 和 post 提交请求方式。可以将 7.2.1 节控制器类 UserController 中 register 方法的代码修改如下：

```
@PostMapping("/register")
public String register(@ModelAttribute("user") UserForm user) {
    if("zhangsan".equals(user.getUname())
            && "123456".equals(user.getUpass())){
        logger.info(" 成功 ");
        return "login";
    }else{
        logger.info(" 失败 ");
```

```
        // 使用 @ModelAttribute("user") 与 model.addAttribute("user", user) 的
        // 功能相同
        // 在 register.jsp 页面上使用 EL 表达式 ${user.uname} 取出模型数据 user 的
        //uname 值
        return "register";
    }
}
```

扫一扫

视频讲解

7.3 重定向与转发

　　重定向是将用户从当前处理请求定向到另一个视图（例如 JSP）或处理请求，以前的请求（request）中存放的信息全部失效，并进入一个新的 request 作用域；转发是将用户对当前处理的请求转发给另一个视图或处理请求，以前的 request 中存放的信息不会失效。

　　转发是服务器行为，重定向是客户端行为。

　　转发过程：客户浏览器发送 HTTP 请求，Web 服务器接受此请求，调用内部的一个方法在容器内部完成请求处理和转发动作，将目标资源发送给客户。在这里转发的路径必须是同一个 Web 容器下的 URL，其不能转到其他的 Web 路径上去，中间传递的是自己容器内的 request。在客户浏览器的地址栏中显示的仍然是其第一次访问的路径，也就是说客户是感觉不到服务器做了转发的。转发行为是浏览器只做了一次访问请求。

　　重定向过程：客户浏览器发送 HTTP 请求，Web 服务器接受后发送 302 状态码响应及对应的新的 location 给客户浏览器，客户浏览器发现是 302 响应，则自动发送一个新的 HTTP 请求，请求 URL 是新的 location 地址，服务器根据此请求寻找资源并发送给客户。在这里 location 可以重定向到任意 URL，既然是浏览器重新发出了请求，则就没有什么 request 传递的概念了。在客户浏览器的地址栏中显示的是其重定向的路径，客户可以观察到地址的变化。重定向行为是浏览器做了至少两次的访问请求。

　　在 Spring MVC 框架中，控制器类中处理方法的 return 语句默认就是转发实现，只不过实现的是转发到视图。重定向与转发的示例代码如下：

```
package controller;
import org.springframework.stereotype.Controller;
import org.springframework.web.bind.annotation.RequestMapping;
@Controller
@RequestMapping("/index")
public class IndexController {
    @RequestMapping("/login")
    public String login() {
        // 转发到一个请求方法（在同一个控制器类中可省略 /index/）
        return "forward:/index/isLogin";
    }
    @RequestMapping("/isLogin")
    public String isLogin() {
        // 重定向到一个请求方法（在同一个控制器类中可省略 /index/）
        return "redirect:/index/isRegister";
    }
    @RequestMapping("/isRegister")
    public String isRegister() {
        // 转发到一个视图
        return "register";
    }
}
```

在 Spring MVC 框架中，不管是重定向还是转发，都需要符合视图解析器的配置，如果直接重定向到一个不需要 DispatcherServlet 的资源，例如：

```
return "redirect:/html/my.html";
```

需要使用 mvc:resources 配置，示例代码如下：

```
<mvc:resources location="/html/" mapping="/html/**"></mvc:resources>
```

7.4　应用 @Autowired 进行依赖注入

在前面学习的控制器中并没有体现 MVC 的 M 层，这是因为控制器既充当 C 层，又充当 M 层。这样设计程序的系统结构很不合理，应该将 M 层从控制器中分离出来。Spring MVC 框架本身就是一个非常优秀的 MVC 框架，它具有依赖注入的优点。可以通过 org.springframework.beans.factory.annotation.Autowired 注解类型将依赖注入一个属性（成员变量）或方法，示例代码如下：

```
@Autowired
public UserService userService;
```

在 Spring MVC 中，为了能被作为依赖注入，Service 类可以使用 org.springframework. stereotype.Service 注解类型注明为 @Service（一个服务）。另外还需要在配置文件中使用 <context:component-scan base-package=" 基本包 "/> 元素来扫描依赖基本包。下面将 7.2 节中"登录"和"注册"的业务逻辑处理分离出来，使用 Service 层实现。

首先在 ch7_1 模块的 src 目录下创建名为 service 的包，在该包中创建 UserService 接口和 UserServiceImpl 实现类。

UserService 接口的具体代码如下：

```
package service;
import pojo.UserForm;
public interface UserService {
    boolean login(UserForm user);
    boolean register(UserForm user);
}
```

UserServiceImpl 实现类的具体代码如下：

```
package service;
import org.springframework.stereotype.Service;
import pojo.UserForm;
// 注解为一个服务
@Service
public class UserServiceImpl implements UserService{
    @Override
    public boolean login(UserForm user) {
        if("zhangsan".equals(user.getUname())
                && "123456".equals(user.getUpass()))
            return true;
        return false;
    }
    @Override
    public boolean register(UserForm user) {
        if("zhangsan".equals(user.getUname())
                && "123456".equals(user.getUpass()))
```

```
            return true;
        return false;
    }
}
```

然后在配置文件中添加一个 <context:component-scan base-package=" 基本包 "/> 元素，
具体代码如下：

```
<context:component-scan base-package="service"/>
```

最后修改控制器类 UserController，具体代码如下：

```java
package controller;
import jakarta.servlet.http.HttpSession;
import org.apache.commons.logging.Log;
import org.apache.commons.logging.LogFactory;
import org.springframework.beans.factory.annotation.Autowired;
import org.springframework.stereotype.Controller;
import org.springframework.ui.Model;
import org.springframework.web.bind.annotation.PostMapping;
import org.springframework.web.bind.annotation.RequestMapping;
import pojo.UserForm;
import service.UserService;
@Controller
@RequestMapping("/user")
public class UserController {
    // 得到一个用来记录日志的对象
    private static final Log logger = LogFactory.getLog(UserController.
        class);
    // 将服务依赖注入 userService 属性
    @Autowired
    public UserService userService;
    /**
     * 处理登录
     */
    @PostMapping("/login")
    public String login(UserForm user, HttpSession session, Model model) {
        if(userService.login(user)){
            session.setAttribute("u", user);
            logger.info(" 成功 ");
            return "main";
        }else{
            logger.info(" 失败 ");
            model.addAttribute("messageError", " 用户名或密码错误 ");
            return "login";
        }
    }
    /**
     * 处理注册
     */
    @PostMapping("/register")
    public String register(@ModelAttribute("user") UserForm user) {
        if(userService.register(user)){
            logger.info(" 成功 ");
            return "login";
        }else{
            logger.info(" 失败 ");
            return "register";
        }
    }
}
```

7.5　@ModelAttribute 注解

通过 org.springframework.web.bind.annotation.ModelAttribute 注解类型可实现以下两个功能。

❶ 绑定请求参数到实体对象（表单的命令对象）

绑定请求参数到实体对象，该用法如 7.2.6 节中的内容。

示例代码如下：

```
@PostMapping("/register")
public String register(@ModelAttribute("user") UserForm user) {
    if("zhangsan".equals(user.getUname())
            && "123456".equals(user.getUpass())){
        return "login";
    }else{
        return "register";
    }
}
```

在上述代码中 "@ModelAttribute ("user") UserForm user" 语句有两个功能，一是将请求参数的输入封装到 user 对象中；二是创建 UserForm 实例，以 "user" 为键值存储在 Model 对象中，和 "model.addAttribute("user", user)" 语句的功能一样。如果没有指定键值，即 "@ModelAttribute UserForm user"，那么在创建 UserForm 实例时以 "userForm" 为键值存储在 Model 对象中，和 "model.addAttribute("userForm", user)" 语句的功能一样。

❷ 注解一个非请求处理方法

被 @ModelAttribute 注解的方法将在每次调用该控制器类的请求处理方法前被调用。这种特性可以用来控制登录权限，当然控制登录权限的方法有很多，例如拦截器、过滤器等。

使用该特性控制登录权限的示例代码如下：

```
package controller;
import jakarta.servlet.http.HttpSession;
import org.springframework.web.bind.annotation.ModelAttribute;
public class BaseController {
    @ModelAttribute
    public void isLogin(HttpSession session) throws Exception {
        if(session.getAttribute("user") == null){
            throw new Exception(" 没有权限 ");
        }
    }
}

package controller;
import org.springframework.stereotype.Controller;
import org.springframework.web.bind.annotation.RequestMapping;
@Controller
@RequestMapping("/admin")
public class ModelAttributeController extends BaseController{
    @RequestMapping("/add")
    public String add(){
        return "addSuccess";
    }
    @RequestMapping("/update")
    public String update(){
```

```
        return "updateSuccess";
    }
    @RequestMapping("/delete")
    public String delete(){
        return "deleteSuccess";
    }
}
```

在上述 ModelAttributeController 类中的 add、update、delete 请求处理方法执行时，首先执行父类 BaseController 中的 isLogin 方法判断登录权限。

本章小结

本章是整个 Spring MVC 框架的核心部分。通过本章的学习，请读者掌握如何编写基于注解的控制器类。

扫一扫

自测题

习题 7

（1）在 Spring MVC 的控制器类中如何访问 Servlet API？

（2）控制器接收请求参数的常见方式有哪几种？

（3）如何编写基于注解的控制器类？

（4）@ModelAttribute 可以实现哪些功能？

（5）在 Spring MVC 中，需要使用（　　　）注解将请求与处理方法一一对应。

    A. @RequestMapping   B. @Controller

    C. @RequestBody   D. @ResponseBody

（6）可以使用（　　　）访问以下程序片段中的 test 方法。

```
@Controller
@RequestMapping("/user")
public class UserController {
    @RequestMapping("/test")
    public String test() {
        return "ok";
    }
}
```

    A. http://localhost:xxx/yyy/user   B. http://localhost:xxx/yyy/test

    C. http://localhost:xxx/yyy/user/test   D. http://localhost:xxx/yyy/test/user

（7）可以使用（　　　）访问以下程序片段中的 login 方法。

```
@Controller
public class IndexController {
    @RequestMapping(value = "/user/toLogin")
    public String login() {
        return "login";
    }
}
```

    A. http://localhost:xxx/yyy/user   B. http://localhost:xxx/yyy/toLogin

    C. http://localhost:xxx/yyy/user/login   D. http://localhost:xxx/yyy/user/toLogin

（8）下列有关 Controller 接收请求参数的叙述错误的是（　　）。

A. 通过一个实体 Bean 来接收请求参数适用于 get 和 post 请求方式。需要注意的是，Bean 的属性名称必须与请求参数名称相同

B. 通过处理方法的形参接收请求参数是直接把表单参数写在控制器类相应方法的形参中，即形参名称与请求参数名称完全相同，该接收参数方式仅适用于 get 请求方式

C. 通过 @RequestParam 接收请求参数是直接把表单参数写在控制器类相应方法的形参中，并在参数类型前加上 @RequestParam 注解，要求形参名称与请求参数名称完全相同，该接收参数方式适用于 get 和 post 请求方式

D. 通过 @RequestParam 接收请求参数与"通过处理方法的形参接收请求参数"的区别是，当请求参数与接收参数名称不一致时，"通过处理方法的形参接收请求参数"不会报 400 错误，而"通过 @RequestParam 接收请求参数"会报 400 错误

（9）声明控制器类的注解是（　　）。

A. @autowire
B. @Controller
C. @RequestMapping
D. @RequestParam

（10）将一个请求 URL 指向一个控制器类的方法的注解是（　　）。

A. @autowire
B. @Controller
C. @RequestMapping
D. @RequestParam

（11）将前台的 form 中 input 控件的 name 属性绑定到控制器类中方法参数的注解是（　　）。

A. @RequestParam
B. @RequestMapping
C. @autowire
D. @Controller

学习目的与要求

本章主要讲解数据绑定和表单标签库。通过本章的学习，要求读者理解数据绑定的基本原理，掌握表单标签库的用法。

本章主要内容

❖ 数据绑定
❖ 表单标签库
❖ 数据绑定的应用
❖ JSON 数据交互

数据绑定是将用户参数输入值绑定到领域模型的一种特性，在 Spring MVC 的 Controller 和 View 参数数据传递中，所有 HTTP 请求参数的类型均为字符串，如果模型需要绑定的类型为 double 或 int，则需要手动进行类型转换，而有了数据绑定后，就不再需要手动将 HTTP 请求中的 String 类型转换为模型需要的类型。数据绑定的另一个好处是，当输入验证失败时会重新生成一个 HTML 表单，无须重新填写输入字段。

在 Spring MVC 中，为了方便、高效地使用数据绑定，还需要学习表单标签库。

8.1 数据绑定

在 Spring MVC 框架中，数据绑定有这样几层含义：绑定请求参数输入值到领域模型、模型数据到视图的绑定（输入验证失败时）、模型数据到表单元素的绑定（例如列表选项值由控制器初始化）。有关数据绑定的示例请参见 8.3 节。

8.2 表单标签库

在表单标签库中包含了可以用在 JSP 页面中渲染 HTML 元素的标签。当 JSP 页面使用 Spring 表单标签库时，必须在 JSP 页面的开头处声明 taglib 指令，指令代码如下：

```
<%@ taglib prefix="form" uri="http://www.springframework.org/tags/form"%>
```

在表单标签库中有 form、input、password、hidden、textarea、checkbox、checkboxes、radiobutton、radiobuttons、select、option、options、errors 等标签。

<form:form>：渲染表单元素。

<form:input>：默认渲染一个 <input type="text"/> 元素，可以使用 type 属性指定 HTML5 的特定输入类型，例如 <form:input type="date"/>。

<form:password>：渲染 <input type="password"/> 元素。

<form:hidden>：渲染 <input type="hidden"/> 元素。

<form:textarea>：渲染 textarea 元素。

<form:checkbox>：渲染一个 <input type="checkbox"/> 元素。

<form:checkboxes>：渲染多个 <input type="checkbox"/> 元素。

<form:radiobutton>：渲染一个 <input type="radio"/> 元素。

<form:radiobuttons>：渲染多个 <input type="radio"/> 元素。

<form:select>：渲染一个选择元素。

<form:option>：渲染一个选项元素。

<form:options>：渲染多个选项元素。

<form:errors>：在 span 元素中渲染字段错误。

❶ 表单标签

表单标签的语法格式如下：

```
<form:form modelAttribute="xxx" method="post" action="xxx">
    ...
</form:form>
```

表单标签除了具有 HTML 表单元素的属性以外，还具有 acceptCharset、commandName、cssClass、cssStyle、htmlEscape 和 modelAttribute 等属性。各属性的含义如下。

acceptCharset：定义服务器接受的字符编码列表。

commandName：暴露表单对象的模型属性名称，默认为 command。

cssClass：定义应用到 form 元素的 CSS 类。

cssStyle：定义应用到 form 元素的 CSS 样式。

htmlEscape：true 或 false，表示是否进行 HTML 转义。

modelAttribute：暴露 form backing object 的模型属性名称，默认为 command。

其中，commandName 和 modelAttribute 属性的功能基本一致，属性值绑定一个 JavaBean 对象。假设控制器类 UserController 的 inputUser 方法是返回 userAdd.jsp 的请求处理方法。inputUser 方法的代码如下：

```
@RequestMapping("/input")
public String inputUser(Model model) {
    ...
    model.addAttribute("user", new User());
    return "userAdd";
}
```

userAdd.jsp 的表单标签代码如下：

```
<form:form modelAttribute="user" method="post" action="user/save">
    ...
</form:form>
```

> 注意：在 inputUser 方法中，如果没有 model 属性 user，userAdd.jsp 页面就会抛出异常，因为表单标签无法找到在其 modelAttribute 属性中指定的 form backing object。

❷ input 标签

input 标签的语法格式如下：

```
<form:input path="xxx"/>
```

该标签除了有 cssClass、cssStyle、htmlEscape 属性以外，还有一个最重要的属性——path。path 属性将文本框输入值绑定到 form backing object 的一个属性。示例代码如下：

```
<form:form modelAttribute="user" method="post" action="user/save">
    <form:input path="userName"/>
</form:form>
```

上述代码将输入值绑定到 user 对象的 userName 属性。

❸ password 标签

password 标签的语法格式如下：

```
<form:password path="xxx"/>
```

该标签与 input 标签的用法完全一致，这里不再赘述。

❹ hidden 标签

hidden 标签的语法格式如下：

```
<form:hidden path="xxx"/>
```

该标签与 input 标签的用法基本一致，但它不可显示，不支持 cssClass 和 cssStyle 属性。

❺ textarea 标签

textarea 是一个支持多行输入的 input 元素，其语法格式如下：

```
<form:textarea path="xxx"/>
```

该标签与 input 标签的用法完全一致，这里不再赘述。

❻ checkbox 标签

checkbox 标签的语法格式如下：

```
<form:checkbox path="xxx" value="xxx"/>
```

多个 path 相同的 checkbox 标签是一个选项组，允许多选，选项值绑定到一个数组属性。示例代码如下：

```
<form:checkbox path="friends" value=" 张三 "/> 张三
<form:checkbox path="friends" value=" 李四 "/> 李四
<form:checkbox path="friends" value=" 王五 "/> 王五
<form:checkbox path="friends" value=" 赵六 "/> 赵六
```

上述示例代码中复选框的值绑定到一个字符串数组属性 friends（String[] friends）。该标签的其他用法与 input 标签基本一致，这里不再赘述。

❼ checkboxes 标签

checkboxes 标签用于渲染多个复选框，是一个选项组，等价于多个 path 相同的 checkbox 标签。它有 3 个非常重要的属性，即 items、itemLabel 和 itemValue。

items：用于生成 input 元素的 Collection、Map 或 Array。

itemLabel：items 属性中指定的集合对象的属性，为每个 input 元素提供 label。

itemValue：items 属性中指定的集合对象的属性，为每个 input 元素提供 value。

checkboxes 标签的语法格式如下：

```
<form:checkboxes items="xxx" path="xxx"/>
```

示例代码如下：

```
<form:checkboxes items="${hobbys}" path="hobby"/>
```

上述示例代码是将 model 属性 hobbys 的内容（集合元素）渲染为复选框。在 itemLabel 和 itemValue 省略的情况下，如果集合是数组，复选框的 label 和 value 相同；如果是 Map 集合，复选框的 label 是 Map 的值（value），复选框的 value 是 Map 的关键字（key）。

❽ **radiobutton 标签**

radiobutton 标签的语法格式如下：

```
<form:radiobutton path="xxx" value="xxx"/>
```

多个 path 相同的 radiobutton 标签是一个选项组，只允许单选。

❾ **radiobuttons 标签**

radiobuttons 标签渲染多个 radio，是一个选项组，等价于多个 path 相同的 radiobutton 标签。radiobuttons 标签的语法格式如下：

```
<form:radiobuttons path="xxx" items="xxx"/>
```

该标签的 itemLabel 和 itemValue 属性与 checkboxes 标签的 itemLabel 和 itemValue 属性完全一样，但只允许单选。

❿ **select 标签**

select 标签的选项可能来自其 items 属性指定的集合，或者来自一个嵌套的 option 标签或 options 标签。其语法格式如下：

```
<form:select path="xxx" items="xxx"/>
```

或

```
<form:select path="xxx" items="xxx" >
    <form:option value="xxx" label="xxx"/>
</form:select>
```

或

```
<form:select path="xxx">
    <form:options items="xxx"/>
</form:select>
```

select、options 标签的 itemLabel 和 itemValue 属性与 checkboxes 标签的 itemLabel 和 itemValue 属性完全一样。

⓫ **options 标签**

options 标签生成一个 select 标签的选项列表，因此需要和 select 标签一起使用，具体用法参见 select 标签。

⓬ **errors 标签**

errors 标签渲染一个或者多个 span 元素，每个 span 元素包含一个错误消息。该标签可以用于显示一个特定的错误消息，也可以显示所有错误消息。其语法格式如下：

```
<form:errors path="*"/>
```

或

```
<form:errors path="xxx"/>
```

其中，"*"表示显示所有错误消息；"xxx"表示显示由"xxx"指定的特定错误消息。

扫一扫

视频讲解

8.3 数据绑定的应用

为了让读者进一步学习数据绑定和表单标签，本节给出了一个应用范例 ch8_1。在 ch8_1 中实现了 User 类属性和 JSP 页面中表单参数的绑定，同时在 JSP 页面中分别展示了 input、textarea、checkbox、checkboxs、select 等标签。

【例 8-1】 数据绑定和表单标签的应用。实例的具体要求：首先将模型中的数据绑定到如图 8.1 所示的应用首页的复选框和下拉列表；然后输入表单信息，单击图 8.1 中的"添加"按钮，添加成功（添加非 IT 人员）后将打开如图 8.2 所示的用户列表界面。

图 8.1 应用首页

用户列表

继续添加

用户名	兴趣爱好	朋友	职业	户籍	个人描述
陈恒	篮球 电玩 乒乓球	张三 王五 赵六	教师	其他	陈恒是一名老师。

图 8.2 用户列表界面

该实例的具体实现步骤如下。

❶ 创建 Web 应用并引入 JAR 包

在 IDEA 中创建一个名为 ch8 的项目，在 ch8 项目中创建一个名为 ch8_1 的模块，同时为 ch8_1 模块添加 Web Application。在 ch8_1 模块的 WEB-INF/lib 目录中添加 Spring MVC 程序所需要的 JAR 包，包括 Spring 的 4 个基础 JAR 包、Spring Commons Logging Bridge 对应的 JAR 包 spring-jcl-6.0.0.jar、AOP 实现所需要的 JAR 包 spring-aop-6.0.0.jar、DispatcherServlet 接口所依赖的性能监控包（micrometer-observation.jar 和 micrometer-commons.jar）、Java 增强库（lombok-1.18.24.jar）以及两个与 Web 相关的 JAR 包（spring-web-6.0.0.jar 和 spring-webmvc-6.0.0.jar）。同时，本实例还使用 JSTL 标签展示页面，因此还需要从 Tomcat 的 webapps/examples/WEB-INF/lib 目录中将 JSTL 的相关 JAR 包复制到

ch8_1 模块的 WEB-INF/lib 目录下。ch8_1 模块所添加的 JAR 包如图 8.3 所示。

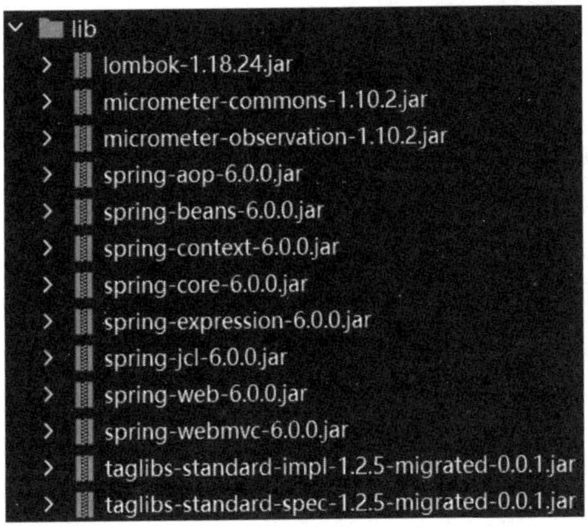

图 8.3　ch8_1 模块所添加的 JAR 包

❷ 为模块添加 Tomcat 依赖

参考 6.2.1 节，为 ch8_1 模块添加 Tomcat 依赖。

❸ 创建领域模型

在 ch8_1 模块中实现了 User 类属性和 JSP 页面中表单参数的绑定，User 类中包含了和表单参数名称对应的属性。

在 ch8_1 模块的 src 目录下创建名为 pojo 的包，并在该包中创建 User 类，具体代码如下：

```
package pojo;
import lombok.Data;
@Data
public class User {
    private String userName;
    private String[] hobby;
    private String[] friends;
    private String carrer;
    private String houseRegister;
    private String remark;
}
```

❹ 创建业务层

在 ch8_1 模块的 Service 层中使用静态集合变量 users 模拟数据库存储用户信息，包括添加用户和查询用户两个功能。

在 ch8_1 模块的 src 目录下创建名为 service 的包，并在该包中创建 UserService 接口和 UserServiceImpl 实现类。

UserService 接口的代码如下：

```
package service;
import java.util.ArrayList;
import pojo.User;
public interface UserService {
    boolean addUser(User u);
    ArrayList<User> getUsers();
}
```

UserServiceImpl 实现类的代码如下：

```
package service;
import java.util.ArrayList;
import org.springframework.stereotype.Service;
import pojo.User;
@Service
public class UserServiceImpl implements UserService{
    // 使用静态集合变量 users 模拟数据库
    private static ArrayList users = new ArrayList
    @Override
    public boolean addUser(User u) {
        if(!"IT民工 ".equals(u.getCarrer())){   // 不允许添加 IT 民工
            users.add(u);
            return true;
        }
        return false;
    }
    @Override
    public ArrayList<User> getUsers() {
        return users;
    }
}
```

❺ 创建控制层

在 ch8_1 模块的 Controller 类 UserController 中定义了请求处理方法，其中包括处理 user/input 请求的 inputUser 方法，以及处理 user/save 请求的 addUser 方法，并且在 addUser 方法中用到了重定向。在 UserController 类中，通过 @Autowired 注解在 UserController 对象中主动注入 UserService 对象，实现对 user 对象的添加和查询等操作；通过 model 的 addAttribute 方法将 user 对象、HashMap 类型的 hobbys 对象、String[] 类型的 carrers 对象以及 String[] 类型的 houseRegisters 对象传递给 View（userAdd.jsp）。

在 ch8_1 模块的 src 目录下创建名为 controller 的包，并在该包中创建 UserController 控制器类，具体代码如下：

```
package controller;
import java.util.HashMap;
import java.util.List;
import org.apache.commons.logging.Log;
import org.apache.commons.logging.LogFactory;
import org.springframework.beans.factory.annotation.Autowired;
import org.springframework.stereotype.Controller;
import org.springframework.ui.Model;
import org.springframework.web.bind.annotation.GetMapping;
import org.springframework.web.bind.annotation.ModelAttribute;
import org.springframework.web.bind.annotation.PostMapping;
import org.springframework.web.bind.annotation.RequestMapping;
import pojo.User;
import service.UserService;
@Controller
@RequestMapping("/user")
public class UserController {
    private static final Log logger = LogFactory.getLog(UserController.class);
    @Autowired
    private UserService userService;
    private void initData(Model model) {
        HashMap<String, String> hobbys = new HashMap<String, String>();
        hobbys.put("篮球 ", "篮球 ");
        hobbys.put("乒乓球 ", "乒乓球 ");
```

```
        hobbys.put(" 电玩 ", " 电玩 ");
        hobbys.put(" 游泳 ", " 游泳 ");
        model.addAttribute("hobbys", hobbys);
    model.addAttribute("carrers", new String[] { " 教师 ", " 学生 ", "coding 搬
        运工 ", "IT 民工 ", " 其他 " });
        model.addAttribute("houseRegisters", new String[] { " 北京 ", " 上海 ",
            " 广州 ", " 深圳 ", " 其他 " });
    }
    @GetMapping("/input")
    public String inputUser(Model model) {
        model.addAttribute("user", new User());
        initData(model);
        return "userAdd";
    }
    @PostMapping("/save")
    public String addUser(@ModelAttribute User user, Model model) {
        if (userService.addUser(user)) {
            logger.info(" 成功 ");
            return "redirect:/user/list";
        } else {
            logger.info(" 失败 ");
            initData(model);
            return "userAdd";
        }
    }
    @GetMapping("/list")
    public String listUsers(Model model) {
        List<User> users = userService.getUsers();
        model.addAttribute("users", users);
        return "userList";
    }
}
```

❻ 创建配置文件

在 ch8_1 模块的 web/WEB-INF 目录下创建配置文件 springmvc-servlet.xml 和 web.
xml。web.xml 的配置代码与第 6 章中的 ch6_1 应用一样，这里不再赘述。

springmvc-servlet.xml 的配置代码具体如下：

```xml
<?xml version="1.0" encoding="UTF-8"?>
<beans xmlns="http://www.springframework.org/schema/beans"
    xmlns:xsi="http://www.w3.org/2001/XMLSchema-instance"
    xmlns:mvc="http://www.springframework.org/schema/mvc"
    xmlns:context="http://www.springframework.org/schema/context"
    xsi:schemaLocation="
        http://www.springframework.org/schema/beans
        http://www.springframework.org/schema/beans/spring-beans.xsd
        http://www.springframework.org/schema/mvc
        http://www.springframework.org/schema/mvc/spring-mvc.xsd
        http://www.springframework.org/schema/context
        http://www.springframework.org/schema/context/spring-context.xsd">
    <!-- 使用扫描机制扫描控制器类 -->
    <context:component-scan base-package="controller"/>
    <context:component-scan base-package="service"/>
    <mvc:annotation-driven/>
    <!-- 允许 static 目录下的所有文件可见 -->
    <mvc:resources location="/static/" mapping="/static/**"></mvc:
        resources>
    <bean class="org.springframework.web.servlet.view.
        InternalResourceViewResolver"
        id="internalResourceViewResolver">
        <!-- 前缀 -->
```

```
            <property name="prefix" value="/WEB-INF/jsp/"/>
            <!-- 后缀 -->
            <property name="suffix" value=".jsp"/>
        </bean>
    </beans>
```

❼ 创建视图层

视图层中包含两个 JSP 页面，一个是信息输入页面 userAdd.jsp，另一个是信息显示页面 userList.jsp。在 ch8_1 模块的 web/WEB-INF/jsp 目录下创建这两个 JSP 页面。

在 userAdd.jsp 页面中将 Map 类型的 hobbys 绑定到 checkboxes 上，将 String[] 类型的 carrers 和 houseRegisters 绑定到 select 上，实现通过 option 标签对 select 添加选项，同时表单的 method 方法需要指定为 post 来避免中文乱码问题。

在 userList.jsp 页面中使用 JSTL 标签遍历集合中的用户信息。

userAdd.jsp 的核心代码具体如下：

```
<form:form cssClass="form-horizontal" modelAttribute="user"method="post"
    action="user/save">
    <div class="form-group">
        <label class="col-sm-4 control-label"></label>
        <div class="col-sm-4">
            <h2>添加一个用户</h2>
        </div>
    </div>
    <div class="form-group">
        <label class="col-sm-4 control-label">用户名 :</label>
        <div class="col-sm-4">
            <form:input path="userName" cssClass="form-control"/>
        </div>
    </div>
    <div class="form-group">
        <label class="col-sm-4 control-label">爱好 :</label>
        <div class="col-sm-4">
            <form:checkboxes items="${hobbys}" path="hobby"/>
        </div>
    </div>
    <div class="form-group">
        <label class="col-sm-4 control-label">朋友 :</label>
        <div class="col-sm-4">
            <form:checkbox path="friends" value=" 张三 "/> 张三
            <form:checkbox path="friends" value=" 李四 "/> 李四
            <form:checkbox path="friends" value=" 王五 "/> 王五
            <form:checkbox path="friends" value=" 赵六 "/> 赵六
        </div>
    </div>
    <div class="form-group">
        <label class="col-sm-4 control-label">职业 :</label>
        <div class="col-sm-4">
            <form:select path="carrer" cssClass="form-control">
                    <form:option value="" label=" 请选择职业 "/>
                <form:options items="${carrers}"/>
            </form:select>
        </div>
    </div>
    <div class="form-group">
        <label class="col-sm-4 control-label">户籍 :</label>
        <div class="col-sm-4">
            <form:select path="houseRegister" cssClass="form-control">
                    <form:option value="" label=" 请选择户籍 "/>
```

```
                    <form:options items="${houseRegisters}"/>
                </form:select>
        </div>
    </div>
    <div class="form-group">
        <label class="col-sm-4 control-label"> 个人描述 :</label>
        <div class="col-sm-4">
            <form:textarea path="remark" rows="5" cssClass="form-control"/>
        </div>
    </div>
    <div class="form-group">
        <div class="col-sm-offset-5 col-sm-6">
            <button type="submit" class="btn btn-success"> 添加 </button>
            <button type="reset" class="btn btn-primary"> 重置 </button>
        </div>
    </div>
</form:form>
```

userList.jsp 的核心代码具体如下：

```
<div class="abox">
    <div class="box">
    <h3> 用户列表 </h3>
    <a href="<c:url value="user/input"/>"> 继续添加 </a>
        <table class="table table-bordered table-hover">
            <tbody class="text-center">
            <tr>
                <th> 用户名 </th>
                <th> 兴趣爱好 </th>
                <th> 朋友 </th>
                <th> 职业 </th>
                <th> 户籍 </th>
                <th> 个人描述 </th>
            </tr>
            <c:forEach items="${users}" var="user">
                <tr>
                    <td>${user.userName}</td>
                    <td>
                        <c:forEach items="${user.hobby}" var="hobby">
                            ${hobby } 
                        </c:forEach>
                    </td>
                    <td>
                        <c:forEach items="${user.friends}" var="friend">
                            ${friend } 
                        </c:forEach>
                    </td>
                    <td>${user.carrer}</td>
                    <td>${user.houseRegister }</td>
                    <td>${user.remark}</td>
                </tr>
            </c:forEach>
            </tbody>
        </table>
    </div>
</div>
```

❽ 测试应用

参考 6.2.7 节，发布并运行 ch8_1 模块。通过地址 http://localhost:8080/ch8_1/user/
input 测试 ch8_1 模块。如果在图 8.1 中职业选择 "IT 民工" 时添加失败，失败后回到添加页面，输入过的信息不再输入，自动回填（必须结合 form 标签）。自动回填是数据绑定的一个优点。添加用户信息失败的页面如图 8.4 所示。

扫一扫

视频讲解

8.4　JSON 数据交互

Spring MVC 在数据绑定的过程中需要对传递数据的格式和类型进行转换，它既可以转换 String 等类型的数据，也可以转换 JSON 等其他类型的数据。本节将针对 Spring MVC 中 JSON 类型的数据交互进行讲解。

图 8.4　添加用户信息失败的页面

▶ 8.4.1　JSON 概述

JSON（JavaScript Object Notation，JS 对象标记）是一种轻量级的数据交换格式。与 XML 一样，JSON 也是基于纯文本的数据格式。它有对象结构和数组结构两种数据结构。

❶ 对象结构

对象结构以"{"开始、以"}"结束，中间部分由 0 个或多个以英文","分隔的 key-value 对构成，key 和 value 之间以英文":"分隔。对象结构的语法结构如下：

```
{
    key1:value1,
    key2:value2,
    ...
}
```

其中，key 必须为 String 类型，value 可以是 String、Number、Object、Array 等数据类型。例如，一个 Person 对象包含姓名、密码、年龄等信息，使用 JSON 的表示形式如下：

```
{
    "pname":" 陈恒 ",
    "password":"123456",
    "page":40
}
```

❷ 数组结构

数组结构以"["开始、以"]"结束，中间部分由 0 个或多个以英文","分隔的值的列表组成。数组结构的语法结构如下：

```
[
    value1,
    value2,
    ...
]
```

上述两种（对象、数组）数据结构也可以分别组合构成更为复杂的数据结构。例如，一个 student 对象包含 sno、sname、hobby 和 college 对象，使用 JSON 的表示形式如下：

```
{
    "sno":"202302228888",
    "sname":" 张三 ",
    "hobby":[" 篮球 "," 足球 "],
    "college":{
```

```
            "cname":" 清华大学 ",
            "city":" 北京 "
        }
    }
```

▶ 8.4.2　JSON 数据转换

为实现浏览器与控制器类之间的 JSON 数据转换，Spring MVC 提供了 MappingJackson2HttpMessageConverter 实现类默认处理 JSON 格式请求响应。该实现类利用 Jackson 开源包读 / 写 JSON 数据，将 Java 对象转换为 JSON 对象和 XML 文档，同时也可以将 JSON 对象和 XML 文档转换为 Java 对象。

Jackson 开源包及其描述如下。

（1）jackson-annotations.jar：JSON 转换的注解包。

（2）jackson-core.jar：JSON 转换的核心包。

（3）jackson-databind.jar：JSON 转换的数据绑定包。

以上 3 个 Jackson 的开源包在编写本书时最新版本是 2.14.1，读者可以通过地址 http://mvnrepository.com/artifact/com.fasterxml.jackson.core 下载得到。

在使用注解开发时需要用到两个重要的 JSON 格式转换注解，分别是 @RequestBody 和 @ResponseBody。

（1）@RequestBody：用于将请求体中的数据绑定到方法的形参中，该注解应用在方法的形参上。

（2）@ResponseBody：用于直接返回 JSON 对象，该注解应用在方法上。

下面通过一个实例来演示 JSON 数据交互过程。

【例 8-2】 JSON 数据交互过程。在该实例中针对返回实体对象、ArrayList 集合、Map<String, Object> 集合以及 List<Map<String, Object>> 集合分别处理。

该实例的具体实现步骤如下。

❶ 创建 Web 应用并导入相关的 JAR 包

在 ch8 项目中创建一个名为 ch8_2 的模块，同时为 ch8_2 模块添加 Web Application。在 ch8_2 模块中除了需要导入 Spring MVC 开发所需的 JAR 包以外，还需要将与 JSON 相关的 3 个 JAR 包（jackson-annotations-2.14.1.jar、jackson-databind-2.14.1.jar 和 jackson-core-2.14.1.jar）复制到 WEB-INF/lib 目录中。

❷ 为模块添加 Tomcat 依赖

参考 6.2.1 节，为 ch8_2 模块添加 Tomcat 依赖。

❸ 创建 Web 和 Spring MVC 配置文件

ch8_2 模块的 Web 配置文件 web.xml 和 Spring MVC 配置文件 springmvc-servlet.xml 与 ch8_1 模块的配置文件一样，为了节省篇幅，这里不再赘述。

❹ 创建 JSP 页面

在 ch8_2 模块的 web 目录下创建 JSP 文件 index.jsp，在该页面中使用 Ajax 向控制器异步提交数据，具体代码如下：

```
<%@ page language="java" contentType="text/html; charset=UTF-8"
    pageEncoding="UTF-8"%>
<%
String path = request.getContextPath();
```

```jsp
String basePath = request.getScheme()+"://"+request.getServerName()+":"+
    request.getServerPort()+path+"/";
%>
<!DOCTYPE html>
<html>
<head>
<base href="<%=basePath%>">
<meta charset="UTF-8">
<title>Insert title here</title>
<script type="text/javascript" src="static/js/jquery-3.6.0.min.js">
    </script>
<script type="text/javascript">
    function testJson() {
        // 获取输入的值 pname 为 id
        var pname = $("#pname").val();
        var password = $("#password").val();
        var page = $("#page").val();
        $.ajax({
            // 请求路径
            url: "${pageContext.request.contextPath}/testJson",
            // 请求类型
            type: "post",
            //data 表示发送的数据
            data: JSON.stringify({pname:pname,password:
                password,page:page}),
            // 定义发送请求的数据格式为 JSON 字符串
            contentType: "application/json;charset=UTF-8",
            // 定义回调响应的数据格式为 JSON 字符串，该属性可以省略
            dataType: "json",
            // 成功响应的结果
            success: function(data){
                if(data != null){
                    // 返回一个 Person 对象
        //alert(" 输入的用户名 :" + data.pname + ", 密码: " + data.password +
        ", 年龄: " +  data.page);
                    //ArrayList<Person> 对象
                    /**for(var i = 0; i < data.length; i++){
                        alert(data[i].pname);
                    }**/
                    // 返回一个 Map<String, Object> 对象
                    //alert(data.pname); //pname 为 key
                    // 返回一个 List<Map<String, Object>> 对象
                    for(var i = 0; i < data.length; i++){
                        alert(data[i].pname);
                    }
                }
            }
        });
    }
</script>
</head>
<body>
    <form action="">
        用户名:<input type="text" name="pname" id="pname"/><br>
        密码:<input type="password" name="password" id="password"/><br>
        年龄:<input type="text" name="page" id="page"/><br>
        <input type="button" value=" 测试 " onclick="testJson()"/>
    </form>
</body>
</html>
```

❺ 创建实体类

在 ch8_2 模块的 src 目录下创建名为 pojo 的包，并在该包中创建 Person 实体类，具体代码如下：

```
package pojo;
import lombok.Data;
@Data
public class Person {
    private String pname;
    private String password;
    private Integer page;
}
```

❻ 创建控制器类

在 ch8_2 模块的 src 目录下创建名为 controller 的包，并在该包中创建 TestController 控制器类，在处理方法中使用 @ResponseBody 和 @RequestBody 注解进行 JSON 数据交互，具体代码如下：

```
package controller;
import java.util.ArrayList;
import java.util.HashMap;
import java.util.List;
import java.util.Map;
import org.springframework.stereotype.Controller;
import org.springframework.web.bind.annotation.RequestBody;
import org.springframework.web.bind.annotation.RequestMapping;
import org.springframework.web.bind.annotation.ResponseBody;
import pojo.Person;
@Controller
public class TestController {
    /**
     * 接收页面请求的 JSON 数据，并返回 JSON 格式的结果
     */
    @RequestMapping("/testJson")
    @ResponseBody
    public List<Map<String, Object>> testJson(@RequestBody Person user) {
        // 打印接收的 JSON 格式数据
        System.out.println("pname=" + user.getPname() +
                ", password=" + user.getPassword() + ",page=" + user.
                    getPage());
        // 返回 Person 对象
        //return user;
        /**ArrayList<Person> allp = new ArrayList<Person>();
        Person p1 = new Person();
        p1.setPname("陈恒1");
        p1.setPassword("123456");
        p1.setPage(80);
        allp.add(p1);
        Person p2 = new Person();
        p2.setPname("陈恒2");
        p2.setPassword("78910");
        p2.setPage(90);
        allp.add(p2);
        // 返回 ArrayList<Person> 对象
        return allp;
        **/
        Map<String, Object> map = new HashMap<String, Object>();
        map.put("pname", "陈恒2");
        map.put("password", "123456");
```

```
            map.put("page", 25);
            // 返回一个 Map<String, Object> 对象
            //return map;
            // 返回一个 List<Map<String, Object>> 对象
            List<Map<String, Object>> allp = new ArrayList<Map<String,
                Object>>();
            allp.add(map);
            Map<String, Object> map1 = new HashMap<String, Object>();
            map1.put("pname", " 陈恒 3");
            map1.put("password", "54321");
            map1.put("page", 55);
            allp.add(map1);
            return allp;
        }
    }
```

❼ 测试程序

参考 6.2.7 节，发布并运行 ch8_2 模块。

本章小结

　　本章首先介绍了 Spring MVC 的数据绑定和表单标签，包括数据绑定的原理以及如何使用表单标签；然后给出了一个数据绑定应用实例，大致演示了数据绑定在实际开发中的应用；最后讲解了 JSON 数据交互的使用，使读者了解 JSON 数据的组织结构。

扫一扫

自测题

习题 8

　　（1）举例说明数据绑定的优点。

　　（2）Spring MVC 有哪些表单标签？其中可以绑定集合数据的标签有哪些？

　　（3）在使用 Spring 表单标签之前，需要在 JSP 页面上先引入标签库（<%@ taglib prefix= fm" uri=" http: //www.springframework.org/tags/form %> ），那么下列在此页面上使用 Spring 标签正确的是（　　　）。

　　　　A. <form:form action=" " >--</from:form/>

　　　　B. <fm:input text="/>

　　　　C. <fm:errors path="*"/>

　　　　D. <form:password/>

　　（4）在 Spring MVC 中，JSON 数据交互时，（　　　）注解用于将请求体中的数据绑定到方法的形参中，在使用时标注在方法的形参上。

　　　　A. @Request   B. @Response

　　　　C. @ResponseBody   D. @RequestBody

　　（5）在 Spring MVC 中，JSON 数据交互时，（　　　）注解用于直接返回方法的对象，在使用时标注在方法上。

　　　　A. @Request   B. @Response

　　　　C. @ResponseBody   D. @RequestBody

学习目的与要求

本章主要介绍了拦截器的概念、原理以及实际应用。通过本章的学习，要求读者理解拦截器的原理，掌握拦截器的实际应用。

本章主要内容

❖ 拦截器的定义
❖ 拦截器的配置
❖ 拦截器的执行流程

在开发一个网站时可能有这样的需求：某些页面只希望几个特定的用户浏览。对于这样的访问权限控制，该如何实现呢？拦截器可以实现上述需求。在 Struts 2 框架中，拦截器是其重要的组成部分，Spring MVC 框架也提供了拦截器功能。本章将针对 Spring MVC 中拦截器的使用进行详细讲解。

9.1　拦截器概述

Spring MVC 的拦截器（Interceptor）和 Java Servlet 的过滤器（Filter）类似，主要用于拦截用户的请求并做相应的处理，通常应用在权限验证、记录请求信息的日志、判断用户是否登录等功能上。

▶ 9.1.1　拦截器的定义

在 Spring MVC 框架中拦截器通过实现 HandlerInterceptor 接口或继承 HandlerInterceptor 接口的实现类来定义，示例代码如下：

```
package interceptor;
import org.springframework.web.servlet.HandlerInterceptor;
import org.springframework.web.servlet.ModelAndView;
import jakarta.servlet.http.HttpServletRequest;
import jakarta.servlet.http.HttpServletResponse;
public class TestInterceptor implements HandlerInterceptor {
    @Override
    public boolean preHandle(HttpServletRequest request,
        HttpServletResponse response, Object handler)
            throws Exception {
        System.out.println("preHandle 方法在控制器的处理请求方法调用前执行 ");
        /** 返回 true 表示继续向下执行，返回 false 表示中断后续操作 */
        return true;
    }
    @Override
    public void postHandle(HttpServletRequest request, HttpServletResponse
        response, Object handler,
```

```
                    ModelAndView modelAndView) throws Exception {
            System.out.println("postHandle 方法在控制器的处理请求方法调用后，解析视图
                前执行 ");
        }
        @Override
        public void afterCompletion(HttpServletRequest request,
            HttpServletResponse response, Object handler, Exception ex)throws
            Exception {
            System.out.println("afterCompletion 方法在控制器执行后执行，即在视图渲染
                结束后执行 ");
        }
    }
```

在上述拦截器的定义中实现了 HandlerInterceptor 接口，并实现了接口中的 3 个方法。有关这 3 个方法的描述如下。

preHandle() 方法：该方法在控制器的处理请求方法前执行，其返回值表示是否中断后续操作，如果返回 true 表示继续向下执行，如果返回 false 表示中断后续操作。

postHandle() 方法：该方法在控制器的处理请求方法调用之后，解析视图之前执行。用户可以通过此方法对请求域中的模型和视图做进一步的修改。

afterCompletion() 方法：该方法在控制器的处理请求方法执行完成后执行，即在视图渲染结束后执行。用户可以通过此方法实现一些资源清理、记录日志信息等工作。

▶ 9.1.2 拦截器的配置

让自定义的拦截器生效，需要在 Spring MVC 的配置文件中进行配置，配置的示例代码如下：

```xml
<!-- 配置拦截器 -->
<mvc:interceptors>
    <!-- 配置一个全局拦截器，拦截所有请求 -->
    <bean class="interceptor.TestInterceptor"/>
    <mvc:interceptor>
        <!-- 配置拦截器作用的路径，可以使用通配符 *，也可以配置多个 <mvc:mapping> -->
        <mvc:mapping path="/**"/>
        <!-- 配置不需要拦截作用的路径，可以使用通配符 *，
        也可以配置多个 <mvc:exclude-mapping> -->
        <mvc:exclude-mapping path=""/>
        <!-- 拦截器的实现类 -->
        <bean class="interceptor.Interceptor1"/>
    </mvc:interceptor>
    <mvc:interceptor>
        <!-- 配置拦截器作用的路径 -->
        <mvc:mapping path="/gotoTest"/>
        <!-- 拦截器的实现类 -->
        <bean class="interceptor.Interceptor2"/>
    </mvc:interceptor>
</mvc:interceptors>
```

在上述配置示例的代码中，<mvc:interceptors> 元素用于配置一组拦截器，其子元素 <bean> 定义的是全局拦截器，即拦截所有的请求。<mvc:interceptor> 元素中定义的是指定路径的拦截器，其子元素 <mvc:mapping> 用于配置拦截器作用的路径，该路径在其 path 属性中定义。例如在上述示例代码中，path 的属性值 "/**" 表示拦截所有路径，"/gotoTest" 表示拦截所有以 "/gotoTest" 结尾的路径。如果在请求路径中包含不需要拦截的内容，可以通过 <mvc:exclude-mapping> 子元素进行配置。

需要注意的是，<mvc:interceptor> 元素的子元素必须按照 <mvc:mapping.../>、<mvc:exclude-mapping .../>、 的顺序配置。

9.2　拦截器的执行流程

▶ 9.2.1　单个拦截器的执行流程

在配置文件中，如果只定义了一个拦截器，程序首先将执行拦截器类中的 preHandle() 方法，如果该方法返回 true，程序将继续执行控制器中处理请求的方法，否则中断执行。如果 preHandle() 方法返回 true，并且控制器中处理请求的方法执行后返回视图前将执行 postHandle() 方法，返回视图后才执行 afterCompletion() 方法。下面通过一个实例演示单个拦截器的执行流程。

【例 9-1】 单个拦截器的执行流程。

该实例的具体实现过程如下：

❶ 创建应用并导入相关的 JAR 包

首先在 IDEA 中创建一个名为 ch9 的项目，在 ch9 项目中创建一个名为 ch9_1 的模块，同时为 ch9_1 模块添加 Web Application。然后在 ch9_1 模块的 WEB-INF/lib 目录中添加 Spring MVC 程序所需要的 JAR 包，包括 Spring 的 4 个基础 JAR 包、Spring Commons Logging Bridge 对应的 JAR 包 spring-jcl-6.0.0.jar、AOP 实现所需要的 JAR 包 spring-aop-6.0.0.jar、DispatcherServlet 接口所依赖的性能监控包（micrometer-observation.jar 和 micrometer-commons.jar）、Java 增强库（lombok-1.18.24.jar）以及两个与 Web 相关的 JAR 包（spring-web-6.0.0.jar 和 spring-webmvc-6.0.0.jar）。最后为 ch9_1 模块添加 Tomcat 依赖。

❷ 创建 web.xml

在 ch9_1 模块的 web/WEB-INF 目录下创建配置文件 web.xml。该配置文件与例 8-1 中的 web.xml 配置文件一样，为了节省篇幅，这里不再赘述。

❸ 创建控制器类

在 ch9_1 模块的 src 目录下创建一个名为 controller 的包，并在该包中创建控制器类 InterceptorController，具体代码如下：

```
package controller;
import org.springframework.stereotype.Controller;
import org.springframework.web.bind.annotation.RequestMapping;
@Controller
public class InterceptorController {
    @RequestMapping("/gotoTest")
    public String gotoTest() {
        System.out.println(" 正在测试拦截器，执行控制器的处理请求方法中 ");
        return "test";
    }
}
```

❹ 创建拦截器类

在 ch9_1 模块的 src 目录下创建一个名为 interceptor 的包，并在该包中创建拦截器类 TestInterceptor，代码与 9.1.1 节的示例代码相同，这里不再赘述。

❺ 创建配置文件 **springmvc-servlet.xml**

在 ch9_1 模块的 web/WEB-INF 目录下创建配置文件 springmvc-servlet.xml，并在该配置文件中使用拦截器类 TestInterceptor 配置一个全局拦截器，具体代码如下：

```xml
<?xml version="1.0" encoding="UTF-8"?>
<beans xmlns="http://www.springframework.org/schema/beans"
    xmlns:xsi="http://www.w3.org/2001/XMLSchema-instance"
    xmlns:context="http://www.springframework.org/schema/context"
    xmlns:mvc="http://www.springframework.org/schema/mvc"
    xsi:schemaLocation="
        http://www.springframework.org/schema/beans
        http://www.springframework.org/schema/beans/spring-beans.xsd
        http://www.springframework.org/schema/context
        http://www.springframework.org/schema/context/spring-context.
            xsd
        http://www.springframework.org/schema/mvc
        http://www.springframework.org/schema/mvc/spring-mvc.xsd">
    <!-- 使用扫描机制扫描控制器类 -->
    <context:component-scan base-package="controller"/>
    <!-- 配置视图解析器 -->
    <bean class="org.springframework.web.servlet.view.
        InternalResourceViewResolver"
            id="internalResourceViewResolver">
        <!-- 前缀 -->
        <property name="prefix" value="/WEB-INF/jsp/"/>
        <!-- 后缀 -->
        <property name="suffix" value=".jsp"/>
    </bean>
    <mvc:interceptors>
        <!-- 配置一个全局拦截器，拦截所有请求 -->
        <bean class="interceptor.TestInterceptor"/>
    </mvc:interceptors>
</beans>
```

❻ 创建 JSP 文件

在 ch9_1 模块的 web/WEB-INF 目录下创建一个名为 jsp 的文件夹，并在该文件夹中创建一个 JSP 文件 test.jsp。test.jsp 的代码具体如下：

```jsp
<%@ page language="java" contentType="text/html; charset=UTF-8"
    pageEncoding="UTF-8"%>
<%
String path = request.getContextPath();
String basePath = request.getScheme()+"://"+request.getServerName()+":"+
    request.getServerPort()+path+"/";
%>
<!DOCTYPE html>
<html>
<head>
<base href="<%=basePath%>">
<meta charset="UTF-8">
<title>Insert title here</title>
</head>
<body>
视图
<%System.out.println(" 视图渲染结束。"); %>
</body>
</html>
```

❼ 测试拦截器

首先将 ch9_1 模块发布到 Tomcat 服务器，并启动 Tomcat 服务器，然后通过地址 http://localhost:8080/ch9_1/gotoTest 测试拦截器。程序正确执行后，控制台的输出结果如图 9.1 所示。

图 9.1　单个拦截器的执行过程

▶ 9.2.2　多个拦截器的执行流程

在 Web 应用中通常有多个拦截器同时工作，这时它们的 preHandle() 方法将按照配置文件中拦截器的配置顺序执行，而它们的 postHandle() 方法和 afterCompletion() 方法则按照配置顺序的反序执行。下面通过一个实例来演示多个拦截器的执行流程。

【例 9-2】 多个拦截器的执行流程。

该实例是在例 9-1 的基础上实现的，具体步骤如下。

❶ 创建应用

首先在 ch9 项目中创建一个名为 ch9_2 的模块，同时为 ch9_2 模块添加 Web Application；然后为 ch9_2 模块添加 Tomcat 依赖；最后将例 9-1 中 ch9_1 模块的所有代码、JAR 包及配置文件复制到 ch9_2 模块的对应位置。

❷ 创建多个拦截器

在 ch9_2 模块的 interceptor 包中创建两个拦截器类 Interceptor1 和 Interceptor2。Interceptor1 类的代码具体如下：

```java
package interceptor;
import org.springframework.web.servlet.HandlerInterceptor;
import org.springframework.web.servlet.ModelAndView;
import jakarta.servlet.http.HttpServletRequest;
import jakarta.servlet.http.HttpServletResponse;
public class Interceptor1 implements HandlerInterceptor{
    @Override
    public boolean preHandle(HttpServletRequest request,
        HttpServletResponse response, Object handler)
            throws Exception {
        System.out.println("Interceptor1 preHandle 方法执行 ");
        return true;
    }
    @Override
    public void postHandle(HttpServletRequest request, HttpServletResponse
        response, Object handler,
            ModelAndView modelAndView) throws Exception {
        System.out.println("Interceptor1 postHandle 方法执行 ");
    }
    @Override
    public void afterCompletion(HttpServletRequest request,
```

```
            HttpServletResponse response, Object handler, Exception ex)
                throws Exception {
            System.out.println("Interceptor1 afterCompletion 方法执行 ");
        }
}
```

Interceptor2 类的代码具体如下：

```
package interceptor;
import org.springframework.web.servlet.HandlerInterceptor;
import org.springframework.web.servlet.ModelAndView;
import jakarta.servlet.http.HttpServletRequest;
import jakarta.servlet.http.HttpServletResponse;
public class Interceptor2 implements HandlerInterceptor{
    @Override
    public boolean preHandle(HttpServletRequest request,
        HttpServletResponse response, Object handler)
            throws Exception {
        System.out.println("Interceptor2 preHandle 方法执行 ");
        return true;
    }
    @Override
    public void postHandle(HttpServletRequest request, HttpServletResponse
        response, Object handler,ModelAndView modelAndView) throws
        Exception {
        System.out.println("Interceptor2 postHandle 方法执行 ");
    }
    @Override
    public void afterCompletion(HttpServletRequest request,
        HttpServletResponse response, Object handler, Exception ex)
            throws Exception {
        System.out.println("Interceptor2 afterCompletion 方法执行 ");
    }
}
```

❸ 配置拦截器

在配置文件 springmvc-servlet.xml 的 <mvc:interceptors> 元素内使用自定义拦截器类 Interceptor1 和 Interceptor2 配置两个拦截器，配置代码具体如下：

```
<mvc:interceptors>
    <!-- 配置一个全局拦截器，拦截所有请求 -->
    <!-- <bean class="interceptor.TestInterceptor"/> -->
    <mvc:interceptor>
        <!-- 配置拦截器作用的路径 -->
        <mvc:mapping path="/**"/>
        <bean class="interceptor.Interceptor1"/>
    </mvc:interceptor>
    <mvc:interceptor>
        <!-- 配置拦截器作用的路径 -->
        <mvc:mapping path="/gotoTest"/>
        <bean class="interceptor.Interceptor2"/>
    </mvc:interceptor>
</mvc:interceptors>
```

❹ 测试多个拦截器

首先将 ch9_2 模块发布到 Tomcat 服务器，并启动 Tomcat 服务器，然后通过地址 http://localhost:8080/ch9_2/gotoTest 测试拦截器。程序正确执行后，控制台的输出结果如图 9.2 所示。

图 9.2 多个拦截器的执行过程

9.3 应用案例——用户登录权限验证

扫一扫

视频讲解

本节将通过拦截器来实现一个用户登录权限验证的 Web 应用 ch9_3。具体要求如下：只有成功登录的用户才能访问系统的主页面 main.jsp，如果没有成功登录而直接访问主页面，则拦截器将请求拦截，并转发到登录页面 login.jsp。当成功登录的用户在系统主页面中单击"退出"链接时回到登录页面。

该例的具体实现步骤如下。

❶ 创建应用

首先在 ch9 项目中创建一个名为 ch9_3 的模块，同时为 ch9_3 模块添加 Web Application；然后为 ch9_3 模块添加 Tomcat 依赖；最后在 ch9_3 模块的 WEB-INF/lib 目录中添加与例 9-1 一样的 JAR 包。

❷ 创建 POJO 类

在 ch9_3 模块的 src 目录中创建名为 pojo 的包，并在该包中创建 User 类，具体代码如下：

```
package pojo;
import lombok.Data;
@Data
public class User {
    private String uname;
    private String upwd;
}
```

❸ 创建控制器类

在 ch9_3 模块的 src 目录中创建名为 controller 的包，并在该包中创建控制器类 UserController，具体代码如下：

```
package controller;
import org.springframework.stereotype.Controller;
import org.springframework.ui.Model;
import org.springframework.web.bind.annotation.GetMapping;
import org.springframework.web.bind.annotation.PostMapping;
import jakarta.servlet.http.HttpSession;
import pojo.User;
@Controller
public class UserController {
    /**
     * 登录页面的初始化
     */
```

```java
@GetMapping("/toLogin")
public String initLogin() {
    return "login";
}
/**
 * 处理登录功能
 */
@PostMapping("/login")
public String login(User user, Model model,HttpSession session) {
    System.out.println(user.getUname());
    if("chenheng".equals(user.getUname()) &&
            "123456".equals(user.getUpwd())) {
        // 登录成功，将用户信息保存到 session 对象中
        session.setAttribute("user", user);
        // 重定向到主页面的跳转方法
        return "redirect:main";
    }
    model.addAttribute("msg","用户名或密码错误，请重新登录！");
    return "login";
}
/**
 * 跳转到主页面
 */
@GetMapping("/main")
public String toMain() {
    return "main";
}
/**
 * 退出登录
 */
@GetMapping("/logout")
public String logout(HttpSession session) {
    // 清除 session
    session.invalidate();
    return "login";
}
}
```

❹ 创建拦截器类

在 ch9_3 模块的 src 目录中创建名为 interceptor 的包，并在该包中创建拦截器类 LoginInterceptor，具体代码如下：

```java
package interceptor;
import org.springframework.web.servlet.HandlerInterceptor;
import jakarta.servlet.http.HttpServletRequest;
import jakarta.servlet.http.HttpServletResponse;
import jakarta.servlet.http.HttpSession;
public class LoginInterceptor implements HandlerInterceptor{
    @Override
    public boolean preHandle(HttpServletRequest request,
        HttpServletResponse response, Object handler)
            throws Exception {
        // 获取 Session
        HttpSession session = request.getSession();
        Object obj = session.getAttribute("user");
        if(obj != null)
            return true;
        // 没有登录且不是登录页面，转发到登录页面，并给出提示错误信息
        request.setAttribute("msg", "还没登录，请先登录！");
        request.getRequestDispatcher("/WEB-INF/jsp/login.jsp").
            forward(request, response);
```

```
            return false;
        }
    }
```

❺ 配置拦截器

在 ch9_3 模块的 WEB-INF 目录下创建配置文件 springmvc-servlet.xml 和 web.xml。web.xml 的代码与 ch9_2 模块的 web.xml 一样，这里不再赘述。在 springmvc-servlet.xml 文件中配置自定义拦截器 LoginInterceptor，springmvc-servlet.xml 的代码具体如下：

```xml
<?xml version="1.0" encoding="UTF-8"?>
<beans xmlns="http://www.springframework.org/schema/beans"
    xmlns:xsi="http://www.w3.org/2001/XMLSchema-instance"
    xmlns:context="http://www.springframework.org/schema/context"
    xmlns:mvc="http://www.springframework.org/schema/mvc"
    xsi:schemaLocation="
        http://www.springframework.org/schema/beans
        http://www.springframework.org/schema/beans/spring-beans.xsd
        http://www.springframework.org/schema/context
        http://www.springframework.org/schema/context/spring-context.
            xsd
        http://www.springframework.org/schema/mvc
        http://www.springframework.org/schema/mvc/spring-mvc.xsd">
    <!-- 使用扫描机制扫描控制器类 -->
    <context:component-scan base-package="controller"/>
    <!-- 配置视图解析器 -->
    <bean class="org.springframework.web.servlet.view.
        InternalResourceViewResolver"
            id="internalResourceViewResolver">
        <!-- 前缀 -->
        <property name="prefix" value="/WEB-INF/jsp/"/>
        <!-- 后缀 -->
        <property name="suffix" value=".jsp"/>
    </bean>
    <mvc:interceptors>
        <mvc:interceptor>
            <!-- 配置拦截器作用的路径 -->
            <mvc:mapping path="/**"/>
            <!-- 去登录页面不拦截 -->
            <mvc:exclude-mapping path="/toLogin"/>
            <!-- 登录功能不拦截 -->
            <mvc:exclude-mapping path="/login"/>
            <bean class="interceptor.LoginInterceptor"/>
        </mvc:interceptor>
    </mvc:interceptors>
</beans>
```

❻ 创建 JSP 页面

在 ch9_3 模块的 WEB-INF 目录下创建文件夹 jsp，并在该文件夹中创建 login.jsp 和 main.jsp。

login.jsp 的代码具体如下：

```jsp
<%@ page language="java" contentType="text/html; charset=UTF-8"
    pageEncoding="UTF-8"%>
<%
String path = request.getContextPath();
String basePath = request.getScheme()+"://"+request.getServerName()+":"+
    request.getServerPort()+path+"/";
%>
<!DOCTYPE html>
```

```
<html>
<head>
<base href="<%=basePath%>">
<meta charset="UTF-8">
<title>Insert title here</title>
</head>
<body>
${msg}
<form action="login" method="post">
    用户名:<input type="text" name="uname"/><br>
    密码:<input type="password" name="upwd"/><br>
    <input type="submit" value=" 登录 "/>
</form>
</body>
</html>
```

main.jsp 的代码具体如下：

```
<%@ page language="java" contentType="text/html; charset=UTF-8"
    pageEncoding="UTF-8"%>
<%
String path = request.getContextPath();
String basePath = request.getScheme()+"://"+request.getServerName()+":"+
    request.getServerPort()+path+"/";
%>
<!DOCTYPE html>
<html>
<head>
<base href="<%=basePath%>">
<meta charset="UTF-8">
<title>Insert title here</title>
</head>
<body>
    当前用户:${user.uname }<br>
    <a href="logout">退出 </a>
</body>
</html>
```

❼ 发布并测试应用

首先将 ch9_3 模块发布到 Tomcat 服务器，并启动 Tomcat 服务器，然后通过地址
http://localhost:8080/ch9_3/main 测试应用，运行效果如图 9.3 所示。

图 9.3　没有登录直接访问主页面的效果

从图 9.3 可以看出，当用户没有登录而直接访问系统的主页面时，请求将被登录拦截
器拦截，返回到登录页面并提示信息。如果用户在用户名输入框中输入"chenheng"，在
密码框中输入"123456"，单击"登录"按钮后浏览器的显示结果如图 9.4 所示。如果输
入的用户名或密码错误，浏览器的显示结果如图 9.5 所示。

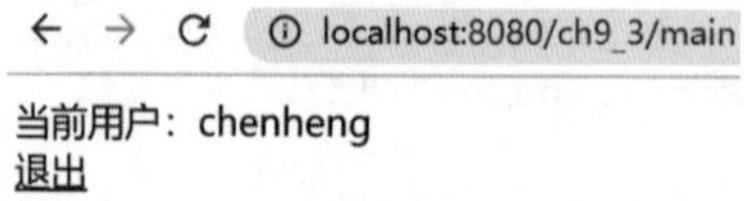

图 9.4　成功登录的效果

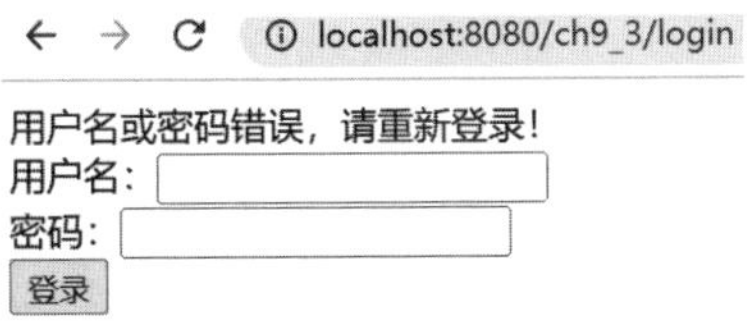

← → C ⓘ localhost:8080/ch9_3/login

用户名或密码错误，请重新登录！
用户名：⬚
密码：⬚
登录

图 9.5 用户名或密码错误

当单击图 9.4 中的"退出"链接后，系统将从主页面返回到登录页面。

本章小结

本章首先讲解了在 Spring MVC 应用中如何定义和配置拦截器，然后详细讲解了拦截器的执行流程，包括单个和多个拦截器的执行流程，最后通过用户登录权限验证的应用案例演示了拦截器的实际应用。

扫一扫

自测题

习题 9

（1）在 Spring MVC 框架中如何自定义拦截器？又如何配置自定义拦截器？
（2）请简述单个拦截器和多个拦截器的执行流程。

学习目的与要求

本章重点讲解 Spring MVC 框架的输入验证体系。通过本章的学习，要求读者理解输入验证的流程，能够利用 Spring 自带的验证框架和 Jakarta Bean Validation（Java 验证规范）对数据进行验证。

本章主要内容

❖ 数据验证概述

❖ Spring 验证

❖ Jakarta Bean Validation 验证

所有用户的输入一般都是随意的，为了保证数据的合法性，数据验证是所有 Web 应用必须处理的问题。在 Spring MVC 框架中有两种常用方法可以验证输入数据：一种是利用 Spring 自带的验证框架；另一种是利用 Jakarta Bean Validation 实现。

10.1 数据验证概述

数据验证分为客户端验证和服务器端验证，客户端验证主要是过滤正常用户的误操作，可以通过 JavaScript 代码完成；服务器端验证是整个应用阻止非法数据的最后防线，主要通过在应用中编程实现。

▶ 10.1.1 客户端验证

在大多数情况下，使用 JavaScript 进行客户端验证的步骤如下：

（1）编写验证函数。

（2）在提交表单的事件中调用验证函数。

（3）根据验证函数来判断是否进行表单提交。

客户端验证可以过滤用户的误操作，是第一道防线，一般使用 JavaScript 代码实现。仅有客户端验证是不够的，攻击者还可以绕过客户端验证直接进行非法输入，这样可能会引起系统的异常，为了确保数据的合法性，防止用户通过非正常手段提交错误信息，必须加上服务器端验证。

▶ 10.1.2 服务器端验证

Spring MVC 的 Converter 和 Formatter 在进行类型转换时是将输入数据转换为领域模型对象的属性值（一种 Java 类型），一旦成功，服务器端验证将介入。也就是说，在 Spring MVC 框架中先进行数据类型转换，再进行服务器端验证。

服务器端验证对于系统的安全性、完整性、健壮性起到了至关重要的作用。在 Spring MVC 框架中可以利用 Spring 自带的验证框架验证数据，也可以利用 Jakarta Bean Validation 实现数据验证。

10.2 Spring 验证器

扫一扫

视频讲解

▶ 10.2.1 Validator 接口

创建自定义 Spring 验证器，需要实现 org.springframework.validation.Validator 接口。该接口有以下两个方法：

```
boolean supports(Class<?> klass)
void validate(Object object, Errors errors)
```

当 supports 方法返回 true 时，验证器可以处理指定的 Class。validate 方法的功能是验证目标对象 object，并将验证错误消息存入 Errors 对象。

往 Errors 对象存入错误消息的方法是 reject 或 rejectValue 方法。这两个方法的部分重载方法如下：

```
void reject(String errorCode)
void reject(String errorCode, String defaultMessage)
void rejectValue(String field, String errorCode)
void rejectValue(String field, String errorCode, String defaultMessage)
```

在一般情况下，只需要给 reject 或 rejectValue 方法一个错误代码，Spring MVC 框架就将从消息属性文件中查找错误代码，获取相应错误消息，示例代码具体如下：

```
if(goods.getGprice() > 100 || goods.getGprice() < 0){
    errors.rejectValue("gprice", "gprice.invalid");   //gprice.invalid 为错误代码
}
```

▶ 10.2.2 ValidationUtils 类

org.springframework.validation.ValidationUtils 是一个工具类，在该类中有几个方法可以帮助用户判断值是否为空。

例如：

```
if(goods.getGname() == null || goods.getGname().isEmpty()){
    errors.rejectValue("gname", "goods.gname.required")
}
```

上述 if 语句可以使用 ValidationUtils 工具类的 rejectIfEmpty 方法，代码如下：

```
//errors 为 Errors 对象, gname 为 goods 对象的属性
ValidationUtils.rejectIfEmpty(errors, "gname", "goods.gname.required");
```

再如：

```
if(goods.getGname() == null || goods.getGname().trim().isEmpty()){
    errors.rejectValue("gname", "goods.gname.required")
}
```

上述 if 语句可以写成：

```
ValidationUtils.rejectIfEmptyOrWhitespace(errors, "gname", "goods.gname.
    required");
```

▶ 10.2.3 Validator 验证示例

本节使用一个应用 ch10_1 讲解 Spring 验证器的编写及使用。在该应用中有一个数据输入页面 addGoods.jsp，效果如图 10.1 所示；有一个数据显示页面 goodsList.jsp，效果如图 10.2 所示。

图 10.1　数据输入页面

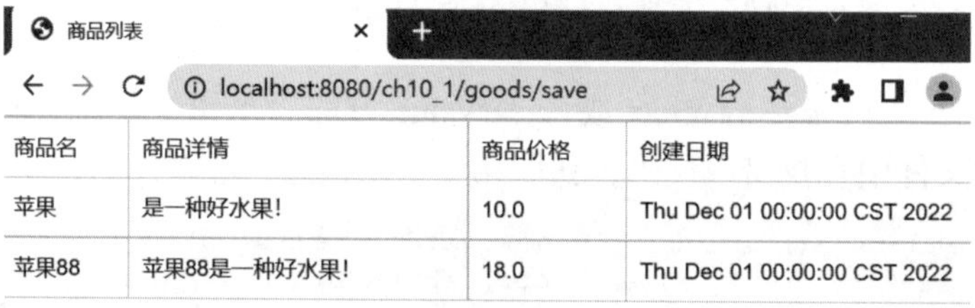

图 10.2　数据显示页面

编写一个实现 org.springframework.validation.Validator 接口的验证器类 GoodsValidator，验证要求如下：

（1）商品名和商品详情不能为空。

（2）商品价格为 0 ~ 100。

（3）创建日期不能在系统日期之后。

根据上述要求，按照以下步骤完成 ch10_1 应用。

❶ 创建应用

首先在 IDEA 中创建一个名为 ch10 的项目，在 ch10 项目中创建一个名为 ch10_1 的模块，同时为 ch10_1 模块添加 Web Application。然后在 ch10_1 模块的 WEB-INF/lib 目录中添加与例 8-1 中 ch8_1 模块一样的 JAR 包。最后为 ch10_1 模块添加 Tomcat 依赖。

❷ 创建数据输入页面

在 ch10_1 模块的 web/WEB-INF 目录下创建文件夹 jsp，并在该文件夹中创建数据输入页面 addGoods.jsp，核心代码具体如下：

```
<form:form cssClass="form-horizontal" modelAttribute="goods" method="post"
    action="goods/save">
    <div class="form-group">
```

```
            <label class="col-sm-4 control-label"></label>
            <div class="col-sm-4">
                <h2> 添加商品 </h2>
            </div>
        </div>
        <div class="form-group">
            <label class="col-sm-4 control-label"> 商品名 :</label>
            <div class="col-sm-4">
                <form:input path="gname" cssClass="form-control"/>
            </div>
        </div>
        <div class="form-group">
            <label class="col-sm-4 control-label"> 商品详情 :</label>
            <div class="col-sm-4">
                <form:input path="gdescription" cssClass="form-control"/>
            </div>
        </div>
        <div class="form-group">
            <label class="col-sm-4 control-label"> 商品价格 :</label>
            <div class="col-sm-4">
                <form:input path="gprice" cssClass="form-control"/>
            </div>
        </div>
        <div class="form-group">
            <label class="col-sm-4 control-label"> 创建日期 :</label>
            <div class="col-sm-4">
                <form:input path="gdate" type="date" cssClass="form-control"/>
            </div>
        </div>
        <div class="form-group">
            <div class="col-sm-offset-5 col-sm-6">
                <button type="submit" class="btn btn-success"> 添加 </button>
                <button type="reset" class="btn btn-primary"> 重置 </button>
            </div>
        </div>
        <div class="form-group">
            <div class="col-sm-offset-5 col-sm-6">
                <!-- 取出所有验证错误 -->
                <form:errors path="*"/>
            </div>
        </div>
</form:form>
```

❸ 编写模型类

在 ch10_1 模块的 src 目录下创建 pojo 包，并在该包中定义领域模型类 Goods，封装输入参数。在该类中使用 @DateTimeFormat(pattern="yyyy-MM-dd") 格式化创建日期。模型类 Goods 的具体代码如下：

```
package pojo;
import java.util.Date;
import org.springframework.format.annotation.DateTimeFormat;
import lombok.Data;
@Data
public class Goods {
    private String gname;
    private String gdescription;
    private double gprice;
    // 日期格式化（需要在配置文件中配置 FormattingConversionServiceFactoryBean）
    @DateTimeFormat(pattern="yyyy-MM-dd")
    private Date gdate;
}
```

❹ 编写验证器类

在 ch10_1 模块的 src 目录下创建 validator 包，并在该包中编写实现 Validator 接口的验证器类 GoodsValidator，同时使用 @Component 注解将 GoodsValidator 类声明为验证组件，具体代码如下：

```
package validator;
import java.util.Date;
import org.springframework.stereotype.Component;
import org.springframework.validation.Errors;
import org.springframework.validation.ValidationUtils;
import org.springframework.validation.Validator;
import pojo.Goods;
@Component
public class GoodsValidator implements Validator{
    @Override
    public boolean supports(Class<?> klass) {
        // 要验证的 Model，若返回值为 false 则不验证
        return Goods.class.isAssignableFrom(klass);
    }
    @Override
    public void validate(Object object, Errors errors) {
        Goods goods = (Goods)object; //object 是要验证的对象
        //goods.gname.required 是错误消息属性文件中的编码
        ValidationUtils.rejectIfEmpty(errors, "gname", "goods.gname.
            required");
        ValidationUtils.rejectIfEmpty(errors, "gdescription", "goods.
            gdescription.required");
        if(goods.getGprice() > 100 || goods.getGprice() < 0){
            errors.rejectValue("gprice", "gprice.invalid");
        }
        Date goodsDate = goods.getGdate();
        // 在系统时间之后
        if(goodsDate != null && goodsDate.after(new Date())){
            errors.rejectValue("gdate", "gdate.invalid");
        }
    }
}
```

❺ 编写错误消息属性文件

在 ch10_1 模块的 web/WEB-INF 目录下创建文件夹 resource，并在该文件夹中编写属性文件 errorMessages.properties，文件内容如下：

```
goods.gname.required= 请输入商品名称。
goods.gdescription.required= 请输入商品详情。
gprice.invalid= 价格为 0 ～ 100。
gdate.invalid= 创建日期不能在系统日期之后。
```

在属性文件创建完成之后，需要在配置文件中声明一个 messageSource Bean，告诉 Spring MVC 从该文件中获取错误消息，配置示例如下：

```
<!-- 配置消息属性文件 -->
<bean id="messageSource"
    class="org.springframework.context.support.
        ReloadableResourceBundleMessageSource">
    <property name="basename" value="/WEB-INF/resource/errorMessages"/>
</bean>
```

❻ 编写 Service 层

在 ch10_1 模块的 src 目录下创建 service 包，并在该包中编写一个 GoodsService 接口

和相应的 GoodsServiceImpl 实现类。

GoodsService 接口的具体代码如下：

```java
package service;
import java.util.ArrayList;
import pojo.Goods;
public interface GoodsService {
    boolean save(Goods g);
    ArrayList<Goods> getGoods();
}
```

GoodsServiceImpl 实现类的具体代码如下：

```java
package service;
import java.util.ArrayList;
import org.springframework.stereotype.Service;
import pojo.Goods;
@Service
public class GoodsServiceImpl implements GoodsService{
    // 使用静态集合变量 goods 模拟数据库
    private static ArrayList<Goods> goods = new ArrayList<Goods>();
    @Override
    public boolean save(Goods g) {
        goods.add(g);
        return true;
    }
    @Override
    public ArrayList<Goods> getGoods() {
        return goods;
    }
}
```

❼ 编写控制器类

在 ch10_1 模块的 src 目录下创建 controller 包，并在该包中编写控制器类 GoodsController，在该类中使用 @Autowired 注解注入自定义验证器，另外在控制器类中包含两个处理请求的方法，具体代码如下：

```java
package controller;
import org.apache.commons.logging.Log;
import org.apache.commons.logging.LogFactory;
import org.springframework.beans.factory.annotation.Autowired;
import org.springframework.stereotype.Controller;
import org.springframework.ui.Model;
import org.springframework.validation.BindingResult;
import org.springframework.validation.Validator;
import org.springframework.web.bind.annotation.GetMapping;
import org.springframework.web.bind.annotation.ModelAttribute;
import org.springframework.web.bind.annotation.PostMapping;
import org.springframework.web.bind.annotation.RequestMapping;
import jakarta.annotation.Resource;
import pojo.Goods;
import service.GoodsService;
@Controller
@RequestMapping("/goods")
public class GoodsController {
    private static final Log logger = LogFactory.getLog(GoodsController.
    class);
    @Autowired
    private GoodsService goodsService;
    @Autowired
```

```
    private Validator validator;
    @GetMapping("/input")
    public String input(Model model){
        model.addAttribute("goods", new Goods());
        return "addGoods";
    }
    @PostMapping("/save")
    public String save(@ModelAttribute Goods goods, BindingResult result,
        Model model){
        this.validator.validate(goods, result);            // 添加验证
        if (result.hasErrors()) {
            return "addGoods";
        }
        goodsService.save(goods);
        logger.info(" 添加成功 ");
        model.addAttribute("goodsList", goodsService.getGoods());
        return "goodsList";
    }
}
```

❸ 创建配置文件

在 ch10_1 模块的 web/WEB-INF 目录下创建配置文件 springmvc-servlet.xml 和 web. xml。ch10_1 模块的 Web 配置文件 web.xml 与例 8-1 中 ch8_1 模块的 web.xml 文件相同，为了节省篇幅，这里不再赘述。

在 ch10_1 模块的 springmvc-servlet.xml 配置文件中需要注册日期格式化转换器、配置消息属性文件等，springmvc-servlet.xml 的具体配置如下：

```xml
<?xml version="1.0" encoding="UTF-8"?>
<beans xmlns="http://www.springframework.org/schema/beans"
    xmlns:xsi="http://www.w3.org/2001/XMLSchema-instance"
    xmlns:mvc="http://www.springframework.org/schema/mvc"
    xmlns:context="http://www.springframework.org/schema/context"
    xsi:schemaLocation="
        http://www.springframework.org/schema/beans
        http://www.springframework.org/schema/beans/spring-beans.xsd
        http://www.springframework.org/schema/mvc
        http://www.springframework.org/schema/mvc/spring-mvc.xsd
        http://www.springframework.org/schema/context
        http://www.springframework.org/schema/context/spring-context.xsd">
    <!-- 使用扫描机制扫描控制器类 -->
    <context:component-scan base-package="controller"/>
    <context:component-scan base-package="service"/>
    <context:component-scan base-package="validator"/>
    <!-- 注册格式化转换器，因为用到了日期转换 -->
    <bean id="conversionService" class="org.springframework.format.support.
        FormattingConversionServiceFactoryBean"/>
    <mvc:annotation-driven conversion-service="conversionService"/>
    <!-- 允许 static 目录下的所有文件可见 -->
    <mvc:resources location="/static/" mapping="/static/**"></mvc:
        resources>
    <bean class="org.springframework.web.servlet.view.
        InternalResourceViewResolver"
        id="internalResourceViewResolver">
        <!-- 前缀 -->
        <property name="prefix" value="/WEB-INF/jsp/"/>
        <!-- 后缀 -->
        <property name="suffix" value=".jsp"/>
    </bean>
    <!-- 配置消息属性文件 -->
    <bean id="messageSource"
```

```
        class="org.springframework.context.support.
            ReloadableResourceBundleMessageSource">
            <property name="basename" value="/WEB-INF/resource/errorMessages"/>
        </bean>
</beans>
```

❾ 创建数据显示页面

在 ch10_1 模块的 web/WEB-INF/jsp 目录下创建数据显示页面 goodsList.jsp，核心代码如下：

```
<table class="table table-bordered table-hover">
    <tr>
        <td> 商品名 </td>
        <td> 商品详情 </td>
        <td> 商品价格 </td>
        <td> 创建日期 </td>
    </tr>
    <c:forEach items="${goodsList}" var="goods">
        <tr>
            <td>${goods.gname}</td>
            <td>${goods.gdescription}</td>
            <td>${goods.gprice}</td>
            <td>${goods.gdate}</td>
        </tr>
    </c:forEach>
</table>
```

❿ 测试应用

首先将 ch10_1 模块发布到 Tomcat 服务器，然后启动 Tomcat 服务器，通过地址 http://localhost:8080/ch10_1/goods/input 测试应用。

10.3　Jakarta Bean Validation（JSR 380）

扫一扫

视频讲解

JSR 是 Java Specification Requests 的缩写，意思是 Java 规范提案。关于数据校验，最新的是 JSR380，也就是 Bean Validation 2.0。

Bean Validation 是一个通过配置注解来验证数据的框架，它包含 Bean Validation API（规范）和 Hibernate Validator（实现）两部分。

Bean Validation 是 Java 定义的一套基于注解 /XML 的数据校验规范，目前已经从 JSR 303 的 Bean Validation 1.0 版本升级到 JSR 349 的 Bean Validation 1.1 版本，再到 JSR 380 的 Bean Validation 2.0 版本。

2018 年，Oracle（甲骨文）公司决定把 Java EE 移交给开源组织 Eclipse 基金会，正式改名为 Jakarta EE。Bean Validation 也就被自然命名为 Jakarta Bean Validation。在编写本书时，其最新版本是 Jakarta Bean Validation 3.0。

对于 Jakarta Bean Validation 验证，可以使用它的实现 Hibernate Validator。注意 Hibernate Validator 和 Hibernate 无关，只是使用 Hibernate Validator 进行数据验证。

▶ 10.3.1　Jakarta Bean Validation 验证配置

❶ 下载与安装 Hibernate Validator

首先可以通过 Maven 中央仓库（https://mvnrepository.com/）下载 Hibernate Validator,

本书选择的是 hibernate-validator-8.0.0.Final.jar，同时还需要通过 Maven 中央仓库下载 Hibernate Validator 的依赖包 classmate-1.5.1.jar、jakarta.el-4.0.2.jar、jakarta.validation-api-3.0.2.jar 以及 jboss-logging-3.4.1.Final.jar。

然后将 hibernate-validator-8.0.0.Final.jar 和 Hibernate Validator 的依赖包复制到应用的 WEB-INF\lib 目录下。

❷ 配置属性文件与验证器

如果将验证错误消息放在属性文件中，那么需要配置属性文件，并将属性文件与 Hibernate Validator 关联，具体配置代码如下：

```
<!-- 配置消息属性文件 -->
<bean id="messageSource"
    class="org.springframework.context.support.
        ReloadableResourceBundleMessageSource">
    <!-- 资源文件名 -->
    <property name="basenames">
    <list>
        <value>/WEB-INF/resource/errorMessages</value>
    </list>
    </property>
    <!-- 资源文件的编码格式 -->
    <property name="fileEncodings" value="UTF-8"/>
    <!-- 对资源文件内容缓存时间，单位为秒 -->
    <property name="cacheSeconds" value="120"/>
</bean>
<!-- 注册校验器 -->
<bean id="validator"
    class="org.springframework.validation.beanvalidation.
        LocalValidatorFactoryBean">
    <!-- Hibernate 校验器 -->
    <property name="providerClass" value="org.hibernate.validator.
        HibernateValidator"/>
    <!-- 指定校验使用的资源文件，在文件中配置校验错误信息，如果不指定则默认使用
        classpath 下的 validationMessages.properties -->
    <property name="validationMessageSource" ref="messageSource"/>
</bean>
<!-- 开启 Spring 的 Valid 功能 -->
<mvc:annotation-driven validator="validator"/>
```

▶ 10.3.2 标注类型

Jakarta Bean Validation 不需要编写验证器，但需要利用它的标注类型在领域模型的属性上嵌入约束。

❶ 空检查

@Null：验证对象是否为 null。

@NotNull：验证对象是否不为 null，无法检查长度为 0 的字符串。

@NotBlank：检查约束字符串是否为 null，以及被 trim 后的长度是否大于 0，只针对字符串，且会去掉前、后空格。

@NotEmpty：检查约束元素是否为 null 或者是 empty。

示例如下：

```
@NotBlank(message="{goods.gname.required}")  //goods.gname.required 为属性文
    件的错误代码
```

```
private String gname;
```

❷ boolean 检查

@AssertTrue：验证 boolean 属性是否为 true。

@AssertFalse：验证 boolean 属性是否为 false。

示例如下：

```
@AssertTrue
private boolean isLogin;
```

❸ 长度检查

@Size(min=, max=)：验证对象（Array、Collection、Map、String）的长度是否在给定的范围之内。

@Length(min=, max=)：验证字符串的长度是否在给定的范围之内。

示例如下：

```
@Length(min=1,max=100)
private String gdescription;
```

❹ 日期检查

@Past：验证 Date 和 Calendar 对象是否在当前时间之前。

@Future：验证 Date 和 Calendar 对象是否在当前时间之后。

@Pattern：验证 String 对象是否符合正则表达式的规则。

示例如下：

```
@Past(message="{gdate.invalid}")
private Date gdate;
```

❺ 数值检查

@Min：验证 Number 和 String 对象是否大于或等于指定的值。

@Max：验证 Number 和 String 对象是否小于或等于指定的值。

@DecimalMax：被标注的值必须不大于约束中指定的最大值，这个约束的参数是一个通过 BigDecimal 定义的最大值的字符串表示，小数存在精度。

@DecimalMin：被标注的值必须不小于约束中指定的最小值，这个约束的参数是一个通过 BigDecimal 定义的最小值的字符串表示，小数存在精度。

@Digits：验证 Number 和 String 的构成是否合法。

@Digits(integer=,fraction=)：验证字符串是否符合指定格式的数字，integer 指定整数精度，fraction 指定小数精度。

@Range(min=, max=)：检查数字是否介于 min 和 max 之间。

@Valid：对关联对象进行校验，如果关联对象是一个集合或者数组，那么对其中的元素进行校验；如果是一个 map，则对其中的值部分进行校验。

@CreditCardNumber：信用卡验证。

@Email：验证是否为邮件地址，如果为 null，不进行验证，通过验证。

示例如下：

```
@Range(min=0,max=100,message="{gprice.invalid}")
private double gprice;
```

▶ 10.3.3 Jakarta Bean Validation 验证示例

在 ch10 项目中创建一个名为 ch10_2 的模块（功能与 10.2.3 节中的 ch10_1 模块相同），同时为 ch10_2 模块添加 Web Application，然后在 ch10_2 模块的 WEB-INF/lib 目录中添加如图 10.3 所示的 JAR 包，最后为 ch10_2 模块添加 Tomcat 依赖。

在 ch10_2 模块中不需要创建验证器类 GoodsValidator。另外，Service 层、View 层、web.xml 以及错误消息属性文件都与 ch10_1 模块相同。与 ch10_1 模块不同的是模型类、控制器类和 Spring MVC 的配置文件，具体如下。

❶ 模型类

在模型类 Goods 中利用 Jakarta Bean Validation 的标注类型对属性进行分组验证，具体代码如下：

```
v lib
  > classmate-1.5.1.jar
  > hibernate-validator-8.0.0.Final.jar
  > jakarta.el-4.0.2.jar
  > jakarta.validation-api-3.0.2.jar
  > jboss-logging-3.4.1.Final.jar
  > lombok-1.18.24.jar
  > micrometer-commons-1.10.2.jar
  > micrometer-observation-1.10.2.jar
  > spring-aop-6.0.0.jar
  > spring-beans-6.0.0.jar
  > spring-context-6.0.0.jar
  > spring-core-6.0.0.jar
  > spring-expression-6.0.0.jar
  > spring-jcl-6.0.0.jar
  > spring-web-6.0.0.jar
  > spring-webmvc-6.0.0.jar
  > taglibs-standard-impl-1.2.5-migrated-0.0.1.jar
  > taglibs-standard-spec-1.2.5-migrated-0.0.1.jar
```

图 10.3 ch10_2 模块的 JAR 包

```java
package pojo;
import java.util.Date;

import org.hibernate.validator.constraints.Range;
import org.springframework.format.annotation.DateTimeFormat;
import jakarta.validation.constraints.NotBlank;
import jakarta.validation.constraints.Past;
import lombok.Data;
@Data
public class Goods {
    //Add 组
    public interface Add{}
    //Update 组
    public interface Update{}
    //goods.gname.required 错误消息 key（国际化后对应的就是国际化的信息）
    @NotBlank(groups = {Add.class}, message="{goods.gname.required}")
    private String gname;
    @NotBlank(groups = {Add.class}, message="{goods.gdescription.
        required}")
    private String gdescription;
    @Range(groups = {Add.class}, min=0,max=100,message="{gprice.invalid}")
    private double gprice;
    // 日期格式化（需要在配置文件中配置 FormattingConversionServiceFactoryBean）
    @DateTimeFormat(pattern="yyyy-MM-dd")
    @Past(groups = {Update.class}, message="{gdate.invalid}")
    private Date gdate;
}
```

❷ 控制器类

在控制器类 GoodsController 中使用 @Validated 对模型对象进行数据验证，具体代码如下：

```java
package controller;
import org.apache.commons.logging.Log;
import org.apache.commons.logging.LogFactory;
```

```java
import org.springframework.beans.factory.annotation.Autowired;
import org.springframework.stereotype.Controller;
import org.springframework.ui.Model;
import org.springframework.validation.BindingResult;
import org.springframework.validation.annotation.Validated;
import org.springframework.web.bind.annotation.GetMapping;
import org.springframework.web.bind.annotation.ModelAttribute;
import org.springframework.web.bind.annotation.PostMapping;
import org.springframework.web.bind.annotation.RequestMapping;
import pojo.Goods;
import service.GoodsService;
@Controller
@RequestMapping("/goods")
public class GoodsController {
    private static final Log logger = LogFactory.getLog(GoodsController.
        class);
    @Autowired
    private GoodsService goodsService;
    @GetMapping("/input")
    public String input(Model model){
        model.addAttribute("goods", new Goods());
        return "addGoods";
    }
    @PostMapping("/save")
    //@Validated({Goods.Add.class}) 验证 Add 组，可以同时验证多组，例如
        @Validated({Goods.Add.class, Goods.Update.class})
    public String save(@Validated({Goods.Add.class, Goods.Update.class})
        @ModelAttribute Goods goods, BindingResult result, Model model){
        if(result.hasErrors()){
            return "addGoods";
        }
        goodsService.save(goods);
        logger.info(" 添加成功 ");
        model.addAttribute("goodsList", goodsService.getGoods());
        return "goodsList";
    }
}
```

❸ 配置文件

在配置文件 springmvc-servlet.xml 中需要注册日期格式化转换器、配置消息属性文件、注册校验器以及开启验证功能等。配置文件 springmvc-servlet.xml 的代码具体如下：

```xml
<?xml version="1.0" encoding="UTF-8"?>
<beans xmlns="http://www.springframework.org/schema/beans"
    xmlns:xsi="http://www.w3.org/2001/XMLSchema-instance"
    xmlns:p="http://www.springframework.org/schema/p"
    xmlns:context="http://www.springframework.org/schema/context"
    xmlns:mvc="http://www.springframework.org/schema/mvc"
    xsi:schemaLocation="
        http://www.springframework.org/schema/beans
        http://www.springframework.org/schema/beans/spring-beans.xsd
        http://www.springframework.org/schema/context
        http://www.springframework.org/schema/context/spring-context.xsd
        http://www.springframework.org/schema/mvc
        http://www.springframework.org/schema/mvc/spring-mvc.xsd">
    <!-- 使用扫描机制扫描包 -->
    <context:component-scan base-package="controller"/>
    <context:component-scan base-package="service"/>
    <!-- 配置消息属性文件 -->
    <bean id="messageSource"
        class="org.springframework.context.support.
```

```
                ReloadableResourceBundleMessageSource">
        <!-- 资源文件名 -->
        <property name="basenames">
        <list>
        <!-- 可以有多个属性文件 -->
            <value>/WEB-INF/resource/errorMessages</value>
        </list>
        </property>
        <!-- 资源文件的编码格式 -->
        <property name="fileEncodings" value="UTF-8"/>
        <!-- 对资源文件内容缓存的时间，单位为秒 -->
        <property name="cacheSeconds" value="120"/>
    </bean>
    <!-- 注册校验器 -->
    <bean id="validator"
        class="org.springframework.validation.beanvalidation.
            LocalValidatorFactoryBean">
        <!-- Hibernate 校验器，一个 ValidationProvider 的实现 -->
        <property name="providerClass" value="org.hibernate.validator.
            HibernateValidator"/>
        <!-- 指定校验使用的资源文件，在文件中配置校验错误信息，如果不指定则默认使用
            classpath 下的 validationMessages.properties -->
        <property name="validationMessageSource" ref="messageSource"/>
    </bean>
    <!-- 开启 Spring 的 Valid 功能 -->
    <mvc:annotation-driven conversion-service="conversionService"
        validator="validator"/>
    <!-- 允许 static 目录下的所有文件可见 -->
    <mvc:resources location="/static/" mapping="/static/**"></mvc:
        resources>
    <!-- 注册格式化转换器（日期转换使用）-->
    <bean id="conversionService" class="org.springframework.format.support.
        FormattingConversionServiceFactoryBean"/>
    <!-- 配置视图解析器 -->
    <bean class="org.springframework.web.servlet.view.
        InternalResourceViewResolver"
        id="internalResourceViewResolver">
        <!-- 前缀 -->
        <property name="prefix" value="/WEB-INF/jsp/"/>
        <!-- 后缀 -->
        <property name="suffix" value=".jsp"/>
    </bean>
</beans>
```

❹ 测试应用

通过地址 http://localhost:8080/ch10_2/goods/input 测试 ch10_2 应用。

本章小结

本章重点讲解了 Spring 验证的编写和 Jakarta Bean Validation 验证的使用方法，不管
哪种验证方式都需要注意验证流程。

扫一扫

自测题

习题 10

（1）如何创建 Spring 验证器类?
（2）举例说明 Jakarta Bean Validation 验证的标注类型的使用方法。

学习目的与要求

本章重点讲解 Spring MVC 国际化，要求读者理解 Spring MVC 国际化的设计思想，

本章主要内容

- ❖ Java 国际化的思想
- ❖ Spring MVC 的国际化
- ❖ 用户自定义切换语言

国际化是商业软件系统需要面对全球的浏览者。国际化的目的就是根据用户，以示友好。

Spring MVC 的国际化息国际化。错误消息在"第 10 章 数据验证"中已经际化消息。最后，本章将示范一个让用户自行选择语言

11.1　程序国际化

程序国际化随着网络的发展，大部分 Web 站点面对的已经不再是本地用户，而是各国各地区的浏览者，因此国际化成为 Web 应用不可或缺的一部分。

▶ 11.1.1 Java 国际化

Java 国际化的思想是将程序中的标签、提示等信息存放在资源文件中，程序根据支持的国家及语言环境，读取相应的资源文件。资源文件是 key-value 对，每个资源文件中的 key 是不变的，但 value 随不同的国家 / 语言变化。

Java 程序的国际化主要通过以下两个类来完成。

java.util.Locale：用于提供本地信息，通常称为语言环境。不同的语言，不同的国家和地区采用不同的 Locale 对象来表示。

java.util.ResourceBundle：该类称为资源包，包含了特定于语言环境的资源对象。当程序需要一个特定于语言环境的资源时（例如字符串资源），程序可以从适合当前用户语言环境的资源包中加载它。采用这种方式，可以编写独立于用户语言环境的程序代码，而与特定语言环境相关的信息通过资源包来提供。

为了实现 Java 程序的国际化，必须事先提供程序所需要的资源文件。资源文件的内容由很多 key-value 对组成，其中 key 是程序使用的部分，而 value 是程序界面的显示。

资源文件的命名可以有 baseName.properties、baseName_language.properties 和 baseName_language_country.properties 3 种形式。

baseName 是资源文件的基本名称，由用户自定义。language 和 country 必须为 Java 所支持的语言和国家 / 地区代码。例如：

```
中国大陆: baseName_zh_CN.properties
美国: baseName_en_US.properties
```

Java 中的资源文件只支持 ISO-8859-1 编码格式字符，直接编写中文会出现乱码。用户可以使用 Java 命令 native2ascii.exe 解决资源文件的中文乱码问题。使用 IDEA 编写资源属性文件，在保存资源文件时，IDEA 会自动执行 native2ascii.exe 命令，因此在 IDEA 中资源文件不会出现中文乱码问题。

▶ 11.1.2 Java 支持的语言和国家

java.util.Locale 类的常用构造方法有 public Locale(String language) 和 public Locale(String language, String country)，其中 language 表示语言，它的取值是由小写的两个字母组成的语言代码；country 表示国家或地区，它的取值是由大写的两个字母组成的国家或地区代码。

实际上，Java 并不能支持所有国家和语言，如果需要获取 Java 所支持的国家和语言，可以调用 Locale 类的 getAvailableLocales 方法，该方法返回一个 Locale 数组，数组中包含了 Java 所支持的国家和语言。

下面的 Java 程序简单示范了如何获取 Java 所支持的国家和语言。

```java
import java.util.Locale;
public class Test {
    public static void main(String[] args) {
        // 返回 Java 所支持的国家和语言的数组
        Locale locales[] = Locale.getAvailableLocales();
        // 遍历数组元素，依次获取所支持的国家和语言
        for (int i = 0; i < locales.length; i++) {
            // 打印出所支持的国家和语言
            System.out.println(locales[i].getDisplayCountry() + "="
                    + locales[i].getCountry() + " "
                    + locales[i].getDisplayLanguage() + "="
                    + locales[i].getLanguage());
        }
    }
}
```

▶ 11.1.3 Java 程序国际化

假设有以下简单的 Java 程序：

```java
package test;
public class TestI18N {
    public static void main(String[] args) {
        System.out.println("我要向不同国家的人民问好：您好！ ");
    }
}
```

为了让该程序支持国际化，需要将"我要向不同国家的人民问好：您好！"对应不同语言环境的字符串，定义在不同的资源文件中。

首先在 Web 应用的 src 目录下新建资源属性文件 messageResource_zh_CN.properties

和 messageResource_en_US.properties。

　　然后给资源文件 messageResource_zh_CN.properties 添加 "hello= 我要向不同国家的人民问好：您好！" 内容，保存后可以看到如图 11.1 所示的效果。

图 11.1　Unicode 编码资源文件

　　图 11.1 显示的内容看似是很多乱码，实际上是 Unicode 编码文件内容。至此，资源文件 messageResource_zh_CN.properties 创建完成。

　　最后给资源文件 messageResource_en_US.properties 添加 "hello=I want to say hello to all world!" 内容。

　　现在将 TestI18N.java 程序修改成如下形式：

```java
package test;
import java.util.Locale;
import java.util.ResourceBundle;
public class TestI18N {
    public static void main(String[] args) {
        // 取得系统默认的国家和语言环境
        Locale lc = Locale.getDefault();
        //Locale lc = new Locale("en", "US");
        // 根据国家和语言环境加载资源文件
        ResourceBundle rb = ResourceBundle.getBundle("messageResource", lc);
        // 打印出从资源文件中取得的信息
        System.out.println(rb.getString("hello"));
    }
}
```

　　上面程序中的打印语句打印的内容是从资源文件中读取的信息。如果在中文环境下运行程序，将打印 "我要向不同国家的人民问好：您好！"；如果将 Locale 对象实例化为 Locale("en", "US")，再次运行该程序，将打印 "I want to say hello to all world!"。

　　需要注意的是，如果程序找不到对应国家 / 语言的资源文件，系统该怎么办？以简体中文环境为例，先搜索 messageResource_zh_CN.properties 文件。如果没有找到国家 / 语言都匹配的资源文件，再搜索语言匹配文件，即搜索 messageResource_zh.properties 文件。如果还没有搜索到，则搜索 baseName 匹配的文件，即搜索 messageResource.properties 文件。如果这 3 个文件都找不到，系统将出现异常。

▶ 11.1.4　带占位符的国际化信息

　　在资源属性文件中消息文本可以带参数，例如：

```
welcome={0}，欢迎学习 Spring MVC。
```

　　花括号中的数字是一个占位符，可以被动态的数据替换。在消息文本中占位符可以使用 0 ～ 9 的数字，也就是说，消息文本的参数最多可以有 10 个。例如：

```
welcome={0}，欢迎学习 Spring MVC，今天是星期 {1}。
```

　　如果要替换消息文本中的占位符，可以使用 java.text.MessageFormat 类，该类提供了一个静态方法 format()，用来格式化带参数的文本，format() 方法的定义如下：

```
public static String format(String pattern,Object ...arguments)
```

其中，pattern 字符串就是一个带占位符的字符串，消息文本中的数字占位符将按照方法参数的顺序（从第二个参数开始）被替换。

替换占位符的示例代码如下：

```
package test;
import java.text.MessageFormat;
import java.util.Locale;
import java.util.ResourceBundle;
public class TestFormat {
    public static void main(String[] args) {
        Locale lc = Locale.getDefault();
        ResourceBundle rb = ResourceBundle.getBundle("messageResource", lc);
        String msg = rb.getString("welcome");
        // 替换消息文本中的占位符，消息文本中的数字占位符将按照参数的顺序
        // （从第二个参数开始）被替换，即 " 我 " 替换 {0}，"5" 替换 {1}
        String msgFor = MessageFormat.format(msg, " 我 ","5");
        System.out.println(msgFor);
    }
}
```

11.2 Spring MVC 的国际化

Spring MVC 的国际化是建立在 Java 国际化的基础之上的，Spring MVC 框架的底层国际化与 Java 国际化是一致的，作为一个良好的 MVC 框架，Spring MVC 将 Java 国际化的功能进行了封装和简化，这样开发者使用起来更加简单、快捷。

由 11.1 节可知在国际化和本地化应用程序时需要具备以下两个条件：

（1）将文本信息放到资源属性文件中。

（2）选择和读取正确位置的资源属性文件。

下面讲解在 Spring MVC 应用中第二个条件的实现。

▶ 11.2.1 Spring MVC 加载资源属性文件

在 Spring MVC 应用中不能直接使用 ResourceBundle 加载资源属性文件，而是利用 Bean（messageSource）告知 Spring MVC 框架将从哪里加载资源属性文件。示例代码具体如下：

```
<bean id="messageSource"
    class="org.springframework.context.support.
        ReloadableResourceBundleMessageSource">
    <!-- <property name="basename" value="classpath:messages"/> -->
    <property name="basename" value="/WEB-INF/resource/messages"/>
</bean>
```

上述 Bean 配置的是国际化资源文件的路径，"classpath:messages" 指的是 classpath 路径下的 messages_zh_CN.properties 文件和 messages_en_US.properties 文件。当然，用户也可以将国际化资源文件放到其他路径下，例如 WEB-INF/resource/messages。

另外，"messageSource" 是由 ReloadableResourceBundleMessageSource 类实现的，不能重新加载，如果要修改国际化资源文件，需要重启 JVM。

最后还需要注意，如果有一组属性文件，则用"basenames"替换"basename"，示例代码如下：

```
<bean id="messageSource"
    class="org.springframework.context.support.
        ReloadableResourceBundleMessageSource">
    <property name="basenames">
        <list>
            <value>/WEB-INF/resource/messages</value>
            <value>/WEB-INF/resource/labels</value>
        </list>
    </property>
</bean>
```

▶ 11.2.2　语言区域的选择

在 Spring MVC 应用中可以使用语言区域解析器 Bean 选择语言区域。该 Bean 有 3 个常见实现，即 AcceptHeaderLocaleResolver、SessionLocaleResolver 和 CookieLocaleResolver。

AcceptHeaderLocaleResolver：根据浏览器 HTTP Header 中的 accept-language 域判定（accept-language 域中一般包含了当前操作系统的语言设定，用户可通过 HttpServletRequest. getLocale 方法获取此域的内容）。注意改变 Locale 是不支持的，即不能调用 LocaleResolver 接口的 setLocale(HttpServletRequest request, HttpServletResponse response, Locale locale) 方法设置 Locale。

SessionLocaleResolver：根据用户本次会话过程中的语言设定决定语言区域（例如用户进入首页时选择语言种类，则在此次会话周期内统一使用该语言设定）。

CookieLocaleResolver：根据 Cookie 判定用户的语言设定（Cookie 中保存着用户前一次的语言设定参数）。

由上述分析可知，SessionLocaleResolver 实现比较方便用户选择喜欢的语言种类，本章将使用该方法进行国际化实现。

下面是使用 SessionLocaleResolver 实现的 Bean 定义：

```
<bean id="localeResolver" class="org.springframework.web.servlet.i18n.
    SessionLocaleResolver">
    <property name="defaultLocale" value="zh_CN"></property>
</bean>
```

如果采用基于 SessionLocaleResolver 和 CookieLocaleResolver 进行国际化实现，必须配置 LocaleChangeInterceptor 拦截器，示例代码如下：

```
<mvc:interceptors>
    <bean class="org.springframework.web.servlet.i18n.
        LocaleChangeInterceptor"/>
</mvc:interceptors>
```

▶ 11.2.3　使用 message 标签显示国际化信息

在 Spring MVC 框架中，可以使用 Spring 的 message 标签在 JSP 页面中显示国际化消息。在使用 message 标签时，需要在 JSP 页面的最前面使用 taglib 指令声明 spring 标签，代码如下：

```
<%@taglib prefix="spring" uri="http://www.springframework.org/tags"%>
```

message 标签有以下常用属性。

code：获得国际化消息的 key。

arguments：代表该标签的参数。如果替换消息中的占位符，示例代码为 <spring: message code="third" arguments="888,999"/>，third 对应的消息有 {0} 和 {1} 两个占位符。

argumentSeparator：用来分隔该标签参数的字符，默认为逗号。

text：code 属性不存在或指定的 key 无法获取消息时所显示的默认文本信息。

扫一扫

视频讲解

11.3　用户自定义切换语言示例

在许多成熟的商业软件系统中可以让用户自由切换语言，而不是修改程序（Locale 对象实例化）或浏览器的语言设置。Spring MVC 允许用户自行选择语言设置。下面通过一个实例讲解用户如何自定义切换语言设置。

【例 11-1】用户自定义切换语言设置。

在该实例中使用 SessionLocaleResolver 实现国际化，具体步骤如下。

❶ 创建应用

首先在 IDEA 中创建一个名为 ch11 的项目，在 ch11 项目中创建一个名为 ch11_1 的模块，同时为 ch11_1 模块添加 Web Application；然后在 ch11_1 模块的 WEB-INF/lib 目录中添加 Spring MVC 程序所需要的 JAR 包，包括 Spring 的 4 个基础 JAR 包、Spring Commons Logging Bridge 对应的 JAR 包 spring-jcl-6.0.0.jar、AOP 实现所需要的 JAR 包 spring-aop-6.0.0.jar、DispatcherServlet 接口所依赖的性能监控包（micrometer-observation. jar 和 micrometer-commons.jar）以及两个与 Web 相关的 JAR 包；最后为 ch11_1 模块添加 Tomcat 依赖。

❷ 创建国际化资源文件

在 ch11_1 模块的 web/WEB-INF 目录下创建名为 resource 的文件夹，并在该文件夹中创建英文资源文件 messages_en_US.properties 和中文资源文件 messages_zh_CN.properties。

messages_en_US.properties 的内容如下：

```
first = first
second = second
third = {0} third {1}
language.en = English
language.cn = Chinese
```

messages_zh_CN.properties 的内容如下：

```
first = \u7B2C\u4E00\u9875
second = \u7B2C\u4E8C\u9875
third = {0} \u7B2C\u4E09\u9875 {1}
language.cn = \u4E2D\u6587
language.en = \u82F1\u6587
```

❸ 创建视图文件

在 ch11_1 模块的 web/WEB-INF 目录下创建名为 jsp 的文件夹，并在该文件夹中创建 3 个 JSP 文件，即 first.jsp、second.jsp 和 third.jsp。

first.jsp 的代码如下：

```
<%@ page language="java" contentType="text/html; charset=UTF-8"
    pageEncoding="UTF-8"%>
<%@taglib prefix="spring" uri="http://www.springframework.org/tags"%>
<%
String path = request.getContextPath();
String basePath = request.getScheme()+"://"+request.getServerName()+":"+
    request.getServerPort()+path+"/";
%>
<!DOCTYPE html>
<html>
<head>
<base href="<%=basePath%>">
<meta charset="UTF-8">
<title>first</title>
</head>
<body>
    <a href="i18nTest?locale=zh_CN"><spring:message code="language.cn"/>
        </a> --
    <a href="i18nTest?locale=en_US"><spring:message code="language.en"/>
        </a>
    <br><br>
    <spring:message code="first"/><br><br>
    <a href="my/second"><spring:message code="second"/></a>
</body>
</html>
```

second.jsp 的代码如下：

```
<%@ page language="java" contentType="text/html; charset=UTF-8"
    pageEncoding="UTF-8"%>
<%@taglib prefix="spring" uri="http://www.springframework.org/tags"%>
<%
String path = request.getContextPath();
String basePath = request.getScheme()+"://"+request.getServerName()+":"+
    request.getServerPort()+path+"/";
%>
<!DOCTYPE html>
<html>
<head>
<base href="<%=basePath%>">
<meta charset="UTF-8">
<title>second</title>
</head>
<body>
    <spring:message code="second"/><br><br>
    <a href="my/third"><spring:message code="third" arguments="888,999"/>
        </a>
</body>
</html>
```

third.jsp 的代码如下：

```
<%@ page language="java" contentType="text/html; charset=UTF-8"
    pageEncoding="UTF-8"%>
<%@taglib prefix="spring" uri="http://www.springframework.org/tags"%>
<%
String path = request.getContextPath();
String basePath = request.getScheme()+"://"+request.getServerName()+":"+
    request.getServerPort()+path+"/";
%>
<!DOCTYPE html>
<html>
```

```
<head>
<base href="<%=basePath%>">
<meta charset="UTF-8">
<title>third</title>
</head>
<body>
    <spring:message code="third" arguments="888,999"/><br><br>
    <a href="my/first"><spring:message code="first"/></a>
</body>
</html>
```

❹ 创建控制器类

该应用有两个控制器类，一个是 I18NTestController，用于处理语言种类选择请求，另一个是 MyController，用于进行页面导航。在 ch11_1 模块的 src 目录中创建名为 controller 的包，并在该包中创建 I18NTestController 和 MyController 两个控制器类。

I18NTestController.java 的代码具体如下：

```
package controller;
import java.util.Locale;
import org.springframework.stereotype.Controller;
import org.springframework.web.bind.annotation.GetMapping;
@Controller
public class I18NTestController {
    /**
     * locale 接收请求参数 locale 值，并存储到 Session 中
     */
    @GetMapping("/i18nTest")
    public String first(Locale locale){
        return "first";
    }
}
```

MyController 的代码具体如下：

```
package controller;
import org.springframework.stereotype.Controller;
import org.springframework.web.bind.annotation.GetMapping;
import org.springframework.web.bind.annotation.RequestMapping;
@Controller
@RequestMapping("/my")
public class MyController {
    @GetMapping("/first")
    public String first(){
        return "first";
    }
    @GetMapping("/second")
    public String second(){
        return "second";
    }
    @GetMapping("/third")
    public String third(){
        return "third";
    }
}
```

❺ 创建配置文件

在 ch11_1 模块的 web/WEB-INF 目录下创建配置文件 springmvc-servlet.xml 和 web.xml。web.xml 的代码与 Spring MVC 简单应用相同，这里不再赘述。

在配置文件 springmvc-servlet.xml 中需要进行 LocaleChangeInterceptor 拦截器配置、存储区域信息设置、国际化资源文件加载等操作。springmvc-servlet.xml 的配置代码如下：

```xml
<?xml version="1.0" encoding="UTF-8"?>
<beans xmlns="http://www.springframework.org/schema/beans"
    xmlns:xsi="http://www.w3.org/2001/XMLSchema-instance"
    xmlns:context="http://www.springframework.org/schema/context"
    xmlns:mvc="http://www.springframework.org/schema/mvc"
    xsi:schemaLocation="
        http://www.springframework.org/schema/beans
        http://www.springframework.org/schema/beans/spring-beans.xsd
        http://www.springframework.org/schema/context
        http://www.springframework.org/schema/context/spring-context.xsd
        http://www.springframework.org/schema/mvc
        http://www.springframework.org/schema/mvc/spring-mvc.xsd">
    <!-- 使用扫描机制扫描包 -->
    <context:component-scan base-package="controller"/>
    <!-- 配置视图解析器 -->
    <bean
        class="org.springframework.web.servlet.view.
            InternalResourceViewResolver"
        id="internalResourceViewResolver">
        <!-- 前缀 -->
        <property name="prefix" value="/WEB-INF/jsp/"/>
        <!-- 后缀 -->
        <property name="suffix" value=".jsp"/>
    </bean>
    <!-- 国际化操作拦截器，如果采用基于 Session/Cookie 则必须配置 -->
    <mvc:interceptors>
        <bean class="org.springframework.web.servlet.i18n.
            LocaleChangeInterceptor"/>
        </mvc:interceptors>
    <!-- 存储区域设置信息 -->
    <bean id="localeResolver"
        class="org.springframework.web.servlet.i18n.
            SessionLocaleResolver">
        <property name="defaultLocale" value="zh_CN"></property>
    </bean>
    <!-- 加载国际化资源文件 -->
    <bean id="messageSource" class="org.springframework.context.support.
        ReloadableResourceBundleMessageSource">
        <property name="basename" value="/WEB-INF/resource/messages"/>
    </bean>
</beans>
```

❻ 发布应用并测试

首先将 ch11_1 模块发布到 Tomcat 服务器，然后启动 Tomcat 服务器，通过地址 http://localhost:8080/ch11_1/my/first 测试第一个页面，运行结果如图 11.2 所示。

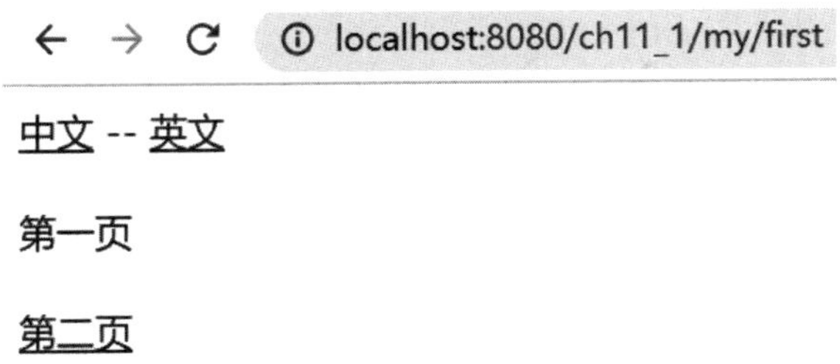

← → C　ⓘ localhost:8080/ch11_1/my/first

中文 -- 英文

第一页

第二页

图 11.2　中文环境下 first.jsp 的运行效果

单击图 11.2 中的"第二页"超链接，打开 second.jsp 页面，运行结果如图 11.3 所示。

← → C   ⓘ localhost:8080/ch11_1/my/second

第二页

888 第三页 999

图 11.3   中文环境下 second.jsp 的运行效果

单击图 11.3 中的"第三页"超链接，打开 third.jsp 页面，运行结果如图 11.4 所示。

← → C   ⓘ localhost:8080/ch11_1/my/third

888 第三页 999

第一页

图 11.4   中文环境下 third.jsp 的运行效果

单击图 11.2 中的"英文"超链接，打开英文环境下的 first.jsp 页面，运行结果如图 11.5 所示。

← → C   ⓘ localhost:8080/ch11_1/i18nTest?locale=en_US

Chinese -- English

first

second

图 11.5   英文环境下 first.jsp 的运行效果

单击图 11.5 中的"second"超链接，打开英文环境下的 second.jsp 页面，运行结果如图 11.6 所示。

← → C   ⓘ localhost:8080/ch11_1/my/second

second

888 third 999

图 11.6   英文环境下 second.jsp 的运行效果

单击图 11.6 中的"third"超链接，打开英文环境下的 third.jsp 页面，运行结果如图 11.7 所示。

← → C   ⓘ localhost:8080/ch11_1/my/third

888 third 999

first

图 11.7   英文环境下 third.jsp 的运行效果

本章小结

　　本章主要讲解了 Spring MVC 的国际化知识，包括国际化资源文件的加载方式、语言区域的选择、国际化信息的显示等。最后本章给出了一个让用户自行选择语言的示例，介绍了 Spring MVC 国际化的内在原理。

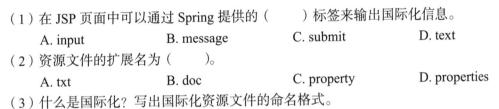

扫一扫

自测题

（1）在 JSP 页面中可以通过 Spring 提供的（　　　）标签来输出国际化信息。

　　A. input　　　　　　　B. message　　　　　　C. submit　　　　　D. text

（2）资源文件的扩展名为（　　　）。

　　A. txt　　　　　　　　B. doc　　　　　　　　C. property　　　　D. properties

（3）什么是国际化？写出国际化资源文件的命名格式。

第 12 章　异常统一处理

学习目的与要求

本章重点讲解如何使用 Spring MVC 框架进行异常的统一处理。通过本章的学习，要求读者掌握使用 Spring MVC 框架进行异常统一处理的方法。

本章主要内容

❖ 简单异常处理器 SimpleMappingExceptionResolver
❖ 使用 HandlerExceptionResolver 接口自定义异常
❖ 使用 @ExceptionHandler 注解实现异常处理

在 Spring MVC 应用的开发中，不管是对底层数据库操作，还是对业务层、控制层操作，都会不可避免地遇到各种可预知的或不可预知的异常需要处理。如果每个过程都单独处理异常，那么系统的代码耦合度高，工作量大且不好统一，以后维护的工作量也很大。

如果能将所有类型的异常处理从各层中解耦出来，这样既保证了相关处理过程的功能较单一，也实现了异常信息的统一处理和维护。Spring MVC 框架支持这样的实现。本章将从使用 Spring MVC 提供的简单异常处理器 SimpleMappingExceptionResolver、使用 Spring 的异常处理接口 HandlerExceptionResolver 自定义自己的异常处理器、使用 @ExceptionHandler 注解实现异常处理 3 种处理方式讲解 Spring MVC 应用的异常统一处理。

12.1　示例介绍

为了验证 Spring MVC 框架的 3 种异常处理方式的实际效果，需要开发一个测试应用 ch12_1，从 Dao 层、Service 层、Controller 层分别抛出不同的异常（SQLException、自定义异常和未知异常），然后集成这 3 种方式进行异常处理，进而比较 3 种方式的优缺点。

3 种异常处理方式的共有部分为 Dao 层、Service 层、View 层、MyException、TestExceptionController 以及 web.xml。下面分别介绍这些共有部分。

❶ 创建应用

首先在 IDEA 中创建一个名为 ch12 的项目，在 ch12 项目中创建一个名为 ch12_1 的模块，同时为 ch12_1 模块添加 Web Application；然后在 ch12_1 模块的 WEB-INF/lib 目录中添加 Spring MVC 程序所需要的 JAR 包，包括 Spring 的 4 个基础 JAR 包、Spring Commons Logging Bridge 对应的 JAR 包 spring-jcl-6.0.0.jar、AOP 实现所需要的 JAR 包 spring-aop-6.0.0.jar、DispatcherServlet 接口所依赖的性能监控包（micrometer-observation. jar 和 micrometer-commons.jar）以及两个与 Web 相关的 JAR 包；最后为 ch12_1 模块添加 Tomcat 依赖。

❷ 创建自定义异常类

在 ch12_1 模块的 src 目录下创建名为 exception 的包，并在该包中创建自定义异常类 MyException，具体代码如下：

```
package exception;
public class MyException extends Exception {
    private static final long serialVersionUID = 1L;
    public MyException() {
        super();
    }
    public MyException(String message) {
        super(message);
    }
}
```

❸ 创建 Dao 层

在 ch12_1 模块的 src 目录下创建名为 dao 的包，并在该包中创建 TestExceptionDao 类，在该类中定义 3 个方法，分别抛出"数据库异常""自定义异常"以及"未知异常"，具体代码如下：

```
package dao;
import java.sql.SQLException;
import org.springframework.stereotype.Repository;
import exception.MyException;
@Repository
public class TestExceptionDao {
    public void daodb() throws Exception {
        throw new SQLException("Dao 中数据库异常 ");
    }
    public void daomy() throws Exception {
        throw new MyException("Dao 中自定义异常 ");
    }
    public void daono() throws Exception {
        throw new Exception("Dao 中未知异常 ");
    }
}
```

❹ 创建 Service 层

在 ch12_1 模块的 src 目录下创建名为 service 的包，并在该包中创建 TestExceptionService 接口和 TestExceptionServiceImpl 实现类，在该接口中定义 6 个方法，其中有 3 个方法调用 Dao 层中的方法，有 3 个是 Service 层的方法。Service 层的方法是为了演示 Service 层的"数据库异常""自定义异常"以及"未知异常"而定义的。

TestExceptionService 接口的代码如下：

```
package service;
public interface TestExceptionService {
    public void servicemy() throws Exception;
    public void servicedb() throws Exception;
    public void daomy() throws Exception;
    public void daodb() throws Exception;
    public void serviceno() throws Exception;
    public void daono() throws Exception;
}
```

TestExceptionServiceImpl 实现类的代码如下：

```
package service;
```

```
import java.sql.SQLException;
import org.springframework.beans.factory.annotation.Autowired;
import org.springframework.stereotype.Service;
import dao.TestExceptionDao;
import exception.MyException;
@Service
public class TestExceptionServiceImpl implements TestExceptionService{
    @Autowired
    private TestExceptionDao testExceptionDao;
    @Override
    public void servicemy() throws Exception {
        throw new MyException("Service 中自定义异常 ");
    }
    @Override
    public void servicedb() throws Exception {
        throw new SQLException("Service 中数据库异常 ");
    }
    @Override
    public void serviceno() throws Exception {
        throw new Exception("Service 中未知异常 ");
    }
    @Override
    public void daomy() throws Exception {
        testExceptionDao.daomy();
    }
    @Override
    public void daodb() throws Exception {
        testExceptionDao.daodb();
    }
    public void daono() throws Exception{
        testExceptionDao.daono();
    }
}
```

❺ 创建控制器类

在 ch12_1 模块的 src 目录下创建名为 controller 的包，并在该包中创建 TestException-Controller 控制器类，具体代码如下：

```
package controller;
import java.sql.SQLException;
import org.springframework.beans.factory.annotation.Autowired;
import org.springframework.stereotype.Controller;
import org.springframework.web.bind.annotation.GetMapping;
import exception.MyException;
import service.TestExceptionService;
@Controller
public class TestExceptionController{
    @Autowired
    private TestExceptionService testExceptionService;
    @GetMapping("/db")
    public void db() throws Exception {
        throw new SQLException(" 控制器中数据库异常 ");
    }
    @GetMapping("/my")
    public void my() throws Exception {
        throw new MyException(" 控制器中自定义异常 ");
    }
    @GetMapping("/no")
    public void no() throws Exception {
        throw new Exception(" 控制器中未知异常 ");
    }
```

```
    @GetMapping("/servicedb")
    public void servicedb() throws Exception {
        testExceptionService.servicedb();;
    }
    @GetMapping("/servicemy")
    public void servicemy() throws Exception {
        testExceptionService.servicemy();
    }
    @GetMapping("/serviceno")
    public void serviceno() throws Exception {
        testExceptionService.serviceno();
    }
    @GetMapping("/daodb")
    public void daodb() throws Exception {
        testExceptionService.daodb();
    }
    @GetMapping("/daomy")
    public void daomy() throws Exception {
        testExceptionService.daomy();
    }
    @GetMapping("/daono")
    public void daono() throws Exception {
        testExceptionService.daono();
    }
}
```

❻ 创建 View 层

在 ch12_1 模块的 web 目录下创建应用的首页面 index.jsp，具体代码如下：

```
<%@ page language="java" contentType="text/html; charset=UTF-8"
    pageEncoding="UTF-8"%>
<%
String path = request.getContextPath();
String basePath = request.getScheme()+"://"+request.getServerName()+":"+
    request.getServerPort()+path+"/";
%>
<!DOCTYPE html>
<html>
<head>
<base href="<%=basePath%>">
<meta charset="UTF-8">
<title> 首页 </title>
</head>
<body>
<h1> 所有的异常处理演示示例 </h1>
<h3><a href="daodb"> 处理 Dao 中数据库异常 </a></h3>
<h3><a href="daomy"> 处理 Dao 中自定义异常 </a></h3>
<h3><a href="daono"> 处理 Dao 中未知异常 </a></h3>
<hr>
<h3><a href="servicedb"> 处理 Service 中数据库异常 </a></h3>
<h3><a href="servicemy"> 处理 Service 中自定义异常 </a></h3>
<h3><a href="serviceno"> 处理 Service 中未知异常 </a></h3>
<hr>
<h3><a href="db"> 处理 Controller 中数据库异常 </a></h3>
<h3><a href="my"> 处理 Controller 中自定义异常 </a></h3>
<h3><a href="no"> 处理 Controller 中未知异常 </a></h3>
<hr>
<!-- 在 web.xml 中配置 404 -->
<h3><a href="404">404 错误 </a></h3>
</body>
</html>
```

在 ch12_1 模块的 web/WEB-INF 目录下创建 jsp 文件夹，并在该文件夹中创建 View 层的 4 个 JSP 页面，下面分别介绍。

404 错误对应页面 404.jsp 的代码如下：

```jsp
<%@ page language="java" contentType="text/html; charset=UTF-8"
    pageEncoding="UTF-8"%>
<%
String path = request.getContextPath();
String basePath = request.getScheme()+"://"+request.getServerName()+":"+
    request.getServerPort()+path+"/";
%>
<!DOCTYPE html>
<html>
<head>
<base href="<%=basePath%>">
<meta charset="UTF-8">
<title>404</title>
</head>
<body>
资源已不在。
</body>
</html>
```

未知异常对应页面 error.jsp 的代码如下：

```jsp
<%@ page language="java" contentType="text/html; charset=UTF-8"
    pageEncoding="UTF-8" isErrorPage="true"%>
<%
String path = request.getContextPath();
String basePath = request.getScheme()+"://"+request.getServerName()+":"+
    request.getServerPort()+path+"/";
%>
<!DOCTYPE html>
<html>
<head>
<base href="<%=basePath%>">
<meta charset="UTF-8">
<title> 未知异常 </title>
</head>
<body>
<H1> 未知错误: </H1><%=exception%>
<H2> 错误内容: </H2>
<%
    exception.printStackTrace(response.getWriter());
%>
</body>
</html>
```

自定义异常对应页面 my-error.jsp 的代码如下：

```jsp
<%@ page language="java" contentType="text/html; charset=UTF-8"
    pageEncoding="UTF-8" isErrorPage="true"%>
<%
String path = request.getContextPath();
String basePath = request.getScheme()+"://"+request.getServerName()+":"+
    request.getServerPort()+path+"/";
%>
<!DOCTYPE html>
<html>
<head>
<base href="<%=basePath%>">
```

```
<meta charset="UTF-8">
<title> 自定义异常 </title>
</head>
<body>
<H1> 自定义异常错误: </H1><%=exception%>
<H2> 错误内容: </H2>
<%
exception.printStackTrace(response.getWriter());
%>
</body>
</html>
```

SQL 异常对应页面 sql-error.jsp 的代码如下:

```
<%@ page language="java" contentType="text/html; charset=UTF-8"
    pageEncoding="UTF-8" isErrorPage="true"%>
<%
String path = request.getContextPath();
String basePath = request.getScheme()+"://"+request.getServerName()+":"+
    request.getServerPort()+path+"/";
%>
<!DOCTYPE html>
<html>
<head>
<base href="<%=basePath%>">
<meta charset="UTF-8">
<title> 数据库异常 </title>
</head>
<body>
<H1> 数据库异常错误: </H1><%=exception%>
<H2> 错误内容: </H2>
<%
exception.printStackTrace(response.getWriter());
%>
</body>
</html>
```

❼ 创建 web.xml

对于 Unchecked Exception 而言, 由于代码不强制捕获, 往往会被忽略, 如果在运行期间产生了 Unchecked Exception, 而代码中又没有进行相应的捕获和处理, 则可能不得不面对 404、500 等服务器内部错误提示页面, 所以在 web.xml 文件中添加了全局异常 404 处理, 具体代码如下:

```
<error-page>
    <error-code>404</error-code>
    <location>/WEB-INF/jsp/404.jsp</location>
</error-page>
```

从上述 Dao 层、Service 层以及 Controller 层的代码中可以看出, 它们只通过 throw 和 throws 语句抛出异常, 并不处理。下面分别从 3 种方式统一处理这些异常。

12.2　SimpleMappingExceptionResolver 类

org.springframework.web.servlet.handler.SimpleMappingExceptionResolver 类是 HandlerExceptionResolver 接口的一个实现。在使用 SimpleMappingExceptionResolver 类进

行异常的统一处理时，需要在配置文件中提前配置异常类和 View 的对应关系。springmvc-servlet.xml 配置文件的具体代码如下：

```xml
<?xml version="1.0" encoding="UTF-8"?>
<beans xmlns="http://www.springframework.org/schema/beans"
    xmlns:xsi="http://www.w3.org/2001/XMLSchema-instance"
    xmlns:context="http://www.springframework.org/schema/context"
    xsi:schemaLocation="
        http://www.springframework.org/schema/beans
        http://www.springframework.org/schema/beans/spring-beans.xsd
        http://www.springframework.org/schema/context
        http://www.springframework.org/schema/context/spring-context.xsd">
    <!-- 使用扫描机制扫描包 -->
    <context:component-scan base-package="controller"/>
    <context:component-scan base-package="service"/>
    <context:component-scan base-package="dao"/>
    <!-- 配置视图解析器 -->
    <bean
        class="org.springframework.web.servlet.view.
            InternalResourceViewResolver"
        id="internalResourceViewResolver">
        <!-- 前缀 -->
        <property name="prefix" value="/WEB-INF/jsp/"/>
        <!-- 后缀 -->
        <property name="suffix" value=".jsp"/>
    </bean>
    <!-- 配置 SimpleMappingExceptionResolver（异常类与 View 的对应关系）-->
    <bean class="org.springframework.web.servlet.handler.
        SimpleMappingExceptionResolver">
        <!-- 定义默认的异常处理页面，本实例是在 Exception 异常发生时找到 error.
            jsp -->
        <property name="defaultErrorView" value="error"></property>
        <!-- 定义需要特殊处理的异常，用类名或完全路径名作为 key，异常页名作为值 -->
        <property name="exceptionMappings">
            <props>
                <prop key="exception.MyException">my-error</prop>
                <prop key="java.sql.SQLException">sql-error</prop>
                <!-- 这里还可以继续扩展对不同异常类型的处理 -->
            </props>
        </property>
    </bean>
</beans>
```

在配置完成后，就可以通过 SimpleMappingExceptionResolver 异常处理器统一处理 12.1 节中的异常。

首先将 ch12_1 模块发布到 Tomcat 服务器，然后启动 Tomcat 服务器，通过地址 http://localhost:8080/ch12_1 测试应用。

12.3　HandlerExceptionResolver 接口

org.springframework.web.servlet.HandlerExceptionResolver 接口用于解析请求处理过程中所产生的异常。开发者可以开发该接口的实现类，重写 public ModelAndView resolveException(HttpServletRequest arg0, HttpServletResponse arg1, Object arg2, Exception

arg3) 方法，进行 Spring MVC 应用的异常统一处理（不同异常转向不同页面）。在 ch12_1
模块的 exception 包中创建 HandlerExceptionResolver 接口的实现类 MyExceptionHandler，
具体代码如下：

```
package exception;
import java.sql.SQLException;
import org.springframework.web.servlet.HandlerExceptionResolver;
import org.springframework.web.servlet.ModelAndView;
import jakarta.servlet.http.HttpServletRequest;
import jakarta.servlet.http.HttpServletResponse;
public class MyExceptionHandler implements HandlerExceptionResolver {
    @Override
    public ModelAndView resolveException(HttpServletRequest arg0,
        HttpServletResponse arg1, Object arg2, Exception arg3) {
        // 根据不同异常转向不同页面（统一处理），即保证异常与 View 层的对应关系
        if (arg3 instanceof MyException) {
            return new ModelAndView("my-error");
        } else if (arg3 instanceof SQLException) {
            return new ModelAndView("sql-error");
        } else {
            return new ModelAndView("error");
        }
    }
}
```

用户需要将异常统一处理的实现类 MyExceptionHandler 在配置文件中托管给 Spring MVC
框架才能进行异常的统一处理，配置代码为 <bean class="exception.MyExceptionHandler"/>。

在使用 HandlerExceptionResolver 接口统一处理异常时，将配置文件的代码修改如下：

```
<?xml version="1.0" encoding="UTF-8"?>
<beans xmlns="http://www.springframework.org/schema/beans"
    xmlns:xsi="http://www.w3.org/2001/XMLSchema-instance"
    xmlns:context="http://www.springframework.org/schema/context"
    xsi:schemaLocation="
        http://www.springframework.org/schema/beans
        http://www.springframework.org/schema/beans/spring-beans.xsd
        http://www.springframework.org/schema/context
        http://www.springframework.org/schema/context/spring-context.xsd">
    <!-- 使用扫描机制扫描包 -->
    <context:component-scan base-package="controller"/>
    <context:component-scan base-package="service"/>
    <context:component-scan base-package="dao"/>
    <!-- 配置视图解析器 -->
    <bean
        class="org.springframework.web.servlet.view.
            InternalResourceViewResolver"
        id="internalResourceViewResolver">
        <!-- 前缀 -->
        <property name="prefix" value="/WEB-INF/jsp/"/>
        <!-- 后缀 -->
        <property name="suffix" value=".jsp"/>
    </bean>
    <!-- 托管 MyExceptionHandler -->
    <bean class="exception.MyExceptionHandler"/>
</beans>
```

发布 ch12_1 模块到 Tomcat 服务器，并启动 Tomcat 服务器，之后可通过地址 http://
localhost:8080/ch12_1 测试应用。

12.4 @ExceptionHandler 注解

如果在控制器 Controller 中有一个使用 @ExceptionHandler 注解修饰的方法，那么当 Controller 的任何方法抛出异常时都由该方法统一处理异常。因此本例可以创建一个抽象 类 BaseController（父类），并在该类中使用 @ExceptionHandler 注解声明统一处理异常的 方法，具体代码如下：

```
package controller;
import java.sql.SQLException;
import org.springframework.web.bind.annotation.ExceptionHandler;
import exception.MyException;
public abstract class BaseController {
    /** 基于 @ExceptionHandler 进行异常处理 */
    @ExceptionHandler
    public String exception(Exception ex) {
        // 根据不同异常转向不同页面，即保证异常与 View 层的对应关系
        if(ex instanceof SQLException) {
            return "sql-error";
        }else if(ex instanceof MyException) {
            return "my-error";
        } else {
            return "error";
        }
    }
}
```

然后将所有需要进行异常处理的 Controller 都继承 BaseController 类，示例代码如下：

```
@Controller
public class TestExceptionController extends BaseController{
    ...
}
```

在使用 @ExceptionHandler 注解声明统一处理异常时，不需要配置任何与异常处理相 关的信息，此时配置文件只需要配置视图解析器、扫描注解所在的包等。

发布 ch12_1 模块到 Tomcat 服务器，并启动 Tomcat 服务器，之后可通过地址 http:// localhost:8080/ch12_1 测试应用。

12.5 @ControllerAdvice 注解

在 12.4 节中基于父类 Controller 进行异常处理，有其自身的缺点，那就是代码耦合性 太高。用户可以使用 @ControllerAdvice 注解降低这种父子耦合关系。

顾名思义，@ControllerAdvice 注解是一个增强的 Controller。使用该 Controller 可以 实现 3 个方面的功能，即全局异常处理、全局数据绑定和全局数据预处理。本节学习如何 使用 @ControllerAdvice 注解进行全局异常处理。

使用 @ControllerAdvice 注解的类是当前 Spring MVC 应用中所有类的异常统一处 理类，在该类中使用 @ExceptionHandler 注解的方法来统一处理异常，不需要在每个 Controller 中逐一定义异常处理方法，这是因为被 @ExceptionHandler 注解的方法对所有注 解了 @RequestMapping 的控制器方法进行异常的统一处理。

将 12.4 节中父类 BaseController 的代码移植到使用 @ControllerAdvice 注解的类 GlobalExceptionHandlerController 中，进行全局异常的统一处理，具体代码如下：

```
package controller;
import java.sql.SQLException;
import org.springframework.web.bind.annotation.ControllerAdvice;
import org.springframework.web.bind.annotation.ExceptionHandler;
import exception.MyException;
@ControllerAdvice
public class GlobalExceptionHandlerController {
    @ExceptionHandler
    public String exception(Exception ex) {
        // 根据不同异常转向不同页面，即保证异常与View层的对应关系
        if(ex instanceof SQLException) {
            return "sql-error";
        }else if(ex instanceof MyException) {
            return "my-error";
        } else {
            return "error";
        }
    }
}
```

本章小结

本章重点介绍了 Spring MVC 框架应用程序的异常统一处理的 3 种方法。从前面的处理过程可知，使用 @ExceptionHandler 注解进行异常处理具有集成简单、可扩展性好（只需要将异常处理的 Controller 类继承于 BaseController 即可）、不需要附加 Spring 配置等优点，但该方法对已有代码存在入侵性（需要修改已有代码，使相关类继承于 BaseController），因此建议使用 @ControllerAdvice 注解 +@ExceptionHandler 注解进行全局异常处理，解除父类和子类的耦合性。

扫一扫

自测题

习题 12

（1）简述 Spring MVC 框架中异常统一处理的常用方式。

（2）如何使用 @ExceptionHandler 注解进行异常统一处理？

（3）在 Spring MVC 应用中，使用 @ControllerAdvice 注解的类是应用中所有类的异常统一处理类，在该类中使用（　　）注解的方法进行异常统一处理。

    A. @ExceptionAdvice   B. @ExceptionAction

    C. @Exception   D. @ExceptionHandler

学习目的与要求

本章重点讲解如何使用 Spring MVC 框架进行文件的上传与下载。通过本章的学习，要求读者掌握使用 Spring MVC 框架进行文件上传与下载的方法。

本章主要内容

❖ 文件的上传

❖ 文件的下载

文件的上传与下载是 Web 应用开发中常用的功能之一。对于 Java 应用而言，文件的上传与下载有多种实现方式，本章将重点介绍如何使用 Spring MVC 框架进行文件的上传与下载。

13.1 文件的上传

org.springframework.web.multipart.MultipartResolver 是一个解析包括文件上传在内的 multipart 请求接口。从 Spring 6.0 和 Servlet 5.0+ 开始，基于 Apache Commons FileUpload 组件的 MultipartResolver 接口实现类 CommonsMultipartResolver 被弃用，改用基于 Servlet 容器的 MultipartResolver 接口实现类 StandardServletMultipartResolver 进行 multipart 请求解析。

在 Spring MVC 应用中上传文件时，将文件的相关信息及操作封装到 MultipartFile 接口对象中，因此开发者只需要使用 MultipartFile 类型声明模型类的一个属性即可对被上传文件进行操作。该接口具有以下方法。

byte[] getBytes()：以字节数组的形式返回文件的内容。

String getContentType()：返回文件内容的类型。

InputStream getInputStream()：返回一个 InputStream，从中读取文件的内容。

String getName()：返回请求参数的名称。

String getOriginalFilename()：返回客户端提交的原始文件名称。

long getSize()：返回文件的大小，单位为字节。

boolean isEmpty()：判断被上传文件是否为空。

void transferTo(File destination)：将上传文件保存到目标目录下。

在 Spring MVC 应用中上传文件时需要完成以下配置或设置：

（1）在 Spring MVC 配置文件中，使用 Spring 的 org.springframework.web.multipart. support.StandardServletMultipartResolver 类配置一个名为 multipartResolver（MultipartResolver 接口）的 Bean，用于文件的上传。

（2）必须将文件上传表单的 method 设置为 post，并将 enctype 设置为 multipart/form-data。只有这样设置，浏览器才能将所选文件的二进制数据发送给服务器。

（3）需要通过 Servlet 容器配置启用 Servlet multipart 请求解析，可以在 web.xml 配置文件中的 Servlet 声明部分添加 <multipart-config> 子元素进行配置启用 Servlet multipart 请求解析，示例代码如下：

```xml
<servlet>
    <servlet-name>springmvc</servlet-name>
    <servlet-class>org.springframework.web.servlet.DispatcherServlet
        </servlet-class>
    <load-on-startup>1</load-on-startup>
    <multipart-config>
        <!-- 允许上传文件的大小的最大值，默认为 -1（不限制） -->
        <max-file-size>20848820</max-file-size>
        <!-- multipart/form-data 请求允许的最大值，默认为 -1（不限制） -->
        <max-request-size>418018841</max-request-size>
        <!-- 文件将写入磁盘的阈值大小，默认为 0 -->
        <file-size-threshold>1048576</file-size-threshold>
    </multipart-config>
</servlet>
```

本节通过一个应用案例讲解 Spring MVC 框架如何实现文件的上传。

【例 13-1】 使用 Spring MVC 框架实现文件的上传。

本例的具体步骤如下。

❶ 创建应用并导入 JAR 包

首先在 IDEA 中创建一个名为 ch13 的项目，在 ch13 项目中创建一个名为 ch13_1 的模块，同时为 ch13_1 模块添加 Web Application；然后在 ch13_1 模块的 WEB-INF/lib 目录中添加 Spring MVC 程序所需要的 JAR 包，包括 Spring 的 4 个基础 JAR 包、Spring Commons Logging Bridge 对应的 JAR 包 spring-jcl-6.0.0.jar、AOP 实现所需要的 JAR 包 spring-aop-6.0.0.jar、DispatcherServlet 接口所依赖的性能监控包（micrometer-observation. jar 和 micrometer-commons.jar）、Java 增强库（lombok-1.18.24.jar）、JSTL 相关 JAR 包（Tomcat 的 webapps\examples\WEB-INF\lib 目录中）以及两个与 Web 相关的 JAR 包（spring-web-6.0.0.jar 和 spring-webmvc-6.0.0.jar）；最后为 ch13_1 模块添加 Tomcat 依赖。

❷ 创建 web.xml 文件

在 ch13_1 模块的 web/WEB-INF 目录下创建 web.xml 文件，并在该文件中添加 <multipart-config> 子元素进行配置启用 Servlet multipart 请求解析，具体代码如下：

```xml
<?xml version="1.0" encoding="UTF-8"?>
<web-app xmlns:xsi="http://www.w3.org/2001/XMLSchema-instance"
    xmlns="https://jakarta.ee/xml/ns/jakartaee"
    xmlns:web="http://xmlns.jcp.org/xml/ns/javaee"
    xsi:schemaLocation="https://jakarta.ee/xml/ns/jakartaee
        https://jakarta.ee/xml/ns/jakartaee/web-app_5_0.xsd"
    id="WebApp_ID" version="5.0">
    <display-name>ch6</display-name>
    <welcome-file-list>
        <welcome-file>index.html</welcome-file>
        <welcome-file>index.jsp</welcome-file>
        <welcome-file>index.htm</welcome-file>
        <welcome-file>default.html</welcome-file>
        <welcome-file>default.jsp</welcome-file>
        <welcome-file>default.htm</welcome-file>
```

```
        </welcome-file-list>
        <!-- 部署 DispatcherServlet -->
        <servlet>
            <servlet-name>springmvc</servlet-name>
            <servlet-class>org.springframework.web.servlet.DispatcherServlet
                </servlet-class>
            <load-on-startup>1</load-on-startup>
            <multipart-config>
                <!-- 允许上传文件的大小的最大值，默认为 -1（不限制） -->
                <max-file-size>20848820</max-file-size>
                <!-- multipart/form-data 请求允许的最大值，默认为 -1（不限制） -->
                <max-request-size>418018841</max-request-size>
                <!-- 文件将写入磁盘的阈值大小，默认为 0 -->
                <file-size-threshold>1048576</file-size-threshold>
            </multipart-config>
        </servlet>
        <servlet-mapping>
            <servlet-name>springmvc</servlet-name>
            <!-- 处理所有 URL -->
            <url-pattern>/</url-pattern>
        </servlet-mapping>
</web-app>
```

❸ 创建文件选择页面

在 ch13_1 模块的 web 目录下创建 JSP 页面 uploadFile.jsp。在该页面中使用表单上传多个文件，具体代码如下：

```
<%@ page language="java" contentType="text/html; charset=UTF-8"
    pageEncoding="UTF-8"%>
<%
String path = request.getContextPath();
String basePath = request.getScheme()+"://"+request.getServerName()+":"+
    request.getServerPort()+path+"/";
%>
<!DOCTYPE html>
<html>
<head>
<base href="<%=basePath%>">
<meta charset="UTF-8">
<title>文件的上传</title>
</head>
<body>
<form action="multifile" method="post" enctype="multipart/form-data">
    选择文件 1:<input type="file" name="myfile"> <br>
    文件描述 1:<input type="text" name="description"> <br>
    选择文件 2:<input type="file" name="myfile"> <br>
    文件描述 2:<input type="text" name="description"> <br>
    选择文件 3:<input type="file" name="myfile"> <br>
    文件描述 3:<input type="text" name="description"> <br>
    <button type="submit">提交</button>
</form>
</body>
</html>
```

❹ 创建 POJO 类

在 ch13_1 模块的 src 目录下创建名为 pojo 的包，并在该包中创建 POJO 类 MultiFile-Domain。然后在该 POJO 类中声明一个 List<MultipartFile> 类型的属性，封装被上传的文件信息，属性名与文件选择页面 uploadFile.jsp 中的 file 类型的表单参数名 myfile 相同。MultiFileDomain 的具体代码如下：

```
package pojo;
import java.util.List;
import org.springframework.web.multipart.MultipartFile;
import lombok.Data;
@Data
public class MultiFileDomain {
    private List<String> description;
    private List<MultipartFile> myfile;
}
```

❺ 创建控制器类

在 ch13_1 模块的 src 目录下创建名为 controller 的包，并在该包中创建 FileUploadController 控制器类，具体代码如下：

```
package controller;
import java.io.File;
import java.util.List;
import org.springframework.stereotype.Controller;
import org.springframework.web.bind.annotation.ModelAttribute;
import org.springframework.web.bind.annotation.PostMapping;
import org.springframework.web.multipart.MultipartFile;
import jakarta.servlet.http.HttpServletRequest;
import pojo.MultiFileDomain;
@Controller
public class FileUploadController {
    /**
     * 多文件的上传
     */
    @PostMapping("/multifile")
    public String multiFileUpload(@ModelAttribute MultiFileDomain
        multiFileDomain, HttpServletRequest request){
    //D:\idea-workspace\ch13\out\artifacts\ch13_1_war_exploded\uploadfiles
        String realpath = request.getServletContext().getRealPath
            ("uploadfiles");
        File targetDir = new File(realpath);
        if(!targetDir.exists()){
            targetDir.mkdirs();
        }
        List<MultipartFile> files = multiFileDomain.getMyfile();
        for (int i = 0; i < files.size(); i++) {
            MultipartFile file = files.get(i);
            String fileName = file.getOriginalFilename();
            File targetFile = new File(realpath,fileName);
            // 上传
            try {
                file.transferTo(targetFile);
            } catch (Exception e) {
                e.printStackTrace();
            }
        }
        return "showMulti";
    }
}
```

❻ 创建 Spring MVC 的配置文件

在 ch13_1 模块的 web/WEB-INF 目录下创建 springmvc-servlet.xml 配置文件。在上传文件时，需要在配置文件中使用 Spring 的 StandardServletMultipartResolver 类配置 MultipartResolver 用于文件的上传，配置文件 springmvc-servlet.xml 的代码如下：

```xml
<?xml version="1.0" encoding="UTF-8"?>
<beans xmlns="http://www.springframework.org/schema/beans"
xmlns:xsi="http://www.w3.org/2001/XMLSchema-instance"
xmlns:context="http://www.springframework.org/schema/context"
xsi:schemaLocation="
    http://www.springframework.org/schema/beans
    http://www.springframework.org/schema/beans/spring-beans.xsd
    http://www.springframework.org/schema/context
    http://www.springframework.org/schema/context/spring-context.xsd">
<!-- 使用扫描机制扫描控制器类 -->
<context:component-scan base-package="controller"/>
<bean class="org.springframework.web.servlet.view.
    InternalResourceViewResolver"
    id="internalResourceViewResolver">
    <!-- 前缀 -->
    <property name="prefix" value="/WEB-INF/jsp/"/>
    <!-- 后缀 -->
    <property name="suffix" value=".jsp"/>
</bean>
<!-- 配置一个名为 multipartResolver 的 Bean 用于文件的上传 -->
<bean id="multipartResolver" class="org.springframework.web.multipart.
    support.StandardServletMultipartResolver"/>
</beans>
```

❼ 创建成功显示页面

在 ch13_1 模块的 web/WEB-INF 目录下创建 jsp 文件夹，并在该文件夹中创建文件上传成功显示页面 showMulti.jsp，具体代码如下：

```jsp
<%@ page language="java" contentType="text/html; charset=UTF-8"
    pageEncoding="UTF-8"%>
<%@ taglib uri="http://java.sun.com/jsp/jstl/core" prefix="c" %>
<%
String path = request.getContextPath();
String basePath = request.getScheme()+"://"+request.getServerName()+":"+
    request.getServerPort()+path+"/";
%>
<!DOCTYPE html>
<html>
<head>
<base href="<%=basePath%>">
<meta charset="UTF-8">
<title>Insert title here</title>
</head>
<body>
    <table>
        <tr>
            <td>详情</td><td>文件名</td>
        </tr>
        <!-- 同时取两个数组的元素 -->
        <c:forEach items="${multiFileDomain.description}"
            var="description" varStatus="loop">
            <tr>
                <td>${description}</td>
                <td>${multiFileDomain.myfile[loop.count-1].
                    originalFilename}</td>
            </tr>
        </c:forEach>
        <!-- fileDomain.getMyfile().getOriginalFilename() -->
    </table>
</body>
</html>
```

❽ 测试文件的上传

发布 ch13_1 模块到 Tomcat 服务器，并启动 Tomcat 服务器，然后通过地址 http://localhost:8080/ch13_1/uploadFile.jsp 运行文件选择页面，运行效果如图 13.1 所示。

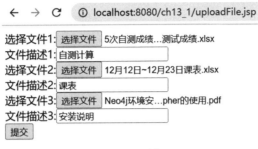

图 13.1 文件选择页面

在图 13.1 所示的界面中选择文件，并输入文件描述，然后单击"提交"按钮上传多个文件，如果成功则显示如图 13.2 所示的界面。

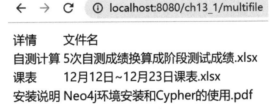

图 13.2 文件上传成功界面

13.2 文件的下载

扫一扫

视频讲解

实现文件的下载通常有两种方法：一种是通过超链接实现下载；另一种是利用程序编码实现下载。通过超链接实现下载固然简单，但暴露了下载文件的真实位置，并且只能下载存放到 Web 应用程序所在目录下的文件。利用程序编码实现下载可以增加安全访问控制，还可以从任意位置提供下载的数据，可以将文件存放到 Web 应用程序以外的目录中，也可以将文件保存到数据库中。

利用程序编码实现下载需要设置两个报头：

（1）Web 服务器需要告诉浏览器其所输出内容的类型不是普通文本文件或 HTML文件，而是一个要保存到本地的下载文件。设置 Content-Type 的值为 application/x-msdownload。

（2）Web 服务器希望浏览器不直接处理相应的实体内容，而是由用户选择将相应的实体内容保存到一个文件中，这需要设置 Content-Disposition 报头。该报头指定了接收程序处理数据内容的方式，在 HTTP 应用中只有 attachment 是标准方式，attachment 表示要求用户干预。在 attachment 后面还可以指定 filename 参数，该参数是服务器建议浏览器将实体内容保存到文件中的名称。

设置报头的示例如下：

```
response.setHeader("Content-Type", "application/x-msdownload" );
```

```
response.setHeader("Content-Disposition", "attachment; filename=" +
    filename);
```

下面继续通过 ch13_1 模块讲述利用程序编码实现文件下载的过程。

【例 13-2】 利用程序编码实现文件下载，要求从 13.1 节上传文件的目录中下载文件。该例的具体实现步骤如下。

❶ 编写控制器类

首先编写控制器类 FileDownController，在该类中有 3 个方法，即 show、down 和 toUTF8String。其中，show 方法获取被下载的文件名称；down 方法执行下载功能；toUTF8String 方法是下载保存时中文文件名的字符编码转换方法。FileDownController 类的代码具体如下：

```java
package controller;
import java.io.File;
import java.io.FileInputStream;
import java.io.UnsupportedEncodingException;
import java.util.ArrayList;
import org.springframework.stereotype.Controller;
import org.springframework.ui.Model;
import org.springframework.web.bind.annotation.RequestMapping;
import org.springframework.web.bind.annotation.RequestParam;
import jakarta.servlet.ServletOutputStream;
import jakarta.servlet.http.HttpServletRequest;
import jakarta.servlet.http.HttpServletResponse;
@Controller
public class FileDownController {
    /**
     * 显示要下载的文件
     */
    @RequestMapping("showDownFiles")
    public String show(HttpServletRequest request, Model model){
        String realpath = request.getServletContext().getRealPath
            ("uploadfiles");
        File dir = new File(realpath);
        File files[] = dir.listFiles();
        // 获取该目录下的所有文件名
        ArrayList<String> fileName = new ArrayList<String>();
        for (int i = 0; i < files.length; i++) {
            fileName.add(files[i].getName());
        }
        model.addAttribute("files", fileName);
        return "showDownFiles";
    }
    /**
     * 执行下载
     */
    @RequestMapping("down")
    public String down(@RequestParam String filename, HttpServletRequest
        request, HttpServletResponse response){
        String aFilePath = null;            // 要下载的文件路径
        FileInputStream in = null;          // 输入流
        ServletOutputStream out = null;     // 输出流
        try {
            aFilePath = request.getServletContext().getRealPath
                ("uploadfiles");
            // 设置下载文件使用的报头
            response.setHeader("Content-Type", "application/
                x-msdownload" );
            response.setHeader("Content-Disposition", "attachment;
```

```
                filename=" + toUTF8String(filename));
        // 读入文件
        in = new FileInputStream(aFilePath + "\\"+ filename);
        // 得到响应对象的输出流，用于向客户端输出二进制数据
        out = response.getOutputStream();
        out.flush();
        int aRead = 0;
        byte b[] = new byte[1024];
        while ((aRead = in.read(b)) != -1 & in != null) {
            out.write(b,0,aRead);
        }
        out.flush();
        in.close();
        out.close();
    } catch (Throwable e) {
        e.printStackTrace();
    }
    return null;
}
/**
 * 下载保存时中文文件名的字符编码转换方法
 */
public String toUTF8String(String str){
    StringBuffer sb = new StringBuffer();
    int len = str.length();
    for(int i = 0; i < len; i++){
        // 取出字符中的每个字符
        char c = str.charAt(i);
        //Unicode 码值为 0 ～ 255，不作处理
        if(c >= 0 && c <= 255){
            sb.append(c);
        }else{      // 转换 UTF-8 编码
            byte b[];
            try {
                b = Character.toString(c).getBytes("UTF-8");
            } catch (UnsupportedEncodingException e) {
                e.printStackTrace();
                b = null;
            }
            // 转换为 %HH 的字符串形式
            for(int j = 0; j < b.length; j ++){
                int k = b[j];
                if(k < 0){
                    k &= 255;
                }
                sb.append("%" + Integer.toHexString(k).toUpperCase());
            }
        }
    }
    return sb.toString();
}
}
```

❷ 创建文件列表页面

在 ch13_1 模块的 WEB-INF/jsp 目录下创建一个显示被下载文件的 JSP 页面 show-DownFiles.jsp，具体代码如下：

```
<%@ page language="java" contentType="text/html; charset=UTF-8"
    pageEncoding="UTF-8"%>
<%@ taglib uri="http://java.sun.com/jsp/jstl/core" prefix="c"%>
<%
String path = request.getContextPath();
```

```
String basePath = request.getScheme()+"://"+request.getServerName()+":"+
    request.getServerPort()+path+"/";
%>
<!DOCTYPE html>
<html>
<head>
<base href="<%=basePath%>">
<meta charset="UTF-8">
<title>显示被下载的界面</title>
</head>
<body>
<table>
    <tr>
        <td>被下载的文件名</td>
    </tr>
    <!-- 遍历 Model 中的 files -->
    <c:forEach items="${files}" var="filename">
        <tr>
            <td><a href="down?filename=${filename}">${filename}</a></td>
        </tr>
    </c:forEach>
</table>
</body>
</html>
```

❸ 测试下载功能

发布 ch13_1 模块到 Tomcat 服务器，并启动 Tomcat 服务器，然后通过地址 http://localhost:8080/ch13_1/showDownFiles 测试下载示例，运行结果如图 13.3 所示。

← → C ⓘ localhost:8080/ch13_1/showDownFiles

被下载的文件名
12月12日~12月23日课表.xlsx
5次自测成绩换算成阶段测试成绩.xlsx
Neo4j环境安装和Cypher的使用.pdf

图 13.3　被下载文件列表页面

本章小结

本章重点介绍了 Spring MVC 中文件的上传，主要包括如何使用 MultipartFile 接口封装文件信息，最后介绍了如何进行文件的下载。

扫一扫

自测题

习题 13

（1）基于表单的文件上传，应将表单的 enctype 属性值设置为（　　　）。

    A. multipart/form-data

    B. application/x-www-form-urlencoded

    C. text/plain

    D. html/text

（2）在 Spring MVC 框架中如何限定上传文件的大小？

学习目的与要求

本章讲解 MyBatis 的环境构建和工作原理、SQL 映射文件以及 SSM 框架的整合开发。通过本章的学习，要求读者了解 MyBatis 的工作原理，掌握 MyBatis 的环境构建以及 SSM 框架的整合开发，了解 MyBatis 的核心配置文件的配置信息，掌握 MyBatis 的 SQL 映射文件的编写，熟悉级联查询的 MyBatis 实现，掌握 MyBatis 的动态 SQL 的编写。

本章主要内容

- ❖ MyBatis 的环境构建
- ❖ MyBatis 的工作原理
- ❖ SSM 框架的整合开发
- ❖ 核心配置文件
- ❖ SQL 映射文件
- ❖ 级联查询
- ❖ 动态 SQL
- ❖ MyBatis 的缓存机制

MyBatis 是主流的 Java 持久层框架之一，它和 Hibernate 一样，也是一种 ORM（Object-Relational Mapping，即对象关系映射）框架。MyBatis 因性能优异，且具有高度的灵活性、可优化性、易维护以及简单、易学等特点，受到了广大互联网企业和编程爱好者的青睐。

14.1 MyBatis 简介

MyBatis 本是 Apache Software Foundation 的一个开源项目——iBatis，2010 年这个项目由 Apache Software Foundation 迁移到 Google Code，并改名为 MyBatis。

MyBatis 是一个基于 Java 的持久层框架。MyBatis 提供的持久层框架包括 SQL Maps 和 Data Access Objects（DAO），它消除了几乎所有的 JDBC 代码和参数的手工设置以及结果集的检索。MyBatis 使用简单的 XML 或注解来配置和进行原始映射，将接口和 Java 的 POJOs（Plain Old Java Objects，普通的 Java 对象）映射成数据库中的记录。

目前，Java 的持久层框架产品有许多，常见的有 Hibernate 和 MyBatis。MyBatis 是一个半自动映射的框架，因为 MyBatis 需要手动匹配 POJO、SQL 和映射关系；而 Hibernate 是一个全表映射的框架，只需要提供 POJO 和映射关系即可。MyBatis 是一个小巧、方便、高效、简单、直接、半自动化的持久层框架；Hibernate 是一个强大、方便、高效、复杂、间接、全自动化的持久化框架。两个持久层框架各有优缺点，开发者应根据实际应用选择它们。

14.2　MyBatis 的环境构建

在编写本书时 MyBatis 的最新版本是 3.5.11，因此编者选择该版本作为本书的实践环境，也希望读者下载该版本，以便于学习。

如果读者不使用 Maven 或 Gradle 下载 MyBatis，可以通过网址 https://github.com/mybatis/mybatis-3/releases 下载。MyBatis 解压缩后得到如图 14.1 所示的目录。

lib
LICENSE
mybatis-3.5.11.jar
mybatis-3.5.11.pdf
NOTICE

图 14.1　MyBatis 解压缩后的目录

在图 14.1 中 mybatis-3.5.11.jar 是 MyBatis 的核心包，mybatis-3.5.11.pdf 是 MyBatis 的使用手册，lib 文件夹下的 JAR 是 MyBatis 的依赖包。

在使用 MyBatis 框架时，需要将它的核心包和依赖包引入应用程序中。如果是 Web 应用，只需要将核心包和依赖包复制到 WEB-INF/lib 目录中即可。

14.3　MyBatis 的工作原理

在学习 MyBatis 程序之前，读者需要了解一下 MyBatis 的工作原理，以便理解程序。MyBatis 的工作原理如图 14.2 所示。

下面对图 14.2 中的每一步进行说明，具体如下。

（1）读取 MyBatis 配置文件 mybatis-config.xml。mybatis-config.xml 为 MyBatis 的全局配置文件，配置了 MyBatis 的运行环境等信息，例如数据库连接信息。

（2）加载映射文件。映射文件即 SQL 映射文件，在该文件中配置了操作数据库的 SQL 语句，需要在 MyBatis 配置文件 mybatis-config.xml 中加载。mybatis-config.xml 文件可以加载多个映射文件。

（3）构造会话工厂。通过 MyBatis 的环境等配置信息构建会话工厂 SqlSessionFactory。

（4）创建 SqlSession 对象。由会话工厂创建 SqlSession 对象，在该对象中包含执行 SQL 语句的所有方法。

（5）MyBatis 底层定义了一个 Executor 接口来操作数据库，它将根据 SqlSession 传递的参数动态地生成需要执行的 SQL 语句，同时负责查询缓存的维护。

（6）在 Executor 接口的执行方法中有一个 MappedStatement 类型的参数，该参数是对映射信息的封装，用于存储要映射的 SQL 语句的 id、参数等信息。

（7）输入参数映射。输入参数可以是 Map、List 等集合类型，也可以是基本数据类型和 POJO 类型。输入参数映射过程类似于 JDBC 对 preparedStatement 对象设置参数的过程。

（8）输出结果映射。输出结果可以是 Map、List 等集合类型，也可以是基本数据类型和 POJO 类型。输出结果映射过程类似于 JDBC 对结果集的解析过程。

通过上面的讲解，读者对 MyBatis 框架应该有了初步的了解，在后续的学习中将慢慢加深理解。

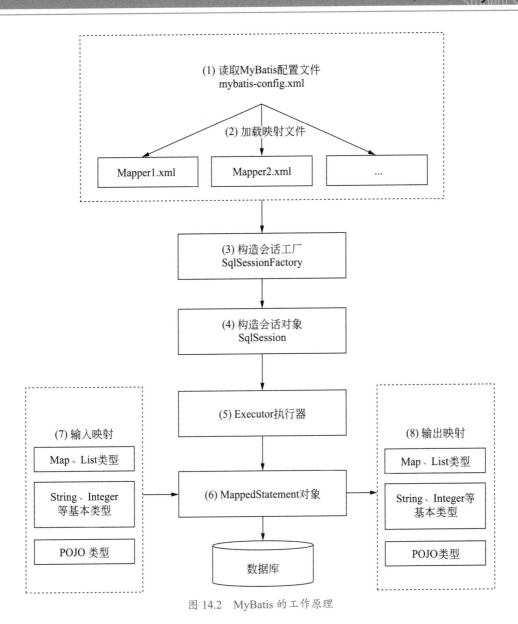

图 14.2　MyBatis 的工作原理

14.4　MyBatis 的核心配置

　　MyBatis 的核心配置文件配置了影响 MyBatis 行为的信息，这些信息通常只配置在一个文件中，并不轻易改动。另外，SSM 框架在整合后，MyBatis 的核心配置信息将配置到 Spring 配置文件中，因此在实际开发中很少编写或修改 MyBatis 的核心配置文件。本节仅了解 MyBatis 的核心配置文件的主要元素。

　　MyBatis 的核心配置文件的代码如下：

```
<?xml version="1.0" encoding="UTF-8"?>
<!DOCTYPE configuration
PUBLIC "-//mybatis.org//DTD Config 3.0//EN"
"http://mybatis.org/dtd/mybatis-3-config.dtd">
<configuration>
```

```
            <properties/><!-- 属性 -->
            <settings><!-- 设置 -->
                <setting name="" value=""/>
            </settings>
            <typeAliases/><!-- 类型命名（别名）-->
            <typeHandlers/><!-- 类型处理器 -->
            <objectFactory type=""/><!-- 对象工厂 -->
            <plugins><!-- 插件 -->
                <plugin interceptor=""></plugin>
            </plugins>
            <environments default=""><!-- 配置环境 -->
                <environment id=""><!-- 环境变量 -->
                    <transactionManager type=""/><!-- 事务管理器 -->
                    <dataSource type=""/><!-- 数据源 -->
                </environment>
            </environments>
            <databaseIdProvider type=""/><!-- 数据库厂商标识 -->
            <mappers><!-- 映射器，告诉 MyBatis 到哪里去找映射文件 -->
                <mapper resource="com/mybatis/UserMapper.xml"/>
            </mappers>
        </configuration>
```

MyBatis 的核心配置文件中元素的配置顺序不能颠倒，否则在 MyBatis 启动阶段将发生异常。

14.5 使用 IntelliJ IDEA 开发 MyBatis 入门程序

本节使用 5.1.2 节中的 MySQL 数据库 springtest 的 user 数据表进行讲解。下面通过一个实例讲解如何使用 IntelliJ IDEA 开发 MyBatis 入门程序。

【例 14-1】 使用 IntelliJ IDEA 开发 MyBatis 入门程序。

该例的具体实现步骤如下。

❶ 创建 Web 应用并导入相关 JAR 包

首先在 IDEA 中创建一个名为 ch14 的项目，在 ch14 项目中创建一个名为 ch14_1 的模块，同时为 ch14_1 模块添加 Web Application；然后在 ch14_1 模块的 WEB-INF/lib 目录中添加 MyBatis 的核心 JAR 包、MyBatis 的依赖 JAR 包以及 MySQL 的驱动连接 JAR 包。

❷ 创建 Log4j 的日志配置文件

MyBatis 可以使用 Log4j 输出日志信息，如果开发者需要查看控制台输出的 SQL 语句，那么需要在 classpath 路径下配置其日志文件。在 ch14_1 模块的 src 目录下创建 log4j.properties 文件，其内容如下：

```
# Global logging configuration
log4j.rootLogger=ERROR, stdout
# MyBatis logging configuration...
log4j.logger.com.mybatis.mapper=DEBUG
# Console output...
log4j.appender.stdout=org.apache.log4j.ConsoleAppender
log4j.appender.stdout.layout=org.apache.log4j.PatternLayout
log4j.appender.stdout.layout.ConversionPattern=%5p [%t] - %m%n
```

在上述日志文件中配置了全局的日志配置、MyBatis 的日志配置和控制台输出，其中 MyBatis 的日志配置用于将 com.mybatis.mapper 包下所有类的日志记录级别设置为 DEBUG。该配置文件的内容不需要开发者全部手写，可以从 MyBatis 使用手册中的

Logging 节复制，然后进行简单修改。

　　Log4j 是 Apache 的一个开源代码项目，通过使用 Log4j，可以控制日志信息输送的目的地是控制台、文件或 GUI 组件等；也可以控制每一条日志的输出格式；通过定义每一条日志信息的级别，能够更加详细地控制日志的生成过程。这些都可以通过一个配置文件来灵活地进行配置，而不需要修改应用的代码。有关 Log4j 的使用方法，读者可参考相关资料学习。

❸ 创建持久化类

　　在 ch14_1 模块的 src 目录下创建一个名为 com.mybatis.po 的包，并在该包中创建持久化类 MyUser。在该类中声明的属性与数据表 user（创建表的代码参见 user.sql）中的字段一致。

　　MyUser 类的代码如下：

```
package com.mybatis.po;
import lombok.Data;
@Data
public class MyUser {
    private Integer uid;              // 主键
    private String uname;
    private String usex;
    @Override
    public String toString() {       // 为了方便查看结果，重写了 toString 方法
        return "User [uid=" + uid +",uname=" + uname + ",usex=" + usex +"]";
    }
}
```

❹ 创建 MyBatis 的核心配置文件

　　在 ch14_1 模块的 src 目录下创建 MyBatis 的核心配置文件 mybatis-config.xml，在该文件中配置了数据库环境和映射文件的位置，具体内容如下：

```
<?xml version="1.0" encoding="UTF-8"?>
<!DOCTYPE configuration
PUBLIC "-//mybatis.org//DTD Config 3.0//EN"
"http://mybatis.org/dtd/mybatis-3-config.dtd">
<configuration>
    <!-- 数据库连接信息 -->
    <properties>
        <property name="username" value="root"/>
        <property name="password" value="root"/>
        <property name="driver" value="com.mysql.cj.jdbc.Driver"/>
        <property name="url"
            value="jdbc:mysql://127.0.0.1:3306/springtest?
                useUnicode=true&amp;characterEncoding=UTF-8&amp;
                allowMultiQueries=true&amp;serverTimezone=GMT%2B8"/>
    </properties>
    <settings>
        <setting name="logImpl" value="LOG4J"/>
    </settings>
    <!-- 为实体类 com.mybatis.po.MyUser 配置一个别名 MyUser -->
    <!-- <typeAliases>
        <typeAlias type="com.mybatis.po.MyUser" alias="MyUser"/>
    </typeAliases> -->
    <!-- 为 com.mybatis.po 包下的所有实体类配置别名，MyBatis 默认的设置别名的方式就是
        去掉类所在的包，只留下简单的类名，例如 com.mybatis.po.MyUser 这个实体类的别名会被
        设置成 MyUser -->
    <typeAliases>
```

```
        <package name="com.mybatis.po"/>
    </typeAliases>
    <!-- SSM 整合后 environments 配置将被废除 -->
    <environments default="development">
        <environment id="development">
            <!-- 使用 JDBC 事务管理 -->
            <transactionManager type="JDBC"/>
            <!-- 数据库连接池 -->
            <dataSource type="POOLED">
                <property name="driver" value="${driver}"/>
                <property name="url" value="${url}"/>
                <property name="username" value="${username}"/>
                <property name="password" value="${password}"/>
            </dataSource>
        </environment>
    </environments>
    <!-- 加载映射文件 -->
    <mappers>
        <mapper resource="com/mybatis/mapper/UserMapper.xml"/>
    </mappers>
</configuration>
```

上述映射文件和配置文件不需要开发者全部手写，可以从 MyBatis 使用手册中复制，然后做简单修改。

❺ 创建 SQL 映射文件

在 ch14_1 模块的 src 目录下创建一个名为 com.mybatis.mapper 的包，并在该包中创建 SQL 映射文件 UserMapper.xml。

SQL 映射文件 UserMapper.xml 的内容如下：

```
<?xml version="1.0" encoding="UTF-8"?>
<!DOCTYPE mapper
PUBLIC "-//mybatis.org//DTD Mapper 3.0//EN"
"http://mybatis.org/dtd/mybatis-3-mapper.dtd">
<mapper namespace="com.mybatis.mapper.UserMapper">
    <!-- 根据 uid 查询一个用户信息 -->
    <select id="selectUserById" parameterType="Integer"
        resultType="com.mybatis.po.MyUser">
        select * from user where uid = #{uid}
    </select>
    <!-- 查询所有用户信息 -->
    <select id="selectAllUser" resultType="MyUser">
        select * from user
    </select>
    <!-- 添加一个用户，#{uname} 为 MyUser 的属性值 -->
    <insert id="addUser" parameterType="MyUser">
        insert into user (uname,usex) values(#{uname},#{usex})
    </insert>
    <!-- 修改一个用户 -->
    <update id="updateUser" parameterType="MyUser">
        update user set uname = #{uname},usex = #{usex} where uid = #{uid}
    </update>
    <!-- 删除一个用户 -->
    <delete id="deleteUser" parameterType="Integer">
        delete from user where uid = #{uid}
    </delete>
</mapper>
```

在上述映射文件中，<mapper> 元素是配置文件的根元素，它包含了一个 namespace 属性，该属性值通常设置为"包名+SQL 映射文件名"，指定了唯一的命名空间。子元素

<select>、<insert>、<update> 以及 <delete> 中的信息是用于执行查询、添加、修改以及删除操作的配置。在定义的 SQL 语句中，"#{}" 表示一个占位符，相当于"?"，而"#{uid}"表示该占位符待接收参数的名称为 uid。

❻ 创建测试类

在 ch14_1 模块的 src 目录下创建一个名为 com.mybatis.test 的包，并在该包中创建 MyBatisTest 测试类。在测试类中，首先使用输入流读取配置文件，然后根据配置信息构建 SqlSessionFactory 对象。接下来通过 SqlSessionFactory 对象创建 SqlSession 对象，并使用 SqlSession 对象执行数据库操作。MyBatisTest 测试类的代码如下：

```java
package com.mybatis.test;
import java.io.IOException;
import java.io.InputStream;
import java.util.List;
import org.apache.ibatis.io.Resources;
import org.apache.ibatis.session.SqlSession;
import org.apache.ibatis.session.SqlSessionFactory;
import org.apache.ibatis.session.SqlSessionFactoryBuilder;
import com.mybatis.po.MyUser;
public class MyBatisTest {
    public static void main(String[] args) {
        try {
            // 读取配置文件 mybatis-config.xml
            InputStream config = Resources.getResourceAsStream
                ("mybatis-config.xml");
            // 根据配置文件构建 SqlSessionFactory
            SqlSessionFactory ssf = new SqlSessionFactoryBuilder().
                build(config);
            // 通过 SqlSessionFactory 创建 SqlSession
            SqlSession ss = ssf.openSession();
            //SqlSession 执行映射文件中定义的 SQL，并返回映射结果
            /*com.mybatis.mapper.UserMapper.selectUserById 为 UserMapper.xml
                中的命名空间 +select 的 id*/
            // 查询一个用户
            MyUser mu = ss.selectOne("com.mybatis.mapper.UserMapper.
                selectUserById", 1);
            System.out.println(mu);
            // 添加一个用户
            MyUser addmu = new MyUser();
            addmu.setUname("陈恒");
            addmu.setUsex("男");
            ss.insert("com.mybatis.mapper.UserMapper.addUser",addmu);
            // 修改一个用户
            MyUser updatemu = new MyUser();
            updatemu.setUid(1);
            updatemu.setUname("张三");
            updatemu.setUsex("女");
            ss.update("com.mybatis.mapper.UserMapper.updateUser",
                updatemu);
            // 删除一个用户
            ss.delete("com.mybatis.mapper.UserMapper.deleteUser", 2);
            // 查询所有用户
            List<MyUser> listMu = ss.selectList("com.mybatis.mapper.
                UserMapper.selectAllUser");
            for (MyUser myUser: listMu) {
                System.out.println(myUser);
            }
            // 提交事务
            ss.commit();
```

```
                        // 关闭 SqlSession
                        ss.close();
                } catch (IOException e) {
                        e.printStackTrace();
                }
        }
}
```

上述测试类的运行结果如图 14.3 所示。

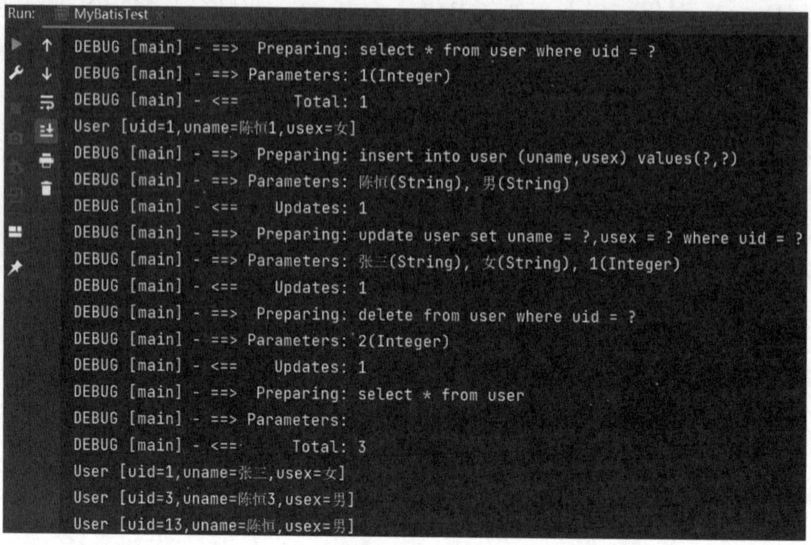

图 14.3 MyBatis 入门程序的运行结果

14.6 SSM 框架的整合开发

从 14.5 节测试类的代码中可以看出，直接使用 MyBatis 框架的 SqlSession 访问数据库并不简便。MyBatis 框架的重点是 SQL 映射文件，因此为了方便后续的学习，从本节就开始讲解 SSM 框架的整合开发。在本书 MyBatis 的后续学习中将使用整合后的框架进行演示。

▶ 14.6.1 相关 JAR 包

实现 SSM 框架的整合开发需要导入相关 JAR 包，包括 MyBatis、Spring、Spring MVC、MySQL 连接器、MyBatis 与 Spring 桥接器、Log4j 以及 DBCP 等 JAR 包。

❶ **MyBatis 框架所需的 JAR 包**

MyBatis 框架所需的 JAR 包包括它的核心包和依赖包，详情见 14.2 节。

❷ **Spring 框架所需的 JAR 包**

Spring 框架所需的 JAR 包包括它的核心模块 JAR、AOP 开发使用的 JAR、JDBC 和事务的 JAR 包、Spring MVC 所需要的 JAR 包、DispatcherServlet 接口所依赖的性能监控包以及 Java 增强库（lombok），具体内容如下：

```
spring-aop-6.0.0.jar
spring-beans-6.0.0.jar
spring-context-6.0.0.jar
spring-core-6.0.0.jar
spring-expression-6.0.0.jar
```

```
spring-jcl-6.0.0.jar
spring-jdbc-6.0.0.jar
spring-tx-6.0.0.jar
spring-web-6.0.0.jar
spring-webmvc-6.0.0.jar
micrometer-commons-1.10.2.jar
micrometer-observation-1.10.2.jar
lombok-1.18.24.jar
```

❸ **MyBatis 与 Spring 整合的中间 JAR 包**

在编写本书时，该中间 JAR 包的最新版本为 mybatis-spring-3.0.0.jar。此版本可以从地址 http://mvnrepository.com/artifact/org.mybatis/mybatis-spring 下载。

❹ **数据库驱动 JAR 包**

本书所使用的 MySQL 数据库驱动包为 mysql-connector-java-8.0.29.jar。

❺ **数据源所需的 JAR 包**

在整合时使用的是 DBCP 数据源，需要准备 DBCP 和连接池的 JAR 包。在编写本书时，最新版本的 DBCP 的 JAR 包为 commons-dbcp2-2.9.0.jar，可以从地址 http://commons.apache.org/proper/commons-dbcp/download_dbcp.cgi 下载；最新版本的连接池的 JAR 包为 commons-pool2-2.11.1.jar，可以从地址 http://commons.apache.org/proper/commons-pool/download_pool.cgi 下载。

▶ 14.6.2　MapperScannerConfigurer 方式

在一般情况下，将数据源及 MyBatis 工厂配置在 Spring 的配置文件中，实现 MyBatis 与 Spring 的无缝整合。在 Spring 的配置文件中，首先使用 org.apache.commons.dbcp2. BasicDataSource 配置数据源，然后使用 org.springframework.jdbc.datasource.DataSource-TransactionManager 为数据源添加事务管理器，最后使用 org.mybatis.spring.SqlSession-FactoryBean 配置 MyBatis 工厂，同时指定数据源，并与 MyBatis 完美整合。

使用 Spring 管理 MyBatis 的数据操作接口的方式有多种，其中最常用、最简洁的一种是基于 org.mybatis.spring.mapper.MapperScannerConfigurer 的整合，实现 Mapper 代理开发。MapperScannerConfigurer 将包（<property name="basePackage" value="xxx"/>）中所有接口自动装配为 MyBatis 映射接口 Mapper 的实现类的实例（映射器），所有映射器都被自动注入 SqlSessionFactory 实例，同时扫描包中的 SQL 映射文件，MyBatis 核心配置文件不再加载 SQL 映射文件（但要保证接口与 SQL 映射文件名相同）。配置文件的示例代码如下：

```
<!-- 配置数据源 -->
<bean id="dataSource" class="org.apache.commons.dbcp2.BasicDataSource">
    <property name="driverClassName" value="${jdbc.driver}"/>
    <property name="url" value="${jdbc.url}"/>
    <property name="username" value="${jdbc.username}"/>
    <property name="password" value="${jdbc.password}"/>
    <!-- 最大连接数 -->
    <property name="maxTotal" value="${jdbc.maxTotal}"/>
    <!-- 最大空闲连接数 -->
    <property name="maxIdle" value="${jdbc.maxIdle}"/>
    <!-- 初始化连接数 -->
    <property name="initialSize" value="${jdbc.initialSize}"/>
</bean>
```

```
<!-- 添加事务支持 -->
<bean id="txManager" class="org.springframework.jdbc.datasource.
    DataSourceTransactionManager">
    <property name="dataSource" ref="dataSource"/>
</bean>
<!-- 开启事务注解 -->
<tx:annotation-driven transaction-manager="txManager"/>
<!-- 配置 MyBatis 工厂，同时指定数据源，并与 MyBatis 完美整合 -->
<bean id="sqlSessionFactory" class="org.mybatis.spring.
    SqlSessionFactoryBean">
    <property name="dataSource" ref="dataSource"/>
    <!-- configLocation 的属性值为 MyBatis 的核心配置文件 -->
    <property name="configLocation" value="classpath:config/mybatis-config.
        xml"/>
</bean>
<!-- Mapper 代理开发，MapperScannerConfigurer 将包中所有接口自动装配为 MyBatis 映射接
    口 Mapper 的实现类的实例（映射器），所有映射器都被自动注入 SqlSessionFactory 实例，
    同时扫描包中的 SQL 映射文件，MyBatis 核心配置文件不再加载 SQL 映射文件 -->
<bean class="org.mybatis.spring.mapper.MapperScannerConfigurer">
    <!-- mybatis-spring 组件的扫描器，basePackage 属性可以包含多个包名，多个包名之间
        用逗号或分号隔开 -->
    <property name="basePackage" value="dao"/>
    <property name="sqlSessionFactoryBeanName" value="sqlSessionFactory"/>
</bean>
```

扫一扫

视频讲解

▶ 14.6.3 整合示例

下面通过 SSM 框架整合实现例 14-1 的功能。

【例 14-2】 SSM 框架整合开发。

本例的具体实现步骤如下。

❶ 创建 Web 应用并导入相关 JAR 包

首先在 ch14 项目中创建一个名为 ch14_2 的模块，同时为 ch14_2 模块添加 Web Application；然后参考 14.6.1 节，将相关 JAR 包复制到 ch14_2 模块的 WEB-INF/lib 目录中；最后为 ch14_2 模块添加 Tomcat 依赖。

❷ 创建数据库连接信息属性文件及 Log4j 的日志配置文件

在 ch14_2 模块的 src 目录下创建名为 config 的包，并在该包中创建数据库连接信息属性文件 jdbc.properties，具体内容如下：

```
jdbc.driver=com.mysql.cj.jdbc.Driver
jdbc.url=jdbc:mysql://localhost:3306/springtest?useUnicode=
    true&characterEncoding=UTF-8&allowMultiQueries=true&serverTimezone=
    GMT%2B8
jdbc.username=root
jdbc.password=root
jdbc.maxTotal=30
jdbc.maxIdle=10
jdbc.initialSize=5
```

在 ch14_2 模块的 src 目录下创建 Log4j 的日志配置文件 log4j.properties，其内容与 14.5 节中的例 14-1 相同，为了节省篇幅，这里不再赘述。

❸ 创建持久化类

在 ch14_2 模块的 src 目录下创建一个名为 com.mybatis.po 的包，并在该包中创建持久化类 MyUser。该类与 14.5 节中的例 14-1 相同，为了节省篇幅，这里不再赘述。

❹ 创建 SQL 映射文件

在 ch14_2 模块的 src 目录下创建一个名为 com.mybatis.mapper 的包，并在该包中创建
SQL 映射文件 UserMapper.xml。该文件与 14.5 节中的例 14-1 相同，为了节省篇幅，这里
不再赘述。

❺ 创建 MyBatis 的核心配置文件

在 ch14_2 模块的 config 包中创建 MyBatis 的核心配置文件 mybatis-config.xml，在该
文件中配置实体类别名、日志输出等，具体内容如下：

```xml
<?xml version="1.0" encoding="UTF-8"?>
<!DOCTYPE configuration
PUBLIC "-//mybatis.org//DTD Config 3.0//EN"
"http://mybatis.org/dtd/mybatis-3-config.dtd">
<configuration>
    <settings>
        <setting name="logImpl" value="LOG4J"/>
    </settings>
    <typeAliases>
        <package name="com.mybatis.po"/>
    </typeAliases>
</configuration>
```

❻ 创建 Mapper 接口

在 ch14_2 模块的 com.mybatis.mapper 包中创建接口 UserMapper，使用 @Repository
注解标注该接口是数据访问层。该接口中的方法与 SQL 映射文件 UserMapper.xml 中的 id
一致。UserMapper 接口的代码如下：

```java
package com.mybatis.mapper;
import java.util.List;
import org.springframework.stereotype.Repository;
import com.mybatis.po.MyUser;
@Repository
    public interface UserMapper {
    public MyUser selectUserById(Integer id);
    public List<MyUser> selectAllUser();
    public int addUser(MyUser myUser);
    public int updateUser(MyUser myUser);
    public int deleteUser(Integer id);
}
```

❼ 创建控制器类

在 ch14_2 模块的 src 目录下创建一个名为 controller 的包，并在该包中创建控制器类
TestController，在该控制器类中调用 Mapper 接口中的方法操作数据库，具体代码如下：

```java
package controller;
import java.util.List;
import org.springframework.beans.factory.annotation.Autowired;
import org.springframework.stereotype.Controller;
import org.springframework.web.bind.annotation.GetMapping;
import com.mybatis.mapper.UserMapper;
import com.mybatis.po.MyUser;
@Controller
public class TestController {
@Autowired
private UserMapper userMapper;
@GetMapping("/test")
public String test() {
        // 查询一个用户
```

```
        MyUser mu = userMapper.selectUserById(1);
        System.out.println(mu);
        // 添加一个用户
        MyUser addmu = new MyUser();
        addmu.setUname("陈恒");
        addmu.setUsex("男");
        userMapper.addUser(addmu);
        // 修改一个用户
        MyUser updatemu = new MyUser();
        updatemu.setUid(1);
        updatemu.setUname("张三");
        updatemu.setUsex("女");
        userMapper.updateUser(updatemu);
        // 删除一个用户
        userMapper.deleteUser(3);
        // 查询所有用户
        List<MyUser> listMu = userMapper.selectAllUser();
        for (MyUser myUser : listMu) {
            System.out.println(myUser);
        }
        return "test";
    }
}
```

❽ 创建测试页面

在 ch14_2 模块的 web/WEB-INF 目录下创建一个名为 jsp 的文件夹，并在该文件夹中创建 test.jsp 文件，这里省略 test.jsp 的代码。

❾ 创建 Web、Spring、Spring MVC 的配置文件

在 ch14_2 模块的 config 包中创建 Spring 配置文件 applicationContext.xml 和 Spring MVC 配置文件 springmvc.xml，在 ch14_2 模块的 web/WEB-INF 目录中创建 Web 配置文件 web.xml。

在 Spring 配置文件 applicationContext.xml 中，首先使用 <context:property-placeholder/> 加载数据库连接信息属性文件；然后使用 org.apache.commons.dbcp2.BasicDataSource 配置数据源，并使用 org.springframework.jdbc.datasource.DataSourceTransactionManager 为数据源添加事务管理器；再使用 org.mybatis.spring.SqlSessionFactoryBean 配置 MyBatis 工厂，同时指定数据源，并与 MyBatis 完美整合；最后使用 org.mybatis.spring.mapper.MapperScannerConfigurer 实现 Mapper 代理开发，将 basePackage 属性指定包中的所有接口自动装配为 MyBatis 映射接口 Mapper 的实现类的实例（映射器），所有映射器都被自动注入 SqlSessionFactory 实例，同时扫描包中的 SQL 映射文件，MyBatis 核心配置文件不再加载 SQL 映射文件。Spring 配置文件 applicationContext.xml 的具体内容如下：

```
<?xml version="1.0" encoding="UTF-8"?>
<beans xmlns="http://www.springframework.org/schema/beans"
    xmlns:xsi="http://www.w3.org/2001/XMLSchema-instance"
    xmlns:tx="http://www.springframework.org/schema/tx"
    xmlns:context="http://www.springframework.org/schema/context"
    xsi:schemaLocation="http://www.springframework.org/schema/beans
        http://www.springframework.org/schema/beans/spring-beans.xsd
        http://www.springframework.org/schema/tx
        http://www.springframework.org/schema/tx/spring-tx.xsd
        http://www.springframework.org/schema/context
        http://www.springframework.org/schema/context/spring-context.xsd">
    <!-- 加载数据库配置文件 -->
    <context:property-placeholder location="classpath:config/jdbc.
```

```
            properties"/>
        <!-- 配置数据源 -->
        <bean id="dataSource" class="org.apache.commons.dbcp2.BasicDataSource">
            <property name="driverClassName" value="${jdbc.driver}"/>
            <property name="url" value="${jdbc.url}"/>
            <property name="username" value="${jdbc.username}"/>
            <property name="password" value="${jdbc.password}"/>
            <!-- 最大连接数 -->
            <property name="maxTotal" value="${jdbc.maxTotal}"/>
            <!-- 最大空闲连接数 -->
            <property name="maxIdle" value="${jdbc.maxIdle}"/>
            <!-- 初始化连接数 -->
            <property name="initialSize" value="${jdbc.initialSize}"/>
        </bean>
        <!-- 添加事务支持 -->
        <bean id="txManager" class="org.springframework.jdbc.datasource.
            DataSourceTransactionManager">
            <property name="dataSource" ref="dataSource"/>
        </bean>
        <!-- 开启事务注解 -->
        <tx:annotation-driven transaction-manager="txManager"/>
        <!-- 配置 MyBatis 工厂，同时指定数据源，并与 MyBatis 完美整合 -->
        <bean id="sqlSessionFactory" class="org.mybatis.spring.
            SqlSessionFactoryBean">
            <property name="dataSource" ref="dataSource"/>
            <property name="configLocation" value="classpath:config/mybatis-
                config.xml"/>
        </bean>
        <bean class="org.mybatis.spring.mapper.MapperScannerConfigurer">
            <property name="basePackage" value="com.mybatis.mapper"/>
            <property name="sqlSessionFactoryBeanName" value=
                "sqlSessionFactory"/>
        </bean>
    </beans>
```

在 Spring MVC 配置文件 springmvc.xml 中使用 <context:component-scan/> 扫描控制器包，并使用 org.springframework.web.servlet.view.InternalResourceViewResolver 配置视图解析器，具体代码如下：

```
<?xml version="1.0" encoding="UTF-8"?>
<beans xmlns="http://www.springframework.org/schema/beans"
    xmlns:xsi="http://www.w3.org/2001/XMLSchema-instance"
    xmlns:context="http://www.springframework.org/schema/context"
    xsi:schemaLocation="
        http://www.springframework.org/schema/beans
        http://www.springframework.org/schema/beans/spring-beans.xsd
        http://www.springframework.org/schema/context
        http://www.springframework.org/schema/context/spring-context.xsd">
    <context:component-scan base-package="controller"/>
    <bean class="org.springframework.web.servlet.view.
        InternalResourceViewResolver"
            id="internalResourceViewResolver">
        <property name="prefix" value="/WEB-INF/jsp/"/>
        <property name="suffix" value=".jsp"/>
    </bean>
</beans>
```

在 Web 配置文件 web.xml 中，首先通过 <context-param> 加载 Spring 配置文件 applicationContext.xml，并通过 org.springframework.web.context.ContextLoaderListener 启动 Spring 容器；然后配置 Spring MVC DispatcherServlet，并加载 Spring MVC 配置文件

springmvc.xml。Web 配置文件 web.xml 的代码如下：

```xml
<?xml version="1.0" encoding="UTF-8"?>
<web-app xmlns:xsi="http://www.w3.org/2001/XMLSchema-instance"
    xmlns="http://xmlns.jcp.org/xml/ns/javaee"
    xsi:schemaLocation="http://xmlns.jcp.org/xml/ns/javaee
        http://xmlns.jcp.org/xml/ns/javaee/web-app_4_0.xsd"
    id="WebApp_ID" version="4.0">
    <!-- 实例化 ApplicationContext 容器 -->
    <context-param>
        <!-- 加载 applicationContext.xml 文件 -->
        <param-name>contextConfigLocation</param-name>
        <param-value>
            classpath:config/applicationContext.xml
        </param-value>
    </context-param>
    <!-- 指定以 ContextLoaderListener 方式启动 Spring 容器 -->
    <listener>
        <listener-class>org.springframework.web.context.
            ContextLoaderListener</listener-class>
    </listener>
    <!-- 配置 Spring MVC DispatcherServlet -->
    <servlet>
        <servlet-name>springmvc</servlet-name>
        <servlet-class>org.springframework.web.servlet.DispatcherServlet
            </servlet-class>
        <init-param>
            <param-name>contextConfigLocation</param-name>
            <!-- classpath 是指到 src 目录中查找配置文件 -->
            <param-value>classpath:config/springmvc.xml</param-value>
        </init-param>
        <load-on-startup>1</load-on-startup>
    </servlet>
    <servlet-mapping>
        <servlet-name>springmvc</servlet-name>
        <url-pattern>/</url-pattern>
    </servlet-mapping>
</web-app>
```

❿ 测试应用

首先将 ch14_2 模块发布到 Tomcat 服务器，然后启动 Tomcat 服务器，通过地址 http://localhost:8080/ch14_2/test 测试应用。成功运行后，控制台输出结果如图 14.4 所示。

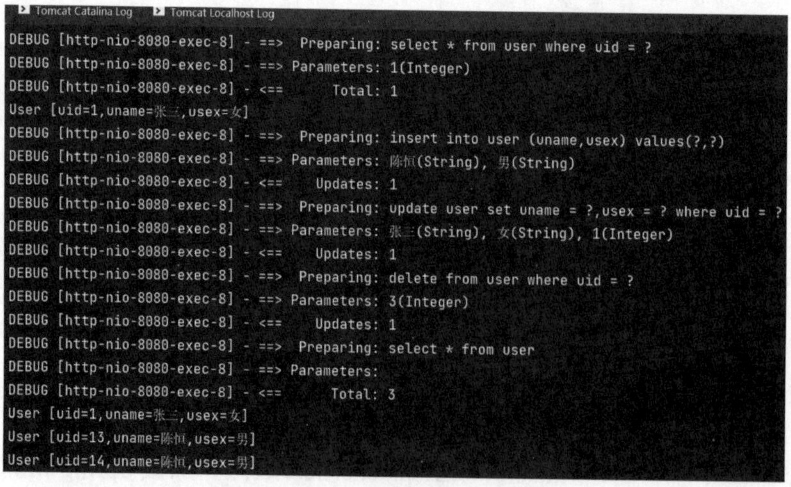

图 14.4　ch14_2 模块的控制台输出结果

扫一扫

视频讲解

▶ 14.6.4　SqlSessionDaoSupport 方式

从 14.6.3 节的示例可知，在 MyBatis 中，当编写好访问数据库的映射器接口后，MapperScannerConfigurer 就能自动根据这些接口生成 DAO 对象，然后使用 @Autowired 把这些 DAO 对象注入业务逻辑层或控制层。在这种情况下，Dao 层中几乎不用编写代码，而且也没有地方编写，因为只有接口。这虽然方便，不过当需要在 Dao 层编写代码时，这种方式无能为力。幸运的是，MyBatis-Spring 提供了以继承 SqlSessionDaoSupport 类的方式访问数据库。

org.mybatis.spring.support.SqlSessionDaoSupport 类继承了 org.springframework.dao.support.DaoSupport 类，是一个抽象类，作为 DAO 的基类使用，需要一个 SqlSessionFactory。在继承 SqlSessionDaoSupport 类的子类中通过调用 SqlSessionDaoSupport 类的 getSqlSession() 方法来获取这个 SqlSessionFactory 提供的 SqlSessionTemplate 对象，而 SqlSessionTemplate 类实现了 SqlSession 接口，可以进行数据库访问。所以需要通过 Spring 给 SqlSessionDaoSupport 类的子类对象（多个 DAO 对象）注入一个 SqlSessionFactory。

但自 mybatis-spring-1.2.0 以来，SqlSessionDaoSupport 的 setSqlSessionTemplate 和 setSqlSessionFactory 两个方法上的 @Autowired 注解被删除，这就意味着继承于 SqlSessionDaoSupport 的 DAO 类的对象不能被自动注入 SqlSessionFactory 或 SqlSessionTemplate 对象。如果在 Spring 的配置文件中一个一个地配置，显然太麻烦，比较好的解决办法是在我们的 DAO 类中覆盖这两个方法之一，并加上 @Autowired 或 @Resource 注解。那么如果在每个 DAO 类中都这么做，显然很低效，更合理的做法是写一个继承于 SqlSessionDaoSupport 的 BaseDao，在 BaseDao 中完成这个工作，然后其他的 DAO 类都继承 BaseDao。BaseDao 的示例代码如下：

```
package dao;
import javax.annotation.Resource;
import org.apache.ibatis.session.SqlSessionFactory;
import org.mybatis.spring.support.SqlSessionDaoSupport;
public class BaseDao extends SqlSessionDaoSupport {
    // 依赖注入 sqlSession 工厂
    @Resource(name = "sqlSessionFactory")
    public void setSqlSessionFactory(SqlSessionFactory sqlSessionFactory) {
        super.setSqlSessionFactory(sqlSessionFactory);
    }
}
```

下面通过实例讲解以继承 SqlSessionDaoSupport 类的方式访问数据库。

【例 14-3】 在 14.6.3 节的例 14-2 的基础上实现以继承 SqlSessionDaoSupport 类的方式访问数据库。

为了节省篇幅，对于相同的实现不再赘述，其他的具体实现如下。

❶ 创建 Web 应用并导入相关 JAR 包

首先在 ch14 项目中创建一个名为 ch14_3 的模块，同时为 ch14_3 模块添加 Web Application；然后参考 14.6.1 节，除了将相关 JAR 包复制到 ch14_3 模块的 WEB-INF/lib 目录中以外，还需要复制 @Resource 注解所在的 JAR 包 annotations-api.jar（可以从 Tomcat 的 lib 目录中复制）；最后为 ch14_3 模块添加 Tomcat 依赖。

❷ 复制数据库连接信息属性文件及 Log4j 的日志配置文件

在 ch14_3 模块的 src 目录下创建名为 config 的包，将 ch14_2 模块的数据库连接信息属性文件 jdbc.properties 复制到该包中。

将 ch14_2 模块的 Log4j 日志配置文件 log4j.properties 复制到 ch14_3 模块的 src 目录中，并将其中的"log4j.logger.com.mybatis.mapper=DEBUG"修改为"log4j.logger.dao=DEBUG"。

❸ 创建持久化类

在 ch14_3 模块的 src 目录下创建一个名为 po 的包，并在该包中创建持久化类 MyUser。该类与 14.5 节中的例 14-1 相同，为了节省篇幅，这里不再赘述。

❹ 创建 SQL 映射文件

在 ch14_3 模块的 src 目录下创建一个名为 dao 的包，并在该包中创建 SQL 映射文件 UserMapper.xml，文件内容如下：

```xml
<?xml version="1.0" encoding="UTF-8"?>
<!DOCTYPE mapper
PUBLIC "-//mybatis.org//DTD Mapper 3.0//EN"
"http://mybatis.org/dtd/mybatis-3-mapper.dtd">
<mapper namespace="dao.UserMapper">
    <!-- 根据 uid 查询一个用户信息 -->
    <select id="selectUserById" parameterType="Integer" resultType=
        "MyUser">
        select * from user where uid = #{uid}
    </select>
    <!-- 查询所有用户信息 -->
    <select id="selectAllUser" resultType="MyUser">
        select * from user
    </select>
</mapper>
```

❺ 创建 MyBatis 的核心配置文件

在 ch14_3 模块的 config 包中创建 MyBatis 的核心配置文件 mybatis-config.xml。在该文件中配置实体类别名和日志输出、指定映射文件的位置等，具体内容如下：

```xml
<?xml version="1.0" encoding="UTF-8"?>
<!DOCTYPE configuration
PUBLIC "-//mybatis.org//DTD Config 3.0//EN"
"http://mybatis.org/dtd/mybatis-3-config.dtd">
<configuration>
    <settings>
        <setting name="logImpl" value="LOG4J"/>
    </settings>
    <typeAliases>
        <package name="po"/>
    </typeAliases>
    <!-- 告诉 MyBatis 到哪里去找映射文件 -->
    <mappers>
        <mapper resource="dao/UserMapper.xml"/>
    </mappers>
</configuration>
```

❻ 创建 DAO 接口和接口实现类

在 ch14_3 模块的 dao 包中创建 SQL 映射文件 UserMapper.xml 对应的接口 UserMapper。UserMapper 接口的代码如下：

```
package dao;
import java.util.List;
import po.MyUser;
public interface UserMapper {
    public MyUser selectUserById(int id);
    public List<MyUser> selectAllUser();
}
```

在 ch14_3 模块的 dao 包中创建 BaseMapper 类，在该类中使用 @Resource(name = "sqlSessionFactory") 注解依赖注入 sqlSession 工厂。BaseMapper 类的代码如下：

```
package dao;
import org.apache.ibatis.session.SqlSessionFactory;
import org.mybatis.spring.support.SqlSessionDaoSupport;
import jakarta.annotation.Resource;
public class BaseMapper extends SqlSessionDaoSupport {
    // 依赖注入 sqlSession 工厂
    @Resource(name = "sqlSessionFactory")
    public void setSqlSessionFactory(SqlSessionFactory sqlSessionFactory) {
        super.setSqlSessionFactory(sqlSessionFactory);
    }
}
```

在 ch14_3 模块的 dao 包中创建 UserMapper 接口的实现类 UserMapperImpl，在该类中使用 @Repository 注解标注该类的实例是数据访问对象。UserMapperImpl 类的代码如下：

```
package dao;
import java.util.List;
import org.apache.ibatis.session.SqlSession;
import org.springframework.stereotype.Repository;
import po.MyUser;
@Repository
public class UserMapperImpl extends BaseMapper implements UserMapper {
    public MyUser selectUserById(int id) {
        // 获取 SqlSessionFactory 提供的 SqlSessionTemplate 对象
        SqlSession session = getSqlSession();
        //dao.UserMapper.selectUserById 为数据接口中的访问方法
        return session.selectOne("dao.UserMapper.selectUserById", id);
    }
    public List<MyUser> selectAllUser() {
        SqlSession session = getSqlSession();
        return session.selectList("dao.UserMapper.selectAllUser");
    }
}
```

❼ 创建控制器类

在 ch14_3 模块的 src 目录下创建一个名为 controller 的包，并在该包中创建控制器类 MyController，在该控制器类中调用 UserMapper 接口中的方法操作数据库，具体代码如下：

```
import java.util.List;
import org.springframework.beans.factory.annotation.Autowired;
import org.springframework.stereotype.Controller;
import org.springframework.web.bind.annotation.GetMapping;
import dao.UserMapper;
import po.MyUser;
@Controller
public class MyController {
    @Autowired
    private UserMapper userMapper;
    @GetMapping("/test")
```

```
public String test() {
    // 查询一个用户
    MyUser mu = userMapper.selectUserById(1);
    System.out.println(mu);
    // 查询所有用户
    List<MyUser> listMu = userMapper.selectAllUser();
    for(MyUser myUser: listMu) {
        System.out.println(myUser);
    }
    return "test";
}
}
```

❽ 创建测试页面

在 ch14_3 模块的 web/WEB-INF 目录下创建一个名为 jsp 的文件夹，并在该文件夹中创建 test.jsp 文件，这里省略 test.jsp 的代码。

❾ 创建 Web、Spring、Spring MVC 的配置文件

在 ch14_3 模块的 config 包中创建 Spring 配置文件 applicationContext.xml 和 Spring MVC 配置文件 springmvc.xml，在 ch14_3 模块的 web/WEB-INF 目录中创建 Web 配置文件 web.xml。

在 Spring 配置文件 applicationContext.xml 中，首先使用 <context:property-placeholder/> 加载数据库连接信息属性文件；然后使用 org.apache.commons.dbcp2.BasicDataSource 配置数据源，并使用 org.springframework.jdbc.datasource.DataSourceTransactionManager 为数据源添加事务管理器；最后使用 org.mybatis.spring.SqlSessionFactoryBean 配置 MyBatis 工厂，同时指定数据源，并与 MyBatis 完美整合。Spring 配置文件 applicationContext.xml 的具体内容如下：

```xml
<?xml version="1.0" encoding="UTF-8"?>
<beans xmlns="http://www.springframework.org/schema/beans"
    xmlns:xsi="http://www.w3.org/2001/XMLSchema-instance"
    xmlns:tx="http://www.springframework.org/schema/tx"
    xmlns:context="http://www.springframework.org/schema/context"
    xsi:schemaLocation="http://www.springframework.org/schema/beans
        http://www.springframework.org/schema/beans/spring-beans.xsd
        http://www.springframework.org/schema/tx
        http://www.springframework.org/schema/tx/spring-tx.xsd
        http://www.springframework.org/schema/context
        http://www.springframework.org/schema/context/spring-context.xsd">
    <!-- 加载数据库配置文件 -->
<context:property-placeholder location="classpath:config/jdbc.properties"/>
    <!-- 配置数据源 -->
<bean id="dataSource" class="org.apache.commons.dbcp2.BasicDataSource">
    <property name="driverClassName" value="${jdbc.driver}"/>
    <property name="url" value="${jdbc.url}"/>
    <property name="username" value="${jdbc.username}"/>
    <property name="password" value="${jdbc.password}"/>
    <!-- 最大连接数 -->
    <property name="maxTotal" value="${jdbc.maxTotal}"/>
    <!-- 最大空闲连接数 -->
    <property name="maxIdle" value="${jdbc.maxIdle}"/>
    <!-- 初始化连接数 -->
    <property name="initialSize" value="${jdbc.initialSize}"/>
</bean>
<!-- 添加事务支持 -->
<bean id="txManager" class="org.springframework.jdbc.datasource.
```

```
                DataSourceTransactionManager">
            <property name="dataSource" ref="dataSource"/>
    </bean>
    <!-- 开启事务注解 -->
    <tx:annotation-driven transaction-manager="txManager"/>
    <bean id="sqlSessionFactory" class="org.mybatis.spring.SqlSessionFactoryBean">
        <property name="dataSource" ref="dataSource"/>
            <property name="configLocation" value="classpath:config/
                mybatis-config.xml"></property>
    </bean>
</beans>
```

在 Spring MVC 配置文件 springmvc.xml 中使用 <context:component-scan/> 扫描包，并使用 org.springframework.web.servlet.view.InternalResourceViewResolver 配置视图解析器，具体代码如下：

```
<?xml version="1.0" encoding="UTF-8"?>
<beans xmlns="http://www.springframework.org/schema/beans"
    xmlns:xsi="http://www.w3.org/2001/XMLSchema-instance"
    xmlns:context="http://www.springframework.org/schema/context"
    xsi:schemaLocation="
        http://www.springframework.org/schema/beans
        http://www.springframework.org/schema/beans/spring-beans.xsd
        http://www.springframework.org/schema/context
        http://www.springframework.org/schema/context/spring-context.xsd">
<context:component-scan base-package="controller"/>
<context:component-scan base-package="dao"/>
<bean class="org.springframework.web.servlet.view.
    InternalResourceViewResolver"
        id="internalResourceViewResolver">
    <property name="prefix" value="/WEB-INF/jsp/"/>
    <property name="suffix" value=".jsp"/>
</bean>
</beans>
```

在 Web 配置文件 web.xml 中，首先通过 <context-param> 加载 Spring 配置文件 application-Context.xml，并通过 org.springframework.web.context.ContextLoaderListener 启动 Spring 容器；然后配置 Spring MVC DispatcherServlet，并加载 Spring MVC 配置文件 springmvc.xml。Web 配置文件 web.xml 的代码与 ch14_2 模块的相同，这里不再赘述。

❿ 测试应用

发布 ch14_3 模块到 Web 服务器 Tomcat，然后通过地址 http://localhost:8080/ch14_3/test 测试应用。

14.7　使用 MyBatis Generator 插件自动生成映射文件

使用 MyBatis Generator 插件自动生成 MyBatis 的 DAO 接口、实体模型类、Mapper 映射文件，将生成的代码复制到项目工程中，而把更多精力放在业务逻辑上。

MyBatis Generator 有 3 种常用方法自动生成代码，即使用命令行、IDEA 插件和 Maven 插件。本节使用比较简单的方法（命令行）自动生成相关代码，具体步骤如下。

❶ 准备相关 JAR 包

需要准备的 JAR 包为 mysql-connector-java-8.0.29.jar 和 mybatis-generator-core-1.4.1.jar（https://mvnrepository.com/artifact/org.mybatis.generator/mybatis-generator-core/1.4.1）。

❷ 创建文件目录

在某磁盘的根目录下新建一个文件目录，例如 C:\generator，并将 mysql-connector-java-8.0.29.jar 和 mybatis-generator-core-1.4.1.jar 文件复制到 generator 目录下。另外，在 generator 目录中创建 src 子目录，用于存放生成的相关代码文件。

❸ 创建配置文件

在第 2 步创建的文件目录（C:\generator）下创建配置文件 generator.xml 与 src 文件夹，文件目录如图 14.5 所示。

图 14.5　generator 文件目录

generator.xml 配置文件的内容如下（具体含义见注释）：

```xml
<?xml version="1.0" encoding="UTF-8"?>
<!DOCTYPE generatorConfiguration PUBLIC "-//mybatis.org//DTD MyBatis
    Generator Configuration 1.0//EN" "http://mybatis.org/dtd/mybatis-
    generator-config_1_0.dtd">
<generatorConfiguration>
    <!-- 数据库驱动包的位置 -->
    <classPathEntry location="C:\generator\mysql-connector-java-8.0.29.
        jar"/>
    <context id="mysqlTables" targetRuntime="MyBatis3">
        <commentGenerator>
            <property name="suppressAllComments" value="true"/>
        </commentGenerator>
        <!-- 数据库连接 URL、用户名、密码（前提是数据库 springtest 存在）-->
        <jdbcConnection
            driverClass="com.mysql.cj.jdbc.Driver"
            connectionURL="jdbc:mysql://127.0.0.1:3306/springtest?
                useUnicode=true&amp;characterEncoding=UTF-8&amp;
                allowMultiQueries=true&amp;serverTimezone=GMT%2B8"
            userId="root" password="root">
        </jdbcConnection>
        <javaTypeResolver>
            <property name="forceBigDecimals" value="false"/>
        </javaTypeResolver>
        <!-- 生成模型（MyBatis 里面用到的实体类）的包名和位置 -->
        <javaModelGenerator targetPackage="com.po" targetProject=
            "C:\generator\src">
            <property name="enableSubPackages" value="true"/>
            <property name="trimStrings" value="true"/>
        </javaModelGenerator>
        <!-- 生成的映射文件（MyBatis 的 SQL 语句的 XML 文件）的包名和位置 -->
        <sqlMapGenerator targetPackage="mybatis" targetProject=
            "C:\generator\src">
            <property name="enableSubPackages" value="true"/>
        </sqlMapGenerator>
        <!-- 生成 DAO 的包名和位置 -->
```

```
    <javaClientGenerator type="XMLMAPPER" targetPackage="com.dao"
        targetProject="C:\generator\src">
        <property name="enableSubPackages" value="true"/>
    </javaClientGenerator>
    <!-- 生成表（更改 tableName 和 domainObjectName 即可，前提是数据库
        springtest 中的 user 表已创建）-->
    <table tableName="user" domainObjectName="User"
        enableCountByExample="false" enableUpdateByExample="false"
        enableDeleteByExample="false" enableSelectByExample="false"
        selectByExampleQueryId="false"/>
    </context>
</generatorConfiguration>
```

❹ 使用命令生成代码

打开命令提示符，进入 C:\generator，输入命令 java -jar mybatis-generator-core-1.4.1.jar -configfile generator.xml -overwrite，如图 14.6 所示。该命令成功执行的前提是配置了 Java 的系统环境变量 classpath。

```
C:\>cd generator

C:\generator>java -jar mybatis-generator-core-1.4.0.jar -configfile generator.xml -overwrite
MyBatis Generator finished successfully.

C:\generator>
```

图 14.6　使用命令行生成映射文件

14.8　映射器概述

映射器是 MyBatis 最复杂且最重要的组件，由一个接口和一个 XML 文件（SQL 映射文件）组成。MyBatis 的映射器也可以使用注解完成，但在实际应用中使用的并不多，原因主要有 3 个方面：其一，面对复杂的 SQL 会显得无力；其二，注解的可读性较差；其三，注解丢失了 XML 上下文相互引用的功能。因此推荐使用 XML 文件开发 MySQL 的映射器。

SQL 映射文件的常用配置元素如表 14.1 所示。

表 14.1　SQL 映射文件的常用配置元素

元素名称	描　　述	备　　注
select	查询语句，最常用、最复杂的元素之一	可以自定义参数、返回结果集等
insert	插入语句	执行后返回一个整数，代表插入的行数
update	更新语句	执行后返回一个整数，代表更新的行数
delete	删除语句	执行后返回一个整数，代表删除的行数
sql	定义一部分 SQL，在多个位置被引用	例如一张表的列名，一次定义，可以在多个 SQL 语句中使用
resultMap	用来描述从数据库结果集中来加载对象，是最复杂、最强大的元素之一	提供映射规则

14.9 <select> 元素

在 SQL 映射文件中，<select> 元素用于映射 SQL 的 select 语句，其示例代码如下：

```
<!-- 根据 uid 查询一个用户信息 -->
<select id="selectUserById" parameterType="Integer" resultType="MyUser">
    select * from user where uid = #{uid}
</select>
```

在上述示例代码中，id 的值是唯一标识符（对应 Mapper 接口的某个方法），它接收一个 Integer 类型的参数，返回一个 MyUser 类型的对象，结果集自动映射到 MyUser 的属性。需要注意的是，MyUser 的属性名称一定与查询结果的列名相同。

<select> 元素除了有上述示例代码中的几个属性以外，还有一些常用的属性，如表 14.2 所示。

表 14.2 <select> 元素的常用属性

属性名称	描　　述
id	它和 Mapper 的命名空间组合起来使用（对应 Mapper 接口的某个方法），是唯一标识符，供 MyBatis 调用
parameterType	表示传入 SQL 语句的参数类型的全限定名或别名。它是一个可选属性，MyBatis 能推断出具体传入语句的参数
resultType	SQL 语句执行后返回的类型（全限定名或者别名）。如果是集合类型，返回的是集合元素的类型。在返回时可以使用 resultType 或 resultMap 之一
resultMap	它是映射集的引用，和 <resultMap> 元素一起使用。在返回时可以使用 resultType 或 resultMap 之一
flushCache	它的作用是在调用 SQL 语句后是否要求 MyBatis 清空之前查询的本地缓存和二级缓存。其默认值为 false，如果设置为 true，则任何时候只要 SQL 语句被调用，都将清空本地缓存和二级缓存
useCache	启动二级缓存的开关。其默认值为 true，表示将查询结果存入二级缓存中
timeout	用于设置超时参数，单位是秒，超时将抛出异常
fetchSize	获取记录的总条数设定
statementType	告诉 MyBatis 使用哪个 JDBC 的 Statement 工作，取值为 STATEMENT（Statement）、PREPARED（PreparedStatement）、CALLABLE（CallableStatement），默认值为 PREPARED
resultSetType	这是针对 JDBC 的 ResultSet 接口而言，其值可设置为 FORWARD_ONLY（只允许向前访问）、SCROLL_SENSITIVE（双向滚动，但不及时更新）、SCROLL_INSENSITIVE（双向滚动，及时更新）

▶ 14.9.1 使用 Map 接口传递参数

在实际开发中，查询 SQL 语句经常需要多个参数，例如多条件查询。在多个参数传递时，<select> 元素的 parameterType 属性值的类型是什么呢？在 MyBatis 中，允许 Map 接口通过键值对传递多个参数。

假设数据操作接口中有一个实现查询陈姓男性用户信息的功能方法：

```
public List<MyUser> testMapSelect(Map<String, Object> param);
```

此时传递给 MyBatis 映射器的是一个 Map 对象，使用该 Map 对象在 SQL 中设置对应的参数，对应 SQL 映射文件的代码如下：

```
<!-- 查询陈姓男性用户的信息 -->
<select id="testMapSelect" resultType="MyUser" parameterType="map">
    select * from user
    where uname like concat('%',#{u_name},'%')
    and usex = #{u_sex}
</select>
```

在上述 SQL 映射文件中参数名 u_name 和 u_sex 是 Map 中的 key。

【例 14-4】　在 14.6.3 节中例 14-2 的基础上实现使用 Map 接口传递参数。

为了节省篇幅，对于相同的实现不再赘述，其他的具体实现如下。

❶ 添加接口方法

在 ch14_2 模块的 com.mybatis.mapper.UserMapper 接口中添加接口方法（见上述），实现查询陈姓男性用户的信息。

❷ 添加 SQL 映射

在 ch14_2 模块的 SQL 映射文件 UserMapper.xml 中添加 SQL 映射（见上述），实现查询陈姓男性用户的信息。

❸ 添加请求处理方法

在 ch14_2 模块的 TestController 控制器类中添加测试方法 testMapSelect，具体代码如下：

```
@GetMapping("/testMapSelect")
public String testMapSelect(Model model) {
    // 查询所有陈姓男性用户
    Map<String, Object> map = new HashMap<>();
    map.put("u_name", "陈");
    map.put("u_sex", "男");
    List<MyUser> unameAndUsexList = userMapper.testMapSelect(map);
    model.addAttribute("unameAndUsexList", unameAndUsexList);
    return "showUnameAndUsexUser";
}
```

❹ 创建查询结果显示页面

在 ch14_2 模块的 web/WEB-INF/jsp 目录下创建查询结果显示页面 showUname-AndUsexUser.jsp。因为在该页面中使用 JSTL 标签，所以需要将 taglibs-standard-impl-1.2.5-migrated-0.0.1.jar 和 taglibs-standard-spec-1.2.5-migrated-0.0.1.jar 复制到 WEB-INF/lib 目录中。另外，因为在页面中使用 BootStrap 美化页面，所以需要将相关的 CSS 及 JS 复制到 web/static 目录中，同时在 ch14_2 模块的 springmvc.xml 文件中使用 <mvc:resources location="/static/" mapping="/static/**"></mvc:resources> 允许 web/static 目录下的所有静态资源可见。testMapSelect.jsp 的代码如下：

```
<%@ page language="java" contentType="text/html; charset=UTF-8"
    pageEncoding="UTF-8"%>
<%@ taglib uri="http://java.sun.com/jsp/jstl/core" prefix="c"%>
<%
String path = request.getContextPath();
```

```
String basePath = request.getScheme()+"://"+request.getServerName()+":"+
    request.getServerPort()+path+"/";
%>
<!DOCTYPE html>
<html>
<head>
<base href="<%=basePath%>">
<meta charset="UTF-8">
<title>Insert title here</title>
<link href="static/css/bootstrap.min.css" rel="stylesheet">
</head>
<body>
    <div class="container">
        <div class="panel panel-primary">
            <div class="panel-heading">
                <h3 class="panel-title">陈姓男性用户列表</h3>
            </div>
            <div class="panel-body">
                <div class="table table-responsive">
                    <table class="table table-bordered table-hover">
                        <tbody class="text-center">
                            <tr>
                                <th>用户 ID</th>
                                <th>姓名</th>
                                <th>性别</th>
                            </tr>
                            <c:forEach items="${unameAndUsexList}"
                                var="user">
                                <tr>
                                    <td>${user.uid}</td>
                                    <td>${user.uname}</td>
                                    <td>${user.usex}</td>
                                </tr>
                            </c:forEach>
                        </tbody>
                    </table>
                </div>
            </div>
        </div>
    </div>
</body>
</html>
```

❺ 测试应用

发布 ch14_2 模块到 Web 服务器 Tomcat，然后通过地址 http://localhost:8080/ch14_2/testMapSelect 测试应用，成功运行后如图 14.7 所示。

用户ID	姓名	性别
54	陈恒	男
55	陈恒	男
56	陈恒	男

图 14.7　查询所有陈姓男性用户

Map 是一个键值对应的集合，使用者通过阅读它的键才能了解其作用。另外，使用 Map 不能限定其传递的数据类型，因此业务性不强，可读性差。如果 SQL 语句很复杂，参数很多，使用 Map 很不方便。幸运的是，MyBatis 还提供了使用 Java Bean 传递参数。

▶ 14.9.2　使用 Java Bean 传递参数

在 MyBatis 中，当需要将多个参数传递给映射器时，可以将它们封装在一个 Java Bean 中。下面通过具体实例讲解如何使用 Java Bean 传递参数。

【例 14-5】　在 14.6.3 节中例 14-2 的基础上实现使用 Java Bean 传递参数。

为了节省篇幅，对于相同的实现不再赘述，其他的具体实现如下：

❶ 添加接口方法

在 ch14_2 模块的 com.mybatis.mapper.UserMapper 接口中添加接口方法 selectAllUserByJavaBean()，在该方法中使用 MyUser 类的对象将参数信息封装。接口方法 selectAllUserByJavaBean() 的定义如下：

```
public List<MyUser> selectAllUserByJavaBean(MyUser user);
```

❷ 添加 SQL 映射

在 ch14_2 模块的 SQL 映射文件 UserMapper.xml 中添加接口方法对应的 SQL 映射，具体代码如下：

```
<!-- 通过 Java Bean 传递参数查询陈姓男性用户的信息，#{uname} 中的 uname 为参数 MyUser
    的属性 -->
<select id="selectAllUserByJavaBean" resultType="MyUser" parameterType=
    "MyUser">
    select * from user
    where uname like concat('%',#{uname},'%')
    and usex = #{usex}
</select>
```

❸ 添加请求处理方法

在 ch14_2 模块的控制器类 TestController 中添加请求处理方法 selectAllUserByJavaBean()，具体代码如下：

```
@GetMapping("/selectAllUserByJavaBean")
public String selectAllUserByJavaBean(Model model) {
    // 通过 MyUser 封装参数，查询所有陈姓男性用户
    MyUser mu = new MyUser();
    mu.setUname("陈");
    mu.setUsex("男");
    List<MyUser> unameAndUsexList = userMapper.selectAllUserByJavaBean(mu);
    model.addAttribute("unameAndUsexList", unameAndUsexList);
    return "showUnameAndUsexUser";
}
```

❹ 测试应用

重启 Web 服务器 Tomcat，通过地址 http://localhost:8080/ch14_2/selectAllUserByJavaBean 测试应用。

▶ 14.9.3　使用 @Param 注解传递参数

不管是 Map 传参，还是 Java Bean 传参，它们都是将多个参数封装在一个对象中，实

际上传递的还是一个参数，而使用 @Param 注解可以将多个参数依次传递给 MyBatis 映射器。示例代码如下：

```
public List<MyUser> selectByParam(@Param("puname") String uname,
    @Param("pusex") String usex);
```

在上述示例代码中，puname 和 pusex 是传递给 MyBatis 映射器的参数名。

下面通过实例讲解如何使用 @Param 注解传递参数。

【例 14-6】 在 14.6.3 节中例 14-2 的基础上实现使用 @Param 注解传递参数。

为了节省篇幅，对于相同的实现不再赘述，其他的具体实现如下。

❶ 添加接口方法

在 ch14_2 模块的 UserMapper 接口中添加数据操作接口方法 selectAllUserByParam()，在该方法中使用 @Param 注解传递两个参数。接口方法 selectAllUserByParam() 的定义如下：

```
public List<MyUser> selectAllUserByParam(@Param("puname") String uname,
    @Param("pusex") String usex);
```

❷ 添加 SQL 映射

在 ch14_2 模块的 SQL 映射文件 UserMapper.xml 中添加接口方法 selectAllUserByParam() 对应的 SQL 映射，具体代码如下：

```
<!-- 通过 @Param 注解传递参数查询陈姓男性用户的信息，这里不需要定义参数类型 -->
<select id="selectAllUserByParam" resultType="MyUser">
    select * from user
    where uname like concat('%',#{puname},'%')
    and usex = #{pusex}
</select>
```

❸ 添加请求处理方法

在 ch14_2 模块的控制器类 TestController 中添加请求处理方法 selectAllUserByParam()，具体代码如下：

```
@GetMapping("/selectAllUserByParam")
public String selectAllUserByParam(Model model) {
    // 通过 @Param 注解传递参数，查询所有陈姓男性用户
    List<MyUser> unameAndUsexList=userMapper.selectAllUserByParam("陈", "男");
    model.addAttribute("unameAndUsexList", unameAndUsexList);
    return "showUnameAndUsexUser";
}
```

❹ 测试应用

重启 Web 服务器 Tomcat，通过地址 http://localhost:8080/ch14_2/selectAllUserByParam 测试应用。

在实际应用中是选择 Map、Java Bean，还是选择 @Param 传递多个参数，应根据实际情况而定。如果参数较少，建议选择 @Param；如果参数较多，建议选择 Java Bean。

▶ 14.9.4 <resultMap> 元素

<resultMap> 元素表示结果映射集，是 MyBatis 中最重要也是最强大的元素之一。<resultMap> 元素主要用来定义映射规则、级联的更新以及定义类型转化器等。<resultMap> 元素包含了一些子元素，结构如下：

```
<resultMap type="" id="">
    <constructor><!-- 用于在实例化类时注入结果到构造方法 -->
        <idArg/><!-- ID 参数，结果为 ID -->
        <arg/><!-- 注入构造方法的一个普通结果 -->
    </constructor>
    <id/><!-- 用于表示哪个列是主键 -->
    <result/><!-- 注入字段或 POJO 属性的普通结果 -->
    <association property=""/><!-- 用于一对一关联 -->
    <collection property=""/><!-- 用于一对多、多对多关联 -->
    <discriminator javaType=""><!-- 使用结果值来决定使用哪个结果映射 -->
        <case value=""/> <!-- 基于某些值的结果映射 -->
    </discriminator>
</resultMap>
```

<resultMap> 元素的 type 属性表示需要的 POJO，id 属性是 resultMap 的唯一标识。子元素 <constructor> 用于配置构造方法（当 POJO 未定义无参数的构造方法时使用）。子元素 <id> 用于表示哪个列是主键。子元素 <result> 用于表示 POJO 和数据表普通列的映射关系。子元素 <association>、<collection> 和 <discriminator> 用在级联的情况下。关于级联的问题比较复杂，将在 14.11 节中学习。

在一条查询 SQL 语句执行后，结果可以使用 Map 存储，也可以使用 POJO（Java Bean）存储。

▶ 14.9.5　使用 POJO 存储结果集

在 14.9.1 ～ 14.9.3 节中都是直接使用 Java Bean（MyUser）存储的结果集，这是因为 MyUser 的属性名与查询结果集的列名相同。如果查询结果集的列名与 Java Bean 的属性名不同，那么可以结合 <resultMap> 元素将 Java Bean 的属性与查询结果集的列名一一对应。

下面通过一个实例讲解如何使用 <resultMap> 元素将 Java Bean 的属性与查询结果集的列名一一对应。

【例 14-7】 在 14.6.3 节中例 14-2 的基础上使用 <resultMap> 元素将 Java Bean 的属性与查询结果集的列名一一对应。

为了节省篇幅，对于相同的实现不再赘述，其他的具体实现如下。

❶ 创建 POJO 类

在 ch14_2 模块的 com.mybatis.po 包中创建一个名为 MapUser 的 POJO（Plain Ordinary Java Object，普通的 Java 类）类，具体代码如下：

```
package com.mybatis.po;
import lombok.Data;
@Data
public class MapUser {
    private Integer m_uid;
    private String m_uname;
    private String m_usex;
    @Override
    public String toString() {
        return "User [uid=" + m_uid +",uname=" + m_uname + ",usex=" +
            m_usex +"]";
    }
}
```

❷ 添加接口方法

在 ch14_2 模块的 UserMapper 接口中添加数据操作接口方法 selectAllUserPOJO()，该

方法的返回值的类型是 List<MapUser>。接口方法 selectAllUserPOJO() 的定义如下：

```
public List<MapUser> selectAllUserPOJO();
```

❸ 添加 SQL 映射

在 ch14_2 模块的 SQL 映射文件 UserMapper.xml 中，首先使用 <resultMap> 元素将 MapUser 类的属性与查询结果的列名一一对应，然后添加接口方法 selectAllUserPOJO() 对应的 SQL 映射，具体代码如下：

```
<!-- 使用自定义结果集类型 -->
<resultMap type="com.mybatis.po.MapUser" id="myResult">
    <!-- property 是 MapUser 类中的属性 -->
    <!-- column 是查询结果的列名，可以来自不同的表 -->
    <id property="m_uid" column="uid"/>
    <result property="m_uname" column="uname"/>
    <result property="m_usex" column="usex"/>
</resultMap>
<!-- 使用自定义结果集类型查询所有用户 -->
<select id="selectAllUserPOJO" resultMap="myResult">
    select * from user
</select>
```

❹ 添加请求处理方法

在 ch14_2 模块的控制器类 TestController 中添加请求处理方法 selectAllUserPOJO()，具体代码如下：

```
@GetMapping("/selectAllUserPOJO")
public String selectAllUserPOJO(Model model) {
    List<MapUser> unameAndUsexList = userMapper.selectAllUserPOJO();
    model.addAttribute("unameAndUsexList", unameAndUsexList);
    return "showUnameAndUsexUserPOJO";
}
```

❺ 创建显示查询结果的页面

在 ch14_2 模块的 WEB-INF/jsp 目录下创建 showUnameAndUsexUserPOJO.jsp 文件显示查询结果，核心代码如下：

```
<c:forEach items="${unameAndUsexList}" var="user">
    <tr>
        <td>${user.m_uid}</td>
        <td>${user.m_uname}</td>
        <td>${user.m_usex}</td>
    </tr>
</c:forEach>
```

❻ 测试应用

重启 Web 服务器 Tomcat，通过地址 http://localhost:8080/ch14_2/selectAllUserPOJO 测试应用。

▶ 14.9.6 使用 Map 存储结果集

在 MyBatis 中任何查询结果都可以使用 Map 存储。下面通过一个实例讲解如何使用 Map 存储查询结果。

【例 14-8】 在 14.6.3 节中例 14-2 的基础上使用 Map 存储查询结果。

为了节省篇幅，对于相同的实现不再赘述，其他的具体实现如下。

❶ 添加接口方法

在 ch14_2 模块的 UserMapper 接口中添加数据操作接口方法 selectAllUserMap()，该方法的返回值的类型是 List<Map<String, Object>>。接口方法 selectAllUserMap() 的定义如下：

```
public List<Map<String, Object>> selectAllUserMap();
```

❷ 添加 SQL 映射

在 ch14_2 模块的 SQL 映射文件 UserMapper.xml 中添加接口方法 selectAllUserMap() 对应的 SQL 映射，具体代码如下：

```
<!-- 使用 Map 存储查询结果，查询结果的列名作为 Map 的 key，列值作为 Map 的 value -->
<select id="selectAllUserMap" resultType="map">
    select * from user
</select>
```

❸ 添加请求处理方法

在 ch14_2 模块的控制器类 TestController 中添加请求处理方法 selectAllUserMap()，具体代码如下：

```
@GetMapping("/selectAllUserMap")
public String selectAllUserMap(Model model) {
    // 使用 Map 存储查询结果
    List<Map<String, Object>> unameAndUsexList = userMapper.
        selectAllUserMap();
    model.addAttribute("unameAndUsexList", unameAndUsexList);
    // 在 showUnameAndUsexUser.jsp 页面中遍历时，属性名和查询结果的列名（Map 的 key）相同
    return "showUnameAndUsexUser";
}
```

❹ 测试应用

重启 Web 服务器 Tomcat，通过地址 http://localhost:8080/ch14_2/selectAllUserMap 测试应用。

14.10　<insert>、<update>、<delete> 和 <sql> 元素

扫一扫

视频讲解

▶ 14.10.1　<insert> 元素

<insert> 元素用于映射添加语句，MyBatis 在执行完一条添加语句后将返回一个整数表示其影响的行数。它的属性与 <select> 元素的属性大部分相同，在本节讲解它的几个特有属性。

keyProperty：在添加时将自动生成的主键值回填给 PO（Persistant Object）类的某个属性，通常会设置为主键对应的属性。如果是联合主键，可以在多个值之间用逗号隔开。

keyColumn：设置第几列是主键，当主键列不是表中的第一列时需要设置。如果是联合主键，可以在多个值之间用逗号隔开。

useGeneratedKeys：该属性将使 MyBatis 使用 JDBC 的 getGeneratedKeys() 方法获取由数据库内部产生的主键，例如 MySQL、SQL Server 等自动递增的字段，其默认值为 false。

❶ 主键（自动递增）回填

MySQL、SQL Server 等数据库的表格可以采用自动递增的字段作为主键，有时可能

需要使用这个刚产生的主键，用于关联其他业务。因为本书采用的数据库是 MySQL 数据库，所有可以直接使用 ch14_2 应用讲解自动递增主键回填的使用方法。

【例 14-9】 在 14.6.3 节中例 14-2 的基础上实现自动递增主键回填。

为了节省篇幅，对于相同的实现不再赘述，其他的具体实现如下。

1）添加接口方法

在 ch14_2 模块的 UserMapper 接口中添加数据操作接口方法 addUserBack()，该方法的返回值的类型是 int。接口方法 addUserBack() 的定义如下：

```
public int addUserBack(MyUser mu);
```

2）添加 SQL 映射

在 ch14_2 模块的 SQL 映射文件 UserMapper.xml 中添加接口方法 addUserBack() 对应的 SQL 映射，具体代码如下：

```
<!-- 添加一个用户，成功后将主键值回填给 uid（PO 类的属性）-->
<insert id="addUserBack" parameterType="MyUser" keyProperty="uid"
    useGeneratedKeys="true">
    insert into user (uname,usex) values(#{uname},#{usex})
</insert>
```

3）添加请求处理方法

在 ch14_2 模块的控制器类 TestController 中添加请求处理方法 addUserBack()，具体代码如下：

```
@GetMapping("/addUserBack")
public String addUserBack(Model model) {
    // 添加一个用户
    MyUser addmu = new MyUser();
    addmu.setUname("陈恒主键回填");
    addmu.setUsex("男");
    userMapper.addUserBack(addmu);
    model.addAttribute("addmu", addmu);
    return "showAddUser";
}
```

4）创建显示添加的用户信息的页面

在 ch14_2 模块的 WEB-INF/jsp 目录下创建 showAddUser.jsp 文件显示添加的用户信息，核心代码如下：

```
<div class="container">
    <div class="panel panel-primary">
        <div class="panel-heading">
            <h3 class="panel-title">添加的用户信息</h3>
        </div>
        <div class="panel-body">
            <div class="table table-responsive">
                <table class="table table-bordered table-hover">
                    <tbody class="text-center">
                        <tr>
                            <th>用户 ID（回填的主键）</th>
                            <th>姓名</th>
                            <th>性别</th>
                        </tr>
                        <tr>
                            <td>${addmu.uid}</td>
                            <td>${addmu.uname}</td>
```

```
                        <td>${addmu.usex}</td>
                    </tr>
                </tbody>
            </table>
        </div>
    </div>
</div>
```

5）测试应用

重启 Web 服务器 Tomcat，通过地址 http://localhost:8080/ch14_2/addUserBack 测试应用。
运行结果如图 14.8 所示。

图 14.8　回填主键值

❷ 自定义主键

如果在实际工程中使用的数据库不支持主键自动递增（例如 Oracle），或者取消了主
键自动递增的规则，可以使用 MyBatis 的 <selectKey> 元素来自定义生成主键，具体配置
示例代码如下：

```
<insert id="insertUser" parameterType="MyUser">
    <!-- 先使用 selectKey 元素定义主键，然后定义 SQL 语句 -->
    <selectKey keyProperty="uid" resultType="Integer" order="BEFORE">
        select decode(max(uid), null, 1 , max(uid)+1) as newUid from user
    </selectKey>
    insert into user (uid,uname,usex) values(#uid,#{uname},#{usex})
</insert>
```

在执行上述示例代码时，<selectKey> 元素首先被执行，该元素通过自定义的语句设
置数据表的主键，然后执行添加语句。

<selectKey> 元素的 keyProperty 属性指定了新生主键值返回给 PO 类（MyUser）的哪
个属性。order 属性可以设置为 BEFORE 或 AFTER，BEFORE 表示先执行 <selectKey> 元素，
然后执行插入语句；AFTER 表示先执行插入语句，然后执行 <selectKey> 元素。

▶ 14.10.2　<update> 与 <delete> 元素

<update> 和 <delete> 元素比较简单，它们的属性和 <insert> 元素的属性基本一样，在
执行后也返回一个整数，表示影响数据库的记录的行数，配置示例代码如下：

```
<!-- 修改一个用户 -->
<update id="updateUser" parameterType="MyUser">
    update user set uname = #{uname},usex = #{usex} where uid = #{uid}
</update>
<!-- 删除一个用户 -->
<delete id="deleteUser" parameterType="Integer">
    delete from user where uid = #{uid}
</delete>
```

▶ 14.10.3　<sql> 元素

<sql> 元素的作用是定义 SQL 语句的一部分（代码片段），以方便后续的 SQL 语句引用它，比如反复使用的列名。在 MyBatis 中只需要使用 <sql> 元素编写一次便能在其他元素中引用它。其配置示例代码如下：

```
<sql id="comColumns">id,uname,usex</sql>
<select id="selectUser" resultType="MyUser">
    select <include refid="comColumns"/> from user
</select>
```

在上述代码中，使用 <include> 元素的 refid 属性引用了自定义的代码片段。

14.11　级联查询

级联关系是一个数据库实体的概念。通常有 3 种级联关系，分别是一对一级联、一对多级联以及多对多级联。级联的优点是获取关联数据十分方便，但是级联过多会增加数据库系统的复杂度，同时降低系统的性能。在实际开发中要根据实际情况判断是否需要使用级联。更新和删除级联关系很简单，由数据库的内在机制即可完成。本节仅讲述级联查询的相关实现。

如果 A 表中有一个外键引用了 B 表的主键，A 表就是子表，B 表就是父表。当查询 A 表中的数据时，通过 A 表的外键也将 B 表的相关记录返回，这就是级联查询。例如在查询一个人的信息时，同时根据外键（身份证号）也将他的身份证信息返回。

扫一扫

视频讲解

▶ 14.11.1　一对一级联查询

一对一级联关系在现实生活中是十分常见的。比如一个大学生只有一张一卡通，一张一卡通只属于一个学生。再比如人与身份证的关系也是一对一级联关系。

MyBatis 如何处理一对一级联查询呢？在 MyBatis 中，通过 <resultMap> 元素的子元素 <association> 处理这种一对一级联关系。在 <association> 元素中通常使用以下属性。

property：指定映射到实体类的对象属性。

column：指定表中对应的字段（即查询返回的列名）。

javaType：指定映射到实体对象属性的类型。

select：指定引入嵌套查询的子 SQL 语句，该属性用于关联映射中的嵌套查询。

下面以个人与身份证之间的关系为例讲解一对一级联查询的处理过程，读者只需要参考该实例即可学会一对一级联查询的 MyBatis 实现。

【例 14-10】　在 14.6.3 节中例 14-2 的基础上进行一对一级联查询的 MyBatis 实现。

为了节省篇幅，对于相同的实现不再赘述，其他的具体实现如下。

❶ 创建数据表

本实例需要在数据库 springtest 中创建两张数据表，一张是身份证表 Idcard，另一张是个人信息表 Person。这两张表具有一对一级联关系，它们的创建代码如下：

```
CREATE TABLE `idcard` (
  `id` int(11) NOT NULL AUTO_INCREMENT,
  `code` varchar(18) COLLATE utf8_unicode_ci DEFAULT NULL,
  PRIMARY KEY (`id`)
```

```
);
CREATE TABLE `person` (
  `id` int(11) NOT NULL AUTO_INCREMENT,
  `name` varchar(20) COLLATE utf8_unicode_ci DEFAULT NULL,
  `age` int(11) DEFAULT NULL,
  `idcard_id` int(11) DEFAULT NULL,
  PRIMARY KEY (`id`),
  KEY `idcard_id` (`idcard_id`),
  CONSTRAINT `idcard_id` FOREIGN KEY (`idcard_id`) REFERENCES `idcard`
     (`id`)
);
```

❷ 创建实体类

在 ch14_2 模块的 com.mybatis.po 包中创建数据表对应的持久化类 Idcard 和 Person。
Idcard 的代码如下：

```
package com.mybatis.po;
import lombok.Data;
@Data
public class Idcard {
    private Integer id;
    private String code;
    @Override
    public String toString() {
        return "Idcard [id=" + id + ",code="+ code + "]";
    }
}
```

Person 的代码如下：

```
package com.mybatis.po;
import lombok.Data;
@Data
public class Person {
    private Integer id;
    private String name;
    private Integer age;
    // 个人身份证关联
    private Idcard card;
    @Override
    public String toString() {
        return "Person [id=" + id + ",name=" + name + ",age=" + age
            +",card=" + card +"]" ;
    }
}
```

❸ 创建 SQL 映射文件

在 ch14_2 模块的 com.mybatis.mapper 包中创建两张表对应的映射文件 IdCardMapper.
xml 和 PersonMapper.xml。在 PersonMapper.xml 文件中以 3 种方式实现"根据个人 id 查询
个人信息"的功能，详情请看代码备注。

IdCardMapper.xml 的代码如下：

```
<?xml version="1.0" encoding="UTF-8"?>
<!DOCTYPE mapper
PUBLIC "-//mybatis.org//DTD Mapper 3.0//EN"
"http://mybatis.org/dtd/mybatis-3-mapper.dtd">
<mapper namespace="com.mybatis.mapper.IdCardMapper">
    <select id="selectCodeById" parameterType="Integer" resultType=
        "Idcard">
        select * from idcard where id=#{id}
```

```
            </select>
    </mapper>
```

PersonMapper.xml 的代码如下：

```xml
<?xml version="1.0" encoding="UTF-8"?>
<!DOCTYPE mapper
PUBLIC "-//mybatis.org//DTD Mapper 3.0//EN"
"http://mybatis.org/dtd/mybatis-3-mapper.dtd">
<mapper namespace="com.mybatis.mapper.PersonMapper">
    <!-- 一对一 根据id查询个人信息：级联查询的第一种方法（嵌套查询，执行两个SQL语句） -->
    <resultMap type="Person" id="cardAndPerson1">
        <id property="id" column="id"/>
        <result property="name" column="name"/>
        <result property="age" column="age"/>
        <!-- 一对一级联查询 -->
        <association property="card" column="idcard_id" javaType="Idcard"
        select="com.mybatis.mapper.IdCardMapper.selectCodeById"/>
    </resultMap>
    <select id="selectPersonById1" parameterType="Integer" resultMap=
        "cardAndPerson1">
        select * from person where id=#{id}
    </select>
    <!-- 一对一 根据id查询个人信息：级联查询的第二种方法（嵌套结果，执行一个SQL语句） -->
    <resultMap type="Person" id="cardAndPerson2">
        <id property="id" column="id"/>
        <result property="name" column="name"/>
        <result property="age" column="age"/>
        <!-- 一对一级联查询 -->
        <association property="card" javaType="Idcard">
            <id property="id" column="idcard_id"/>
            <result property="code" column="code"/>
        </association>
    </resultMap>
    <select id="selectPersonById2" parameterType="Integer" resultMap=
        "cardAndPerson2">
        select p.*,ic.code
        from person p, idcard ic
        where p.idcard_id = ic.id and p.id=#{id}
    </select>
    <!-- 一对一 根据id查询个人信息：连接查询（使用POJO存储结果） -->
    <select id="selectPersonById3" parameterType="Integer" resultType=
        "SelectPersonById">
        select p.*,ic.code
        from person p, idcard ic
        where p.idcard_id = ic.id and p.id=#{id}
    </select>
</mapper>
```

❹ 创建 POJO 类

在 ch14_2 模块的 com.mybatis.po 包中创建 POJO 类 SelectPersonById（第 3 步使用的 POJO 类）。

SelectPersonById 的代码如下：

```java
package com.mybatis.po;
import lombok.Data;
@Data
public class SelectPersonById {
```

```
        private Integer id;
        private String name;
        private Integer age;
        private String code;
        @Override
        public String toString() {
            return "Person [id=" + id + ",name=" + name + ",age="
                + age + ",code=" + code + "]";
        }
    }
```

❺ 创建 Mapper 接口

在 ch14_2 模块的 com.mybatis.mapper 包中创建第 3 步映射文件对应的数据操作接口
IdCardMapper 和 PersonMapper。

IdCardMapper 的核心代码如下：

```
@Repository
public interface IdCardMapper{
    public Idcard selectCodeById(Integer i);
}
```

PersonMapper 的核心代码如下：

```
@Repository
public interface PersonMapper{
    public Person selectPersonById1(Integer id);
    public Person selectPersonById2(Integer id);
    public SelectPersonById selectPersonById3(Integer id);
}
```

❻ 创建控制器类

在 ch14_2 模块的 controller 包中创建控制器类 OneToOneController，在该类中调用第
5 步的接口方法。其核心代码如下：

```
@Controller
public class OneToOneController{
    @Autowired
    private PersonMapper personMapper;
    @GetMapping("/oneToOneTest")
    public String oneToOneTest() {
        System.out.println(" 级联查询的第一种方法（嵌套查询，执行两个 SQL 语句）");
        Person p1 = personMapper.selectPersonById1(1);
        System.out.println(p1);
        System.out.println("======================");
        System.out.println(" 级联查询的第二种方法（嵌套结果，执行一个 SQL 语句）");
        Person p2 = personMapper.selectPersonById2(1);
        System.out.println(p2);
        System.out.println("======================");
        System.out.println(" 连接查询（使用 POJO 存储结果）");
        SelectPersonById p3 = personMapper.selectPersonById3(1);
        System.out.println(p3);
        return "test";
    }
}
```

❼ 测试应用

发布应用到 Web 服务器 Tomcat，通过地址 http://localhost:8080/ch14_2/oneToOneTest
测试应用。在测试时需要事先为数据表手动添加数据。运行结果如图 14.9 所示。

```
▶ Tomcat Localhost Log
级联查询的第一种方法（嵌套查询，执行两个SQL语句）
DEBUG [http-nio-8080-exec-7] - ==>  Preparing: select * from person where id=?
DEBUG [http-nio-8080-exec-7] - ==>  Parameters: 1(Integer)
DEBUG [http-nio-8080-exec-7] - ====>  Preparing: select * from idcard where id=?
DEBUG [http-nio-8080-exec-7] - ====>  Parameters: 1(Integer)
DEBUG [http-nio-8080-exec-7] - <====      Total: 1
DEBUG [http-nio-8080-exec-7] - <==       Total: 1
Person [id=1,name=陈恒,age=88,card=Idcard [id=1,code=123456789]]
=====================
级联查询的第二种方法（嵌套结果，执行一个SQL语句）
DEBUG [http-nio-8080-exec-7] - ==>  Preparing: select p.*,ic.code from person p,
DEBUG [http-nio-8080-exec-7] - ==>  Parameters: 1(Integer)
DEBUG [http-nio-8080-exec-7] - <==       Total: 1
Person [id=1,name=陈恒,age=88,card=Idcard [id=1,code=123456789]]
=====================
连接查询（使用POJO存储结果）
DEBUG [http-nio-8080-exec-7] - ==>  Preparing: select p.*,ic.code from person p,
DEBUG [http-nio-8080-exec-7] - ==>  Parameters: 1(Integer)
DEBUG [http-nio-8080-exec-7] - <==       Total: 1
Person [id=1,name=陈恒,age=88,code=123456789]
```

图 14.9　一对一级联查询的结果

扫一扫

视频讲解

▶ 14.11.2　一对多级联查询

在 14.11.1 节中学习了 MyBatis 如何处理一对一级联查询，那么 MyBatis 又如何处理
一对多级联查询呢？在实际生活中有许多一对多的关系，例如一个用户可以有多个订单，
而一个订单只属于一个用户。

下面以用户和订单之间的关系为例讲解一对多级联查询（实现"根据用户 id 查询用
户及其关联的订单信息"的功能）的处理过程，读者只需要参考该实例即可学会一对多级
联查询的 MyBatis 实现。

【例 14-11】 在 14.6.3 节中例 14-2 的基础上进行一对多级联查询的 MyBatis 实现。为
了节省篇幅，对于相同的实现不再赘述，其他的具体实现如下。

❶ 创建数据表

本实例需要两张数据表，一张是用户表 user，另一张是订单表 orders，这两张表具有
一对多级联关系。user 表在前面已经创建，orders 表的创建代码如下：

```
CREATE TABLE `orders` (
  `id` int(11) NOT NULL AUTO_INCREMENT,
  `ordersn` varchar(10) COLLATE utf8_unicode_ci DEFAULT NULL,
  `user_id` int(11) DEFAULT NULL,
  PRIMARY KEY (`id`),
```

```
    KEY `user_id` (`user_id`),
    CONSTRAINT `user_id` FOREIGN KEY (`user_id`) REFERENCES `user` (`uid`)
);
```

❷ 创建持久化类

在 ch14_2 模块的 com.mybatis.po 包中创建数据表 orders 对应的持久化类 Orders、数据表 user 对应的持久化类 MyUserOrder。

MyUserOrder 类的代码如下：

```
package com.mybatis.po;
import lombok.Data;
@Data
import java.util.List;
public class MyUserOrder{
    private Integer uid;          // 主键
    private String uname;
    private String usex;
    private List<Orders> ordersList;
    @Override
    public String toString() {
    return "User [uid=" + uid +",uname=" + uname + ",usex=" + usex + ",
        ordersList=" + ordersList +"]";
    }
}
```

Orders 类的代码如下：

```
package com.mybatis.po;
import lombok.Data;
@Data
public class Orders {
    private Integer id;
    private  String ordersn;
    @Override
    public String toString() {
        return "Orders [id=" + id + ",ordersn=" + ordersn + "]";
    }
}
```

❸ 创建并修改映射文件

在 ch14_2 模块的 com.mybatis.mapper 中创建 orders 表对应的映射文件 OrdersMapper.xml。在映射文件 UserMapper.xml 中添加实现一对多级联查询（根据用户 id 查询用户及其关联的订单信息）的 SQL 映射。

在 UserMapper.xml 文件中添加的 SQL 映射如下：

```
<!-- 一对多 根据 uid 查询用户及其关联的订单信息：级联查询的第一种方法（嵌套查询）-->
<resultMap type="MyUserOrder" id="userAndOrders1">
    <id property="uid" column="uid"/>
    <result property="uname" column="uname"/>
    <result property="usex" column="usex"/>
    <!-- 一对多级联查询,ofType 表示集合中元素的类型, 将 uid 传递给 selectOrdersById -->
    <collection property="ordersList" ofType="Orders" column="uid"
        select="com.mybatis.mapper.OrdersMapper.selectOrdersById"/>
</resultMap>
<select id="selectUserOrdersById1" parameterType="Integer" resultMap=
    "userAndOrders1">
    select * from user where uid = #{id}
</select>
<!-- 一对多 根据 uid 查询用户及其关联的订单信息：级联查询的第二种方法（嵌套结果）-->
```

```xml
<resultMap type="MyUserOrder" id="userAndOrders2">
    <id property="uid" column="uid"/>
    <result property="uname" column="uname"/>
    <result property="usex" column="usex"/>
    <!-- 一对多级联查询，ofType 表示集合中元素的类型 -->
    <collection property="ordersList" ofType="Orders" >
        <id property="id" column="id"/>
        <result property="ordersn" column="ordersn"/>
    </collection>
</resultMap>
<select id="selectUserOrdersById2" parameterType="Integer" resultMap=
    "userAndOrders2">
    select u.*,o.id,o.ordersn from user u, orders o where u.uid = o.user_id
        and u.uid=#{id}
</select>
<!-- 一对多 根据 uid 查询用户及其关联的订单信息：连接查询（使用 map 存储结果） -->
<select id="selectUserOrdersById3" parameterType="Integer" resultType=
    "map">
    select u.*,o.id,o.ordersn from user u, orders o where u.uid = o.user_id
        and u.uid=#{id}
</select>
```

OrdersMapper.xml 的代码如下：

```xml
<?xml version="1.0" encoding="UTF-8"?>
<!DOCTYPE mapper
PUBLIC "-//mybatis.org//DTD Mapper 3.0//EN"
"http://mybatis.org/dtd/mybatis-3-mapper.dtd">
<mapper namespace="com.mybatis.mapper.OrdersMapper">
    <!-- 根据用户 uid 查询订单信息 -->
    <select id="selectOrdersById" parameterType="Integer" result
        Type="Orders">
        select * from orders where user_id=#{id}
    </select>
</mapper>
```

❹ 创建并修改 Mapper 接口

在 ch14_2 模块的 com.mybatis.mapper 包中创建第 3 步映射文件对应的数据操作接口 OrdersMapper，并在 UserMapper 接口中添加接口方法。

OrdersMapper 的核心代码如下：

```java
@Repository
public interface OrdersMapper{
    public List<Orders> selectOrdersById(Integer uid);
}
```

在 UserMapper 接口中添加如下接口方法：

```java
public MyUserOrder selectUserOrdersById1(Integer uid);
public MyUserOrder selectUserOrdersById2(Integer uid);
public List<Map<String, Object>> selectUserOrdersById3(Integer uid);
```

❺ 创建控制器类

在 ch14_2 模块的 controller 包中创建控制器类 OneToMoreController，并在该类中调用第 4 步的接口方法。其核心代码如下：

```java
@Controller
public class OneToMoreController {
    @Autowired
    private UserMapper userMapper;
```

```
        @GetMapping("/oneToMoreTest")
        public String oneToMoreTest() {
            // 查询一个用户及其订单信息
            System.out.println(" 级联查询的第一种方法（嵌套查询，执行两个 SQL 语句）");
            MyUserOrder auser1 = userMapper.selectUserOrdersById1(1);
            System.out.println(auser1);
            System.out.println("================================");
            System.out.println(" 级联查询的第二种方法（嵌套结果，执行一个 SQL 语句）");
            MyUserOrder auser2 = userMapper.selectUserOrdersById2(1);
            System.out.println(auser2);
            System.out.println("================================");
            System.out.println(" 连接查询（使用 map 存储结果）");
            List<Map<String, Object>> auser3 = userMapper.
                selectUserOrdersById3(1);
            System.out.println(auser3);
            return "test";
        }
    }
```

❻ 测试应用

重启 Web 服务器 Tomcat，通过地址 http://localhost:8080/ch14_2/oneToMoreTest 测试
应用。在测试时需要事先为数据表手动添加数据。运行结果如图 14.10 所示。

```
▶ Tomcat Localhost Log
级联查询的第一种方法（嵌套查询，执行两个SQL语句）
DEBUG [http-nio-8080-exec-3] - ==>  Preparing: select * from user where uid = ?
DEBUG [http-nio-8080-exec-3] - ==> Parameters: 1(Integer)
DEBUG [http-nio-8080-exec-3] - ====>  Preparing: select * from orders where user_id=?
DEBUG [http-nio-8080-exec-3] - ====> Parameters: 1(Integer)
DEBUG [http-nio-8080-exec-3] - <====      Total: 2
DEBUG [http-nio-8080-exec-3] - <==      Total: 1
User [uid=1,uname=张三,usex=女,ordersList=[Orders [id=1,ordersn=123456,products=null], Orders [id=2,orde
================================
级联查询的第二种方法（嵌套结果，执行一个SQL语句）
DEBUG [http-nio-8080-exec-3] - ==>  Preparing: select u.*,o.id,o.ordersn from user u, orders o where u
DEBUG [http-nio-8080-exec-3] - ==> Parameters: 1(Integer)
DEBUG [http-nio-8080-exec-3] - <==      Total: 2
User [uid=1,uname=张三,usex=女,ordersList=[Orders [id=1,ordersn=123456,products=null], Orders [id=2,orde
================================
连接查询（使用map存储结果）
DEBUG [http-nio-8080-exec-3] - ==>  Preparing: select u.*,o.id,o.ordersn from user u, orders o where u
DEBUG [http-nio-8080-exec-3] - ==> Parameters: 1(Integer)
DEBUG [http-nio-8080-exec-3] - <==      Total: 2
[{uid=1, uname=张三, ordersn=123456, usex=女, id=1}, {uid=1, uname=张三, ordersn=654321, usex=女, id=2}]
```

图 14.10　一对多级联查询的结果

▶ 14.11.3　多对多级联查询

其实，MyBatis 没有实现多对多级联，这是因为多对多级联可以通过两个一对多级联
进行替换。例如，一个订单可以有多种商品，一种商品可以对应多个订单，订单与商品就
是多对多级联关系。使用一个中间表"订单记录表"就可以将多对多级联转换成两个一对
多级联。下面以订单和商品（实现"查询所有订单以及每个订单对应的商品信息"的功能）
为例讲解多对多级联查询。

【例 14-12】　在 14.11.2 节中例 14-11 的基础上进行多对多级联查询的 MyBatis 实现。

为了节省篇幅，对于相同的实现不再赘述，其他的具体实现如下。

❶ 创建数据表

订单表在前面已经创建，这里需要创建商品表 product 和订单记录表 orders_detail。它们的创建代码如下：

```sql
CREATE TABLE `product` (
  `id` int(11) NOT NULL AUTO_INCREMENT,
  `name` varchar(50) COLLATE utf8_unicode_ci DEFAULT NULL,
  `price` double DEFAULT NULL,
  PRIMARY KEY (`id`)
);
CREATE TABLE `orders_detail` (
  `id` int(11) NOT NULL AUTO_INCREMENT,
  `orders_id` int(11) DEFAULT NULL,
  `product_id` int(11) DEFAULT NULL,
  PRIMARY KEY (`id`),
  KEY `orders_id` (`orders_id`),
  KEY `product_id` (`product_id`),
  CONSTRAINT `orders_id` FOREIGN KEY (`orders_id`) REFERENCES `orders`
    (`id`),
  CONSTRAINT `product_id` FOREIGN KEY (`product_id`) REFERENCES `product`
    (`id`)
);
```

❷ 创建持久化类

在 ch14_2 模块的 com.mybatis.po 包中创建数据表 product 对应的持久化类 Product，中间表 orders_detail 不需要持久化类，但需要在订单表 orders 对应的持久化类 Orders 中添加级联属性。

Product 的代码如下：

```java
package com.mybatis.po;
import java.util.List;
import lombok.Data;
@Data
public class Product {
    private Integer id;
    private String name;
    private Double price;
    // 多对多中的一个一对多
    private List<Orders> orders;
    @Override
    public String toString() {
        return "Product [id=" + id + ",name=" + name + ",price=" +
            price +"]";
    }
}
```

修改后的 Orders 的代码如下：

```java
package com.mybatis.po;
import java.util.List;
import lombok.Data;
@Data
public class Orders {
    private Integer id;
    private String ordersn;
```

```
        // 多对多中的另一个一对多
        private List<Product> products;
        @Override
        public String toString() {
            return "Orders [id=" + id + ",ordersn=" + ordersn + ",products=" +
                products + "]";
        }
}
```

❸ 创建映射文件

本实例只需要在 com.mybatis.mapper 的 OrdersMapper.xml 文件中追加以下配置即可实现多对多级联查询。

```xml
<!-- 多对多级联 查询所有订单以及每个订单对应的商品信息（嵌套结果）-->
<resultMap type="Orders" id="allOrdersAndProducts">
    <id property="id" column="id"/>
    <result property="ordersn" column="ordersn"/>
    <!-- 多对多级联 -->
    <collection property="products" ofType="Product">
        <id property="id" column="pid"/>
        <result property="name" column="name"/>
        <result property="price" column="price"/>
    </collection>
</resultMap>
<select id="selectallOrdersAndProducts" resultMap="allOrdersAndProducts">
    select o.*,p.id as pid,p.name,p.price
    from orders o,orders_detail od,product p
    where od.orders_id = o.id
    and od.product_id = p.id
</select>
```

❹ 添加 Mapper 接口方法

在 OrdersMapper 接口中添加以下接口方法：

```
public List<Orders> selectallOrdersAndProducts();
```

❺ 创建控制器类

在 ch14_2 模块的 controller 包中创建 MoreToMoreController 类，并在该类中调用第 4 步的接口方法。MoreToMoreController 的核心代码如下：

```java
@Controller
public class MoreToMoreController {
    @Autowired
    private OrdersMapper ordersMapper;
    @GetMapping("/moreToMoreTest")
    public String test() {
        List<Orders> os = ordersMapper.selectallOrdersAndProducts();
        for (Orders orders: os) {
            System.out.println(orders);
        }
        return "test";
    }
}
```

❻ 测试应用

重启 Web 服务器 Tomcat，通过地址 http://localhost:8080/ch14_2/moreToMoreTest 测试应用。在测试时，需要事先为数据表手动添加数据。运行结果如图 14.11 所示。

```
DEBUG [http-nio-8080-exec-6] - ==> Preparing: select o.*,p.id as pid,p.name,p.price from orders o,orders_det
DEBUG [http-nio-8080-exec-6] - ==> Parameters:
DEBUG [http-nio-8080-exec-6] - <==      Total: 3
Orders [id=1,ordersn=123456,products=[Product [id=1,name=苹果,price=10.0], Product [id=2,name=桔子,price=8.0]]]
Orders [id=2,ordersn=654321,products=[Product [id=2,name=桔子,price=8.0]]]
```

图 14.11　多对多级联查询的结果

扫一扫

视频讲解

14.12　动态 SQL

开发人员通常根据需求手动拼接 SQL 语句，这是一个极其麻烦的工作，而 MyBatis 提供了对 SQL 语句动态组装的功能，恰好能解决这一问题。MyBatis 的动态 SQL 元素和使用 JSTL 或其他类似基于 XML 的文本处理器相似，常用元素有 <if>、<choose>、<when>、<otherwise>、<trim>、<where>、<set>、<foreach> 和 <bind> 等。

▶ 14.12.1　<if> 元素

动态 SQL 通常要做的事情是有条件地包含 where 子句的一部分，所以在 MyBatis 中 <if> 元素是最常用的元素。它类似于 Java 中的 if 语句。下面通过一个实例讲解 <if> 元素的使用过程。

【例 14-13】　在 14.6.3 节中例 14-2 的基础上讲解 <if> 元素的使用过程。

为了节省篇幅，对于相同的实现不再赘述，其他的具体实现如下。

❶ 添加 Mapper 接口方法

在 ch14_2 模块的 UserMapper 接口中添加数据操作接口方法 selectAllUserByIf()，在该方法中使用 MyUser 类的对象将参数信息封装。接口方法 selectAllUserByIf() 的定义如下：

```
public List<MyUser> selectAllUserByIf(MyUser user);
```

❷ 添加 SQL 映射

在 ch14_2 模块的 SQL 映射文件 UserMapper.xml 中添加接口方法 selectAllUserByIf() 对应的 SQL 映射，具体代码如下：

```xml
<!-- 使用 if元素，根据条件动态查询用户信息 -->
<select id="selectAllUserByIf" resultType="MyUser" parameterType="MyUser">
    select * from user where 1=1
    <if test="uname !=null and uname!=''">
        and uname like concat('%',#{uname},'%')
    </if>
    <if test="usex !=null and usex!=''">
        and usex = #{usex}
    </if>
</select>
```

❸ 添加请求处理方法

在 ch14_2 模块的控制器类 TestController 中添加请求处理方法 selectAllUserByIf()，具体代码如下：

```java
@GetMapping("/selectAllUserByIf")
public String selectAllUserByIf(Model model) {
    MyUser mu = new MyUser();
    mu.setUname("陈");
    mu.setUsex("男");
```

```
        List<MyUser> unameAndUsexList = userMapper.selectAllUserByIf(mu);
        model.addAttribute("unameAndUsexList", unameAndUsexList);
        return "showUnameAndUsexUser";
    }
```

❹ 测试应用

重启 Web 服务器 Tomcat，通过地址 http://localhost:8080/ch14_2/selectAllUserByIf 测试应用。

▶ 14.12.2　<choose>、<when> 和 <otherwise> 元素

有时不需要用到所有的条件语句，只需要从中择其一二。针对这种情况，MyBatis 提供了 <choose> 元素，它有点像 Java 中的 switch 语句。下面通过一个实例讲解 <choose> 元素的使用过程。

【例 14-14】　在 14.6.3 节中例 14-2 的基础上讲解 <choose> 元素的使用过程。

为了节省篇幅，对于相同的实现不再赘述，其他的具体实现如下。

❶ 添加 Mapper 接口方法

在 ch14_2 模块的 UserMapper 接口中添加数据操作接口方法 selectUserByChoose()，在该方法中使用 MyUser 类的对象将参数信息封装。接口方法 selectUserByChoose() 的定义如下：

```
public List<MyUser> selectUserByChoose(MyUser user);
```

❷ 添加 SQL 映射

在 ch14_2 模块的 SQL 映射文件 UserMapper.xml 中添加接口方法 selectUserByChoose() 对应的 SQL 映射，具体代码如下：

```
<!-- 使用 choose、when、otherwise 元素，根据条件动态查询用户信息 -->
<select id="selectUserByChoose" resultType="MyUser" parameterType="MyUser">
    select * from user where 1=1
    <choose>
    <when test="uname !=null and uname!=''">
        and uname like concat('%',#{uname},'%')
    </when>
    <when test="usex !=null and usex!=''">
        and usex = #{usex}
    </when>
    <otherwise>
        and uid > 3
    </otherwise>
    </choose>
</select>
```

❸ 添加请求处理方法

在 ch14_2 模块的控制器类 TestController 中添加请求处理方法 selectUserByChoose()，具体代码如下：

```
@GetMapping("/selectUserByChoose")
public String selectUserByChoose(Model model) {
    MyUser mu = new MyUser();
    mu.setUname("");
    mu.setUsex("");
    List<MyUser> unameAndUsexList = userMapper.selectUserByChoose(mu);
    model.addAttribute("unameAndUsexList", unameAndUsexList);
```

```
        return "showUnameAndUsexUser";
    }
```

❹ 测试应用

重启 Web 服务器 Tomcat，通过地址 http://localhost:8080/ch14_2/selectUserByChoose 测试应用。

▶ 14.12.3 <trim> 元素

<trim> 元素可以在自己包含的内容前加上某些前缀，也可以在其后加上某些后缀，与之对应的属性是 prefix 和 suffix；可以把包含内容的首部的某些内容覆盖，即忽略，也可以把尾部的某些内容覆盖，对应的属性是 prefixOverrides 和 suffixOverrides。因为 <trim> 元素具有这样的功能，所以可以非常简单地利用 <trim> 来代替 <where> 元素的功能。下面通过一个实例讲解 <trim> 元素的使用过程。

【例 14-15】 在 14.6.3 节中例 14-2 的基础上讲解 <trim> 元素的使用过程。

为了节省篇幅，对于相同的实现不再赘述，其他的具体实现如下。

❶ 添加 Mapper 接口方法

在 ch14_2 模块的 UserMapper 接口中添加数据操作接口方法 selectUserByTrim()，在该方法中使用 MyUser 类的对象将参数信息封装。接口方法 selectUserByTrim() 的定义如下：

```
public List<MyUser> selectUserByTrim(MyUser user);
```

❷ 添加 SQL 映射

在 ch14_2 模块的 SQL 映射文件 UserMapper.xml 中添加接口方法 selectUserByTrim() 对应的 SQL 映射，具体代码如下：

```
<!-- 使用 trim 元素，根据条件动态查询用户信息 -->
<select id="selectUserByTrim" resultType="MyUser" parameterType="MyUser">
    select * from user
    <trim prefix="where" prefixOverrides="and|or">
        <if test="uname !=null and uname!=''">
            and uname like concat('%',#{uname},'%')
        </if>
        <if test="usex !=null and usex!=''">
            and usex = #{usex}
        </if>
    </trim>
</select>
```

❸ 添加请求处理方法

在 ch14_2 模块的控制器类 TestController 中添加请求处理方法 selectUserByTrim()，具体代码如下：

```
@GetMapping("/selectUserByTrim")
public String selectUserByTrim(Model model) {
    MyUser mu = new MyUser();
    mu.setUname("陈");
    mu.setUsex("男");
    List<MyUser> unameAndUsexList = userMapper.selectUserByTrim(mu);
    model.addAttribute("unameAndUsexList", unameAndUsexList);
    return "showUnameAndUsexUser";
}
```

❹ 测试应用

重启 Web 服务器 Tomcat，通过地址 http://localhost:8080/ch14_2/selectUserByTrim 测试应用。

▶ 14.12.4　<where> 元素

<where> 元素的作用是输出一个 where 语句。用户不需要考虑 <where> 元素的条件输出，MyBatis 将智能处理。如果所有的条件都不满足，那么 MyBatis 将会查出所有记录；如果输出是以 and 开头，MyBatis 将把第一个 and 忽略；如果是以 or 开头，MyBatis 也将把它忽略。此外，在 <where> 元素中不用考虑空格的问题，MyBatis 将会智能地加上。下面通过一个实例讲解 <where> 元素的使用过程。

【例 14-16】 在 14.6.3 节中例 14-2 的基础上讲解 <where> 元素的使用过程。

为了节省篇幅，对于相同的实现不再赘述，其他的具体实现如下。

❶ 添加 Mapper 接口方法

在 ch14_2 模块的 UserMapper 接口中添加数据操作接口方法 selectUserByWhere()，在该方法中使用 MyUser 类的对象将参数信息封装。接口方法 selectUserByWhere() 的定义如下：

```
public List<MyUser> selectUserByWhere(MyUser user);
```

❷ 添加 SQL 映射

在 ch14_2 模块的 SQL 映射文件 UserMapper.xml 中添加接口方法 selectUserByWhere() 对应的 SQL 映射，具体代码如下：

```
<!-- 使用where元素，根据条件动态查询用户信息 -->
<select id="selectUserByWhere" resultType="MyUser" parameterType="MyUser">
    select * from user
    <where>
        <if test="uname !=null and uname!=''">
            and uname like concat('%',#{uname},'%')
        </if>
        <if test="usex !=null and usex!=''">
            and usex = #{usex}
        </if>
    </where>
</select>
```

❸ 添加请求处理方法

在 ch14_2 模块的控制器类 TestController 中添加请求处理方法 selectUserByWhere()，具体代码如下：

```
@GetMapping("/selectUserByWhere")
public String selectUserByWhere(Model model) {
    MyUser mu = new MyUser();
    mu.setUname("陈");
    mu.setUsex("男");
    List<MyUser> unameAndUsexList = userMapper.selectUserByWhere(mu);
    model.addAttribute("unameAndUsexList", unameAndUsexList);
    return "showUnameAndUsexUser";
}
```

❹ 测试应用

重启 Web 服务器 Tomcat，通过地址 http://localhost:8080/ch14_2/selectUserByWhere 测

试应用。

▶ 14.12.5 <set> 元素

在 update 语句中可以使用 <set> 元素动态更新列。下面通过一个实例讲解 <set> 元素的使用过程。

【例 14-17】 在 14.6.3 节中例 14-2 的基础上讲解 <set> 元素的使用过程。

为了节省篇幅，对于相同的实现不再赘述，其他的具体实现如下。

❶ 添加 Mapper 接口方法

在 ch14_2 模块的 UserMapper 接口中添加数据操作接口方法 updateUserBySet()，在该方法中使用 MyUser 类的对象将参数信息封装。接口方法 updateUserBySet() 的定义如下：

```
public int updateUserBySet(MyUser user);
```

❷ 添加 SQL 映射

在 ch14_2 模块的 SQL 映射文件 UserMapper.xml 中添加接口方法 updateUserBySet() 对应的 SQL 映射，具体代码如下：

```
<!-- 使用 set 元素，动态修改一个用户 -->
<update id="updateUserBySet" parameterType="MyUser">
    update user
    <set>
        <if test="uname != null">uname=#{uname},</if>
        <if test="usex != null">usex=#{usex}</if>
    </set>
    where uid = #{uid}
</update>
```

❸ 添加请求处理方法

在 ch14_2 模块的控制器类 TestController 中添加请求处理方法 updateUserBySet()，具体代码如下：

```
@GetMapping("/updateUserBySet")
public String updateUserBySet(Model model) {
    MyUser setmu = new MyUser();
    setmu.setUid(3);
    setmu.setUname("张九");
    userMapper.updateUserBySet(setmu);
    // 查询 id 为 3 的用户是否被修改
    List<Map<String, Object>> unameAndUsexList = userMapper.
        selectAllUserMap();
    model.addAttribute("unameAndUsexList", unameAndUsexList);
    return "showUnameAndUsexUser";
}
```

❹ 测试应用

重启 Web 服务器 Tomcat，通过地址 http://localhost:8080/ch14_2/updateUserBySet 测试应用。

▶ 14.12.6 <foreach> 元素

<foreach> 元素主要用于构建 in 条件，它可以在 SQL 语句中迭代一个集合。<foreach> 元素的属性主要有 item、index、collection、open、separator 和 close。item 表示集合中每一个元素进行迭代时的别名；index 指定一个名字，用于表示在迭代过程中每次迭代到的

位置；open 表示该语句以什么开始；separator 表示在每次迭代之间以什么符号作为分隔符；close 表示以什么结束。在使用 <foreach> 元素时，最关键的也是最容易出错的是 collection 属性，该属性是必选的，但在不同情况下该属性的值是不一样的，主要有以下 3 种情况：

（1）如果传入的是单参数且参数类型是一个 List，collection 属性的值为 list。

（2）如果传入的是单参数且参数类型是一个 Array 数组，collection 属性的值为 array。

（3）如果传入的参数是多个，需要把它们封装成一个 Map，当然单参数也可以封装成 Map。Map 的 key 是参数名，因此 collection 属性值是传入的 List 或 Array 对象在自己封装的 Map 中的 key。

下面通过一个实例讲解 <foreach> 元素的使用过程。

【例 14-18】　在 14.6.3 节中例 14-2 的基础上讲解 <foreach> 元素的使用过程。

为了节省篇幅，对于相同的实现不再赘述，其他的具体实现如下。

❶ 添加 Mapper 接口方法

在 ch14_2 模块的 UserMapper 接口中添加数据操作接口方法 selectUserByForeach()，在该方法中使用 List 作为参数。接口方法 selectUserByForeach() 的定义如下：

```
public List<MyUser> selectUserByForeach(List<Integer> listId);
```

❷ 添加 SQL 映射

在 ch14_2 模块的 SQL 映射文件 UserMapper.xml 中添加接口方法 selectUserByForeach() 对应的 SQL 映射，具体代码如下：

```
<!-- 使用 foreach 元素，查询用户信息 -->
<select id="selectUserByForeach" resultType="MyUser" parameterType="List">
    select * from user where uid in
    <foreach item="item" index="index" collection="list"
    open="(" separator="," close=")">
        #{item}
    </foreach>
</select>
```

❸ 添加请求处理方法

在 ch14_2 模块的控制器类 TestController 中添加请求处理方法 selectUserByForeach()，具体代码如下：

```
@GetMapping("/selectUserByForeach")
public String selectUserByForeach(Model model) {
    List<Integer> listId = new ArrayList<Integer>();
    listId.add(4);
    listId.add(5);
    List<MyUser> unameAndUsexList = userMapper.selectUserByForeach(listId);
    model.addAttribute("unameAndUsexList", unameAndUsexList);
    return "showUnameAndUsexUser";
}
```

❹ 测试应用

重启 Web 服务器 Tomcat，通过地址 http://localhost:8080/ch14_2/selectUserByForeach 测试应用。

▶ 14.12.7　<bind> 元素

在进行模糊查询时，如果使用 "${}" 拼接字符串，则无法防止 SQL 注入问题。如

果使用字符串拼接函数或连接符号，由于不同数据库的拼接函数或连接符号不同，例如 MySQL 的 concat 函数、Oracle 的连接符号"||"，SQL 映射文件需要根据不同的数据库提供不同的实现，显然比较麻烦，并且不利于代码的移植。幸运的是，MyBatis 提供了 <bind> 元素来解决这一问题。

下面通过一个实例讲解 <bind> 元素的使用过程。

【例 14-19】在 14.6.3 节中例 14-2 的基础上讲解 <bind> 元素的使用过程。

为了节省篇幅，对于相同的实现不再赘述，其他的具体实现如下。

❶ 添加 Mapper 接口方法

在 ch14_2 模块的 UserMapper 接口中添加数据操作接口方法 selectUserByBind()。接口方法 selectUserByBind() 的定义如下：

```
public List<MyUser> selectUserByBind(MyUser user);
```

❷ 添加 SQL 映射

在 ch14_2 模块的 SQL 映射文件 UserMapper.xml 中添加接口方法 selectUserByBind() 对应的 SQL 映射，具体代码如下：

```
<!-- 使用 bind 元素进行模糊查询 -->
<select id="selectUserByBind" resultType="MyUser" parameterType="MyUser">
    <!-- bind 中的 uname 是 com.po.MyUser 的属性名 -->
    <bind name="paran_uname" value="'%' + uname + '%'"/>
    select * from user where uname like #{paran_uname}
</select>
```

❸ 添加请求处理方法

在 ch14_2 模块的控制器类 TestController 中添加请求处理方法 selectUserByBind()，具体代码如下：

```
@GetMapping("/selectUserByBind")
public String selectUserByBind(Model model) {
    MyUser bindmu = new MyUser();
    bindmu.setUname("陈");
    List<MyUser> unameAndUsexList = userMapper.selectUserByBind(bindmu);
    model.addAttribute("unameAndUsexList", unameAndUsexList);
    return "showUnameAndUsexUser";
}
```

❹ 测试应用

重启 Web 服务器 Tomcat，通过地址 http://localhost:8080/ch14_2/selectUserByBind 测试应用。

扫一扫

视频讲解

14.13 MyBatis 的缓存机制

内存的读取速度远大于硬盘的读取速度，当需要重复地获取相同数据时，一次又一次地请求数据库或者远程服务，会导致大量的时间消耗在数据库查询或者远程方法的调用上，最终导致程序的性能降低，这是数据缓存要解决的问题。

MyBatis 提供了数据缓存，用于减轻数据库的压力，提高数据库的性能。MyBatis 提供了一级缓存和二级缓存。

▶ 14.13.1　一级缓存（SqlSession 级别的缓存）

在操作数据库时需要构造 SqlSession 对象，在该对象中有一个数据结构（HashMap）用于存储缓存数据，不同 SqlSession 之间的缓存区是互不影响的。

❶ 一级缓存配置

MyBatis 的一级缓存不需要任何配置，在每一个 SqlSession 中都有一个一级缓存区，作用范围是 SqlSession。

在 MyBatis 的一级缓存中，当第一次查询 ID 为 1 的用户信息时，先去缓存中找是否有 ID 为 1 的用户信息，如果没有则从数据库中查询用户信息，将用户信息存储到一级缓存中；如果 SqlSession 执行插入、更新、删除（执行 commit 操作），将会清空 SqlSession 中的一级缓存，这样做的目的是让缓存中存储的是最新信息，避免脏读；当第二次查询 ID 为 1 的用户信息时，先去缓存中找是否有 ID 为 1 的用户信息，如果缓存中有则直接从缓存中获取用户信息。这里涉及一个缓存命中率（Cache Hit Ratio）的概念，指的是在缓存中查询到的次数占总共在缓存中查询次数的百分比。

❷ 一级缓存实验

【例 14-20】　在 14.5 节中例 14-1 的基础上讲解一级缓存。

为了节省篇幅，对于相同的实现不再赘述，其他的具体实现如下。

1）修改测试类

在 ch14_1 模块的测试类 MyBatisTest 中多次发起查询 ID 为 1 的用户信息的查询，修改后的代码如下：

```
public class MyBatisTest {
    public static void main(String[] args) {
        try {
            // 读取配置文件 mybatis-config.xml
            InputStream config = Resources.getResourceAsStream
                ("mybatis-config.xml");
            // 根据配置文件构建 SqlSessionFactory
            SqlSessionFactory ssf = new SqlSessionFactoryBuilder().
                build(config);
            // 通过 SqlSessionFactory 创建 SqlSession
            SqlSession ss = ssf.openSession();
            // 查询一个用户
            MyUser mu = ss.selectOne("com.mybatis.mapper.UserMapper.
                selectUserById", 1);
            System.out.println(mu);
            // 测试一级缓存
            mu = ss.selectOne("com.mybatis.mapper.UserMapper.
                selectUserById", 1);
            System.out.println(mu);
            // 添加一个用户
            MyUser addmu = new MyUser();
            addmu.setUname("陈恒");
            addmu.setUsex("男");
            ss.insert("com.mybatis.mapper.UserMapper.addUser",addmu);
            // 修改一个用户
            MyUser updatemu = new MyUser();
            updatemu.setUid(2);
            updatemu.setUname("张三");
            updatemu.setUsex("女");
            ss.update("com.mybatis.mapper.UserMapper.updateUser",
                updatemu);
```

```
                        // 测试一级缓存
                        mu = ss.selectOne("com.mybatis.mapper.UserMapper.
                            selectUserById", 1);
                        System.out.println(mu);
                        // 提交事务
                        ss.commit();
                        // 关闭 SqlSession
                        ss.close();
                } catch (IOException e) {
                        // TODO Auto-generated catch block
                        e.printStackTrace();
                }
        }
}
```

2）测试缓存，运行程序

运行修改后的测试类 MyBatisTest，运行结果如图 14.12 所示。

从图 14.12 所示的运行结果可知，前两次查询 ID 为 1 的用户信息时只执行了一次 SQL 语句（即只查询一次数据库），第二次直接从缓存返回数据。经过添加和修改操作后，第 3 次查询 ID 为 1 的用户信息时又重新查询了数据库（清空 SqlSession 中的一级缓存）。

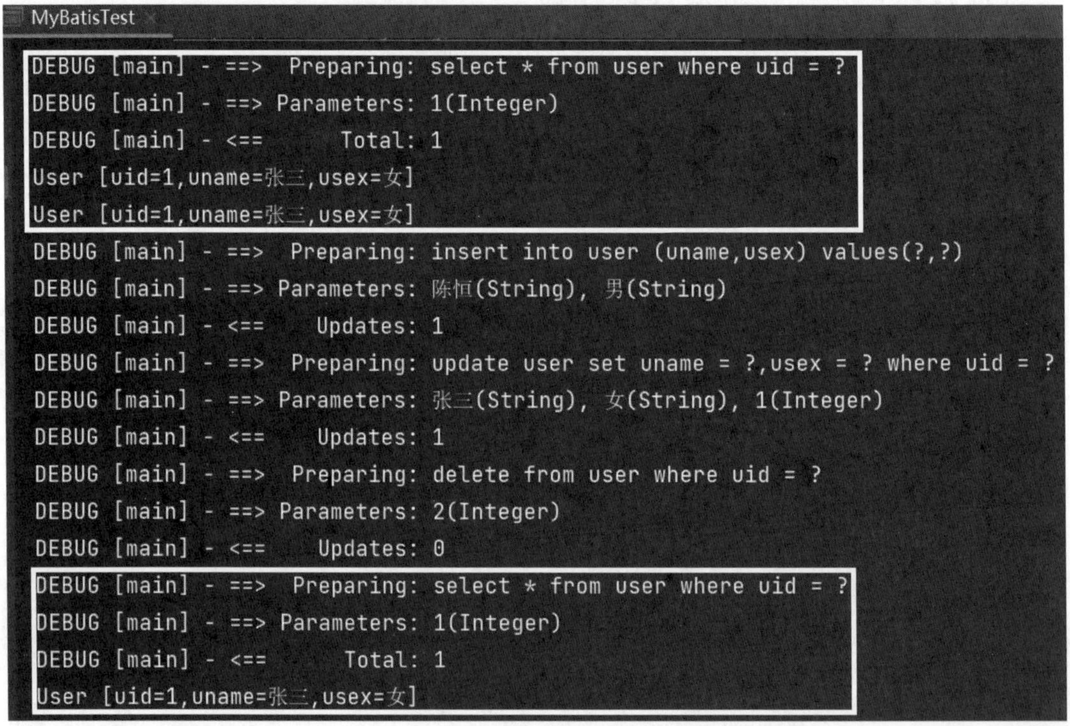

图 14.12　一级缓存的测试结果

▶ 14.13.2　二级缓存（Mapper 级别的缓存）

MyBatis 的二级缓存需要手动开启才能启动，与一级缓存最大的区别在于二级缓存的作用范围比一级缓存大，二级缓存是多个 SqlSession 可以共享一个 Mapper 的二级缓存区，二级缓存的作用范围是 Mapper 中的同一个命名空间（namespace）的 statement。在 MyBatis 的核心配置文件中默认开启二级缓存。在默认开启二级缓存的情况下，如果每一个 namespace 都开启了二级缓存，则都对应一个二级缓存区，同一个 namespace 共用一个二级缓存区。

❶　二级缓存配置

在 MyBatis 默认开启二级缓存的情况下，当 SqlSession 1 去查询 ID 为 1 的用户信息时，查询到的用户信息将会存储到二级缓存中；当 SqlSession 2 去执行相同 Mapper 下的 statement 时，执行 commit 提交，清空该 Mapper 下的二级缓存区中的数据；当 SqlSession 3 去查询 ID 为 1 的用户信息时，先去缓存中找是否存在数据，如果存在则直接从缓存中取出数据，如果不存在就去数据库中查询读取。

1）开启二级缓存

第一个需要配置的地方是核心配置文件（此步可以省略，因为默认是开启的，配置的目的是方便维护）。配置示例代码如下：

```
<settings>
    <!-- 开启二级缓存 -->
    <setting name="cacheEnabled" value="true"/>
</settings>
```

2）开启 namespace 下的二级缓存

在需要开启二级缓存的 statement 的命名空间（namespace）中配置标签 <cache></cache>。配置示例代码如下：

```
<mapper namespace="dao.UserMapper">
    <!-- 开启 namespace 下的二级缓存 -->
    <cache></cache>
</mapper>
```

<cache> 标签有以下几个参数。

type：指定缓存（cache）接口的实现类型，当需要和 ehcache 整合时更改该参数的值即可。

flushInterval：刷新间隔，可被设置为任意正整数，单位为毫秒，默认不设置。

size：引用数目，可被设置为任意正整数，缓存对象的数目等于运行环境的可用内存资源的数目，默认为 1024。

readOnly：只读，取值为 true 或 false，只读的缓存会给所有的调用者返回缓存对象的相同实例，默认为 false。

eviction：缓存收回策略，即 LRU（最近最少使用的）、FIFO（先进先出）、SOFT（软引用）或 WEAK（弱引用），默认为 LRU。

在 Mapper 的 select 中可以通过设置 useCache="false" 来禁用缓存，缓存默认是开启的；在 insert、update、delete 中可以通过设置 flushCache="true" 来清空缓存（刷新缓存），缓存默认会被清空。

3）POJO 类实现序列化

在使用二级缓存时，持久化类需要序列化，即 POJO 类需要实现 Serializable 接口。示例代码如下：

```
public class MyUser implements Serializable{}
```

❷　二级缓存实验

【例 14-21】　在 14.6.4 节中例 14-3 的基础上讲解二级缓存。

为了节省篇幅，对于相同的实现不再赘述，其他的具体实现如下。

1）开启 namespace 下的二级缓存

在 ch14_3 模块的 Mapper 映射文件 UserMapper.xml 中添加 \<cache\>\</cache\> 标签。

2）POJO 类实现序列化

为 ch14_3 模块的持久化类 MyUser 实现序列化接口 Serializable。

3）修改控制器类

将 ch14_3 模块的控制器类 MyController 修改如下：

```
@Controller
public class MyController {
    @Autowired
    private UserMapper userMapper;
    @RequestMapping("/test")
    public String test() {
        // 查询一个用户
        MyUser mu = userMapper.selectUserById(1);
        System.out.println(mu);
        // 测试二级缓存
        mu = userMapper.selectUserById(1);
        System.out.println(mu);
        return "test";
    }
}
```

4）测试缓存，运行程序

发布 ch14_3 模块到 Web 服务器 Tomcat，然后通过地址 http://localhost:8080/ch14_3/test 测试应用，运行结果如图 14.13 所示。

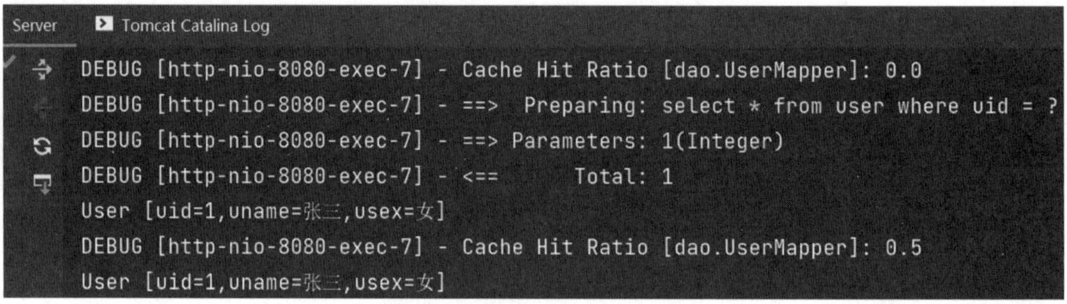

图 14.13　二级缓存的测试结果

从图 14.13 所示的结果可以看出，在第一次查询 ID 为 1 的用户信息时，缓存命中率为 0，说明先访问缓存，读取缓存中是否有 ID 为 1 的用户数据，发现缓存中没有就去数据库中查询用户信息；在第二次查询 ID 为 1 的用户信息时，发现缓存中有对应的数据，就直接从缓存中读取。

当访问的查询请求多且对查询结果的实时性要求不高时，可以采用 MyBatis 二级缓存技术降低数据库的访问量，提高访问的速度，例如耗时比较多的统计分析 SQL。

本章小结

本章重点讲述了 MyBatis 的 SQL 映射文件的编写以及 SSM 框架的整合开发流程。通过本章的学习，读者不仅要掌握 SSM 框架整合开发的流程，还应该熟悉 MyBatis 的基本应用。

习 题 14

（1）MyBatis Generator 有哪几种方法自动生成代码？

（2）简述 SSM 框架集成的步骤。

（3）在 MyBatis 实现查询时，返回的结果集有几种常见的存储方式？请举例说明。

（4）在 MyBatis 中，针对不同的数据库软件，<insert> 元素如何将主键回填？

（5）在 MyBatis 中，如何给 SQL 语句传递参数？

（6）在动态 SQL 元素中，类似分支语句的元素有哪些？如何使用它们？

第15章　电子商务平台的设计与实现（SSM）▶

学习目的与要求

本章通过一个小型的电子商务平台讲述如何使用 SSM 开发一个 Web 应用，其中涉及的技术主要包括 Spring、Spring MVC 框架技术以及 MyBatis 持久层技术。通过本章的学习，要求读者掌握基于 SSM 的 Web 应用开发的流程、方法以及技术。

本章主要内容

- ❖ 系统设计
- ❖ 数据库设计
- ❖ 系统管理
- ❖ 组件设计
- ❖ 系统实现

本章系统使用 SSM 实现各个模块，Web 服务器使用 Tomcat 10，数据库采用的是 MySQL 8，集成开发环境为 IntelliJ IDEA。

15.1　系统设计

电子商务平台分为两个子系统，一个是后台管理子系统，另一个是电子商务子系统。下面分别说明这两个子系统的功能需求与模块划分。

▶ 15.1.1　系统的功能需求

❶ 后台管理子系统

后台管理子系统要求管理员成功登录后才能对商品进行管理，包括添加商品、查询商品、修改商品以及删除商品。管理员除了能进行商品管理以外，还能进行订单查询、销量统计等操作。

❷ 电子商务子系统

1）非注册用户

非注册用户或未登录用户具有浏览首页、查看商品详情以及搜索商品的权限。

2）用户

成功登录的用户除了具有未登录用户具有的权限以外，还具有购买商品、查看购物车、收藏商品、查看订单、修改密码以及查看收藏等权限。

▶ 15.1.2　系统的模块划分

❶ 后台管理子系统

管理员成功登录后进入后台管理主页面（selectGoods.jsp），该页面中包括商品管理、类型管理、查询订单、销量统计等功能模块。后台管理子系统的模块划分如图 15.1 所示。

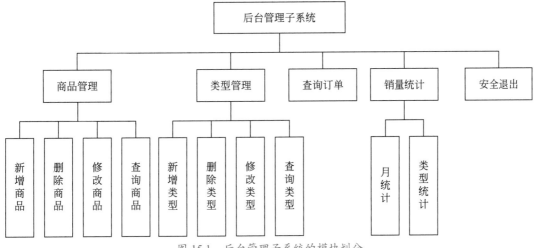

图 15.1　后台管理子系统的模块划分

❷ 电子商务子系统

非注册用户只可以浏览商品、搜索商品，不能购买商品、收藏商品，不能查看购物车、个人信息、我的订单和我的收藏。成功登录的用户可以完成电子商务子系统的所有功能，包括购买商品、进行支付等功能。电子商务子系统的模块划分如图 15.2 所示。

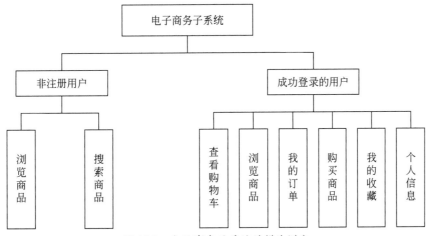

图 15.2　电子商务子系统的模块划分

15.2　数据库设计

系统采用加载纯 Java 数据库驱动程序的方式连接 MySQL 8 数据库。在 MySQL 8 中创建数据库 ch15，并在 ch15 中创建 8 张与系统相关的数据表，即 ausertable、busertable、goodstype、goodstable、carttable、focustable、orderbasetable 和 orderdetail。

▶ 15.2.1　数据库的概念结构设计

根据系统设计与分析可以设计出如下数据结构。

（1）管理员：包括管理员 ID、用户名和密码。管理员的用户名和密码由数据库管理员预设，不需要注册。

（2）用户：包括用户 ID、E-Mail 和密码。注册用户的 E-Mail 不能相同，用户 ID 唯一。

（3）商品类型：包括类型 ID 和类型名称。商品类型由数据库管理员管理，包括新增、修改、删除和查询功能。

（4）商品：包括商品编号、商品名称、原价、现价、库存、图片、是否广告以及类型。其中，商品编号唯一，类型与"商品类型"关联。

（5）购物车：包括购物车 ID、用户 ID、商品编号以及购买数量。其中，购物车 ID 唯一，用户 ID 与"用户"关联，商品编号与"商品"关联。

（6）商品收藏：包括 ID、用户 ID、商品编号以及收藏时间。其中，ID 唯一，用户 ID 与"用户"关联，商品编号与"商品"关联。

（7）订单基础信息：包括订单编号、用户 ID、订单金额、订单状态以及下单时间。其中，订单编号唯一，用户 ID 与"用户"关联。

（8）订单详情：包括 ID、订单编号、商品编号以及购买数量。其中，订单编号与"订单基础信息"关联，商品编号与"商品"关联。

根据以上的数据结构，结合数据库设计的特点，可以画出如图 15.3 所示的数据库概念结构图。

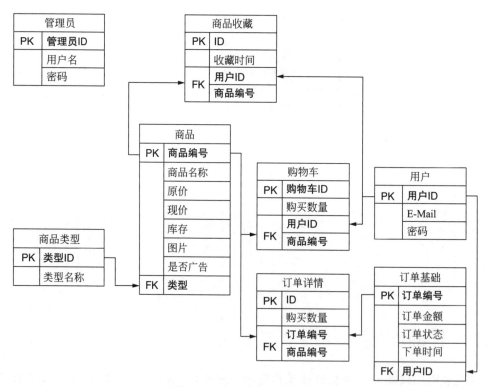

图 15.3　数据库概念结构图

▶ 15.2.2　数据库的逻辑结构设计

将数据库概念结构图转换为 MySQL 数据库所支持的实际数据模型，即数据库的逻辑结构。

管理员信息表（ausertable）的设计如表 15.1 所示。

表 15.1　管理员信息表

字　段	含　义	类　型	长　度	是否为空
id	管理员 ID（PK 自增）	int	11	no
aname	用户名	varchar	50	no
apwd	密码	varchar	50	no

用户信息表（busertable）的设计如表 15.2 所示。

表 15.2　用户信息表

字　段	含　义	类　型	长　度	是否为空
id	用户 ID（PK 自增）	int	11	no
bemail	E-Mail	varchar	50	no
bpwd	密码	varchar	32	no

商品类型表（goodstype）的设计如表 15.3 所示。

表 15.3　商品类型表

字　段	含　义	类　型	长　度	是否为空
id	类型 ID（PK 自增）	int	11	no
typename	类型名称	varchar	50	no

商品信息表（goodstable）的设计如表 15.4 所示。

表 15.4　商品信息表

字　段	含　义	类　型	长　度	是否为空
id	商品编号（PK 自增）	int	11	no
gname	商品名称	varchar	50	no
goprice	原价	double	0	no
grprice	现价	double	0	no
gstore	库存	int	11	no
gpicture	图片	varchar	50	
isshow	是否广告	tinyint	2	no
goodstype_id	类型（FK）	int	11	no

购物车表（carttable）的设计，如表 15.5 所示。

表 15.5　购物车表

字　段	含　义	类　型	长　度	是否为空
id	购物车 ID（PK 自增）	int	11	no
busertable_id	用户 ID（FK）	int	11	no
goodstable_id	商品编号（FK）	int	11	no
shoppingnum	购买数量	int	11	no

商品收藏表（focustable）的设计如表 15.6 所示。

表 15.6　商品收藏表

字　段	含　义	类　型	长　度	是否为空
id	ID（PK 自增）	int	11	no
goodstable_id	商品编号（FK）	int	11	no
busertable_id	用户 ID（FK）	int	11	no
focustime	收藏时间	datetime	0	no

订单基础信息表（orderbasetable）的设计如表 15.7 所示。

表 15.7　订单基础信息表

字　段	含　义	类　型	长　度	是否为空
id	订单编号（PK 自增）	int	11	no
busertable_id	用户 ID（FK）	int	11	no
amount	订单金额	double	0	no
status	订单状态	tinyint	10	no
orderdate	下单时间	datetime	0	no

订单详情表（orderdetail）的设计如表 15.8 所示。

表 15.8　订单详情表

字　段	含　义	类　型	长　度	是否为空
id	ID（PK 自增）	int	11	no
orderbasetable_id	订单编号（FK）	int	11	no
goodstable_id	商品编号（FK）	int	11	no
shoppingnum	购买数量	int	11	no

▶ 15.2.3　创建数据表

根据 15.2.2 节的逻辑结构创建数据表。由于篇幅有限，对于创建数据表的代码请读者参考本书提供的源代码 ch15.sql。

15.3　系统管理

▶ 15.3.1　添加相关依赖

新建一个基于 SSM 的 Web 应用 ch15，在 ch15 应用中开发本系统。复制相关 JAR 包到 WEB-INF/lib 目录中，包括 MyBatis、Spring、Spring MVC、MySQL 连接器、MyBatis 与 Spring 桥接器、Log4j、DBCP、Jackson 开源包、JSTL、DispatcherServlet 接口所依赖的性能监控包、Java 增强库等 JAR 包，详情参见本书提供的源代码 ch15。

▶ 15.3.2　视图页面及静态资源管理

本系统由后台管理子系统和前台电子商务子系统组成，为了方便管理，将两个子系统的 JSP 页面分开存放。在 web/WEB-INF/pages/admin 目录下存放与后台管理子系统相关的 JSP 页面；在 web/WEB-INF/pages/before 目录下存放与前台电子商务子系统相关的 JSP 页面；在 web/static 目录下存放与整个系统相关的 BootStrap 及 jQuery。由于篇幅有限，本章仅附上部分 JSP 和 Java 文件的核心代码，具体代码请读者参考本书提供的源代码 ch15。

❶ 后台管理子系统

管理员在浏览器的地址栏中输入 http://localhost:8080/ch15/admin/toLogin 访问登录页面，成功登录后，进入后台管理子系统的主页面（selectGoods.jsp），selectGoods.jsp 的运行效果如图 15.4 所示。

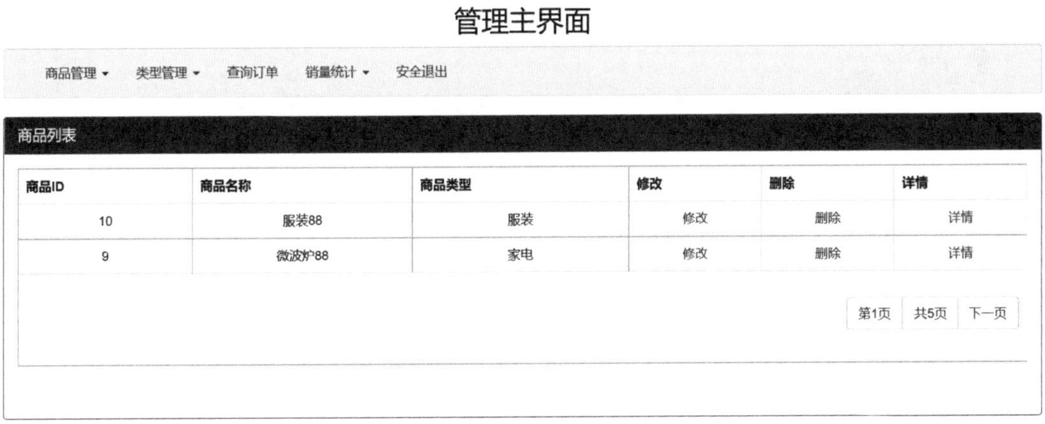

管理主界面

商品管理 ▾	类型管理 ▾	查询订单	销量统计 ▾	安全退出

商品列表

商品ID	商品名称	商品类型	修改	删除	详情
10	服装88	服装	修改	删除	详情
9	微波炉88	家电	修改	删除	详情

第1页　共5页　下一页

图 15.4　后台管理子系统的主页面

❷ 前台电子商务子系统

注册用户或游客在浏览器的地址栏中输入 http://localhost:8080/ch15 可以访问前台电子商务子系统的首页（index.jsp），index.jsp 的运行效果如图 15.5 所示。

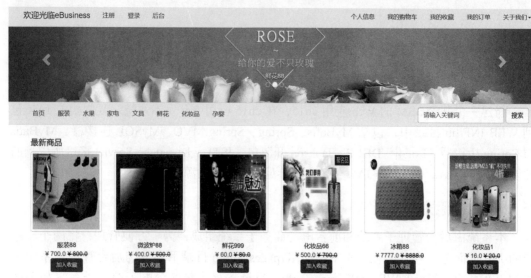

图 15.5　前台电子商务子系统的首页

▶ 15.3.3　应用的包结构

❶ controller 包

系统的控制器类存放在 controller 包中，其中与后台管理相关的控制器类存放在 admin 子包中，与前台电子商务相关的控制器类存放在 before 子包中。

❷ model 包

实体类存放在 model 包中，其中与后台管理相关的实体类存放在 admin 子包中，与前台电子商务相关的实体类存放在 before 子包中。

❸ dao 包

dao 包中存放的 Java 接口程序用于实现数据库的持久化操作。每个接口方法与 SQL 映射文件中的 id 相同。与后台管理相关的数据库操作存放在 admin 子包中，与前台电子商务相关的数据库操作存放在 before 子包中。

❹ service 包

service 包中有 admin 和 before 两个子包，其中 admin 子包存放后台管理相关业务层的接口与实现类；before 子包存放前台电子商务相关业务层的接口与实现类。

❺ util 包

util 包中存放的是系统的工具类。

❻ interceptor

interceptor 包中存放的是系统的拦截器类，包括验证管理员与用户的登录权限拦截器类。

❼ config 包

config 包中存放的是系统的配置文件，包括 Spring、Spring MVC、MyBatis 以及数据库连接信息的配置文件。

▶ 15.3.4　配置文件

ch15 系统的配置文件包括 Web 应用的配置文件 web.xml、Spring 的配置文件 applicationContext.xml、Spring MVC 的配置文件 springmvc.xml、MyBatis 的配置文件

mybatis-config.xml、日志配置文件 log4j.properties 以及数据库连接信息的配置文件 jdbc.properties。

　　在 Web 应用的配置文件 web.xml 中除了需要实例化 ApplicationContext 容器和部署 DispatcherServlet 以外，还需要使用 <multipart-config> 配置文件上传的限制信息。web.xml 的具体配置内容如下：

```xml
<?xml version="1.0" encoding="UTF-8"?>
<web-app xmlns:xsi="http://www.w3.org/2001/XMLSchema-instance"
    xmlns="https://jakarta.ee/xml/ns/jakartaee"
    xmlns:web="http://xmlns.jcp.org/xml/ns/javaee"
    xsi:schemaLocation="https://jakarta.ee/xml/ns/jakartaee
        https://jakarta.ee/xml/ns/jakartaee/web-app_5_0.xsd"
    id="WebApp_ID" version="5.0">
<display-name>ch15</display-name>
<welcome-file-list>
        <welcome-file>index.html</welcome-file>
        <welcome-file>index.jsp</welcome-file>
        <welcome-file>index.htm</welcome-file>
        <welcome-file>default.html</welcome-file>
        <welcome-file>default.jsp</welcome-file>
        <welcome-file>default.htm</welcome-file>
</welcome-file-list>
<!-- 实例化 ApplicationContext 容器 -->
<context-param>
        <!-- 加载 applicationContext.xml 文件 -->
        <param-name>contextConfigLocation</param-name>
        <param-value>
            classpath:config/applicationContext.xml
        </param-value>
</context-param>
<!-- 指定以 ContextLoaderListener 方式启动 Spring 容器 -->
<listener>
        <listener-class>org.springframework.web.context.ContextLoaderListener
            </listener-class>
</listener>
<!-- 部署 DispatcherServlet -->
<servlet>
        <servlet-name>springmvc</servlet-name>
        <servlet-class>org.springframework.web.servlet.DispatcherServlet
            </servlet-class>
        <init-param>
            <param-name>contextConfigLocation</param-name>
            <!-- classpath 是指到 src 目录下查找配置文件 -->
            <param-value>classpath:config/springmvc.xml</param-value>
        </init-param>
        <load-on-startup>1</load-on-startup>
        <multipart-config>
            <!-- 允许上传文件的大小的最大值，默认为 -1（不限制） -->
            <max-file-size>20848820</max-file-size>
            <!-- multipart/form-data 请求允许的最大值，默认为 -1（不限制） -->
            <max-request-size>418018841</max-request-size>
            <!-- 文件将写入磁盘的阈值大小，默认为 0 -->
            <file-size-threshold>1048576</file-size-threshold>
        </multipart-config>
</servlet>
<servlet-mapping>
        <servlet-name>springmvc</servlet-name>
        <!-- 处理所有 URL -->
        <url-pattern>/</url-pattern>
</servlet-mapping>
</web-app>
```

在 Spring 的配置文件 applicationContext.xml 中包括加载数据库配置文件、配置数据源、添加事务支持、开启事务注解、配置 MyBatis 工厂等内容。applicationContext.xml 的具体配置内容如下：

```xml
<?xml version="1.0" encoding="UTF-8"?>
<beans xmlns="http://www.springframework.org/schema/beans"
    xmlns:xsi="http://www.w3.org/2001/XMLSchema-instance"
    xmlns:tx="http://www.springframework.org/schema/tx"
    xmlns:context="http://www.springframework.org/schema/context"
    xsi:schemaLocation="http://www.springframework.org/schema/beans
        http://www.springframework.org/schema/beans/spring-beans.xsd
        http://www.springframework.org/schema/tx
        http://www.springframework.org/schema/tx/spring-tx.xsd
        http://www.springframework.org/schema/context
        http://www.springframework.org/schema/context/spring-context.xsd">
    <!-- 加载数据库配置文件 -->
    <context:property-placeholder location="classpath:config/jdbc.
        properties"/>
    <!-- 配置数据源 -->
    <bean id="dataSource" class="org.apache.commons.dbcp2.BasicDataSource">
        <property name="driverClassName" value="${jdbc.driver}"/>
        <property name="url" value="${jdbc.url}"/>
        <property name="username" value="${jdbc.username}"/>
        <property name="password" value="${jdbc.password}"/>
        <!-- 最大连接数 -->
        <property name="maxTotal" value="${jdbc.maxTotal}"/>
        <!-- 最大空闲连接数 -->
        <property name="maxIdle" value="${jdbc.maxIdle}"/>
        <!-- 初始化连接数 -->
        <property name="initialSize" value="${jdbc.initialSize}"/>
    </bean>
    <!-- 添加事务支持 -->
    <bean id="txManager" class="org.springframework.jdbc.datasource.
        DataSourceTransactionManager">
        <property name="dataSource" ref="dataSource"/>
    </bean>
    <!-- 开启事务注解 -->
    <tx:annotation-driven transaction-manager="txManager"/>
    <!-- 配置 MyBatis 工厂，同时指定数据源，并与 MyBatis 完美整合 -->
    <bean id="sqlSessionFactory" class="org.mybatis.spring.
        SqlSessionFactoryBean">
        <property name="dataSource" ref="dataSource"/>
        <property name="configLocation" value="classpath:config/mybatis-
            config.xml"/>
    </bean>
    <bean class="org.mybatis.spring.mapper.MapperScannerConfigurer">
        <property name="basePackage" value="dao.admin,dao.before"/>
        <property name="sqlSessionFactoryBeanName" value=
            "sqlSessionFactory"/>
    </bean>
</beans>
```

在 Spring MVC 的配置文件 springmvc.xml 中包括扫描包配置、static 目录配置、拦截器配置以及视图解析器配置。springmvc.xml 的具体配置内容如下：

```xml
<?xml version="1.0" encoding="UTF-8"?>
<beans xmlns="http://www.springframework.org/schema/beans"
    xmlns:xsi="http://www.w3.org/2001/XMLSchema-instance"
    xmlns:mvc="http://www.springframework.org/schema/mvc"
    xmlns:context="http://www.springframework.org/schema/context"
    xsi:schemaLocation="
```

```
                http://www.springframework.org/schema/beans
                http://www.springframework.org/schema/beans/spring-beans.xsd
                http://www.springframework.org/schema/mvc
                http://www.springframework.org/schema/mvc/spring-mvc.xsd
                http://www.springframework.org/schema/context
                http://www.springframework.org/schema/context/spring-context.xsd">
        <context:component-scan base-package="controller"/>
        <context:component-scan base-package="service"/>
        <mvc:annotation-driven/>
        <!-- 允许 static 目录下的所有文件可见 -->
        <mvc:resources location="/static/" mapping="/static/**">
            </mvc:resources>
        <mvc:interceptors>
            <mvc:interceptor>
                <mvc:mapping path="/cart/**"/>
                <bean class="interceptor.BuserIsLoginInterceptor"/>
            </mvc:interceptor>
            <mvc:interceptor>
                <mvc:mapping path="/goods/**"/>
                <mvc:mapping path="/type/**"/>
                <mvc:mapping path="/admin/select**"/>
                <bean class="interceptor.AdminIsLoginInterceptor"/>
            </mvc:interceptor>
        </mvc:interceptors>
        <bean class="org.springframework.web.servlet.view.
            InternalResourceViewResolver"
            id="internalResourceViewResolver">
            <!-- 前缀 -->
            <property name="prefix" value="/WEB-INF/pages/"/>
            <!-- 后缀 -->
            <property name="suffix" value=".jsp"/>
        </bean>
        <!-- 配置一个名为 multipartResolver 的 Bean 用于文件上传 -->
        <bean id="multipartResolver" class="org.springframework.web.multipart.
            support.StandardServletMultipartResolver"/>
    </beans>
```

在 MyBatis 的配置文件 mybatis-config.xml 中包括日志实现配置与包别名配置。mybatis-config.xml 的具体配置内容如下：

```
<?xml version="1.0" encoding="UTF-8"?>
<!DOCTYPE configuration PUBLIC "-//mybatis.org//DTD Config 3.0//EN"
    "http://mybatis.org/dtd/mybatis-3-config.dtd">
<configuration>
    <settings>
        <setting name="logImpl" value="LOG4J"/>
    </settings>
    <typeAliases>
        <package name="model.admin"/>
        <package name="model.before"/>
    </typeAliases>
</configuration>
```

在日志配置文件 log4j.properties 中配置了 MyBatis 的日志信息；在数据库连接信息的配置文件 jdbc.properties 中配置了数据库连接信息。

log4j.properties 的具体配置内容如下：

```
# Global logging configuration
log4j.rootLogger=ERROR, stdout
# MyBatis logging configuration...
log4j.logger.dao=DEBUG
```

```
# Console output...
log4j.appender.stdout=org.apache.log4j.ConsoleAppender
log4j.appender.stdout.layout=org.apache.log4j.PatternLayout
log4j.appender.stdout.layout.ConversionPattern=%5p [%t] - %m%n
```

jdbc.properties 的具体配置内容如下：

```
jdbc.driver=com.mysql.cj.jdbc.Driver
jdbc.url=jdbc:mysql://localhost:3306/ch15?useUnicode=
    true&characterEncoding=UTF-8&allowMultiQueries=true&serverTimezone=
    GMT%2B8
jdbc.username=root
jdbc.password=root
jdbc.maxTotal=30
jdbc.maxIdle=10
jdbc.initialSize=5
```

15.4　组件设计

本系统的组件包括管理员登录权限验证拦截器、前台用户登录权限验证拦截器、验证码以及工具类。

▶ 15.4.1　管理员登录权限验证拦截器

从系统分析得知，管理员成功登录后才能管理商品、商品类型，才能进行订单查询、销量统计等操作，因此本系统需要对访问这些功能模块的管理员进行权限控制。在interceptor 包中创建一个实现 HandlerInterceptor 接口的拦截器类 AdminIsLoginInterceptor，该拦截器的功能是判断管理员是否已成功登录。拦截器类 AdminIsLoginInterceptor 的代码如下：

```java
package interceptor;
import org.springframework.web.servlet.HandlerInterceptor;
import jakarta.servlet.http.HttpServletRequest;
import jakarta.servlet.http.HttpServletResponse;
import jakarta.servlet.http.HttpSession;
public class AdminIsLoginInterceptor implements HandlerInterceptor{
    @Override
    public boolean preHandle(HttpServletRequest request,
        HttpServletResponse response, Object handler)
            throws Exception {
        HttpSession session = request.getSession();
        String aname = (String)session.getAttribute("aname");
        if(aname == null || aname.length() == 0) {
            request.setAttribute("errorMessage", "没登录，无权访问，请登录！");
            request.getRequestDispatcher("/admin/toLogin").
                forward(request, response);
            return false;
        }
        return true;
    }
}
```

▶ 15.4.2　前台用户登录权限验证拦截器

从系统分析得知，用户成功登录后才能购买商品、收藏商品，才能查看购物车、我的订单以及修改个人信息。与对管理员进行权限控制类似，在 interceptor 包中创建一个实现 HandlerInterceptor 接口的拦截器类 BuserIsLoginInterceptor，该拦截器的功能是判断前台用户是否已成功登录。拦截器类 BuserIsLoginInterceptor 的代码与 AdminIsLoginInterceptor 的代码基本一样，为了节省篇幅，这里不再赘述。

▶ 15.4.3　验证码

本系统中验证码的使用步骤如下：

❶ 创建产生验证码的控制器类

在 controller.before 包中创建产生验证码的控制器类 ValidateCodeController，具体代码参见本书提供的源程序 ch15。

❷ 使用验证码

在需要验证码的 JSP 页面中调用产生验证码的控制器显示验证码，示例代码片段如下：

```
<img src="validateCode" id="mycode">
```

▶ 15.4.4　工具类

本系统使用的工具类有 MD5Util 和 MyUtil。MD5Util 工具用来对明文密码加密，MyUtil 工具中包含生成任意位数的随机整数和获得用户信息两个功能。MD5Util 和 MyUtil 的代码参见本书提供的源程序 ch15。

扫一扫

视频讲解

15.5　后台管理子系统的实现

管理员成功登录后可以对商品、商品类型进行管理，并可以进行订单查询以及销量统计。本节将详细介绍管理员权限的实现。

▶ 15.5.1　管理员登录

在管理员输入用户名和密码后，系统将对输入的用户名和密码进行验证。如果用户名和密码都正确，则成功登录，进入后台管理子系统的主页面（selectGoods.jsp）；如果用户名或密码有误，则提示错误。

管理员登录的实现步骤如下。

❶ 编写视图

login.jsp 页面提供输入登录信息的界面，如图 15.6 所示。

管理员登录

| 用户名 | 用户名 |
| 密码 | 密码 |

登录　重置

图 15.6　管理员登录界面

在 web/WEB-INF/pages/admin 目录下创建 login.jsp。该页面的代码参见本书提供的源程序 ch15。

❷ 编写控制器层

这里"登录"按钮的请求路径为 admin/login，系统根据请求路径和 @RequestMapping 注解找到对应控制器类 controller.admin.AdminController 的 login 方法处理登录。在控制器类的 login 方法中调用 service.admin.AdminService 接口的 login 方法处理登录。登录成功后，系统会将登录人的信息存入 session。控制器层的相关代码如下：

```
@PostMapping("/login")
public String login(AdminUser adminUser, HttpSession session) {
    return adminService.login(adminUser, session);
}
```

❸ 编写 Service 层

Service 层由接口 service.admin.AdminService 和接口的实现类 service.admin.Admin-ServiceImpl 组成。Service 层是实现功能模块的核心，Service 层调用数据访问层（Dao）进行数据库操作。管理员登录的业务处理方法 login 的代码如下：

```
public String login(AdminUser adminUser, HttpSession session) {
    if(adminMapper.login(adminUser).size() > 0) {
        session.setAttribute("aname", adminUser.getAname());
        return "redirect:/goods/select?currentPage=1";
    }
    return "admin/login";
}
```

❹ 编写 SQL 映射文件

数据访问层的接口方法与 SQL 映射文件中 SQL 语句的 id 相同。管理员登录的 SQL 映射文件为 dao.admin 包中的 AdminMapper.xml，实现登录的 SQL 语句如下：

```
<select id="login" parameterType="AdminUser" resultType="AdminUser">
    select * from ausertable where aname=#{aname} and apwd=#{apwd}
</select>
```

▶ 15.5.2　类型管理

管理员成功登录后可以进行类型管理，类型管理包括新增类型、修改类型、查询类型和删除类型，如图 15.7 所示。

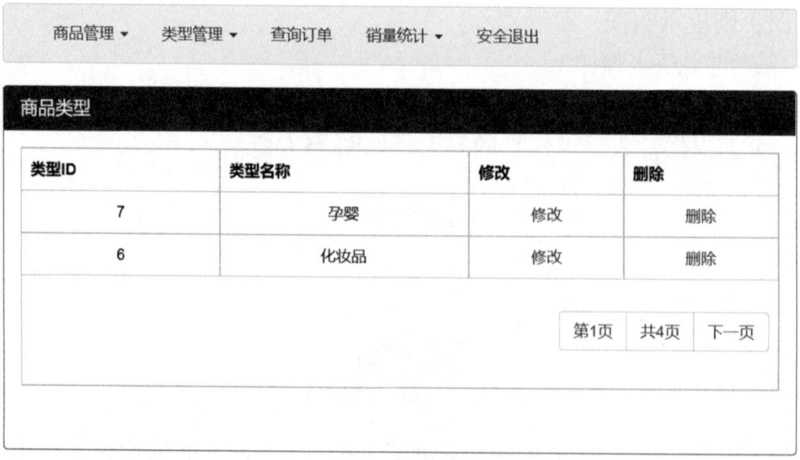

类型ID	类型名称	修改	删除
7	孕婴	修改	删除
6	化妆品	修改	删除

商品管理 ▾　类型管理 ▾　查询订单　销量统计 ▾　安全退出

商品类型

第1页　共4页　下一页

图 15.7　类型管理

❶ 新增类型

新增类型的实现步骤如下。

1）编写视图

新增类型页面如图 15.8 所示，单击"类型管理"下的"新增类型"选项可以打开该页面。

图 15.8　新增类型页面

在 web/WEB-INF/pages/admin 目录下创建新增类型页面 addType.jsp。该页面的代码参见本书提供的源程序 ch15。

2）编写控制器层

此功能模块有两个处理请求，即"新增类型"选项请求 type/toAdd 和新增类型页面中的"新增"按钮请求 type/add。系统根据 @RequestMapping 注解找到对应控制器类 controller.admin.TypeController 的 toAdd 和 add 方法处理请求。在控制器类的处理方法中调用 service.admin.TypeService 接口的 add 方法处理业务。控制器层的相关代码如下：

```
@GetMapping("/toAdd")
public String toAdd() {
    return "admin/addType";
}
@PostMapping("/add")
public String add(GoodsType goodsType, Model model) {
    return typeService.add(goodsType, model);
}
```

3）编写 Service 层

"新增"按钮请求 type/add 的业务处理方法 add 的代码如下：

```
@Override
public String add(GoodsType goodsType, Model model) {
    if (typeMapper.addType(goodsType) > 0) {
        return select(model, 1); // 查询商品类型
    }
    return "admin/addType";
}
```

4）编写 SQL 映射文件

实现"新增"按钮请求 type/add 的 SQL 语句如下（位于 dao.admin 包的 TypeMapper.xml 文件中）：

```
<insert id="addType" parameterType="GoodsType">
    insert into goodstype values(null, #{typename})
</insert>
```

❷ 查询、修改和删除类型

查询、修改和删除类型的实现步骤如下：

1）编写视图

单击"类型管理"下的"查询类型"选项可以打开查询类型页面。

在 web/WEB-INF/pages/admin 目录下创建查询类型页面 selectType.jsp。该页面的代码参见本书提供的源程序 ch15。

同理创建修改类型页面和删除类型页面。

2）编写控制器层

此功能模块有 4 个处理请求，即"查询类型"选项请求 type/select?currentPage=1、"修改"链接请求 type/updateSelect?id=${type.id}、"删除"链接请求 type/delete 以及修改类型页面中的"修改"按钮请求 type/update。系统根据 @RequestMapping 注解找到对应控制器类 controller.admin.TypeController 的 select、updateSelect、delete 以及 update 方法处理请求。在控制器类的处理方法中调用 service.admin.TypeService 接口的 select、updateSelect、delete 以及 update 方法处理业务。控制器层的相关代码如下：

```java
@GetMapping("/select")
public String select(Model model, int currentPage) {
    return typeService.select(model, currentPage);
}
@GetMapping("/updateSelect")
public String updateSelect(GoodsType goodsType, Model model) {
    return typeService.updateSelect(goodsType, model);
}
@DeleteMapping("/delete")
@ResponseBody
public Map<String, Object> delete(@RequestBody GoodsType goodsType) {
    return typeService.delete(goodsType);
}
@PostMapping("/update")
public String update(GoodsType goodsType, Model model) {
    return typeService.update(goodsType, model);
}
```

3）编写 Service 层

"查询类型"选项请求 type/select?currentPage=1 的业务处理方法 select 的代码如下：

```java
public String select(Model model, int currentPage) {
    //共多少条
    int totalCount = typeMapper.selectAllGoodsType().size();
    int pageSize = 2;
    //共多少页
    int totalPage = (int)Math.ceil(totalCount*1.0/pageSize);
    int startIndex = (currentPage-1)*pageSize;
    model.addAttribute("totalPage", totalPage);
    model.addAttribute("currentPage", currentPage);
    model.addAttribute("allTypes", typeMapper.selectByPage(startIndex,
        pageSize));
    return "admin/selectType";
}
```

"修改"链接请求 type/updateSelect?id=${type.id} 的业务处理方法 updateSelect 的代码如下：

```java
public String updateSelect(GoodsType goodsType, Model model) {
    model.addAttribute("goodsType", typeMapper.selectGoodsTypeByID
        (goodsType));
        return "admin/updateType";
}
```

"删除"链接请求 type/delete 的业务处理方法 delete 的代码如下：

```
public Map<String, Object> delete(GoodsType goodsType) {
    Map<String, Object> hashmap = new HashMap<String, Object>();
    // 判断删除条件
    if (typeMapper.selectGoodsByTypeID(goodsType).size() > 0)
        hashmap.put("msg", "id 为 " + goodsType.getId() + " 的类型下有关联商品，
            不允许删除！");
    else {
        if (typeMapper.delete(goodsType) > 0)
            hashmap.put("msg", "成功删除 id 为 " + goodsType.getId() + " 的类型
                ");
        else
            hashmap.put("msg", "删除失败");
    }
    return hashmap;
}
```

修改类型页面中的"修改"按钮请求 type/update 的业务处理方法 update 的代码如下：

```
public String update(GoodsType goodsType, Model model) {
    typeMapper.updateType(goodsType);
    return select(model, 1);
}
```

4）编写 SQL 映射文件

实现"查询类型"选项请求 type/select?currentPage=1 的 SQL 语句如下：

```
<select id="selectAllGoodsType" resultType="GoodsType">
    select * from goodstype
</select>
<select id="selectByPage" resultType="GoodsType">
    select * from goodstype order by id desc limit #{startIndex},
        #{pageSize}
</select>
```

实现"修改"链接请求 type/updateSelect?id=${type.id} 的 SQL 语句如下：

```
<select id="selectGoodsTypeByID" parameterType="GoodsType" resultType=
    "GoodsType">
    select * from goodstype where id = #{id}
</select>
```

实现"删除"链接请求 type/delete 的 SQL 语句如下：

```
<!-- 删除类型 -->
<delete id="delete" parameterType="GoodsType">
    delete from goodstype where id = #{id}
</delete>
<!-- 查询该类型下是否有商品 -->
<select id="selectGoodsByTypeID" resultType="Goods" parameterType=
    "GoodsType">
    select * from goodstable where goodstype_id = #{id}
</select>
```

实现修改类型页面中的"修改"按钮请求 type/update 的 SQL 语句如下：

```
<update id="updateType" parameterType="GoodsType">
    update goodstype set typename = #{typename} where id = #{id}
</update>
```

▶ 15.5.3　新增商品

单击"商品管理"下的"新增商品"选项可以打开新增商品页面，如图 15.9 所示。

管理主界面

商品管理▾   类型管理▾   查询订单   销量统计▾   安全退出

商品名   商品名

商品原价   0.0

商品折扣价   0.0

商品库存   0

商品图片   选择文件   未选择任何文件

商品类型   服装 ⌄

是否广告   ○是 ◉否

新增   重置

图 15.9 新增商品页面

新增商品的实现步骤如下。

❶ 编写视图

在 web/WEB-INF/pages/admin 目录下创建新增商品页面 addGoods.jsp。该页面的代码参见本书提供的源程序 ch15。

❷ 编写控制器层

"新增商品"功能模块有两个处理请求，即"新增商品"选项请求 goods/toAdd 和新增商品页面中的"新增"按钮请求 goods/add。系统根据 @RequestMapping 注解找到对应控制器类 controller.admin.GoodsController 的 toAdd 和 add 方法处理请求。在控制器类的处理方法中调用 service.admin.GoodsService 接口的 toAdd 和 add 方法处理业务。控制器层的相关代码如下：

```
@GetMapping("/toAdd")
public String toAdd(Model model) {
    return goodsService.toAdd(model);
}
@PostMapping("/add")
public String add(@ModelAttribute Goods goods, HttpServletRequest request,
    Model model) {
    return goodsService.add(goods, request, model);
}
```

❸ 编写 Service 层

"新增商品"功能模块的 Service 层的相关代码如下：

```
@Override
public String toAdd(Model model) {
    model.addAttribute("allTypes", typeMapper.selectAllGoodsType());
    model.addAttribute("goods", new Goods());
    return "admin/addGoods";
}
@Override
public String add(Goods goods, HttpServletRequest request, Model model) {
    // 文件的上传
    MultipartFile mtf = goods.getGpictureForm();
    String fileName = mtf.getOriginalFilename();
```

```
if(fileName.length() > 0) {
    // 上传后的文件名
    String fileNewName = MyUtil.getRandomStr(10) +
    fileName.substring(fileName.lastIndexOf("."));
    // 上传到哪里，即文件的目录
    // 生产环境，服务器上
    //String realpath = request.getServletContext().getRealPath
    //("static/images");
    // 开发环境，工作空间
    String realpath = "D:\\idea-workspace\\ch15\\web\\static\\images";
    File dirUp = new File(realpath, fileNewName);
    try {
        mtf.transferTo(dirUp);
    } catch (IllegalStateException | IOException e) {
        e.printStackTrace();
    }
    // 将上传后的文件名封装到商品对象
    goods.setGpicture(fileNewName);
}
// 将商品信息保存到数据库
if(goodsMapper.add(goods) > 0) {
    return select(model, 1); // 查询商品
}
return toAdd(model);
}
```

❹ 编写 SQL 映射文件

"新增商品"功能模块的 SQL 语句如下：

```
<!-- 新增商品 -->
<insert id="add" parameterType="Goods">
    insert into goodstable values(null, #{gname}, #{goprice}, #{grprice},
        #{gstore}, #{gpicture}, #{goodstype_id}, #{isshow})
</insert>
```

▶ 15.5.4　查询商品

管理员成功登录后进入如图 15.4 所示的后台管理子系统的主页面，在该页面中单击"详情"链接，显示如图 15.10 所示的商品详情页面。

图 15.10　商品详情页面

查询商品的实现步骤如下。

❶ 编写视图

在 web/WEB-INF/pages/admin 目录下创建后台管理子系统的主页面 selectGoods.jsp，在该页面中显示查询商品、修改商品查询以及删除商品查询的结果，其代码如下：

```
<%@ page language="java" contentType="text/html; charset=UTF-8"
    pageEncoding="UTF-8"%>
<%@ taglib prefix="c" uri="http://java.sun.com/jsp/jstl/core"%>
<%
String path = request.getContextPath();
String basePath = request.getScheme()+"://"+request.getServerName()+":"+
    request.getServerPort()+path+"/";
%>
<!DOCTYPE html>
<html>
<head>
<base href="<%=basePath%>">
<meta charset="UTF-8">
<title> 查询商品 </title>
<script type="text/javascript">
    function confirmDelete(id){
        if (window.confirm (" 你确定真的要删除吗？ ")){
            $.ajax({
                    url: "goods/delete",
                    // 请求类型
                    type: "delete",
                    //data 表示发送的数据
                    data: JSON.stringify({"id": id}),
                    // 定义发送请求的数据格式为 JSON 字符串
                    contentType: "application/json;charset=utf-8",
                    // 定义回调响应的数据格式为 JSON 字符串，该属性可以省略
                    dataType: "json",
                    success: function(data){ //data 返回的数据
                        alert(data.msg);
                        if(data.msg.indexOf(" 成功 ") >= 0){
                    var url = location.pathname.substring(0, location.
                    pathname.lastIndexOf("/"));
                            // 绝对路径
                            window.location.href = url + "/select";
                        }
                    },
                    error: function() {
                        alert(" 请求失败 ");
                    }
            });
        }
    }
</script>
</head>
<body>
    <jsp:include page="nav.jsp"></jsp:include>
    <div class="container">
        <div class="panel panel-primary">
            <div class="panel-heading">
                <h3 class="panel-title"> 商品列表 </h3>
            </div>
            <div class="panel-body">
                <div class="table table-responsive">
                    <table class="table table-bordered table-hover">
                        <tbody class="text-center">
                            <tr>
```

```
                                    <th> 商品 ID</th>
                                    <th> 商品名称 </th>
                                    <th> 商品类型 </th>
                                    <th> 修改 </th>
                                    <th> 删除 </th>
                                    <th> 详情 </th>
                                </tr>
                                <c:if test="${totalPage != 0}">
                                    <c:forEach var="goods" items=
                                        "${allGoods}">
                                        <tr>
                                            <td>${goods.id}</td>
                                            <td>${goods.gname}</td>
                                            <td>${goods.typename}</td>
<td><a href="goods/updateSelect?id=${goods.
    id}"> 修改 </a></td>
<td><a href="javascript:confirmDelete(${goods.
    id})"> 删除 </a>
                                            </td>
<td><a href="goods/detail?id=${goods.id}"> 详情
    </a></td>
                                        </tr>
                                    </c:forEach>
                                    <tr>
                                        <td colspan="6" align="right">
                                            <ul class="pagination">
<li><a><span> 第 ${currentPage} 页 </span>
    </a></li>
<li><a><span> 共 ${totalPage} 页 </span>
    </a></li>
<li><c:if test="${currentPage != 1}">
<a href="goods/select?currentPage=
    ${currentPage - 1}"> 上一页 </a>
</c:if> <c:if test="${currentPage != totalPage}">
<a href="goods/select?currentPage=${currentPage +
    1}"> 下一页 </a>
                                            </c:if></li>
                                            </ul>
                                        </td>
                                    </tr>
                                </c:if>
                            </tbody>
                        </table>
                    </div>
                </div>
            </div>
        </div>
    </body>
</html>
```

在 web/WEB-INF/pages/admin 目录下创建商品详情页面 goodsDetail.jsp。这里省略该页面的代码。

❷ 编写控制器层

"查询商品"功能模块有两个处理请求，即"查询商品"选项请求 goods/select? currentPage=1 和"详情"链接请求 goods/detail?id=${goods.id}。系统根据 @Request-Mapping 注解找到对应控制器类 controller.admin.GoodsController 的 select 和 detail 方法处理请求。在控制器类的处理方法中调用 service.admin.GoodsService 接口的 select 和 detail 方法处理业务。控制器层的相关代码如下：

```java
@GetMapping("/select")
public String select(Model model, int currentPage) {
    return goodsService.select(model, currentPage);
}
@GetMapping("/detail")
public String detail(int id, Model model) {
    return goodsService.detail(id, model);
}
```

❸ 编写 Service 层

查询商品和查看详情的 Service 层的相关代码如下：

```java
@Override
public String select(Model model, int currentPage) {
    // 共多少条
    int totalCount = goodsMapper.select().size();
    int pageSize = 2;
    // 共多少页
    int totalPage = (int)Math.ceil(totalCount*1.0/pageSize);
    int startIndex = (currentPage-1)*pageSize;
    model.addAttribute("totalPage", totalPage);
    model.addAttribute("currentPage", currentPage);
    model.addAttribute("allGoods", goodsMapper.selectByPage(startIndex,
        pageSize));
    return "admin/selectGoods";
}
@Override
public String detail(int id, Model model) {
    model.addAttribute("goods", goodsMapper.selectAgoods(id));
    return "admin/goodsDetail";
}
```

❹ 编写 SQL 映射文件

查询商品和查看详情的 SQL 语句如下：

```xml
<select id="select" resultType="Goods">
    select gt.*, gp.typename from goodstable gt, goodstype gp
    where gt.goodstype_id = gp.id order by gt.id desc
</select>
<!-- 分页查询 -->
<select id="selectByPage" resultType="Goods">
    select gt.*, gp.typename from goodstable gt, goodstype gp
    where gt.goodstype_id = gp.id order by gt.id desc limit #{startIndex},
        #{pageSize}
</select>
<!-- 查询商品详情 -->
<select id="selectAgoods" resultType="Goods" parameterType="int">
    select gt.*, gp.typename from goodstable gt, goodstype gp
    where gt.id = #{id} and gt.goodstype_id = gp.id
</select>
```

▶ **15.5.5　修改商品**

单击图 15.4 中的"修改"链接可以打开修改商品页面 goodsUpdate.jsp，如图 15.11 所示。在其中输入要修改的商品信息，然后单击"修改"按钮，则将商品信息提交给 goods/update 处理。

图 15.11　修改商品页面

修改商品的实现步骤如下。

❶ 编写视图

在 web/WEB-INF/pages/admin 目录下创建修改商品页面 goodsUpdate.jsp。该页面与新增商品页面的内容基本相同，这里不再赘述。

❷ 编写控制器层

"修改商品"功能模块有两个处理请求，即 goods/updateSelect?id=${goods.id} 和 goods/update。系统根据 @RequestMapping 注解找到对应控制器类 controller.admin. GoodsController 的 updateSelect 和 update 方法处理请求。在控制器类的处理方法中调用 service.admin.GoodsService 接口的 updateSelect 和 update 方法处理业务。控制器层的相关代码如下：

```
@GetMapping("/updateSelect")
public String updateSelect(int id, Model model) {
    return goodsService.updateSelect(id, model);
}
@PostMapping("/update")
public String update(Goods goods, HttpServletRequest request, Model model) {
    return goodsService.update(goods, request, model);
}
```

❸ 编写 Service 层

修改商品查询和修改商品的 Service 层的相关代码如下：

```
@Override
public String updateSelect(int id, Model model) {
    model.addAttribute("goods", goodsMapper.selectAgoods(id));
    model.addAttribute("allTypes", typeMapper.selectAllGoodsType());
    return "admin/goodsUpdate";
}
```

```java
@Override
public String update(Goods goods, HttpServletRequest request, Model model) {
    // 文件的上传
    MultipartFile mtf = goods.getGpictureForm();
    String fileName = mtf.getOriginalFilename();
    if(fileName.length() > 0) {
        // 上传后的文件名
        String fileNewName = MyUtil.getRandomStr(10) +
                fileName.substring(fileName.lastIndexOf("."));
        // 上传到哪里，即文件的目录
        //(1) 生产环境，服务器上
        //String realpath = request.getServletContext().getRealPath
        //("static/images");
        //(2) 开发环境，工作空间
        String realpath = "D:\\idea-workspace\\ch15\\src\\main\\
            webapp\\static\\images";
        File dirUp = new File(realpath, fileNewName);
        try {
            mtf.transferTo(dirUp);
        } catch (IllegalStateException | IOException e) {
            // TODO Auto-generated catch block
            e.printStackTrace();
        }
        // 将上传后的文件名封装到商品对象
        goods.setGpicture(fileNewName);
    }
    // 将商品信息更新到数据库
    if(goodsMapper.update(goods) > 0) {
        return select(model, 1); // 查询商品
    }
    return updateSelect(goods.getId(), model); // 回到修改商品页面
}
```

❹ 编写 SQL 映射文件

"修改商品"功能模块的 SQL 语句如下：

```xml
<update id="update" parameterType="Goods">
    update goodstable set gname = #{gname}, goprice = #{goprice}, grprice =
        #{grprice},
gstore = #{gstore}, gpicture = #{gpicture}, goodstype_id = #{goodstype_id},
    isshow = #{isshow}
    where id=#{id}
</update>
```

▶ 15.5.6 删除商品

单击图 15.4 中的"删除"链接（javascript:confirmDelete(${goods.id})）可以实现单个商品的删除，成功删除（关联商品不允许删除）后将返回删除商品页面。

❶ 编写控制器层

"删除商品"功能模块的处理请求是 goods/delete。相关控制器层的代码如下：

```java
@DeleteMapping("/delete")
@ResponseBody
public Map<String, Object> delete(@RequestBody Goods goods) {
    return goodsService.delete(goods.getId());
}
```

❷ 编写 Service 层

"删除商品"功能模块的相关业务处理的代码如下：

```
@Override
public Map<String, Object> delete(int id) {
    Map<String, Object> hashmap = new HashMap<String, Object>();
    // 判断删除条件
    if (goodsMapper.selectCart(id).size() > 0 ||
            goodsMapper.selectFocus(id).size() > 0 ||
            goodsMapper.selectOrder(id).size() > 0)
        hashmap.put("msg", "id为" + id + "的商品有关联数据，不允许删除！");
    else {
        if (goodsMapper.delete(id) > 0)
            hashmap.put("msg", "成功删除id为" + id + "的商品");
        else
            hashmap.put("msg", "删除失败");
    }
    return hashmap;
}
```

❸ 编写 SQL 映射文件

"删除商品"功能模块的相关 SQL 语句如下：

```
<select id="selectCart" resultType="map" parameterType="int">
    select * from carttable where goodstable_id = #{id}
</select>
<select id="selectFocus" resultType="map" parameterType="int">
        select * from focustable where goodstable_id = #{id}
</select>
<select id="selectOrder" resultType="map" parameterType="int">
    select * from orderdetail where goodstable_id = #{id}
</select>
<delete id="delete" parameterType="int">
    delete from goodstable where id = #{id}
</delete>
```

▶ 15.5.7　查询订单

在后台管理子系统的主页面中单击"查询订单"选项（admin/selectOrder?currentPage=1），将打开查询订单页面 orderManage.jsp，如图 15.12 所示。

管理主界面

商品管理 ▾　　类型管理 ▾　　查询订单　　销量统计 ▾　　安全退出

订单信息

ID	用户邮箱	订单金额	订单状态	下单日期
1	chenheng@126.com	4000.0	已支付	2022-12-13T08:37:09
2	chenheng@126.com	3200.0	未支付	2022-12-13T09:26:40

第1页　　共6页　　下一页

图 15.12　查询订单页面

查询订单的实现步骤如下。

❶ 编写视图

在 web/WEB-INF/pages/admin 目录下创建查询订单页面 orderManage.jsp。该页面的代码参见本书提供的源程序 ch15。

❷ 编写控制器层

"查询订单"功能模块的处理请求为 selectOrder?currentPage=1。系统根据 @RequestMapping 注解找到对应控制器类 controller.admin.AdminController 的 selectOrder 方法处理请求。在控制器类的处理方法中调用 service.admin.AdminService 接口的 selectOrder 方法处理业务。相关控制器层的代码如下：

```
@GetMapping("/selectOrder")
public String selectOrder(Model model, int currentPage) {
    return adminService.selectOrder(model, currentPage);
}
```

❸ 编写 Service 层

"查询订单"功能模块的相关 Service 层的代码如下：

```
@Override
public String selectOrder(Model model, int currentPage) {
    // 共多少条
    int totalCount = adminMapper.selectAllOrder();
    int pageSize = 2;
    // 共多少页
    int totalPage = (int)Math.ceil(totalCount*1.0/pageSize);
    int startIndex = (currentPage-1)*pageSize;
    model.addAttribute("totalPage", totalPage);
    model.addAttribute("currentPage", currentPage);
    model.addAttribute("allOders", adminMapper.selectOrderByPage(startIndex,
        pageSize));
    return "admin/orderManage";
}
```

❹ 编写 SQL 映射文件

"查询订单"功能模块的相关 SQL 语句如下：

```
<select id="selectAllOrder" resultType="integer">
    select count(*) from orderbasetable
</select>
<!-- 分页查询 -->
<select id="selectOrderByPage" resultType="map">
    select obt.*, bt.bemail from orderbasetable obt, busertable bt where
        obt.busertable_id = bt.id limit #{startIndex}, #{pageSize}
</select>
```

▶ 15.5.8　按月统计

在后台管理子系统的主页面中单击"销量统计"下的"按月统计"选项（admin/selectOrderByMonth），可以打开近一年的销量统计，如图 15.13 所示。

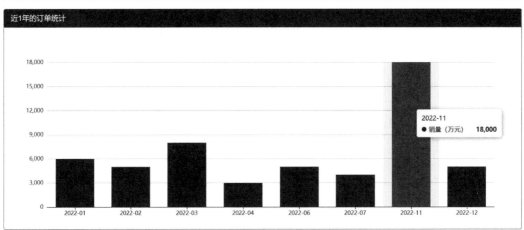

图 15.13　按月统计页面

按月统计的实现步骤如下。

❶ 编写视图

在 web/WEB-INF/pages/admin 目录下创建按月统计页面 selectOrderByMonth.jsp。
selectOrderByMonth.jsp 的代码如下：

```jsp
<%@ page language="java" contentType="text/html; charset=UTF-8"
    pageEncoding="UTF-8"%>
<%
String path = request.getContextPath();
String basePath = request.getScheme()+"://"+request.getServerName()+":"+
    request.getServerPort()+path+"/";
%>
<!DOCTYPE html>
<html>
<head>
<base href="<%=basePath%>">
<meta charset="UTF-8">
<title>Insert title here</title>
<script src="static/js/echarts.js"></script>
</head>
<body>
<jsp:include page="nav.jsp"></jsp:include>
<div class="container">
    <div class="panel panel-primary">
        <div class="panel-heading">
            <h3 class="panel-title"> 近 1 年的订单统计 </h3>
        </div>
        <div class="panel-body">
            <div id="demo" style="width: '80%'; height: 400px;"></div>
        </div>
    </div>
</div>
<script type="text/javascript">
    var demo= echarts.init(document.getElementById('demo'));
    var option = {
        tooltip: {
            trigger: 'axis',
```

```
                axisPointer: {
                        type: 'shadow'
                }
        },
        grid: {
                left: '3%',
                right: '4%',
                bottom: '3%',
                containLabel: true
        },
        xAxis: {
                type: 'category',
                data: ${months},
                axisTick: {
                        alignWithLabel: true
                }
        },
        yAxis: {
                type: 'value'
        },
        series: [
                {
                data: ${totalAmount},
                type: 'bar',
                name: '销量（万元）',
                }
        ]
    };
    demo.setOption(option);
</script>
</body>
</html>
```

❷ 编写控制器层

"按月统计"功能模块的处理请求为 admin/selectOrderByMonth。系统根据 @Request-Mapping 注解找到对应控制器类 controller.admin.AdminController 的 selectOrderByMonth 方法处理请求。在控制器类的处理方法中调用 service.admin.AdminService 接口的 selectOrderByMonth 方法处理业务。相关控制器层的代码如下：

```
@GetMapping("/selectOrderByMonth")
public String selectOrderByMonth(Model model) {
    return adminService.selectOrderByMonth(model);
}
```

❸ 编写 Service 层

"按月统计"功能模块的相关 Service 层的代码如下：

```
@Override
public String selectOrderByMonth(Model model) {
    List<Map<String, Object>> myList = adminMapper.selectOrderByMonth();
    List<String> months = new ArrayList<String>();
    List<Double> totalAmount = new ArrayList<Double>();
    for (Map<String, Object> map: myList) {
        months.add("'" + map.get("months") + "'");
        totalAmount.add((Double)map.get("totalamount"));
    }
    model.addAttribute("months", months);
    model.addAttribute("totalAmount", totalAmount);
```

```
        return "admin/selectOrderByMonth";
    }
```

❹ 编写 SQL 映射文件

"按月统计"功能模块的相关 SQL 语句如下：

```
<!-- 订单销量按月统计（最近一年的）-->
<select id="selectOrderByMonth" resultType="map">
    select sum(amount) totalamount, date_format(orderdate,'%Y-%m') months
        from orderbasetable where status = 1 and orderdate >
            date_sub(curdate(), interval 1 year)
    group by months order by months
</select>
```

▶ 15.5.9　按类型统计

在后台管理子系统的主页面中单击"销量统计"下的"按类型统计"选项（admin/selectOrderByType），可以打开近一年的按类型统计的销量，如图 15.14 所示。

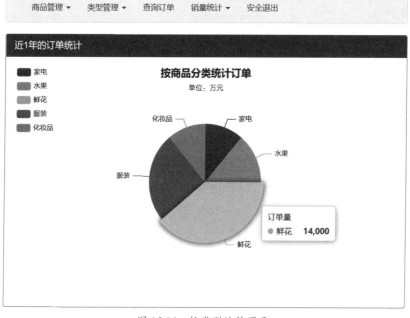

图 15.14　按类型统计页面

按类型统计的实现步骤如下。

❶ 编写视图

在 web/WEB-INF/pages/admin 目录下创建按类型统计页面 selectOrderByType.jsp。selectOrderByType.jsp 的代码如下：

```
<%@ page language="java" contentType="text/html; charset=UTF-8"
    pageEncoding="UTF-8"%>
<%
String path = request.getContextPath();
String basePath = request.getScheme()+"://"+request.getServerName()+":"+
    request.getServerPort()+path+"/";
```

```jsp
%>
<!DOCTYPE html>
<html>
<head>
<base href="<%=basePath%>">
<meta charset="UTF-8">
<title>Insert title here</title>
<script src="static/js/echarts.js"></script>
</head>
<body>
<jsp:include page="nav.jsp"></jsp:include>
<div class="container">
    <div class="panel panel-primary">
        <div class="panel-heading">
            <h3 class="panel-title">近 1 年的订单统计 </h3>
        </div>
        <div class="panel-body">
            <div id="demo" style="width: '80%'; height: 400px;"></div>
        </div>
    </div>
</div>
<script type="text/javascript">
    var demo= echarts.init(document.getElementById('demo'));
    var typenames = ${typenames};
    var totalAmount = ${totalAmount};
    var dataList = [];
    for(var i = 0; i < typenames.length; i++){
        dataList[i] = {value: totalAmount[i], name: typenames[i]};
    }
    var option = {
            title: {
                text: ' 按商品分类统计订单 ',
                subtext: ' 单位: 万元 ',
                left: 'center'
            },
            tooltip: {
                trigger: 'item'
            },
            legend: {
                orient: 'vertical',
                left: 'left'
            },
            series: [
                {
                name: ' 订单量 ',
                type: 'pie',
                radius: '50%',
                data: dataList,
                emphasis: {
                    itemStyle: {
                    shadowBlur: 10,
                    shadowOffsetX: 0,
                    shadowColor: 'rgba(0, 0, 0, 0.5)'
                    }
                }
                }
            ]
        };
    demo.setOption(option);
</script>
</body>
</html>
```

❷ 编写控制器层

"按类型统计"功能模块的处理请求为 admin/selectOrderByType。系统根据
@RequestMapping 注解找到对应控制器类 controller.admin.AdminController 的 selectOrderByType
方法处理请求。在控制器类的处理方法中调用 service.admin.AdminService 接口的
selectOrderByType 方法处理业务。相关控制器层的代码如下：

```java
@GetMapping("/selectOrderByType")
public String selectOrderByType(Model model) {
    return adminService.selectOrderByType(model);
}
```

❸ 编写 Service 层

"按类型统计"功能模块的相关 Service 层的代码如下：

```java
@Override
public String selectOrderByType(Model model) {
    List<Map<String, Object>> myList = adminMapper.selectOrderByType();
    List<String> typenames = new ArrayList<String>();
    List<Double> totalAmount = new ArrayList<Double>();
    for (Map<String, Object> map: myList) {
        typenames.add("'" + (String)map.get("name") + "'");
        totalAmount.add((Double)map.get("value"));
    }
    model.addAttribute("typenames", typenames);
    model.addAttribute("totalAmount", totalAmount);
    return "admin/selectOrderByType";
}
```

❹ 编写 SQL 映射文件

"按类型统计"功能模块的相关 SQL 语句如下：

```xml
<!-- 按类型统计（最近一年） -->
<select id="selectOrderByType" resultType="map">
    select sum(ob.amount) value, gy.typename name
    from orderbasetable ob, orderdetail od, goodstype gy, goodstable gt
        where ob.status = 1 and ob.orderdate > date_sub(curdate(),
    interval 1 year)
    and od.orderbasetable_id=ob.id
    and gt.id=od.goodstable_id
    and gt.goodstype_id = gy.id
    group by gy.typename
</select>
```

▶ 15.5.10　安全退出

在后台管理子系统的主页面中单击"安全退出"选项（admin/logout），将返回后台登录
页面。系统根据 @RequestMapping 注解找到对应控制器类 controller.admin. AdminController
的 logout 方法处理请求。在 logout 方法中执行 session.invalidate() 使 session 失效，并
返回后台登录页面。其具体代码如下：

```java
@GetMapping("/logout")
public String logout(HttpSession session) {
    session.invalidate();
    return "admin/login";
}
```

15.6 前台电子商务子系统的实现

游客具有浏览首页、查看商品详情和搜索商品等权限。成功登录的用户除了具有游客具有的权限以外，还具有购买商品、查看购物车、收藏商品、查看我的订单以及个人信息的权限。本节将详细讲解前台电子商务子系统的实现。

▶ 15.6.1 导航栏及首页搜索

在前台的每个 JSP 页面中都引入了一个名为 header.jsp 的页面，引入代码如下：

```
<jsp:include page="header.jsp"/>
```

header.jsp 中的商品类型以及广告区域的商品信息都是从数据库中获取的。header.jsp 页面的运行效果如图 15.15 所示。

图 15.15　导航栏

在导航栏的搜索框中输入信息，单击"搜索"按钮，将搜索信息提交给 index/search 请求处理，则系统根据 @RequestMapping 注解找到 controller.before.IndexController 控制器类的 search 方法处理请求，并将搜索到的商品信息显示在 index.jsp 页面上。

❶ 编写视图

在 web/WEB-INF/pages/before 目录下创建两个 JSP 页面 header.jsp 和 index.jsp。header.jsp 和 index.jsp 页面的代码请参见本书提供的源程序 ch15。

❷ 编写控制器层

该功能模块的控制器层涉及 controller.before.IndexController 控制器类的处理方法 search，具体代码如下：

```
@RequestMapping("/index/search")
public String search(String mykey, Model model) {
    return indexService.search(mykey, model);
}
```

❸ 编写 Service 层

该功能模块的 Service 层的代码如下：

```
@Override
public void head(Model model) {
    // 广告商品
    model.addAttribute("adviseGoods", indexMapper.selectAdviseGoods());
    // 类型
    model.addAttribute("allTypes", typeMapper.selectAllGoodsType());
}
@Override
public String search(String mykey, Model model) {
```

```
        head(model);
        model.addAttribute("lastedGoods", indexMapper.search(mykey));
        return "before/index";
    }
```

❹ 编写 SQL 映射文件

该功能模块的相关 SQL 语句如下：

```
<!-- 查询广告商品 -->
<select id="selectAdviseGoods" resultType="Goods">
    select * from goodstable where isshow = 1 order by id desc
</select>
<!-- 查询最新商品 -->
<select id="selectLastedGoods" resultType="Goods" parameterType="int">
    select * from goodstable where isshow = 0
    <if test="id != 0">
        and goodstype_id = #{id}
    </if>
    order by id desc
</select>
<!-- 搜索商品 -->
<select id="search" resultType="Goods" parameterType="string">
    select * from goodstable where isshow = 0
    and gname like concat('%', #{mykey}, '%')
    order by id desc
</select>
```

▶ 15.6.2　最新商品

最新商品是以商品编号降序排列的，因为商品编号是用 MySQL 自动递增产生的。其具体实现步骤如下。

❶ 编写视图

在 web/WEB-INF/pages/before 目录下创建 index.jsp 页面，因为和 15.6.1 节中的 index.jsp 相同，这里不再赘述。

❷ 编写控制器层

该功能模块的控制器层涉及 controller.before.IndexController 控制器类的处理方法 index，具体代码如下：

```
@RequestMapping("/index")
public String index(Model model, int id) {
    return indexService.index(model, id);
}
```

❸ 编写 Service 层

该功能模块的 Service 层的代码如下：

```
@Override
public String index(Model model, int id) {
    head(model);
    model.addAttribute("lastedGoods", indexMapper.selectLastedGoods(id));
    return "before/index";
}
```

❹ 编写 SQL 映射文件

该功能模块的相关 SQL 语句如下：

```
<!-- 查询最新商品 -->
<select id="selectLastedGoods" resultType="Goods" parameterType="int">
    select * from goodstable where isshow = 0
    <if test="id != 0">
        and goodstype_id = #{id}
    </if>
    order by id desc
</select>
```

▶ 15.6.3　用户注册

单击导航栏中的"注册"（user/toRegister），将打开注册页面register.jsp，如图15.16所示。

图 15.16　注册页面

在打开的页面中输入用户信息，单击"注册"按钮，将用户信息提交给 user/register 处理请求，则系统根据 @RequestMapping 注解找到 controller.before.UserController 控制器类的 toRegister 和 register 方法处理请求。

用户注册的实现步骤如下。

❶ 编写视图

在 web/WEB-INF/pages/before 目录下创建 register.jsp 页面，因为其代码与后台登录页面的代码类似，这里不再赘述。

❷ 编写控制器层

该功能模块涉及 controller.before.UserController 控制器类的 toRegister 和 register 方法，具体代码如下：

```
@GetMapping("/toRegister")
public String toRegister() {
    return "before/register";
}
@PostMapping("/register")
public String register(Buser buser) {
    return userService.register(buser);
}
```

❸ 编写 Service 层

该功能模块的 Service 层的代码如下：

```
@Override
public String isUse(Buser buser) {
    if(userMapper.selectBuserByEmail(buser).size() > 0)
        return "no";
    return "ok";
```

```
}
@Override
public String register(Buser buser) {
    // 明文变密文
    buser.setBpwd(MD5Util.MD5(buser.getBpwd()));
    if(userMapper.register(buser) > 0)
        return "before/login";
    return "before/register";
}
```

❹ 编写 SQL 映射文件

该功能模块的相关 SQL 语句如下：

```
<select id="selectBuserByEmail" resultType="Buser" parameterType="Buser">
    select * from busertable where bemail = #{bemail}
</select>
<insert id="register" parameterType="Buser">
    insert into busertable values(null, #{bemail}, #{bpwd})
</insert>
```

▶ 15.6.4　用户登录

用户注册成功后将跳转到登录页面 login.jsp，如图 15.17 所示。

图 15.17　登录页面

在图 15.17 中输入信息后单击"登录"按钮，将用户输入的邮箱、密码以及验证码提交给 user/login 请求处理，则系统根据 @RequestMapping 注解找到 controller.before. UserController 控制器类的 login 方法处理请求。登录成功后，将用户的登录信息保存在 session 对象中，然后回到网站首页。

用户登录的具体实现步骤如下。

❶ 编写视图

在 web/WEB-INF/pages/before 目录下创建 login.jsp 页面，因为其代码与后台登录页面的代码类似，这里不再赘述。

❷ 编写控制器层

该功能模块涉及 controller.before.UserController 控制器类的 login 方法，具体代码如下：

```
@PostMapping("/login")
public String login(Buser buser, Model model, HttpSession session) {
    return userService.login(buser, model, session);
}
```

❸ 编写 Service 层

该功能模块的 Service 层的代码如下：

```
@Override
public String login(Buser buser, Model model, HttpSession session) {
    // 获得程序产生的验证码计算结果
    String rand = (String)session.getAttribute("rand");
    if(!rand.equals(buser.getCode())) {
        model.addAttribute("errorMessage", "验证码错误！");
        model.addAttribute("bemail", buser.getBemail());
        return "before/login";
    }
    // 把明文密码变成 MD5 密文
    buser.setBpwd(MD5Util.MD5(buser.getBpwd()));
    List<Buser> listBuser = userMapper.login(buser);
    if(listBuser.size() == 0) {          // 登录失败
        model.addAttribute("errorMessage", "邮箱或密码错误！");
        model.addAttribute("bemail", buser.getBemail());
        return "before/login";
    }else {          // 登录成功
        session.setAttribute("buser", listBuser.get(0));
        // 如果回到控制器的请求 URL，使用转发 forward 或重定向 redirect
        return "forward:/index?id=0";
    }
}
```

❹ 编写 SQL 映射文件

该功能模块的 SQL 语句如下：

```
<select id="login" resultType="Buser" parameterType="Buser">
    select * from busertable where bemail = #{bemail} and bpwd=#{bpwd}
</select>
```

▶ 15.6.5 商品详情

用户可以从最新商品、广告商品以及搜索商品结果等位置单击商品图片进入商品详情页面 goodsDetail.jsp，如图 15.18 所示。

图 15.18 商品详情页面

商品详情的具体实现步骤如下。

❶ 编写视图

该功能模块的视图涉及 web/WEB-INF/pages/before 目录下的 goodsDetail.jsp，其代码请参见本书提供的源程序 ch15。

❷ 编写控制器层

该功能模块涉及 controller.before.IndexController 控制器类的 goodsDetail 方法，具体代码如下：

```
@GetMapping("/index/goodsDetail")
public String goodsDetail(Model model, int id) {
    return indexService.goodsDetail(model, id);
}
```

❸ 编写 Service 层

该功能模块的 Service 层的代码如下：

```
@Override
public String goodsDetail(Model model, int id) {
    head(model);
    model.addAttribute("goods", goodsMapper.selectAgoods(id));
    return "before/goodsDetail";
}
```

❹ 编写 SQL 映射文件

该功能模块的 SQL 语句和 15.5.4 节中的相同，这里不再赘述。

▶ 15.6.6　收藏商品

成功登录的用户可以在商品详情页面、首页以及搜索商品结果页面中单击"加入收藏"按钮收藏商品，此时请求路径为 index/focus（Ajax 实现）。系统根据 @RequestMapping 注解找到 controller.before.IndexController 控制器类的 focus 方法处理请求。

收藏商品的具体实现步骤如下。

❶ 编写控制器层

该功能模块涉及 controller.before.IndexController 控制器类的 focus 方法，具体代码如下：

```
@PostMapping("/index/focus")
@ResponseBody
public String focus(@RequestBody Goods goods, HttpSession session) {
    return indexService.focus(goods, session);
}
```

❷ 编写 Service 层

该功能模块的 Service 层的代码如下：

```
@Override
public String focus(Goods goods, HttpSession session) {
    Buser buser = MyUtil.getBuserFromSession(session);
    // 判断是否登录
    if(buser == null)
        return "noLogin";
    // 判断是否已收藏
    List<Map<String, Object>> listmap =
            indexMapper.isFocus(goods.getId(), buser.getId());
    if(listmap.size() > 0)
        return "no";
    // 收藏商品
    if(indexMapper.focus(goods.getId(), buser.getId()) > 0)
        return "ok";
```

```
        return null;
    }
```

❸ 编写 SQL 映射文件

该功能模块的 SQL 语句如下：

```
<select id="isFocus" resultType="map">
    select * from focustable where
    goodstable_id = #{goodstable_id}
    and busertable_id = #{busertable_id}
</select>
<insert id="focus">
    insert into focustable values(null, #{goodstable_id},
    #{busertable_id}, now())
</insert>
```

▶ 15.6.7 购物车

单击商品详情页面中的"加入购物车"按钮或导航栏中的"我的购物车"，将打开购物车页面 cart.jsp，如图 15.19 所示。

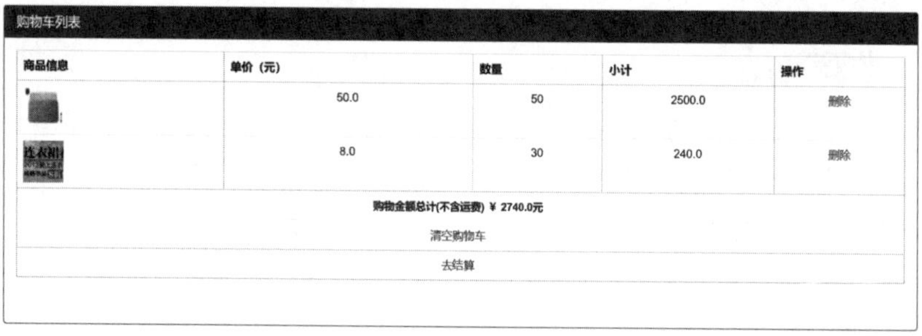

商品信息	单价（元）	数量	小计	操作
	50.0	50	2500.0	删除
	8.0	30	240.0	删除
购物金额总计(不含运费) ￥ 2740.0元				
清空购物车				
去结算				

图 15.19　购物车页面

与购物车有关的处理请求是 cart/putCart（加入购物车）、cart/clearCart（清空购物车）、cart/selectCart（查询购物车）和 cart/deleteCart（删除购物车）。系统根据 @RequestMapping 注解分别找到 controller.before.CartController 控制器类的 putCart、clearCart、selectCart、deleteCart 等方法处理请求。

购物车的具体实现步骤如下。

❶ 编写视图

该功能模块的视图涉及 web/WEB-INF/pages/before 目录下的 cart.jsp 页面，其代码请参见本书提供的源程序 ch15。

❷ 编写控制器层

该功能模块涉及 controller.before.CartController 控制器类的 putCart、clearCart、selectCart、deleteCart 等方法，具体代码如下：

```
@GetMapping("/putCart")
public String putCart(Cart cart, HttpSession session) {
    return cartService.putCart(cart, session);
}
@GetMapping("/selectCart")
public String selectCart(HttpSession session, Model model, String act) {
    return cartService.selectCart(session, model, act);
}
@RequestMapping("/deleteCart")
```

```java
public String deleteCart(int cid) {
    return cartService.deleteCart(cid);
}
@RequestMapping("/clearCart")
public String clearCart(HttpSession session) {
    return cartService.clearCart(session);
}
```

❸ 编写 Service 层

该功能模块的 Service 层的代码如下：

```java
@Override
public String putCart(Cart cart, HttpSession session) {
    cart.setBusertable_id(MyUtil.getBuserFromSession(session).getId());
    // 是否在购物车中
    List<Cart> listcart = cartMapper.isCart(cart);
    // 在，更新
    if(listcart.size() > 0)
        cartMapper.updateCart(cart);
    else
        // 不在，添加
        cartMapper.insertCart(cart);
    return "forward:/cart/selectCart";
}
@Override
public String selectCart(HttpSession session, Model model, String act) {
    int busertable_id = MyUtil.getBuserFromSession(session).getId();
    List<Map<String, Object>> listmap = cartMapper.selectCart(busertable_
        id);
    double total = 0;
    for (Map<String, Object> map: listmap) {
        total = total + ((Double)map.get("smallsum")).doubleValue();
    }
    model.addAttribute("total", total);
    model.addAttribute("cartlist", listmap);
    indexService.head(model);
    if("toCount".equals(act))
        return "before/count";
    return "before/cart";
}
@Override
public String deleteCart(int cid) {
    cartMapper.deleteCart(cid);
    return "forward:/cart/selectCart";
}
@Override
public String clearCart(HttpSession session) {
    int busertable_id = MyUtil.getBuserFromSession(session).getId();
    cartMapper.clearCart(busertable_id);
    return "forward:/cart/selectCart";
}
```

❹ 编写 SQL 映射文件

该功能模块的 SQL 语句如下：

```xml
<!-- 是否已添加购物车 -->
<select id="isCart" resultType="Cart" parameterType="Cart">
    select * from carttable
    where busertable_id = #{busertable_id} and
    goodstable_id = #{goodstable_id}
</select>
<update id="updateCart" parameterType="Cart">
```

```
    update carttable set
        shoppingnum = shoppingnum + #{shoppingnum}
    where busertable_id = #{busertable_id} and
        goodstable_id = #{goodstable_id}
</update>
<insert id="insertCart" parameterType="Cart">
    insert into carttable values(null,
        #{busertable_id},
        #{goodstable_id},
        #{shoppingnum})
</insert>
<select id="selectCart" parameterType="int" resultType="map">
    select gt.id gid, gt.gname, gt.grprice, gt.gpicture, ct.id cid,
    ct.shoppingnum, gt.grprice*ct.shoppingnum smallsum
    from carttable ct, goodstable gt
    where ct.busertable_id = #{busertable_id} and
    ct.goodstable_id = gt.id
</select>
<delete id="deleteCart" parameterType="int">
    delete from carttable where id = #{id}
</delete>
<delete id="clearCart" parameterType="int">
    delete from carttable where busertable_id = #{busertable_id}
</delete>
```

▶ 15.6.8　下单

在购物车页面中单击"去结算"按钮，进入订单确认页面 count.jsp，如图 15.20 所示。

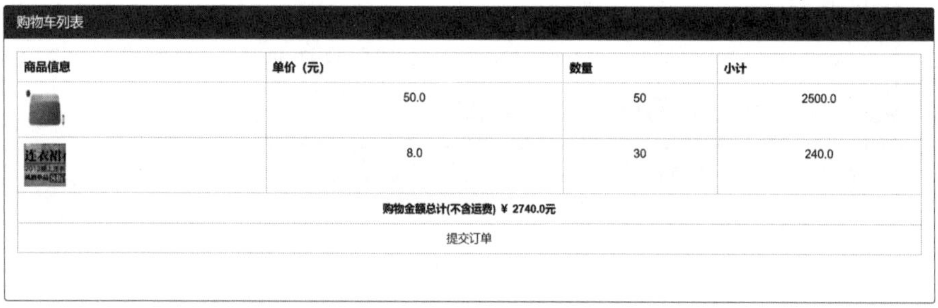

图 15.20　订单确认页面

在订单确认页面中单击"提交订单"，完成订单的提交。当订单提交完成时，页面效果如图 15.21 所示。

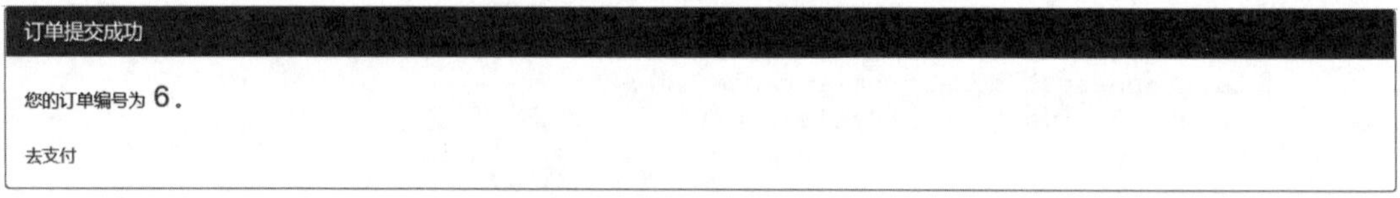

订单提交成功
您的订单编号为 6.
去支付

图 15.21　订单提交完成页面

单击图 15.21 中的"去支付"完成订单的支付。

下单的具体实现步骤如下。

❶ 编写视图

该功能模块的视图涉及 web/WEB-INF/pages/before 目录下的 count.jsp 和 pay.jsp。count.
jsp 和 pay.jsp 的代码请参见本书提供的源程序 ch15。

❷ 编写控制器层

该功能模块涉及 controller.before.CartController 控制器类的 orderSubmit 和 pay 方法，具体代码如下：

```java
@RequestMapping("/orderSubmit")
public String orderSubmit(Order order, HttpSession session, Model model) {
    return cartService.orderSubmit(order, session, model);
}
@RequestMapping("/pay")
public String pay(int id) {
    return cartService.pay(id);
}
```

❸ 编写 Service 层

该功能模块的 Service 层的代码如下：

```java
@Override
@Transactional     // 事务管理
public String orderSubmit(Order order, HttpSession session, Model model) {
    int busertable_id = MyUtil.getBuserFromSession(session).getId();
    order.setBusertable_id(busertable_id);
    order.setStatus(0);
    //1. 生成订单，并产生订单编号，存储在 order 对象中
    cartMapper.insertOrder(order);
    //2. 生成订单详情
    cartMapper.insertOrderDetail(order);
    //3. 减少商品库存
    cartMapper.updateStore(busertable_id);
    //4. 清空购物车
    cartMapper.clearCart(busertable_id);
    model.addAttribute("order", order);
    indexService.head(model);
    return "before/pay";
}
@Override
public String pay(int id) {
    cartMapper.pay(id);
    return "forward:/index?id=0";
}
```

❹ 编写 SQL 映射文件

该功能模块的 SQL 语句如下：

```xml
<!-- 添加一个订单，成功后将主键值回填给 id（Order 类的属性）-->
<insert id="insertOrder" parameterType="Order"
keyProperty="id" useGeneratedKeys="true">
    insert into orderbasetable values(null, #{busertable_id}, #{amount},
        #{status}, now())
</insert>
<insert id="insertOrderDetail" parameterType="Order">
    insert into orderdetail (orderbasetable_id, goodstable_id, shoppingnum)
    select #{id}, goodstable_id, shoppingnum from carttable
        where busertable_id = #{busertable_id}
</insert>
<update id="updateStore" parameterType="int">
    update goodstable gt inner join
        (select goodstable_id, shoppingnum from carttable where
            busertable_id = #{busertable_id}) ct
    set gt.gstore = gt.gstore - ct.shoppingnum
    where gt.id = ct.goodstable_id
```

```
</update>
<update id="pay" parameterType="int">
    update orderbasetable set status = 1 where id = #{id}
</update>
```

▶ 15.6.9　个人信息

成功登录的用户，在导航栏中单击"个人信息"（cart/userInfo），将进入用户修改密码页面 userInfo.jsp，如图 15.22 所示。

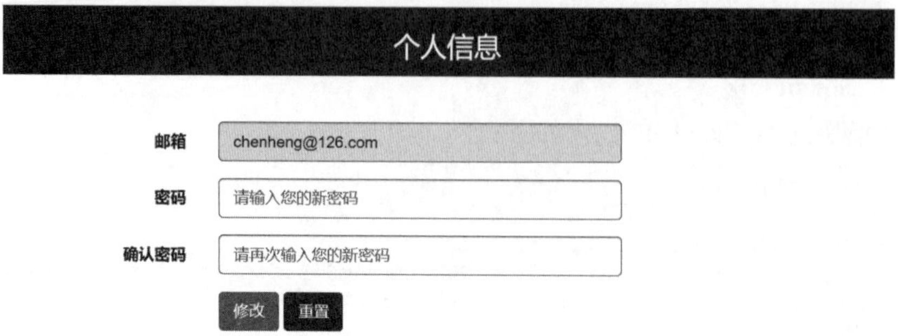

| 个人信息 |
| 邮箱　　chenheng@126.com |
| 密码　　请输入您的新密码 |
| 确认密码　请再次输入您的新密码 |
| 修改　重置 |

图 15.22　用户修改密码页面

个人信息的具体实现步骤如下。

❶ 编写视图

该功能模块的视图涉及 web/WEB-INF/pages/before 目录下的 userInfo.jsp，其代码与登录页面类似，这里不再赘述。

❷ 编写控制器层

该功能模块涉及 controller.before.CartController 控制器类的 userInfo 和 updatePWD 方法，具体代码如下：

```
@GetMapping("/userInfo")
public String userInfo() {
    return "before/userInfo";
}
@PostMapping("/updatePWD")
public String updatePWD(HttpSession session, Buser buser) {
    return cartService.updatePWD(session, buser);
}
```

❸ 编写 Service 层

该功能模块的 Service 层的代码如下：

```
@Override
public String updatePWD(HttpSession session, Buser buser) {
    // 明文变密文
    buser.setBpwd(MD5Util.MD5(buser.getBpwd()));
    if(cartMapper.updatePWD(buser) > 0) {
        session.invalidate();
        return "before/login";
    }
    return "before/userInfo";
}
```

❹ 编写 SQL 映射文件

该功能模块的 SQL 语句如下：

```
<update id="updatePWD" parameterType="Buser">
    update busertable set bpwd = #{bpwd} where id = #{id}
</update>
```

▶ 15.6.10　我的收藏

成功登录的用户，在导航栏中单击"我的收藏"（cart/myFocus），将进入用户收藏页面 myFocus.jsp，如图 15.23 所示。

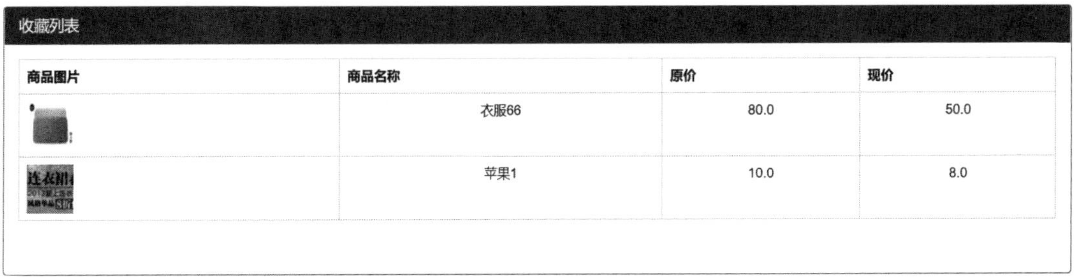

收藏列表			
商品图片	商品名称	原价	现价
	衣服66	80.0	50.0
	苹果1	10.0	8.0

图 15.23　用户收藏页面

其具体实现步骤如下。

❶ 编写视图

该功能模块的视图涉及 web/WEB-INF/pages/before 目录下的 myFocus.jsp，其代码请参见本书提供的源程序 ch15。

❷ 编写控制器层

该功能模块涉及 controller.before.CartController 控制器类的 myFocus 方法，具体代码如下：

```
@GetMapping("/myFocus")
public String myFocus(HttpSession session, Model model) {
    return cartService.myFocus(session, model);
}
```

❸ 编写 Service 层

该功能模块的 Service 层的代码如下：

```
@Override
public String myFocus(HttpSession session, Model model) {
    int busertable_id = MyUtil.getBuserFromSession(session).getId();
    indexService.head(model);
    model.addAttribute("myFocus", cartMapper.myFocus(busertable_id));
    return "before/myFocus";
}
```

❹ 编写 SQL 映射文件

该功能模块的 SQL 语句如下：

```
<select id="myFocus" parameterType="int" resultType="map">
    select gt.id, gt.gpicture, gt.gname, gt.grprice, gt.goprice
    from goodstable gt, focustable ft
    where ft.goodstable_id = gt.id and ft.busertable_id = #{busertable_id}
</select>
```

▶ 15.6.11 我的订单

成功登录的用户，在导航栏中单击"我的订单"（cart/myOrder），将进入用户订单页面 myOrder.jsp，如图 15.24 所示。

图 15.24 用户订单页面

单击图 15.24 中的"查看详情"链接（cart/orderDetail?id=${order.id}），将进入订单详情页面 orderDetail.jsp，如图 15.25 所示。

订单详情				
商品编号	商品图片	商品名称	商品购买价	购买数量
47		衣服66	50.0	50
36		苹果1	8.0	30

图 15.25 订单详情页面

其具体实现步骤如下。

❶ 编写视图

该功能模块的视图涉及 web/WEB-INF/pages/before 目录下的 myOrder.jsp 和 orderDetail.jsp。myOrder.jsp 和 orderDetail.jsp 的代码请参见本书提供的源程序 ch15。

❷ 编写控制器层

该功能模块涉及 controller.before.CartController 控制器类的 myOrder 和 orderDetail 方法，具体代码如下：

```
@GetMapping("/myOrder")
public String myOrder(HttpSession session, Model model) {
    return cartService.myOrder(session, model);
}
@GetMapping("/orderDetail")
public String orderDetail(int id, Model model) {
    return cartService.orderDetail(id, model);
}
```

❸ 编写 Service 层

该功能模块的 Service 层的代码如下：

```
@Override
public String myOrder(HttpSession session, Model model) {
    int busertable_id = MyUtil.getBuserFromSession(session).getId();
    model.addAttribute("myOrder", cartMapper.myOrder(busertable_id));
    indexService.head(model);
    return "before/myOrder";
}
@Override
public String orderDetail(int id, Model model) {
    indexService.head(model);
    model.addAttribute("orderDetail", cartMapper.orderDetail(id));
    return "before/orderDetail";
}
```

❹ 编写 SQL 映射文件

该功能模块的 SQL 语句如下：

```
<select id="myOrder" parameterType="int" resultType="Order">
select id, amount, status, DATE_FORMAT(orderdate, '%Y-%m-%d %T') orderdate
    from orderbasetable where busertable_id = #{busertable_id}
</select>
<select id="orderDetail" parameterType="int" resultType="map">
    select gt.id, gt.gpicture, gt.gname, gt.grprice, ot.shoppingnum
    from goodstable gt, orderdetail ot
    where ot.goodstable_id = gt.id and ot.orderbasetable_id =
        #{orderbasetable_id}
</select>
```

本章小结

　　本章讲述了电子商务平台通用功能的设计与实现。通过本章的学习，读者不仅应该掌握 SSM 应用开发的流程、方法和技术，还应该熟悉电子商务平台的业务需求、设计以及实现。

习题 15

（1）在本章电子商务平台中是如何控制管理员登录权限的？

（2）在本章电子商务平台中有几对关联数据表？

扫一扫

自测题

学习目的与要求

本章主要介绍了 Spring Boot 的基础知识，包括核心注解 @SpringBootApplication、基本配置、读取应用配置以及 Spring Boot 的日志配置和自动配置原理等内容。通过本章的学习，要求读者掌握如何构建 Spring Boot 应用的开发环境，了解 Spring Boot 的运行原理。

本章主要内容

- ❖ Spring Boot 概述
- ❖ 第一个 Spring Boot 应用
- ❖ 启动类和核心注解 @SpringBootApplication
- ❖ Spring Boot 的基本配置
- ❖ 读取应用配置
- ❖ Spring Boot 的日志配置
- ❖ Spring Boot 的自动配置原理

Spring 框架非常优秀，但"配置过多"，造成开发效率低、部署流程复杂、集成难度大等问题。为了解决上述问题，Spring Boot 应运而生。在编写本书时，Spring Boot 的最新正式版是 3.0.0（要求 Java SDK 17 或更高版本），建议读者在测试示例代码时使用 3.0.0 或更高版本。

16.1 Spring Boot 概述

▶ 16.1.1 Spring Boot 简介

Spring Boot 是由 Pivotal 团队提供的全新框架，其设计目的是简化新 Spring 应用的初始搭建以及开发过程。开发者使用 Spring Boot 框架可以做到专注于 Spring 应用的开发，无须过多关注样板化的配置。

在 Spring Boot 框架中使用"约定优于配置（Convention Over Configuration，COC）"的理念，针对企业应用开发，提供了符合各种场景的 spring-boot-starter 自动配置依赖模块，这些模块都是基于"开箱即用"的原则，进而使企业应用开发更加快捷和高效。可以说，Spring Boot 是开发者和 Spring 框架的中间层，目的是帮助开发者管理应用的配置，提供应用开发中常见配置的默认处理（即约定优于配置），简化 Spring 应用的开发和运维，降低开发人员对框架的关注度，使开发人员把更多精力放在业务逻辑代码上。通过"约定优于配置"的原则，Spring Boot 致力于在蓬勃发展的快速应用开发领域成为领导者。

▶ 16.1.2　Spring Boot 的优点

Spring Boot 之所以能够应运而生，是因为它具有如下优点。

（1）使编码变得简单：推荐使用注解。

（2）使配置变得快捷：自动配置、快速构建项目、快速集成第三方技术的能力。

（3）使部署变得简便：内嵌 Tomcat、Jetty 等 Web 容器。

（4）使监控变得容易：自带项目监控。

▶ 16.1.3　Spring Boot 的主要特性

Spring Boot 的主要特性如下。

（1）约定优于配置：Spring Boot 遵循"约定优于配置"的原则，只需很少的配置，大多数情况直接使用默认配置即可。

（2）独立运行的 Spring 应用：Spring Boot 可以以 JAR 包的形式独立运行，使用 java-jar 命令或者在项目的主程序中执行 main 方法运行 Spring Boot 应用（项目）。

（3）内嵌 Web 容器：内嵌 Servlet 容器，Spring Boot 可以选择内嵌 Tomcat、Jetty 等 Web 容器，无须以 WAR 包形式部署应用。

（4）提供 starter 简化 Maven 配置：Spring Boot 提供了一系列的 starter pom 简化 Maven 的依赖加载，基本上可以做到自动化配置，高度封装，开箱即用。

（5）自动配置 Spring：Spring Boot 根据项目依赖（在类路径中的 JAR 包、类）自动配置 Spring 框架，极大地减少了项目的配置。

（6）提供准生产的应用监控：Spring Boot 提供了基于 HTTP、SSH、TELNET 对运行的项目进行跟踪监控。

（7）无代码生成和 XML 配置：Spring Boot 不是借助于代码生成来实现的，而是通过条件注解来实现的，提倡使用 Java 配置和注解配置相结合的配置方式，这种方式方便、快捷。

16.2　第一个 Spring Boot 应用

扫一扫

视频讲解

因为 Spring Boot 使用 Maven 配置 spring-boot-starter，所以在讲解 Spring Boot 应用之前先了解 Maven 的相关基础知识。

▶ 16.2.1　Maven 简介

Apache Maven 是一个软件项目管理工具，基于项目对象模型（Project Object Model，POM）的理念，通过一段核心描述信息来管理项目构建、报告和文档信息。在 Java 项目中 Maven 主要完成两个工作：一个是统一开发规范与工具；另一个是统一管理 JAR 包。

Maven 统一管理项目开发所需要的 JAR 包，但这些 JAR 包不再包含在项目内（即不在 lib 目录下），而是存放于仓库当中。

❶ 中央仓库

在中央仓库中存放开发过程中的所有 JAR 包，例如 JUnit，这些 JAR 包都可以通过互联网从中央仓库中下载，网址为 http://mvnrepository.com。

❷ 本地仓库

本地仓库指本地计算机中的仓库。从官网下载 Maven 的本地仓库配置在"%MAVEN_HOME%\conf\settings.xml"文件中，找到"localRepository"即可。

Maven 项目首先从本地仓库中获取所需要的 JAR 包，当无法获取指定的 JAR 包时，本地仓库将从远程仓库（中央仓库）中下载 JAR 包，并放入本地仓库，以备将来使用。

▶ 16.2.2 Maven 的 pom.xml

Maven 是基于项目对象模型的理念管理项目的，所以 Maven 的项目都有一个 pom.xml 配置文件来管理项目的依赖以及项目的编译等功能。

在 Maven 项目中重点关注以下元素。

❶ properties 元素

在 <properties></properties> 之间可以定义变量，以便在 <dependency></dependency> 中引用，示例代码如下：

```xml
<properties>
    <!-- Spring 版本号 -->
    <spring.version>6.0.0</spring.version>
</properties>
<dependencies>
    <dependency>
        <groupId>org.springframework</groupId>
        <artifactId>spring-core</artifactId>
        <version>${spring.version}</version>
    </dependency>
</dependencies>
```

❷ dependencies 元素

中包含多个项目依赖需要使用的 。

❸ dependency 元素

内部通过 、、 确定唯一的依赖，也可以称为 3 个坐标。示例代码如下：

```xml
<dependency>
    <!-- groupId 组织的唯一标识 -->
    <groupId>org.springframework</groupId>
    <!-- artifactId 项目的唯一标识 -->
    <artifactId>spring-core</artifactId>
    <!-- version 项目的版本号 -->
    <version>${spring.version}</version>
</dependency>
```

❹ scope 子元素

在 中有时使用 管理依赖的部署。 可以使用以下 5 个值。

（1）compile（编译范围）：compile 是默认值，即默认范围。如果依赖没有提供范围，那么该依赖的范围就是编译范围。编译范围的依赖在所有的 classpath 中可用，同时也会被打包发布。

（2）provided（已提供范围）：provided 表示已提供范围，只有当 JDK 或者容器已提供该依赖时才可以使用，已提供范围的依赖不是传递性的，也不会被打包发布。

（3）runtime（运行时范围）：runtime 范围依赖在运行和测试系统时需要，在编译时不需要。

（4）test（测试范围）：test 范围依赖在一般的编译和运行时都不需要，它们只在测试编译和测试运行阶段可用，不会随项目发布。

（5）system（系统范围）：system 范围和 provided 范围类似，但需要显式提供包含依赖的 JAR 包，Maven 不会在 Repository 中查找它。

▶ 16.2.3　使用 IntelliJ IDEA 快速构建 Spring Boot 应用

下面详细讲解如何使用 IntelliJ IDEA 集成开发工具快速构建一个 Spring Boot 应用，具体步骤如下。

❶ 新建 Spring Project

打开 IntelliJ IDEA，通过选择 File/New/Project 命令打开 New Project 对话框，在该对话框左侧选择 Spring Initializr 选项，在右侧输入项目信息，如图 16.1 所示。

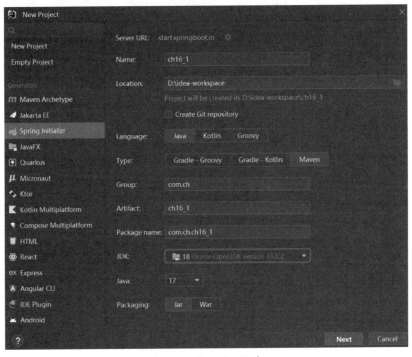

图 16.1　输入项目信息

❷ 选择项目依赖

输入项目信息后单击 Next 按钮，打开如图 16.2 所示的界面，选择项目依赖（例如 Spring Web），然后单击 Create 按钮，即可完成 Spring Boot Web 应用的创建。

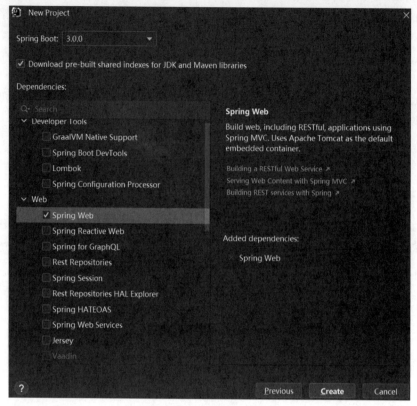

图 16.2　选择项目依赖

❸ 编写测试代码

在 ch16_1 应用的 src/main/java 目录下创建名为 com.ch.ch16_1.test 的包，并在该包中创建 TestController 类，代码如下：

```
package com.ch.ch16_1.test;
import org.springframework.web.bind.annotation.GetMapping;
import org.springframework.web.bind.annotation.RestController;
@RestController
public class TestController {
    @GetMapping("/hello")
    public String hello() {
        return "您好, Spring Boot!";
    }
}
```

上面代码中使用的 @RestController 注解是一个组合注解，相当于 Spring MVC 中的 @Controller 和 @ResponseBody 注解的组合，具体应用如下：

（1）如果只是使用 @RestController 注解 Controller，则 Controller 中的方法无法返回 JSP、HTML 等视图，返回的内容就是 return 的内容。

（2）如果需要返回到指定页面，则需要用 @Controller 注解。如果需要返回 JSON、XML 或自定义 mediaType 内容到页面，则需要在对应的方法上添加 @ResponseBody 注解。

❹ 生成应用程序的 App 类

在 ch16_1 应用的 com.ch.ch16_1 包中自动生成了应用程序的 App 类 Ch161Application。这里省略 Ch161Application 的代码。

❺ **运行 main 方法启动 Spring Boot 应用**

运行 Ch161Application 类的 main 方法，控制台中的信息如图 16.3 所示。

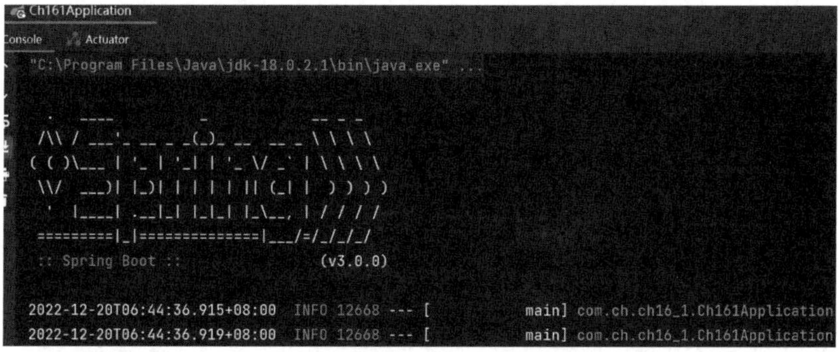

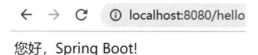

图 16.3　启动 Spring Boot 应用后的控制台信息

从控制台信息可以看到 Tomcat 的启动过程、Spring MVC 的加载过程。注意 Spring Boot 3.0 内嵌了 Tomcat 10，因此 Spring Boot 应用不需要开发者配置与启动 Tomcat。

❻ **测试 Spring Boot 应用**

在启动 Spring Boot 应用后，默认访问地址为 http://localhost:8080/，将项目路径直接设为根路径，这是 Spring Boot 的默认设置。用户可以通过 http://localhost:8080/hello 测试应用（hello 与测试类 TestController 中的 @GetMapping("/hello") 对应），测试效果如图 16.4 所示。

← → C　ⓘ localhost:8080/hello

您好，Spring Boot!

图 16.4　访问 Spring Boot 应用

扫一扫

视频讲解

16.3　Spring Boot 的基本配置

▶ 16.3.1　启动类和核心注解 @SpringBootApplication

Spring Boot 应用通常都有一个名为 *Application 的程序入口类，该入口类需要使用 Spring Boot 的核心注解 @SpringBootApplication 标注为应用的启动类。另外，该入口类有一个标准的 Java 应用程序的 main 方法，在 main 方法中通过 "SpringApplication. run(*Application.class, args);" 启动 Spring Boot 应用。

Spring Boot 的核心注解 @SpringBootApplication 是一个组合注解，主要组合了 @SpringBootConfiguration、@EnableAutoConfiguration 和 @ComponentScan 注解。其源代码可以从 spring-boot-autoconfigure-x.y.z.jar 依赖包中查看 org/springframework/boot/autoconfigure/ SpringBootApplication.java。

❶ **@SpringBootConfiguration 注解**

@SpringBootConfiguration 是 Spring Boot 应用的配置注解，该注解也是一个组合注解，源代码可以从 spring-boot-x.y.z.jar 依赖包中查看 org/springframework/boot/SpringBoot-Configuration.java。在 Spring Boot 应用中推荐使用 @SpringBootConfiguration 注解代替

@Configuration 注解。

❷ **@EnableAutoConfiguration 注解**

@EnableAutoConfiguration 注解可以让 Spring Boot 根据当前应用项目所依赖的 JAR 包自动配置项目的相关配置。例如,在 Spring Boot 项目的 pom.xml 文件中添加了 spring-boot-starter-web 依赖,Spring Boot 项目会自动添加 Tomcat 和 Spring MVC 的依赖,同时对 Tomcat 和 Spring MVC 进行自动配置。打开 pom.xml 文件,单击窗口右侧的 Maven 即可查看 spring-boot-starter-web 的相关依赖,如图 16.5 所示。

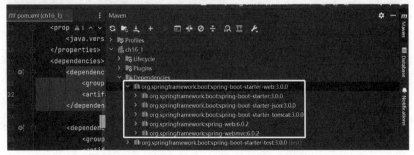

图 16.5　spring-boot-starter-web 的相关依赖

❸ **@ComponentScan 注解**

该注解的功能是让 Spring Boot 自动扫描 @SpringBootApplication 所在类的同级包以及它的子包中的配置,所以建议将 @SpringBootApplication 注解的入口类放置在项目包中(Group Id+Artifact Id 组合的包名),并将用户自定义的程序放置在项目包及其子包中,这样可以保证 Spring Boot 自动扫描项目所有包中的配置。

▶ 16.3.2　Spring Boot 的全局配置文件

Spring Boot 的全局配置文件(application.properties 或 application.yml)位于 Spring Boot 应用的 src/main/resources 目录下。

❶ **设置端口号**

全局配置文件主要用于修改项目的默认配置。例如,在 Spring Boot 应用 ch16_1 的 src/main/resources 目录下找到名为 application.properties 的全局配置文件,添加配置内容 "server.port=8888",可以将内嵌的 Tomcat 的默认端口改为 8888。

❷ **设置 Web 应用的上下文路径**

如果开发者想设置一个 Web 应用程序的上下文路径,可以在 application.properties 文件中配置内容 "server.servlet.context-path=/XXX",这时应该通过 "http://localhost:8080/XXX/testStarters" 访问如下控制器类中的请求处理方法:

```
@GetMapping("/testStarters")
public String index() {
}
```

❸ **配置文档**

在 Spring Boot 的全局配置文件中可以配置与修改多个参数,如果读者想了解参数的详细说明和描述,可以查看官方文档(https://docs.spring.io/spring-boot/docs/current/reference/htmlsingle/#appendix.application-properties)。

276

▶ 16.3.3　Spring Boot 的 Starters

Spring Boot 提供了很多简化企业级开发的"开箱即用"的 Starters。Spring Boot 项目只要使用了所需要的 Starters，Spring Boot 即可自动关联项目开发所需要的相关依赖。例如，在应用的 pom.xml 文件中添加如下依赖配置：

```
<dependency>
        <groupId>org.springframework.boot</groupId>
        <artifactId>spring-boot-starter-web</artifactId>
</dependency>
```

Spring Boot 将自动关联 Web 开发的相关依赖，例如 Tomcat、spring-webmvc 等，进而对 Web 开发提供支持，并对相关技术实现自动配置。

通过访问"https://docs.spring.io/spring-boot/docs/current/reference/htmlsingle/#using.build-systems.starters"官网可以查看 Spring Boot 官方提供的 Starters。

扫一扫

视频讲解

16.4　读取应用配置

Spring Boot 提供了 3 种方式读取项目的 application.properties 配置文件的内容，这 3 种方式分别为 Environment 类、@Value 注解以及 @ConfigurationProperties 注解。

▶ 16.4.1　Environment

Environment 是一个通用的读取应用程序运行时的环境变量的类，可以通过 key-value 方式读取 application.properties、命令行输入参数、系统属性、操作系统环境变量等。下面通过一个实例来演示如何使用 Environment 类读取 application.properties 配置文件的内容。

【例 16-1】　使用 Environment 类读取 application.properties 配置文件的内容。

其具体实现步骤如下。

❶ 创建 Spring Boot 项目 ch16_2

参考 16.2.3 节，使用 IntelliJ IDEA 快速创建 Spring Web 应用 ch16_2，同时给 ch16_2 应用添加如图 16.6 所示的依赖。在 16.4.3 节使用 @ConfigurationProperties 注解读取配置时需要 Spring Configuration Processor 依赖。

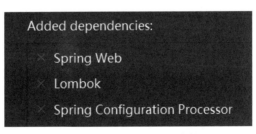

图 16.6　ch16_2 应用的依赖

❷ 添加配置文件的内容

在 ch16_2 应用的 src/main/resources 目录下找到全局配置文件 application.properties，并添加如下内容：

```
test.msg=read config
```

❸ 创建控制器类 EnvReaderConfigController

在 ch16_2 应用的 src/main/java 目录下创建名为 com.ch16_2.controller 的包（com.ch16_2 包（主类所在的包）的子包，保障注解全部被扫描），并在该包下创建控制器类 EnvReaderConfigController。在控制器类 EnvReaderConfigController 中使用 @Autowired 注解依赖注入 Environment 类的对象，核心代码如下：

```
@RestController
public class EnvReaderConfigController{
    @Autowired
    private Environment env;
    @GetMapping("/testEnv")
    public String testEnv() {
        return "方法一: " + env.getProperty("test.msg") ;
        //test.msg 为配置文件 application.properties 中的 key
    }
}
```

❹ 启动 Spring Boot 应用

运行 Ch162Application 类的 main 方法，启动 Spring Boot 应用。

❺ 测试应用

在启动 Spring Boot 应用后，默认访问地址为 http://localhost:8080/，将项目路径直接设为根路径，这是 Spring Boot 的默认设置。用户可以通过 http://localhost:8080/testEnv 测试应用（testEnv 与控制器类 ReaderConfigController 中的 @GetMapping("/testEnv") 对应）。

▶ 16.4.2 @Value

使用 @Value 注解读取配置文件内容的示例代码如下：

```
@Value("${test.msg}")    //test.msg 为配置文件 application.properties 中的 key
private String msg;      // 通过 @Value 注解将配置文件中 key 对应的 value 赋值给变量 msg
```

下面通过实例讲解如何使用 @Value 注解读取配置文件的内容。

【例 16-2】 使用 @Value 注解读取配置文件的内容。

其具体实现步骤如下。

❶ 创建控制器类 ValueReaderConfigController

在 ch16_2 应用的 com.ch16_2.controller 包中创建名为 ValueReaderConfigController 的控制器类，并在该控制器类中使用 @Value 注解读取配置文件的内容，核心代码如下：

```
@RestController
public class ValueReaderConfigController {
    @Value("${test.msg}")
    private String msg;
    @GetMapping("/testValue")
    public String testValue() {
        return "方法二: " + msg ;
    }
}
```

❷ 启动并测试应用

首先运行 Ch162Application 类的 main 方法，启动 Spring Boot 应用，然后通过 http://localhost:8080/testValue 测试应用。

▶ 16.4.3　@ConfigurationProperties

首先使用 @ConfigurationProperties 建立配置文件与对象的映射关系，然后在控制器方法中使用 @Autowired 注解将对象注入。

下面通过实例讲解如何使用 @ConfigurationProperties 读取配置文件的内容。

【例 16-3】　使用 @ConfigurationProperties 读取配置文件的内容。

其具体实现步骤如下。

❶ 添加配置文件的内容

在 ch16_2 应用的 src/main/resources 目录下找到全局配置文件 application.properties，并添加如下内容：

```
# nest Simple properties
obj.sname=chenheng
obj.sage=88
#List properties
obj.hobby[0]=running
obj.hobby[1]=basketball
#Map Properties
obj.city.cid=dl
obj.city.cname=dalian
```

❷ 建立配置文件与对象的映射关系

在 ch16_2 应用的 src/main/java 目录下创建名为 com.ch16_2.model 的包，并在该包中创建实体类 StudentProperties，在该类中使用 @ConfigurationProperties 注解建立配置文件与对象的映射关系，核心代码如下：

```
@Component        // 使用 Component 注解声明一个组件，被控制器依赖注入
@ConfigurationProperties(prefix = "obj")        //obj 为配置文件中 key 的前缀
@Data
public class StudentProperties {
    private String sname;
    private int sage;
    private List<String> hobby;
    private Map<String, String> city;
    @Override
    public String toString() {
        return "StudentProperties [sname=" + sname
            + ", sage=" + sage
            +  ", hobby0=" + hobby.get(0)
            + ", hobby1=" + hobby.get(1)
            + ", city=" + city +  "]";
    }
}
```

❸ 创建控制器类 ConfigurationPropertiesController

在 ch6_1 应用的 com.ch6_1.controller 包中创建名为 ConfigurationPropertiesController 的控制器类，并在该控制器类中使用 @Autowired 注解依赖注入 StudentProperties 对象，核心代码如下：

```
@RestController
public class ConfigurationPropertiesController {
    @Autowired
    StudentProperties studentProperties;
```

```
    @GetMapping("/testConfigurationProperties")
    public String testConfigurationProperties() {
        return studentProperties.toString();
    }
}
```

❹ 启动并测试应用

首先运行 Ch162Application 类的 main 方法，启动 Spring Boot 应用，然后通过 http://localhost:8080/testConfigurationProperties 测试应用。

▶ 16.4.4　@PropertySource

开发者希望读取项目的其他配置文件，而不是全局配置文件 application.properties，应该如何实现呢？可以使用 @PropertySource 注解找到项目的其他配置文件，然后结合16.4.1~16.4.3 节中的任意一种方式读取。

下面通过实例讲解如何使用 @PropertySource + @Value 读取其他配置文件的内容。

【例 6-4】 使用 @PropertySource + @Value 读取其他配置文件的内容。

其具体实现步骤如下。

❶ 创建配置文件

在 ch16_2 应用的 src/main/resources 目录下创建配置文件 ok.properties 和 test.properties，并在 ok.properties 文件中添加如下内容：

```
your.msg=hello.
```

在 test.properties 文件中添加如下内容：

```
my.msg=test PropertySource
```

❷ 创建控制器类 PropertySourceValueReaderOtherController

在 ch16_2 应用的 com.ch16_2.controller 包中创建名为 PropertySourceValueReaderOtherController 的控制器类，在该控制器类中首先使用 @PropertySource 注解找到其他配置文件，然后使用 @Value 注解读取配置文件的内容，核心代码如下：

```
@RestController
@PropertySource({"test.properties","ok.properties"})
public class PropertySourceValueReaderOtherController {
    @Value("${my.msg}")
    private String mymsg;
    @Value("${your.msg}")
    private String yourmsg;
    @GetMapping("/testProperty")
    public String testProperty() {
        return "其他配置文件 test.properties: " + mymsg + "<br>"
            + "其他配置文件 ok.properties: " + yourmsg;
    }
}
```

❸ 启动并测试应用

首先运行 Ch162Application 类的 main 方法，启动 Spring Boot 应用，然后通过 http://localhost:8080/testProperty 测试应用。

16.5　日志配置

在默认情况下，Spring Boot 应用使用 LogBack 实现日志，使用 Apache Commons Logging 作为日志接口，因此在代码中通常如下使用日志：

```
@RestController
public class LogTestController {
    private Log log = LogFactory.getLog(LogTestController.class);
    @GetMapping("/testLog")
    public String testLog() {
        log.info(" 测试日志 ");
        return " 测试日志 " ;
    }
}
```

通过地址 http://localhost:8080/testLog 运行上述控制器类代码，可以在控制台输出 "测试日志"信息。

日志级别有 error、warn、info、debug 和 trace。Spring Boot 默认的日志级别为 info，日志信息可以打印到控制台。开发者可以自己设定 Spring Boot 项目的日志输出级别，例如在 application.properties 配置文件中加入以下配置：

```
# 设定日志的默认级别为 info
logging.level.root=info
# 设定 org 包下的日志级别为 warn
logging.level.org=warn
# 设定 com.ch.ch4_1 包下的日志级别为 debug
logging.level.com.ch.ch4_1=debug
```

Spring Boot 项目默认并没有输出日志到文件，但开发者可以在 application.properties 配置文件中指定日志输出到文件，配置示例如下：

```
logging.file.name=my.log
```

这样日志输出到 my.log 文件，该日志文件位于 Spring Boot 项目运行的当前目录（项目工程目录）下。开发者也可以指定日志文件的目录，配置示例如下：

```
logging.file.path =C:/log/my.log
```

这样将在 C:/log 目录下生成一个名为 my.log 的日志文件。不管日志文件位于何处，当日志文件的大小达到 10MB 时将自动生成一个新的日志文件。

Spring Boot 使用内置的 LogBack 支持对控制台日志输出和文件输出进行格式控制，比如开发者可以在 application.properties 配置文件中添加如下配置：

```
logging.pattern.console=%level %date{yyyy-MM-dd HH:mm:ss:SSS}
    %logger{50}.%M %L:%m%n
logging.pattern.file=%level %date{ISO8601} %logger{50}.%M %L:%m%n
```

logging.pattern.console：指定控制台输出的日志的格式。

logging.pattern.file：指定日志文件的格式。

%level：指定输出日志的级别。

%date：指定日志发生的时间。ISO8601 表示标准日期，相当于 yyyy-MM-dd HH:mm:ss:SSS。

%logger：指定输出 Logger 的名字，包名 + 类名，{n} 限定了输出长度。

%M：指定日志发生时的方法名。

%L：指定日志调用时所在的代码行，适用于开发调试，在线上运行时不建议使用此参数，因为获取代码行会影响性能。

%m：表示日志的消息。

%n：表示日志的换行。

16.6 Spring Boot 的自动配置原理

从 16.3.1 节可知 Spring Boot 使用核心注解 @SpringBootApplication 将一个带有 main 方法的类标注为应用的启动类。@SpringBootApplication 注解最主要的功能之一是为 Spring Boot 开启一个 @EnableAutoConfiguration 注解的自动配置功能。

@EnableAutoConfiguration 注解主要利用了一个类名为 AutoConfigurationImportSelector 的选择器向 Spring 容器自动配置一些组件。@EnableAutoConfiguration 注解的源代码可以从 spring-boot-autoconfigure-x.y.z.jar（org.springframework.boot.autoconfigure）依赖包中查看，核心代码如下：

```
@Import(AutoConfigurationImportSelector.class)
public @interface EnableAutoConfiguration {
String ENABLED_OVERRIDE_PROPERTY = "spring.boot.enableautoconfiguration";
    Class<?>[] exclude() default {};
    String[] excludeName() default {};
}
```

在 AutoConfigurationImportSelector（源代码位于 org.springframework.boot.autoconfigure 包）类中有一个名为 selectImports 的方法，该方法规定了向 Spring 容器自动配置的组件。selectImports 方法的代码如下：

```
@Override
public String[] selectImports(AnnotationMetadata annotationMetadata) {
    // 判断 @EnableAutoConfiguration 注解有没有开启，默认开启
    if (!isEnabled(annotationMetadata)) {
        return NO_IMPORTS;
    }
    // 获得自动配置
    AutoConfigurationEntry autoConfigurationEntry = getAutoConfigurationEntry
        (annotationMetadata);
    return StringUtils.toStringArray(autoConfigurationEntry.
        getConfigurations());
}
```

在 selectImports 方法中调用 getAutoConfigurationEntry 方法获得自动配置。进入该方法，查看到的源代码如下：

```
protected AutoConfigurationEntry getAutoConfigurationEntry(AnnotationMetadata
    annotationMetadata) {
    if (!isEnabled(annotationMetadata)) {
        return EMPTY_ENTRY;
    }
    AnnotationAttributes attributes = getAttributes(annotationMetadata);
    // 获取 META-INF/spring.factoies 的配置数据
    List<String> configurations = getCandidateConfigurations
        (annotationMetadata,attributes);
```

```
        //去重
        configurations = removeDuplicates(configurations);
        //去除一些多余的类
        Set<String> exclusions = getExclusions(annotationMetadata, attributes);
        checkExcludedClasses(configurations, exclusions);
        configurations.removeAll(exclusions);
        //过滤掉一些条件没有满足的配置
        configurations = getConfigurationClassFilter().filter(configurations);
        fireAutoConfigurationImportEvents(configurations, exclusions);
        return new AutoConfigurationEntry(configurations, exclusions);
    }
```

在 getAutoConfigurationEntry 方法中调用 getCandidateConfigurations 方法获取 META-INF/spring.factoies 的配置数据。进入该方法，查看到的源代码如下：

```
    protected List<String> getCandidateConfigurations(AnnotationMetadata
        metadata, AnnotationAttributes attributes) {
        List<String> configurations = ImportCandidates.load(AutoConfiguration.
            class, getBeanClassLoader()).getCandidates();
        Assert.notEmpty(configurations, "No auto configuration classes found in "
            + "META-INF/spring/org.springframework.boot.autoconfigure.
                AutoConfiguration.imports. If you are using a custom packaging,
                make sure that file is correct.");
        return configurations;
    }
```

在 getCandidateConfigurations 方法中调用了 ImportCandidates 类的静态方法 load。进入该方法，查看到的源代码如下：

```
    public static ImportCandidates load(Class<?> annotation, ClassLoader
        classLoader) {
        Assert.notNull(annotation, "'annotation' must be null");
        ClassLoader classLoaderToUse = decideClassloader(classLoader);
        String location = String.format(LOCATION, annotation.getName());
        Enumeration<URL> urls = findUrlsInClasspath(classLoaderToUse, location);
        List<String> importCandidates = new ArrayList<>();
        while (urls.hasMoreElements()) {
            URL url = urls.nextElement();
            importCandidates.addAll(readCandidateConfigurations(url));
        }
        return new ImportCandidates(importCandidates);
    }
```

在 load 方法中可以看到加载了一个字符串常量 LOCATION，该常量的源代码如下：

```
    private static final String LOCATION = "META-INF/spring/%s.imports";
```

从上述源代码中可以看出，最终 Spring Boot 是通过加载所有（in multiple JAR files）META-INF/spring/XXX.imports 配置文件进行自动配置的，所以 @SpringBootApplication 注解通过使用 @EnableAutoConfiguration 注解自动配置的原理是从 classpath 中搜索所有 META-INF/spring/XXX.imports 配置文件，并将其中 org.springframework.boot.autoconfigure 对应的配置项通过 Java 反射机制进行实例化，然后汇总并加载到 Spring 的 IoC 容器。

在 Spring Boot 项目的 Maven Dependencies 的 spring-boot-autoconfigure-x.y.z.jar 目录下可以找到 META-INF/spring/org.springframework.boot.autoconfigure.AutoConfiguration.imports 配置文件，该文件定义了许多自动配置。

本章小结

本章首先简单介绍了 Spring Boot 应运而生的缘由，然后演示了如何使用 IntelliJ IDEA 快速构建 Spring Boot 应用，接着讲解了 Spring Boot 的基本配置与日志配置，最后详细介绍了 Spring Boot 的自动配置原理。

开发者除了可以使用 IntelliJ IDEA 快速构建 Spring Boot 应用以外，还可以使用 Spring Tool Suite（STS）便捷地构建 Spring Boot 应用，应根据实际工程需要选择合适的 IDE。

习题 16

（1）Spring、Spring MVC、Spring Boot 三者有什么联系？为什么要学习 Spring Boot？

（2）在 IntelliJ IDEA 中如何快速构建 Spring Boot 的一个 Web 应用？

（3）在 <dependency></dependency> 中有时使用 <scope></scope> 管理依赖的部署，<scope></scope> 的默认值是（　　）。

    A. provided　　　　　　B. runtime　　　　　　C. test　　　　　　D. compile

（4）下列有关 Spring Boot 的描述错误的是（　　）。

    A. Spring Boot 遵循"约定优于配置"的原则，只需很少的配置，大多数情况直接使用默认配置即可

    B. Spring Boot 可以以 JAR 包的形式独立运行，使用 java -jar 命令或者在项目的主程序中执行 main 方法运行 Spring Boot 应用（项目）

    C. Spring Boot 是一个新框架，与 Spring 框架没有任何关系

    D. Spring Boot 提供了一系列的 starter pom 简化 Maven 的依赖加载，基本上可以做到自动化配置，高度封装，开箱即用

（5）Spring Boot 应用通常都有一个名为 *Application 的程序入口类，该入口类需要使用 Spring Boot 的核心注解（　　）标注为应用的启动类。

    A. @SpringBootConfiguration　　　　　B. @SpringBootApplication

    C. @EnableAutoConfiguration　　　　　D. @ComponentScan

（6）（　　）注解的功能是让 Spring Boot 自动扫描 @SpringBootApplication 所在类的同级包以及它的子包中的配置。

    A. @SpringBootConfiguration　　　　　B. @SpringBootApplication

    C. @EnableAutoConfiguration　　　　　D. @ComponentScan

学习目的与要求

本章首先介绍 Thymeleaf 视图模板引擎技术，然后介绍如何使用 Thymeleaf 模板技术进行页面信息的国际化，最后介绍 Spring Boot 和 Thymeleaf 的表单验证。通过本章的学习，要求读者掌握 Spring Boot 的 Web 开发技术。

本章主要内容

❖ Thymeleaf 模板引擎
❖ 国际化
❖ 表单验证

Web 开发是一种基于 B/S 架构（即浏览器 / 服务器）的应用软件开发技术，分为前端（用户接口）和后端（业务逻辑和数据），前端的可视化及用户交互由浏览器实现，即通过浏览器作为客户端，实现客户与服务器远程的数据交互。Spring Boot 的 Web 开发内容主要包括内嵌 Servlet 容器和 Spring MVC，其中 JSON 数据交互、文件的上传与下载以及异常统一处理已在 Spring MVC 部分讲解，本章不再赘述。

17.1　Thymeleaf 模板引擎

在 Spring Boot 的 Web 应用中建议开发者使用 HTML 完成动态页面。Spring Boot 提供了许多模板引擎，主要包括 FreeMarker、Groovy、Thymeleaf 和 Mustache。因为 Thymeleaf 提供了完美的 Spring MVC 支持，所以在 Spring Boot 的 Web 应用中推荐使用 Thymeleaf 作为模板引擎。

Thymeleaf 是一个 Java 类库，一个 XML、XHTML、HTML 5 的模板引擎，能够处理 HTML、XML、JavaScript 以及 CSS，可以作为 MVC Web 应用的 View 层显示数据。

▶ 17.1.1　Spring Boot 的 Thymeleaf 支持

在 Spring Boot 1.X 版本中，spring-boot-starter-thymeleaf 依赖包含了 spring-boot-starter-web 模块，但是在 Spring 5 中 WebFlux 的出现使 Web 应用的解决方案不再唯一，所以 spring-boot-starter-thymeleaf 依赖不再包含 spring-boot-starter-web 模块，需要开发人员自己选择 spring-boot-starter-thymeleaf 模块依赖，如图 17.1 所示。

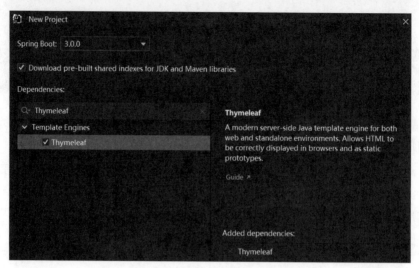

图 17.1　添加 Thymeleaf 依赖

▶ 17.1.2　Thymeleaf 的基础语法

❶ 引入 Thymeleaf

首先将 View 层页面文件的 html 标签修改如下：

```
<html xmlns:th="http://www.thymeleaf.org">
```

然后在 View 层页面文件的其他标签中使用 th:* 动态处理页面。示例代码如下：

```
<img th:src="'images/' + ${aBook.picture}"/>
```

其中，${aBook.picture} 获得数据对象 aBook 的 picture 属性。

❷ 输出内容

使用 th:text 和 th:utext（不对文本转义，正常输出）将文本内容输出到所在标签的 body 中。假如在国际化资源文件 messages_en_US.properties 中有消息文本 "test.myText=<strong> Test International Message</strong>"，那么在页面中可以使用如下两种方式获得消息文本：

```
<p th:text="#{test.myText}"></p>
<!-- 对文本转义，即输出 <strong>Test International Message</strong> -->
<p th:utext="#{test.myText}"></p>
<!-- 对文本不转义，即输出加粗的 "Test International Message" -->
```

❸ 基本表达式

1）变量表达式：${...}

变量表达式用于访问容器上下文环境中的变量，示例代码如下：

```
<span th:text="${information}">
```

2）选择变量表达式：*{...}

选择变量表达式计算的是选定的对象（th:object 属性绑定的对象），示例代码如下：

```
<div th:object="${session.user}">
    name: <span th: text="*{firstName}"></span><br>
    <!-- firstName 为 user 对象的属性 -->
    surname: <span th: text="*{lastName}"></span><br>
    nationality: <span th: text="*{nationality}"></span><br>
```

```
    </div>
```

3）信息表达式：#{...}

信息表达式一般用于显示页面静态文本，将可能需要根据需求整体变动的静态文本放在 properties 文件中以便维护（例如国际化）。信息表达式通常与 th:text 属性一起使用，示例代码如下：

```
<p th:text="#{test.myText}"></p>
```

❹ 引入 URL

Thymeleaf 模板通过 @{...} 表达式引入 URL，示例代码如下：

```
<!-- 默认访问 src/main/resources/static 下的 css 文件夹 -->
<link rel="stylesheet" th:href="@{css/bootstrap.min.css}"/>
<!-- 访问相对路径 -->
<a th:href="@{/}">去看看</a>
<!-- 访问绝对路径 -->
<a th:href="@{http://www.tup.tsinghua.edu.cn/index.html(param1='传参')}">去
    清华大学出版社</a>
<!-- 默认访问 src/main/resources/static 下的 images 文件夹 -->
<img th:src="'images/' + ${aBook.picture}"/>
```

❺ 访问 WebContext 对象中的属性

Thymeleaf 模板通过一些专门的表达式从模板的 WebContext 获取请求参数、请求、会话和应用程序中的属性，具体如下：

- ${xxx} 将返回存储在 Thymeleaf 模板上下文中的变量 xxx 或请求 request 作用域中的属性 xxx。
- ${param.xxx} 将返回一个名为 xxx 的请求参数（可能是多个值）。
- ${session.xxx} 将返回一个名为 xxx 的 HttpSession 作用域中的属性。
- ${application.xxx} 将返回一个名为 xxx 的全局 ServletContext 上下文作用域中的属性。与 EL 表达式一样，使用 ${xxx} 获得变量值，使用 ${对象变量名.属性名} 获取 JavaBean 属性值。需要注意的是，${} 表达式只能在 th 标签内部有效。

❻ 运算符

在 Thymeleaf 模板的表达式中可以使用 +、-、*、/、% 等各种算术运算符，也可以使用 >、<、<=、>=、==、!= 等各种逻辑运算符。示例代码如下：

```
<tr th:class="(${row}== 'even')? 'even' : 'odd'">...</tr>
```

❼ 条件判断

1）if 和 unless

th:if 只有在条件成立时才显示标签内容，th:unless 和 th:if 相反，只有在条件不成立时才显示标签内容。示例代码如下：

```
<a href="success.html" th:if="${user != null}">成功</a>
<a href="success.html" th:unless="${user = null}">成功</a>
```

2）switch 语句

Thymeleaf 模板也支持多路选择的 switch 语句结构，默认属性 default 可用 "*" 表示。示例代码如下：

```
<div th:switch="${user.role}">
```

```
    <p th:case="'admin'">User is an administrator</p>
    <p th:case="'teacher'">User is a teacher</p>
    <p th:case="*">User is a student </p>
</div>
```

❽ 循环

1）基本循环

Thymeleaf 模板使用 th:each="obj,iterStat:${objList}" 标签进行迭代循环，迭代对象可以是 java.util.List、java.util.Map 或数组等。示例代码如下：

```
<!-- 循环取出集合数据 -->
<div class="col-md-4 col-sm-6" th:each="book:${books}">
    <a href="">
        <img th:src="'images/' + ${book.picture}" alt="图书封面"
            style="height: 180px; width: 40%;"/>
    </a>
    <div class="caption">
        <h4 th:text="${book.bname}"></h4>
        <p th:text="${book.author}"></p>
        <p th:text="${book.isbn}"></p>
        <p th:text="${book.price}"></p>
        <p th:text="${book.publishing}"></p>
    </div>
</div>
```

2）循环状态的使用

在 th:each 标签中可以使用循环状态变量，该变量有以下属性。

index：当前迭代对象的 index（从 0 开始计数）。

count：当前迭代对象的 index（从 1 开始计数）。

size：迭代对象的大小。

current：当前迭代变量。

even/odd：布尔值，当前循环是否为偶数 / 奇数（从 0 开始计数）。

first：布尔值，当前循环是否为第一个。

last：布尔值，当前循环是否为最后一个。

使用循环状态变量的示例代码如下：

```
<!-- 循环取出集合数据 -->
<div class="col-md-4 col-sm-6" th:each="book,bookStat:${books}">
    <a href="">
        <img th:src="'images/' + ${book.picture}" alt="图书封面"
            style="height: 180px; width: 40%;"/>
    </a>
    <div class="caption">
        <!-- 循环状态 bookStat -->
        <h3 th:text="${bookStat.count}"></h3>
        <h4 th:text="${book.bname}"></h4>
        <p th:text="${book.author}"></p>
        <p th:text="${book.isbn}"></p>
        <p th:text="${book.price}"></p>
        <p th:text="${book.publishing}"></p>
    </div>
</div>
```

❾ 内置对象

在实际 Web 项目开发中经常传递列表、日期等数据，所以 Thymeleaf 模板提供了很多内置对象，可以通过 # 直接访问。这些内置对象一般都以 "s" 结尾，例如 dates、lists、numbers、strings 等。Thymeleaf 模板通过 ${#...} 表达式访问内置对象，常见的内置对象如下。

#dates：日期格式化的内置对象，操作的方法是 java.util.Date 类的方法。

#calendars：类似于 #dates，但操作的方法是 java.util.Calendar 类的方法。

#numbers：数字格式化的内置对象。

#strings：字符串格式化的内置对象，操作的方法参照 java.lang.String。

#objects：参照 java.lang.Object。

#bools：判断 boolean 类型的内置对象。

#arrays：数组操作的内置对象。

#lists：列表操作的内置对象，参照 java.util.List。

#sets：Set 操作的内置对象，参照 java.util.Set。

#maps：Map 操作的内置对象，参照 java.util.Map。

#aggregates：创建数组或集合的聚合的内置对象。

#messages：在变量表达式内部获取外部消息的内置对象。

假如有以下控制器方法：

```java
@GetMapping("/testObject")
public String testObject(Model model) {
    // 系统时间 new Date()
    model.addAttribute("nowTime", new Date());
    // 系统日历对象
    model.addAttribute("nowCalendar", Calendar.getInstance());
    // 创建 BigDecimal 对象
    BigDecimal money = new BigDecimal(2019.613);
    model.addAttribute("myMoney", money);
    // 字符串
    String tsts = "Test strings";
    model.addAttribute("str", tsts);
    //boolean 类型
    boolean b = false;
    model.addAttribute("bool", b);
    // 数组（这里不能使用 int 定义数组）
    Integer aint[] = {1,2,3,4,5};
    model.addAttribute("mya", aint);
    //List 列表 1
    List<String> nameList1 = new ArrayList<String>();
    nameList1.add("陈恒 1");
    nameList1.add("陈恒 3");
    nameList1.add("陈恒 2");
    model.addAttribute("myList1", nameList1);
    //Set 集合
    Set<String> st = new HashSet<String>();
    st.add("set1");
    st.add("set2");
    model.addAttribute("mySet", st);
    //Map 集合
    Map<String, Object> map = new HashMap<String, Object>();
    map.put("key1", "value1");
    map.put("key2", "value2");
    model.addAttribute("myMap", map);
    //List 列表 2
    List<String> nameList2 = new ArrayList<String>();
    nameList2.add("陈恒 6");
    nameList2.add("陈恒 5");
```

```
        nameList2.add(" 陈恒 4");
        model.addAttribute("myList2", nameList2);
        return "showObject";
}
```

那么可以在 src/main/resources/templates/showObject.html 视图页面文件中使用内置对象操作数据，showObject.html 的核心代码如下：

```html
<body>
    // 格式化控制器传递过来的系统时间 nowTime
    <span th:text="${#dates.format(nowTime, 'yyyy/MM/dd')}"></span>
    <br>
    // 创建一个日期对象
    <span th:text="${#dates.create(2019,6,13)}"></span>
    <br>
    // 格式化控制器传递过来的系统日历 nowCalendar
    <span th:text="${#calendars.format(nowCalendar, 'yyyy-MM-dd')}"></span>
    <br>
    // 格式化控制器传递过来的 BigDecimal 对象 myMoney
    <span th:text="${#numbers.formatInteger(myMoney,3)}"></span>
    <br>
    // 计算控制器传递过来的字符串 str 的长度
    <span th:text="${#strings.length(str)}"></span>
    <br>
    // 返回对象，当控制器传递过来的 BigDecimal 对象 myMoney 为空时返回默认值 9999
    <span th:text="${#objects.nullSafe(myMoney, 9999)}"></span>
    <br>
    // 判断 boolean 数据是否为 false
    <span th:text="${#bools.isFalse(bool)}"></span>
    <br>
    // 判断数组 mya 中是否包含元素 5
    <span th:text="${#arrays.contains(mya, 5)}"></span>
    <br>
    // 排序列表 myList1 的数据
    <span th:text="${#lists.sort(myList1)}"></span>
    <br>
    // 判断集合 mySet 中是否包含元素 set2
    <span th:text="${#sets.contains(mySet, 'set2')}"></span>
    <br>
    // 判断 myMap 中是否包含 key1 关键字
    <span th:text="${#maps.containsKey(myMap, 'key1')}"></span>
    <br>
    // 将数组 mya 中的元素求和
    <span th:text="${#aggregates.sum(mya)}"></span>
    <br>
    // 将数组 mya 中的元素求平均
    <span th:text="${#aggregates.avg(mya)}"></span>
    <br>
    // 如果未找到消息，则返回默认消息（例如 "??msgKey_zh_CN??"）
    <span th:text="${#messages.msg('msgKey')}"></span>
</body>
```

▶ 17.1.3　Thymeleaf 的常用属性

通过 17.1.2 节的学习可以发现 Thymeleaf 语法都是在 html 页面标签中添加 th:xxx 关键字来实现模板套用，且其属性与 html 页面标签基本类似。下面介绍 Thymeleaf 的常用属性。

❶ th：action

该属性定义后台控制器的路径，类似 <form> 标签的 action 属性。示例代码如下：

```
<form th:action="@{/login}">...</form>
```

❷ **th:each**

该属性用于遍历集合中的对象，功能类似于 JSTL 标签 <c:forEach>。示例代码如下：

```
<div class="col-md-4 col-sm-6" th:each="gtype:${gtypes}">
    <div class="caption">
        <p th:text="${gtype.id}"></p>
        <p th:text="${gtype.typename}"></p>
    </div>
</div>
```

❸ **th:field**

该属性常用于表单参数的绑定，通常与 th:object 一起使用。示例代码如下：

```
<form th:action="@{/login}" th:object="${user}">
    <input type="text" value="" th:field="*{username}"></input>
    <input type="text" value="" th:field="*{role}"></input>
</form>
```

❹ **th:href**

该属性用于定义超链接，类似 <a> 标签的 href 属性。其值的形式为 @{/logout}，示例代码如下：

```
<a th:href="@{/gogo}"></a>
```

❺ **th:id**

该属性是 div 的 id 声明，类似 html 标签中的 id 属性，示例代码如下：

```
<div th:id ="stu+(${rowStat.index}+1)"></div>
```

❻ **th:if**

该属性用于条件判断，如果为否则标签不显示，示例代码如下：

```
<div th:if="${rowStat.index} == 0">... do something ...</div>
```

❼ **th:fragment**

th:fragment 声明定义该属性的 div 为模板片段，常用于头文件、尾文件的引入，常与 th:include、th:replace 一起使用。

假如在应用的 src/main/resources/templates 目录下声明模板片段文件 footer.html，核心代码如下：

```
<body>
    <!-- 声明片段 content -->
    <div th:fragment="content">
        主体内容
    </div>
    <!-- 声明片段 copy -->
    <div th:fragment="copy">
        ©清华大学出版社
    </div>
</body>
```

那么可以在应用的 src/main/resources/templates/index.html 文件中引入模板片段，核心代码如下：

```
<body>
```

```
        测试 Spring Boot 的 Thymeleaf 支持 <br>
        引入主体内容模板片段:
        <div th:include="footer::content"></div>
        引入版权所有模板片段:
        <div th:replace="footer::copy"></div>
</body>
```

❽ th:object

该属性用于表单数据对象的绑定，将表单绑定到后台 Controller 的一个 JavaBean 参数，常与 th:field 一起使用，进行表单数据的绑定。下面通过实例讲解表单提交及数据绑定的实现过程。

【例 17-1】 表单提交及数据绑定的实现过程。

其具体实现步骤如下。

1）创建 Web 应用

创建基于 Lombok 和 Thymeleaf 依赖的 Spring Boot Web 应用 ch17_1，并在全局配置文件 application.properties 中配置应用的上下文路径 server.servlet.context-path=/ch17_1。

2）创建实体类

在 Web 应用 ch17_1 的 src/main/java 目录下创建名为 com.ch7_1.model 的包，并在该包中创建实体类 LoginBean，代码如下：

```
package com.ch7_1.model;
import lombok.Data;
@Data
public class LoginBean {
    String uname;
    String urole;
}
```

3）创建控制器类

在 Web 应用 ch17_1 的 src/main/java 目录下创建名为 com.ch7_1.controller 的包，并在该包中创建控制器类 LoginController，核心代码如下：

```
@Controller
public class LoginController {
    @GetMapping("/toLogin")
    public String toLogin(Model model) {
        /*loginBean 与 login.html 页面中的 th:object="${loginBean}" 相同，类似于
            Spring MVC 中的表单绑定 */
        model.addAttribute("loginBean", new LoginBean());
        return "login";
    }
    @PostMapping("/login")
    public String greetingSubmit(@ModelAttribute LoginBean loginBean) {
        /*@ModelAttribute LoginBean loginBean 接收 login.html 页面中的表单数据，
            并将 loginBean 对象保存到 model 中返回给 result.html 页面显示 */
        System.out.println("测试提交的数据: " + loginBean.getUname());
        return "result";
    }
}
```

4）创建页面表示层

Thymeleaf 模板默认将视图页面放在 src/main/resources/templates 目录下，因此在 Web 应用 ch17_1 的 src/main/resources/templates 目录下创建 login.html 和 result.html 页面。

login.html 页面的核心代码如下：

```
<body>
    <h1>Form</h1>
    <form action="#" th:action="@{/login}" th:object="${loginBean}"
        method="post">
    <!-- th:field="*{uname}" 的 uname 与实体类的属性相同，即绑定 loginBean 对象 -->
        <p>Uname: <input type="text" th:field="*{uname}" th:placeholder=" 请
            输入用户名 "/></p>
        <p>Urole: <input type="text" th:field="*{urole}" th:placeholder=" 请
            输入角色 "/></p>
        <p><input type="submit" value="Submit"/> <input type="reset"
            value="Reset"/></p>
    </form>
</body>
```

result.html 页面的核心代码如下：

```
<body>
    <h1>Result</h1>
    <p th:text="'Uname: ' + ${loginBean.uname}"/>
    <p th:text="'Urole: ' + ${loginBean.urole}"/>
    <a href="toLogin"> 继续提交 </a>
</body>
```

5）运行

首先运行 Ch171Application 主类，然后访问 http://localhost:8080/ch17_1/toLogin，运行结果如图 17.2 所示。

在图 17.2 所示的文本框中输入信息后单击 Submit 按钮，打开如图 17.3 所示的页面。

Form

Uname: 请输入用户名

Urole: 请输入角色

Submit　Reset

Result

Uname: 陈恒

Urole: 教师

继续提交

图 17.2　login.html 页面的运行结果 　　　　图 17.3　result.html 页面的运行结果

❾ **th:src**

该属性用于外部资源的引入，类似于 <script> 标签的 src 属性。示例代码如下：

```
<img th:src="'images/' + ${aBook.picture}"/>
```

❿ **th:text**

该属性用于文本的显示，将文本内容显示到所在标签的 body 中。示例代码如下：

```
<td th:text="${username}"></td>
```

⓫ **th:value**

该属性用于标签的赋值，类似于标签的 value 属性。示例代码如下：

```
<option th:value="Adult">Adult</option>
<input type="hidden" th:value="${msg}"/>
```

⓬ **th:style**

该属性用于修改标签 style，示例代码如下：

```
<span th:style="'display:' + @{(${myVar} ? 'none' : 'inline-block')}">
    myVar 是一个变量 </span>
```

⓭ **th:onclick**

该属性用于修改单击事件，示例代码如下：

```
<button th:onclick="'getCollect()'"></button>
```

扫一扫

视频讲解

17.2 使用 Spring Boot 和 Thymeleaf 实现页面 信息的国际化

在 Spring Boot 的 Web 应用中实现页面信息的国际化非常简单，下面通过实例讲解国际化的实现过程。

【例 17-2】国际化的实现过程。

其具体实现步骤如下。

❶ **编写国际化资源属性文件**

1）编写管理员模块的国际化信息

在 ch17_1 应用的 src/main/resources 目录下创建 i18n/admin 文件夹，并在该文件夹下创建 adminMessages.properties、adminMessages_en_US.properties 和 adminMessages_zh_CN.properties 资源属性文件。adminMessages.properties 表示默认加载的信息；adminMessages_en_US.properties 表示英文信息（en 代表语言代码，US 代表国家或地区）；adminMessages_zh_CN.properties 表示中文信息。

adminMessages.properties 的内容如下：

```
test.admin=\u6D4B\u8BD5\u540E\u53F0
admin=\u540E\u53F0\u9875\u9762
```

adminMessages_en_US.properties 的内容如下：

```
test.admin=test admin
admin=admin
```

adminMessages_zh_CN.properties 的内容如下：

```
test.admin=\u6D4B\u8BD5\u540E\u53F0
admin=\u540E\u53F0\u9875\u9762
```

2）编写用户模块的国际化信息

在 ch17_1 应用的 src/main/resources 目录下创建 i18n/before 文件夹，并在该文件夹下创建 beforeMessages.properties、beforeMessages_en_US.properties 和 beforeMessages_zh_CN.properties 资源属性文件。

beforeMessages.properties 的内容如下：

```
test.before=\u6D4B\u8BD5\u524D\u53F0
before=\u524D\u53F0\u9875\u9762
```

beforeMessages_en_US.properties 的内容如下：

```
test.before=test before
```

```
before=before
```

beforeMessages_zh_CN.properties 的内容如下：

```
test.before=\u6D4B\u8BD5\u524D\u53F0
before=\u524D\u53F0\u9875\u9762
```

3）编写公共模块的国际化信息

在 ch17_1 应用的 src/main/resources 目录下创建 i18n/common 文件夹，并在该文件夹下创 建 commonMessages.properties、commonMessages_en_US.properties 和 commonMessages_ zh_CN.properties 资源属性文件。

commonMessages.properties 的内容如下：

```
chinese.key=\u4E2D\u6587\u7248
english.key=\u82F1\u6587\u7248
return=\u8FD4\u56DE\u9996\u9875
```

commonMessages_en_US.properties 的内容如下：

```
chinese.key=chinese
english.key=english
return=return
```

commonMessages_zh_CN.properties 的内容如下：

```
chinese.key=\u4E2D\u6587\u7248
english.key=\u82F1\u6587\u7248
return=\u8FD4\u56DE\u9996\u9875
```

❷ 添加配置文件内容，引入资源属性文件

在 ch17_1 应用的配置文件 application.properties 中添加如下内容，引入资源属性文件。

```
spring.messages.basename=i18n/admin/adminMessages,i18n/before/
    beforeMessages,i18n/common/commonMessages
```

❸ 重写 localeResolver 方法进行语言区域的选择

在 ch17_1 应用的 com.ch17_1 包中创建配置类 LocaleConfig，该配置类实现 WebMvc-Configurer 接口，并进行语言区域的选择。LocaleConfig 的代码如下：

```
package com.ch17_1;
import org.springframework.boot.autoconfigure.EnableAutoConfiguration;
import org.springframework.context.annotation.Bean;
import org.springframework.context.annotation.Configuration;
import org.springframework.web.servlet.LocaleResolver;
import org.springframework.web.servlet.config.annotation.
    InterceptorRegistry;
import org.springframework.web.servlet.config.annotation.WebMvcConfigurer;
import org.springframework.web.servlet.i18n.LocaleChangeInterceptor;
import org.springframework.web.servlet.i18n.SessionLocaleResolver;
import java.util.Locale;
@Configuration
@EnableAutoConfiguration
public class LocaleConfig implements WebMvcConfigurer {
    /**
     * 根据用户本次会话过程中的语义设定语言区域（例如用户进入首页时选择的语言种类）
     */
    @Bean
    public LocaleResolver localeResolver() {
        SessionLocaleResolver slr = new SessionLocaleResolver();
```

```
        // 默认语言
        slr.setDefaultLocale(Locale.CHINA);
        return slr;
    }
    /**
     * 在使用 SessionLocaleResolver 存储语言区域时必须配置
     * localeChangeInterceptor 拦截器
     */
    @Bean
    public LocaleChangeInterceptor localeChangeInterceptor() {
        LocaleChangeInterceptor lci = new LocaleChangeInterceptor();
        // 选择语言的参数名
        lci.setParamName("locale");
        return lci;
    }
    /**
     * 注册拦截器
     */
    @Override
    public void addInterceptors(InterceptorRegistry registry) {
        registry.addInterceptor(localeChangeInterceptor());
    }
}
```

❹ 创建控制器类 I18nTestController

在 ch17_1 应用的 com.ch17_1.controller 包中创建控制器类 I18nTestController，具体代码如下：

```
package com.ch17_1.controller;
import org.springframework.stereotype.Controller;
import org.springframework.web.bind.annotation.GetMapping;
import org.springframework.web.bind.annotation.RequestMapping;
@Controller
@RequestMapping("/i18n")
public class I18nTestController {
    @GetMapping("/first")
    public String testI18n(){
        return "/i18n/first";
    }
    @GetMapping("/admin")
    public String admin(){
        return "/i18n/admin";
    }
    @GetMapping("/before")
    public String before(){
        return "/i18n/before";
    }
}
```

❺ 创建视图页面，并获得国际化信息

在 ch17_1 应用的 src/main/resources/templates 目录下创建文件夹 i18n，并在该文件夹中创建 admin.html、before.html 和 first.html 视图页面，在这些视图页面中使用 th:text="#{xxx}" 获得国际化信息。

admin.html 的核心代码如下：

```
<body>
    <span th:text="#{admin}"></span><br>
```

```
    <a th:href="@{/i18n/first}" th:text="#{return}"></a>
</body>
```

before.html 的核心代码如下：

```
<body>
    <span th:text="#{before}"></span><br>
    <a th:href="@{/i18n/first}" th:text="#{return}"></a>
</body>
```

first.html 的核心代码如下：

```
<body>
    <a th:href="@{/i18n/first(locale='zh_CN')}" th:text="#{chinese.
        key}"></a>
    <a th:href="@{/i18n/first(locale='en_US')}" th:text="#{english.
        key}"></a>
    <br>
    <a th:href="@{/i18n/admin}" th:text="#{test.admin}"></a><br>
    <a th:href="@{/i18n/before}" th:text="#{test.before}"></a><br>
</body>
```

❻ 运行

首先运行 Ch171Application 主类，然后访问 http://localhost:8080/ch17_1/i18n/first，运行结果如图 17.4 所示。

单击图 17.4 中的"英文版"，打开如图 17.5 所示的页面效果。

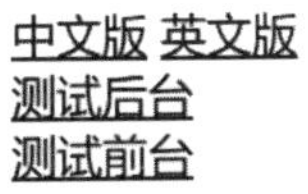

中文版 英文版
测试后台
测试前台

图 17.4　程序入口页面

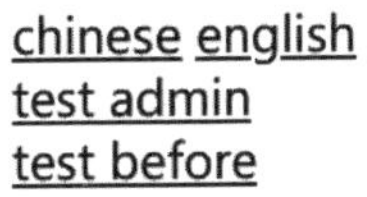

chinese english
test admin
test before

图 17.5　英文版效果

17.3　Spring Boot 和 Thymeleaf 的表单验证

扫一扫

视频讲解

本节使用 Hibernate Validator 对表单进行验证，注意它和 Hibernate 无关，只是使用它进行数据验证。因为 spring-boot-starter-web 不再依赖 hibernate-validator 的 JAR 包，所以在 Spring Boot 的 Web 应用中使用 Hibernate Validator 对表单进行验证时需要加载 Hibernate Validator 所依赖的 JAR 包，示例代码如下：

```
<dependency>
    <groupId>org.hibernate.validator</groupId>
    <artifactId>hibernate-validator</artifactId>
</dependency>
```

在使用 Hibernate Validator 验证表单时需要利用它的标注类型（见 10.3.2 节）在实体模型的属性上嵌入约束。

下面通过实例讲解使用 Hibernate Validator 验证表单的过程。

【例 17-3】　使用 Hibernate Validator 验证表单的过程。

其具体实现步骤如下。

❶ 创建 Web 应用

创建基于 Lombok 和 Thymeleaf 依赖的 Spring Boot Web 应用 ch17_2，并在全局配置

文件 application.properties 中配置应用的上下文路径 server.servlet.context-path=/ch17_2。

❷ 加载 Hibernate Validator 依赖

在 ch17_2 应用的 pom.xml 文件中添加 Hibernate Validator 所依赖的 JAR 包。

❸ 创建表单实体模型

在 ch17_2 应用的 src/main/java 目录下创建 com.ch17_2.model 包，并在该包中创建表单实体模型类 Goods，在该类中使用 Hibernate Validator 的标注类型进行表单验证，Goods 的代码如下：

```
package com.ch17_2.model;
import jakarta.validation.constraints.NotBlank;
import lombok.Data;
import org.hibernate.validator.constraints.Length;
import org.hibernate.validator.constraints.Range;
@Data
public class Goods {
    @NotBlank(message=" 商品名必须输入 ")
    @Length(min=1, max=5, message=" 商品名长度为 1 ~ 5")
    private String gname;
    @Range(min=0,max=100,message=" 商品价格为 0 ~ 100")
    private double gprice;
}
```

❹ 创建控制器

在 ch17_2 应用的 src/main/java 目录下创建 com.ch17_2.controller 包，并在该包中创建控制器类 TestValidatorController。在该类中有两个处理方法，一个是界面初始化处理方法 testValidator，另一个是添加请求处理方法 add。在 add 方法中使用 @Validated 注解使验证生效。核心代码如下：

```
@Controller
public class TestValidatorController {
    @GetMapping("/testValidator")
    public String testValidator(@ModelAttribute("goodsInfo") Goods goods){
        goods.setGname(" 商品名初始化 ");
        goods.setGprice(0.0);
        return "testValidator";
    }
    @PostMapping("/add")
    public String add(@ModelAttribute("goodsInfo") @Validated Goods
        goods,BindingResult rs){
        //@ModelAttribute("goodsInfo") 与 th:object="${goodsInfo}" 相对应
        if(rs.hasErrors()){          // 验证失败
                return "testValidator";
            }
        // 验证成功，可以到任意地方，在这里直接到 testValidator 界面
        return "testValidator";
    }
}
```

❺ 创建视图页面

在 ch17_2 应用的 src/main/resources/templates 目录下创建视图页面 testValidator.html，在视图页面中直接读取 ModelAttribute 里面注入的数据，然后通过 th:errors="*{xxx}" 获得验证错误信息。核心代码如下：

```
<body>
    <h2> 通过 th:object 访问对象的方式 </h2>
```

```
        <div th:object="${goodsInfo}">
              <p th:text="*{gname}"></p>
              <p th:text="*{gprice}"></p>
        </div>
        <h1> 表单提交 </h1>
        <!-- 表单提交用户信息，注意表单参数的设置，直接是 *{} -->
        <form th:action="@{/add}" th:object="${goodsInfo}" method="post">
        <div><span> 商品名 </span><input type="text" th:field="*{gname}"/><span
        th:errors="*{gname}"></span></div>
        <div><span> 商品价格 </span><input type="text" th:field="*{gprice}"/><span
        th:errors="*{gprice}"></span></div>
              <input type="submit"/>
        </form>
</body>
```

❻ 运行

首先运行 Ch172Application 主类，然后访问 http://localhost:8080/ch17_2/testValidator。表单验证失败效果如图 17.6 所示。

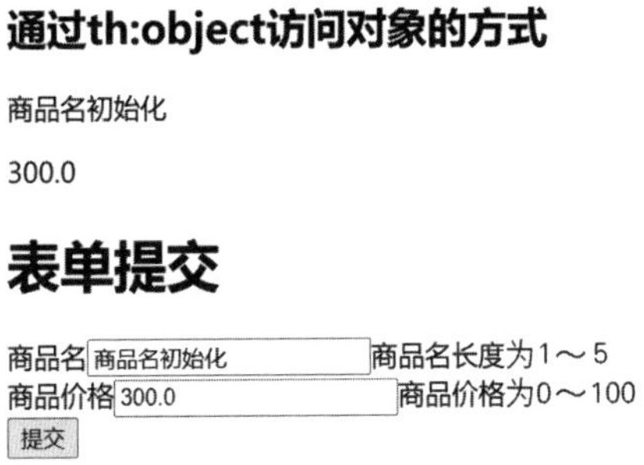

通过th:object访问对象的方式

商品名初始化

300.0

表单提交

| 商品名 | 商品名初始化 | | 商品名长度为1～5 |
| 商品价格 | 300.0 | | 商品价格为0～100 |

提交

图 17.6　表单验证失败效果

17.4　基于 Thymeleaf 和 BootStrap 的 Web 开发实例

扫一扫

视频讲解

在 Web 应用开发中可以使用 BootStrap 等前端开发工具包美化页面，对于 BootStrap 的相关知识请读者自行学习。下面通过一个实例讲解在 Spring Boot Web 应用中如何使用 BootStrap 美化页面。

【例 17-4】　基于 Thymeleaf 和 BootStrap 的 Web 开发实例。

其具体实现步骤如下。

❶ 创建 Web 应用

创建基于 Lombok 和 Thymeleaf 依赖的 Spring Boot Web 应用 ch17_3，并在全局配置文件 application.properties 中配置应用的上下文路径 server.servlet.context-path=/ch17_3。

❷ 创建实体类 Book

在 ch17_3 应用的 src/main/java 目录下创建名为 com.ch17_3.model 的包，并在该包中创建名为 Book 的实体类，该实体类用在模板页面中展示数据。Book 的代码如下：

```
package com.ch17_3.model;
import lombok.Data;
@Data
public class Book {
    String isbn;
    Double price;
```

```
        String bname;
        String publishing;
        String author;
        String picture;
        public Book(String isbn, Double price, String bname, String publishing,
            String author, String picture) {
            super();
            this.isbn = isbn;
            this.price = price;
            this.bname = bname;
            this.publishing = publishing;
            this.author = author;
            this.picture = picture;
        }
    }
```

❸ 创建控制器类 ThymeleafController

在 ch17_2 应用的 src/main/java 目录下创建名为 com.ch17_3.controller 的包，并在该包中创建名为 ThymeleafController 的控制器类。在该控制器类中实例化 Book 类的多个对象，并保存到集合 ArrayList<Book> 中。ThymeleafController 的核心代码如下：

```
@Controller
public class ThymeleafController {
    @GetMapping("/")
    public String index(Model model) {
        Book teacherGeng = new Book(
                "9787302598503",
                99.8,
                "SSM + Spring Boot + Vue.js 3 全栈开发从入门到实战",
                "清华大学出版社",
                "陈恒",
                "091883-01.jpg"
                );
        List<Book> chenHeng = new ArrayList<Book>();
        Book b1 = new Book(
                "9787302529118",
                69.8,
                "Java Web 开发从入门到实战（微课版）",
                "清华大学出版社",
                "陈恒",
                "082526-01.jpg"
                );
        chenHeng.add(b1);
        Book b2 = new Book(
                "9787302502968",
                69.8,
            "Java EE 框架整合开发入门到实战——Spring+Spring MVC+MyBatis（微课版）",
                "清华大学出版社",
                "陈恒",
                "079720-01.jpg");
        chenHeng.add(b2);
        model.addAttribute("aBook", teacherGeng);
        model.addAttribute("books", chenHeng);
        // 根据 Thymeleaf 模板，默认将返回 src/main/resources/templates/index.html
        return "index";
    }
}
```

❹ 整理脚本样式静态文件

JS 脚本、CSS 样式、图片等静态文件默认放置在 ch7_3 应用的 src/main/resources/

static 目录下。

❺ View 视图页面

Thymeleaf 模板默认将视图页面放在 src/main/resources/templates 目录下，因此在 ch7_3 应用的 src/main/resources/templates 目录下新建页面文件 index.html。在该页面中使用 Thymeleaf 模板显示控制器类 ThymeleafController 中 Model 对象的数据，具体代码如下：

```html
<!DOCTYPE html>
<html xmlns:th="http://www.thymeleaf.org">
<head>
<meta charset="UTF-8">
<title>Insert title here</title>
<link rel="stylesheet" th:href="@{css/bootstrap.min.css}"/>
</head>
<body>
    <!-- 面板 -->
    <div class="panel panel-primary">
        <!-- 面板的头信息 -->
        <div class="panel-heading">
            <!-- 面板的标题 -->
            <h3 class="panel-title">第一个基于 Thymeleaf 和 BootStrap 的 Spring
                Boot Web 应用 </h3>
        </div>
    </div>
    <!-- 容器 -->
    <div class="container">
        <div>
            <h4>图书列表 </h4>
    </div>
        <div class="row">
            <!-- col-md 针对桌面显示器，col-sm 针对平板 -->
            <div class="col-md-4 col-sm-6">
                <a href="">
                    <img th:src="'images/' + ${aBook.picture}" alt=" 图书封
                        面 "
                        style="height: 180px; width: 40%;"/>
                </a>
                <!-- caption 容器中放置其他基本信息，例如标题、文本描述等 -->
                <div class="caption">
                    <h4 th:text="${aBook.bname}"></h4>
                    <p th:text="${aBook.author}"></p>
                    <p th:text="${aBook.isbn}"></p>
                    <p th:text="${aBook.price}"></p>
                    <p th:text="${aBook.publishing}"></p>
                </div>
            </div>
            <!-- 循环取出集合数据 -->
            <div class="col-md-4 col-sm-6" th:each="book:${books}">
                <a href="">
                    <img th:src="'images/' + ${book.picture}" alt=" 图书
                        封面 "
                        style="height: 180px; width: 40%;"/>
                </a>
                <div class="caption">
                    <h4 th:text="${book.bname}"></h4>
                    <p th:text="${book.author}"></p>
                    <p th:text="${book.isbn}"></p>
                    <p th:text="${book.price}"></p>
                    <p th:text="${book.publishing}"></p>
                </div>
            </div>
```

```
            </div>
        </div>
    </body>
    </html>
```

❻ 运行

首先运行 Ch173Application 主类，然后访问 http://localhost:8080/ch17_3/，运行结果如图 17.7 所示。

图 17.7　例 17-4 的运行结果

本章小结

本章重点介绍了 Spring Boot 推荐使用的 Thymeleaf 模板引擎，包括 Thymeleaf 的基础语法、常用属性、表单验证以及国际化。通过本章的学习，读者应掌握基于 Thymeleaf 模板引擎的 Spring Boot Web 应用的开发的基本流程。

扫一扫

自测题

习 题 17

使用 Hibernate Validator 验证如图 17.8 所示的表单信息，具体要求如下：

（1）用户名必须输入，并且长度为 5 ～ 20。

（2）年龄为 18 ～ 60。

（3）工作日期在系统时间之前。

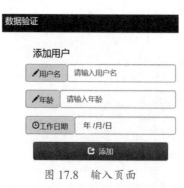

图 17.8　输入页面

第18章 ◄ Spring Boot 的数据访问 ▶

学习目的与要求

本章重点介绍 MyBatis-Plus 的基础知识，并详细介绍 Spring Boot 如何整合 MyBatis 与 MyBatis-Plus。通过本章的学习，要求读者掌握 Spring Boot 整合 MyBatis 与 MyBatis-Plus 的基本步骤。

本章主要内容

❖ Spring Boot 整合 MyBatis
❖ MyBatis-Plus 的基础知识
❖ Spring Boot 整合 MyBatis-Plus

MyBatis-Plus 是增强版的 MyBatis，MyBatis 的相关内容已在本书第 14 章详细讲解，本章将学习 MyBatis-Plus 的基础知识以及在 Spring Boot 应用中如何整合 MyBatis 与 MyBatis-Plus。

扫一扫

视频讲解

18.1 Spring Boot 整合 MyBatis

大家在第 14 章中已经学习了 SSM 框架整合开发的流程，那么 Spring Boot 如何整合 MyBatis 呢？下面通过实例讲解如何在 Spring Boot 应用中使用 MyBatis 框架操作数据库（基于 XML 的映射配置）。

【例 18-1】 在 Spring Boot 应用中使用 MyBatis 框架操作数据库（基于 XML 的映射配置）。

其具体实现步骤如下。

❶ 创建 Spring Boot Web 应用

在创建 Spring Boot Web 应用 ch18_1 时选择 MyBatis Framework（mybatis-spring-boot-starter）依赖，如图 18.1 所示。在该应用中操作的数据库与 14.5 节中一样，都是 springtest，操作的数据表是 user 表。

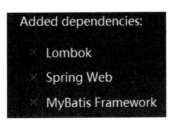

图 18.1 ch18_1 应用的依赖

❷ 修改 pom.xml 文件

在 pom.xml 文件中添加 MySQL 连接器依赖，具体如下：

```xml
<dependency>
    <groupId>mysql</groupId>
    <artifactId>mysql-connector-java</artifactId>
    <version>8.0.29</version>
</dependency>
```

❸ 设置 Web 应用 ch18_1 的上下文路径及数据源配置信息

在 ch18_1 应用的 application.properties 文件中配置以下内容：

```properties
server.servlet.context-path=/ch18_1
###
## 数据源信息的配置
###
# 数据库的地址
spring.datasource.url=jdbc:mysql://localhost:3306/springtest?
    useUnicode=true&characterEncoding=UTF-8&allowMultiQueries=
    true&serverTimezone=GMT%2B8
# 数据库的用户名
spring.datasource.username=root
# 数据库的密码
spring.datasource.password=root
# 数据库的驱动
spring.datasource.driver-class-name=com.mysql.cj.jdbc.Driver
# 设置包的别名（在 Mapper 映射文件中直接使用实体类名）
mybatis.type-aliases-package=com.ch18_1.entity
# 告诉系统到哪里去找 mapper.xml 文件（映射文件）
mybatis.mapperLocations=classpath:mappers/*.xml
# 在控制台中输出 SQL 语句日志
logging.level.com.ch18_1.repository=debug
# 让控制台输出的 JSON 字符串的格式更美观
spring.jackson.serialization.indent-output=true
```

❹ 创建实体类

创建名为 com.ch18_1.entity 的包，并在该包中创建 MyUser 实体类，代码如下：

```java
package com.ch18_1.entity;
import lombok.Data;
@Data
public class MyUser {
    private Integer uid;        // 与数据表中的字段名相同
    private String uname;
    private String usex;
}
```

❺ 创建数据访问接口

创建名为 com.ch18_1.repository 的包，并在该包中创建 MyUserRepository 接口。
MyUserRepository 的核心代码如下：

```java
/*
 * @Repository 可有可无，但有时会提示依赖注入找不到（不影响运行），
 * 加上后可以消去依赖注入的报错信息。
 * 这里不再需要 @Mapper，是因为在启动类中使用 @MapperScan 注解，
 * 将数据访问层的接口都注解为 Mapper 接口的实现类，
 * @Mapper 与 @MapperScan 两者用其一即可
 */
@Repository
public interface MyUserRepository {
```

```
        public List<MyUser> findAll();
    }
```

❻ 创建 Mapper 映射文件

在 src/main/resources 目录下创建名为 mappers 的包，并在该包中创建 SQL 映射文件 MyUserMapper.xml，具体代码如下：

```xml
<?xml version="1.0" encoding="UTF-8"?>
<!DOCTYPE mapper
PUBLIC "-//mybatis.org//DTD Mapper 3.0//EN"
"http://mybatis.org/dtd/mybatis-3-mapper.dtd">
<mapper namespace="com.ch18_1.repository.MyUserRepository">
    <select id="findAll" resultType="MyUser">
        select * from user
    </select>
</mapper>
```

❼ 创建业务层

创建名为 com.ch18_1.service 的包，并在该包中创建 MyUserService 接口和 MyUserServiceImpl 实现类。这里省略 MyUserService 的代码。

MyUserServiceImpl 的核心代码如下：

```java
@Service
public class MyUserServiceImpl implements MyUserService{
    @Autowired
    private MyUserRepository myUserRepository;
    @Override
    public List<MyUser> findAll() {
        return myUserRepository.findAll();
    }
}
```

❽ 创建控制器类 MyUserController

创建名为 com.ch18_1.controller 的包，并在该包中创建控制器类 MyUserController。

MyUserController 的代码如下：

```java
@RestController
public class MyUserController {
    @Autowired
    private MyUserService myUserService;
    @GetMapping("/findAll")
    public List<MyUser> findAll(){
        return myUserService.findAll();
    }
}
```

❾ 在应用程序的主类中扫描 Mapper 接口

在应用程序的 Ch181Application 主类中使用 @MapperScan 注解扫描 MyBatis 的 Mapper 接口，核心代码如下：

```java
@SpringBootApplication
// 配置扫描 MyBatis 接口的包路径
@MapperScan(basePackages={"com.ch18_1.repository"})
public class Ch181Application {
    public static void main(String[] args) {
        SpringApplication.run(Ch181Application.class, args);
    }
}
```

⑩ 运行

首先运行 Ch181Application 主类，然后访问 http://localhost:8080/ch18_1/findAll，运行结果如图 18.2 所示。

```
[ {
    "uid" : 1,
    "uname" : "张三",
    "usex" : "女"
}, {
    "uid" : 13,
    "uname" : "陈恒",
    "usex" : "男"
} ]
```

图 18.2　查询所有用户信息

扫一扫

视频讲解

18.2　MyBatis-Plus 快速入门

▶ 18.2.1　MyBatis-Plus 简介

MyBatis-Plus 是 MyBatis 的增强工具，在 MyBatis 的基础上只做增强不做改变，为简化开发、提高效率而生。MyBatis-Plus 的特性具体如下。

（1）无侵入：只做增强不做改变，引入它不会对现有工程产生影响。

（2）损耗小：启动即会自动注入基本 CRUD，性能基本无损耗，直接面向对象操作。

（3）强大的 CRUD 操作：内置通用 Mapper、通用 Service，仅通过少量配置即可实现单表的大部分 CRUD 操作，更有强大的条件构造器，满足各类使用需求。

（4）支持 Lambda 形式调用：通过 Lambda 表达式方便编写各类查询条件，无须再担心写错字段。

（5）支持主键自动生成：支持多种主键策略，可自由配置，完美解决主键问题。

（6）支持 ActiveRecord 模式：支持 ActiveRecord 形式调用，实体类只需继承 Model 类即可进行强大的 CRUD 操作。

（7）支持自定义全局通用操作：支持全局通用方法注入。

（8）内置代码生成器：采用代码或者 Maven 插件可快速生成 Mapper、Model、Service、Controller 层代码，支持模板引擎，提供更多自定义配置。

（9）内置分页插件：基于 MyBatis 物理分页，开发者无须关心具体操作，配置好插件之后，实现分页等同于普通 List 遍历。

▶ 18.2.2　Spring Boot 整合 MyBatis-Plus

在 Spring Boot 应用中添加 mybatis-plus-boot-starter 依赖即可整合 MyBatis-Plus，具体如下：

```
<dependency>
    <groupId>com.baomidou</groupId>
    <artifactId>mybatis-plus-boot-starter</artifactId>
    <version>3.x.y.z</version>
</dependency>
```

在 Spring Boot 应用中，通过 mybatis-plus-boot-starter 引入 MyBatis-Plus 依赖后将自动引入 MyBatis、MyBatis-Spring 等相关依赖，所以不再需要引入这些依赖，避免了因版本差异而导致出现问题。

下面通过实例讲解如何在 Spring Boot 应用中使用 MyBatis-Plus 框架操作数据库。

【例 18-2】 在 Spring Boot 应用中使用 MyBatis-Plus 框架操作数据库。

其具体实现步骤如下。

❶ 创建 Spring Boot Web 应用

创建基于 Lombok 依赖的 Spring Boot Web 应用 ch18_2。在该应用中操作的数据库与 14.5 节中一样，都是 springtest，操作的数据表是 user 表。

❷ 修改 pom.xml 文件

在 pom.xml 文件中添加 MySQL 连接器与 MyBatis-Plus 依赖，具体如下：

```
<dependency>
    <groupId>mysql</groupId>
    <artifactId>mysql-connector-java</artifactId>
    <version>8.0.29</version>
</dependency>
<dependency>
    <groupId>com.baomidou</groupId>
    <artifactId>mybatis-plus-boot-starter</artifactId>
    <version>3.5.3.1</version>
</dependency>
```

❸ 设置 Web 应用 ch18_2 的上下文路径及数据源配置信息

在 ch18_2 应用的 application.properties 文件中配置以下内容：

```
server.servlet.context-path=/ch18_2
# 数据库的地址
spring.datasource.url=jdbc:mysql://localhost:3306/springtest?
    useUnicode=true&characterEncoding=UTF-8&allowMultiQueries=
    true&serverTimezone=GMT%2B8
# 数据库的用户名
spring.datasource.username=root
# 数据库的密码
spring.datasource.password=root
# 数据库的驱动
spring.datasource.driver-class-name=com.mysql.cj.jdbc.Driver
# 设置包的别名（在 Mapper 映射文件中直接使用实体类名）
mybatis-plus.type-aliases-package=com.ch18_2.entity
# 告诉系统到哪里去找 mapper.xml 文件（映射文件）
mybatis-plus.mapper-locations=classpath:mappers/*.xml
# 在控制台中输出 SQL 语句日志
logging.level.com.ch18_2.mapper=debug
# 让控制台输出的 JSON 字符串的格式更美观
spring.jackson.serialization.indent-output=true
```

❹ 创建实体类

创建名为 com.ch18_2.entity 的包，并在该包中创建 MyUser 实体类，具体代码如下：

```
package com.ch18_2.entity;
import lombok.Data;
import com.baomidou.mybatisplus.annotation.TableName;
@Data
@TableName("user")
public class MyUser {
    private Integer uid;         // 与数据表中的字段名相同
```

```
    private String uname;
    private String usex;
}
```

❺ 创建数据访问接口

创建名为 com.ch18_2.mapper 的包，并在该包中创建 UserMapper 接口。UserMapper 接口通过继承 BaseMapper<MyUser> 接口（在 18.5 节讲解该接口）对实体类 MyUser 对应的数据表 user 进行 CRUD 操作。UserMapper 接口的代码如下：

```
package com.ch18_2.mapper;
import com.baomidou.mybatisplus.core.mapper.BaseMapper;
import com.ch18_2.entity.MyUser;
import org.springframework.stereotype.Repository;
import java.util.List;
@Repository
public interface UserMapper extends BaseMapper<MyUser> {
    List<MyUser> myFindAll();
}
```

❻ 创建 Mapper 映射文件

在 src/main/resources 目录下创建名为 mappers 的包，并在该包中创建 SQL 映射文件 MyUserMapper.xml（当 Mapper 接口中没有自定义方法时可以不创建此文件），具体代码如下：

```
<?xml version="1.0" encoding="UTF-8"?>
<!DOCTYPE mapper
PUBLIC "-//mybatis.org//DTD Mapper 3.0//EN"
"http://mybatis.org/dtd/mybatis-3-mapper.dtd">
<mapper namespace="com.ch18_2.mapper.UserMapper">
    <select id="myFindAll" resultType="MyUser">
        select * from user
    </select>
</mapper>
```

❼ 创建控制器类 MyUserController

创建名为 com.ch18_2.controller 的包，并在该包中创建控制器类 MyUserController。MyUserController 的代码如下：

```
@RestController
public class MyUserController {
    @Autowired
    private UserMapper userMapper;
    @GetMapping("/findAll")
    public List<MyUser> findAll(){
        // 通过 BaseMapper 接口方法 selectList 查询
        return userMapper.selectList(null);
    }
    @GetMapping("/myFindAll")
    public List<MyUser> myFindAll(){
        // 通过自定义方法 myFindAll 查询
        return userMapper.myFindAll();
    }
}
```

❽ 在应用程序的主类中扫描 Mapper 接口

在应用程序的 Ch182Application 主类中使用 @MapperScan 注解扫描 MyBatis 的 Mapper 接口，核心代码如下：

```
@SpringBootApplication
```

```
@MapperScan(basePackages={"com.ch18_2.mapper"})
public class Ch182Application {
    public static void main(String[] args) {
        SpringApplication.run(Ch182Application.class, args);
    }
}
```

❾ 运行

首先运行 Ch182Application 主类，然后访问 http://localhost:8080/ch18_2/findAll 和 http://localhost:8080/ch18_2/myFindAll 进行测试。

18.3　MyBatis-Plus 注解

本节详细介绍 MyBatis-Plus 的相关注解类，具体如下。

❶ @TableName

当实体类的类名与要操作表的表名不一致时需要使用 @TableName 注解标识实体类对应的表。示例代码如下：

```
@TableName("user")
public class MyUser {}
```

@TableName 注解的所有属性都不是必需指定的，如表 18.1 所示。

表 18.1　@TableName 注解的属性

属性	类型	默认值	描　　述
value	String	""	表名
schema	String	""	指定模式名称。如果是 MySQL 数据库，则指定数据库名称；如果是 Oracle，则为 schema。例如 schema="scott"，scott 就是 Oracle 中的 schema
keepGlobalPrefix	boolean	false	是否保持使用全局的 tablePrefix 值（当设置全局 tablePrefix 时）
resultMap	String	""	SQL 映射文件中 resultMap 的 id（用于满足特定类型的实体类对象的绑定）
autoResultMap	boolean	false	是否自动构建 resultMap 并使用（如果设置 resultMap，则不会进行 resultMap 的自动构建与注入）
excludeProperty	String[]	{}	需要排除的属性名

❷ @TableId

@TableId 注解为主键注解，用于指定实体类中的某属性为主键字段。示例代码如下：

```
@TableName("user")
public class MyUser {
    @TableId(type=IdType.AUTO)
    private Integer uid;
}
```

@TableId 注解有 value 和 type 两个属性，其中 value 属性表示主键的字段名，默认值为 ""；type 属性表示主键的类型，默认值为 IdType.NONE。type 属性值为 IdType.AUTO 表示数据表 ID 自增；IdType.NONE 表示无状态，该类型为未设置主键的类型；IdType.INPUT

表示插入前自行设置主键值；IdType.ASSIGN_ID 表示分配 ID（类型为 Long、Integer 或 String），使用 IdentifierGenerator 接口的 nextId 方法（默认实现类为 DefaultIdentifierGenerator，使用的是雪花算法）；IdType.ASSIGN_UUID 表示分配 UUID，类型为 String，使用 IdentifierGenerator 接口的 nextUUID 方法。

❸ @TableField

@TableField 注解为非主键字段注解。若实体类中的属性使用的是驼峰命名风格，而表中的字段使用的是下画线命名风格，例如实体类属性 userName，表中字段 user_name，此时 MyBatis-Plus 会自动将下画线命名风格转化为驼峰命名风格。若实体类中的属性和表中的字段不满足上述条件，例如实体类属性为 name，表中字段为 username，此时需要在实体类属性上使用 @TableField("username") 设置属性所对应的字段名。

@TableField 注解的所有属性都不是必须指定的，如表 18.2 所示。

表 18.2　@TableField 注解的属性

属性	类型	默认值	描　　述
value	String	""	数据库字段名
exist	boolean	true	是否为数据库表字段
condition	String	""	字段 where 实体查询比较条件，如果有值，则以设置的值为准；如果没有，则默认为全局的 %s=#{%s}
update	String	""	字段 update 部分注入。例如，当在 version 字段上注解 update="%s+1" 表示更新时会设置 version=version+1
insertStrategy	Enum	FieldStrategy.DEFAULT	IGNORED 为忽略判断；NOT_NULL 为非 NULL 判断；NOT_EMPTY 为非空判断（只针对字符串类型字段，其他类型字段依然为非 NULL 判断）；DEFAULT 为追随全局配置；NEVER 表示不加入 SQL。 举例：NOT_NULL insert into table_a(<if test="columnProperty != null">column</if>) values (<if test="columnProperty != null">#{columnProperty}</if>)
updateStrategy	Enum	FieldStrategy.DEFAULT	举例：IGNORED update table_a set column=#{columnProperty}

续表

属性	类型	默认值	描　述
whereStrategy	Enum	FieldStrategy.DEFAULT	举例：NOT_EMPTY where \<if test="columnProperty != null and columnProperty!=""\>colum n=#{columnProperty}\</if\>
fill	Enum	FieldFill.DEFAULT	字段自动填充策略。DEFAULT 表示默认不处理；INSERT 表示插入时填充字段；UPDATE 表示更新时填充字段；INSERT_UPDATE 表示插入和更新时填充字段
select	boolean	true	是否进行 select 查询
keepGlobalFormat	boolean	false	是否保持使用全局的 format 进行处理
jdbcType	JdbcType	JdbcType.UNDEFINED	JDBC 类型（该默认值不代表会按照该值生效）
typeHandler	Class\<? extends TypeHandler\>	UnknownTypeHandler.class	类型处理器（该默认值不代表会按照该值生效）
numericScale	String	""	指定小数点后保留的位数

❹ @Version

@Version 注解为乐观锁注解，@Version 标记在字段上。乐观锁指当要更新一条记录时，希望这条记录没有被别人更新。乐观锁的实现方式是取出记录时获取当前 version；更新时带上这个 version；执行更新时 set version = newVersion where version = oldVersion，如果 version 不对，则更新失败。具体示例如下：

```
@Data
@TableName("t_product")
public class Product {
    private Long id;
    private String name;
    private Integer price;
    @Version
    private Integer version;
}
@Configuration
public class MybatisPlusConfig {
    @Bean
    public MybatisPlusInterceptor mybatisPlusInterceptor() {
        MybatisPlusInterceptor interceptor =
            new MybatisPlusInterceptor();
        // 乐观锁插件
        interceptor.addInnerInterceptor(new
            OptimisticLockerInnerInterceptor());
        return interceptor;
    }
}
```

这个 @Version 注解就是实现乐观锁的重要注解，当更新数据库中的数据，例如价格时，version 就会加 1，如果 where 语句中 version 的版本不对，则更新失败。

⑤ @EnumValue

@EnumValue 注解为普通枚举类注解，注解在枚举字段上。示例代码如下：

```
@Getter          // 类中属性都生成 getter 方法
public enum SexEnum {
    MALE(1, "男"),
    FEMALE(2, "女");
    @EnumValue          // 标记数据库保存的值是 sex
    private Integer sex;
    private String sexName;
    SexEnum(Integer sex, String sexName) {
        this.sex = sex;
        this.sexName = sexName;
    }
}
```

⑥ @TableLogic

使用 @TableLogic 注解表示实体类中的属性是逻辑删除的属性。逻辑删除即假删除，将对应数据库中代表是否被删除字段的状态修改为"被删除状态"，之后在数据库中仍然能看到此条数据记录。

18.4　MyBatis-Plus 代码生成器

在 Spring Boot 应用中可以使用 MyBatis-Plus 代码生成器（mybatis-plus-generator）生成数据表对应的实体类、数据访问接口、Mapper 映射文件、控制器类、Service 接口及实现类等的代码。

▶ 18.4.1　安装 MyBatis-Plus 代码生成器

在 Spring Boot 应用中引入 mybatis-plus-generator 依赖后才能使用 MyBatis-Plus 代码生成器，引入依赖的代码如下：

```
<dependency>
    <groupId>com.baomidou</groupId>
    <artifactId>mybatis-plus-generator</artifactId>
    <version>3.5.3.1</version>
</dependency>
```

MyBatis-Plus 代码生成器 mybatis-plus-generator 默认使用 Velocity 引擎模板，所以还需要引入 Velocity 引擎模板依赖，具体代码如下：

```
<dependency>
    <groupId>org.apache.velocity</groupId>
    <artifactId>velocity-engine-core</artifactId>
    <version>2.3</version>
</dependency>
```

另外，除了引入上述两个依赖以外，还需要引入 mybatis-plus-boot-starter、数据库连接器（例如 mysql-connector-java）等依赖。

▶ 18.4.2　配置 MyBatis-Plus 代码生成器

在引入 MyBatis-Plus 代码生成器的相关依赖后进行相应配置才能生成对应代码。

❶ 数据库配置（DataSourceConfig）

数据库配置（DataSourceConfig）的示例代码如下：

```
new DataSourceConfig.Builder("jdbc:mysql://127.0.0.1:3306/mybatis-plus",
    "root","123456")
    .dbQuery(new MySqlQuery())
    .schema("mybatis-plus")
    .typeConvert(new MySqlTypeConvert())
    .keyWordsHandler(new MySqlKeyWordsHandler())
    .build();
```

DataSourceConfig 配置项的说明如表 18.3 所示。

表 18.3　DataSourceConfig 配置项

配 置 项	说　明	示　例
url	JDBC 路径	jdbc:mysql://127.0.0.1:3306/mydb
username	数据库的用户名	root
password	数据库的密码	root
dbQuery(IDbQuery)	数据库的查询	new MySqlQuery()
schema(String)	数据库的 Schema（部分数据库适用）	mybatis-plus
typeConvert(ITypeConvert)	数据库的类型转换器	new MySqlTypeConvert()
keyWordsHandler(IKeyWordsHandler)	数据库的关键字处理器	new MySqlKeyWordsHandler()

❷ 全局配置（GlobalConfig）

全局配置（GlobalConfig）的示例代码如下：

```
new GlobalConfig.Builder()
    .fileOverride()
    .outputDir("/opt/baomidou")
    .author("baomidou")
    .enableKotlin()
    .enableSwagger()
    .dateType(DateType.TIME_PACK)
    .commentDate("yyyy-MM-dd")
    .build();
```

GlobalConfig 配置项的说明如表 18.4 所示。

表 18.4　GlobalConfig 配置项

配 置 项	说　明	示　例
fileOverride	覆盖已生成文件	默认值：false
disableOpenDir	禁止打开输出目录	默认值：true
outputDir(String)	指定输出目录	默认值：Windows 系统为 D://，Linux 或 MAC 系统为 /tmp
author(String)	作者名	默认值：编者
enableKotlin	开启 Kotlin 模式	默认值：false
enableSwagger	开启 Swagger 模式	默认值：false
dateType(DateType)	时间策略	默认值：DateType.TIME_PACK
commentDate(String)	注释日期	默认值：yyyy-MM-dd

❸ 包配置（PackageConfig）

包配置（PackageConfig）的示例代码如下：

```
new PackageConfig.Builder()
    .parent("com.baomidou.mybatisplus.samples.generator")
    .moduleName("sys")
    .entity("po")
    .service("service")
    .serviceImpl("service.impl")
    .mapper("mapper")
    .xml("mapper.xml")
    .controller("controller")
    .other("other")
    .pathInfo(Collections.singletonMap(OutputFile.mapperXml, "D://"))
    .build();
```

PackageConfig 配置项的说明如表 18.5 所示。

表 18.5　PackageConfig 配置项

配置项	说　明	示　例
parent(String)	父包名	默认值：com.baomidou
moduleName(String)	父包模块名	默认值：无
entity(String)	Entity 包名	默认值：entity
service(String)	Service 包名	默认值：service
serviceImpl(String)	Service Impl 包名	默认值：service.impl
mapper(String)	Mapper 包名	默认值：mapper
xml(String)	Mapper XML 包名	默认值：mapper.xml
controller(String)	Controller 包名	默认值：controller
other(String)	自定义文件包名	输出自定义文件时所用到的包名
pathInfo(Map<OutputFile, String>)	路径配置信息	Collections.singletonMap(OutputFile. mapperXml, "D://")

❹ 模板配置（TemplateConfig）

模板配置（TemplateConfig）的示例代码如下：

```
new TemplateConfig.Builder()
    .disable(TemplateType.ENTITY)
    .entity("/templates/entity.java")
    .service("/templates/service.java")
    .serviceImpl("/templates/serviceImpl.java")
    .mapper("/templates/mapper.java")
    .mapperXml("/templates/mapper.xml")
    .controller("/templates/controller.java")
    .build();
```

TemplateConfig 配置项的说明如表 18.6 所示。

表 18.6　TemplateConfig 配置项

配置项	说　明	示　例
disable	禁用所有模板	
disable(TemplateType...)	禁用模板	TemplateType.ENTITY

续表

配 置 项	说　　明	示　　例
entity(String)	设置实体模板路径（Java）	/templates/entity.java
entityKt(String)	设置实体模板路径（Kotlin）	/templates/entity.java
service(String)	设置 service 模板路径	/templates/service.java
serviceImpl(String)	设置 serviceImpl 模板路径	/templates/serviceImpl.java
mapper(String)	设置 mapper 模板路径	/templates/mapper.java
mapperXml(String)	设置 mapperXml 模板路径	/templates/mapper.xml
controller(String)	设置 controller 模板路径	/templates/controller.java

❺ 注入配置（InjectionConfig）

注入配置（InjectionConfig）的示例代码如下：

```
new InjectionConfig.Builder()
    .beforeOutputFile((tableInfo, objectMap) -> {
        System.out.println("tableInfo: " + tableInfo.getEntityName() +
            " objectMap: " + objectMap.size());
    })
    .customMap(Collections.singletonMap("test", "baomidou"))
    .customFile(Collections.singletonMap("test.txt", "/templates/test.vm"))
    .build();
```

InjectionConfig 配置项的说明如表 18.7 所示。

表 18.7　InjectionConfig 配置项

配 置 项	说　　明	示　　例
beforeOutputFile(BiConsumer<TableInfo, Map<String, Object>>)	输出文件之前的消费者	
customMap(Map<String, Object>)	自定义配置 Map 对象	Collections.singletonMap("test", "baomidou")
customFile(Map<String, String>)	自定义配置模板文件	Collections.singletonMap("test.txt", "/templates/test.vm")

❻ 策略配置（StrategyConfig）

策略配置（StrategyConfig）的示例代码如下：

```
new StrategyConfig.Builder()
    .enableCapitalMode()
    .enableSkipView()
    .disableSqlFilter()
    .likeTable(new LikeTable("USER"))
    .addInclude("t_simple")
    .addTablePrefix("t_", "c_")
    .addFieldSuffix("_flag")
    .build();
```

StrategyConfig 配置项的说明如表 18.8 所示。

表 18.8　StrategyConfig 配置项

配 置 项	说　明	示　例
enableCapitalMode	开启大写命名	默认值：false
enableSkipView	开启跳过视图	默认值：false
disableSqlFilter	禁用 SQL 过滤	默认值：true，如果语法不支持使用 SQL 过滤表，可以考虑关闭此开关
enableSchema	启用 Schema	默认值：false，在多 Schema 场景的时候打开
likeTable(LikeTable)	模糊表匹配（SQL 过滤）	likeTable 和 notLikeTable 只能配置一项
notLikeTable(LikeTable)	模糊表排除（SQL 过滤）	likeTable 和 notLikeTable 只能配置一项
addInclude(String...)	增加表匹配（内存过滤）	Include 和 exclude 只能配置一项
addExclude(String...)	增加表排除匹配（内存过滤）	Include 和 exclude 只能配置一项
addTablePrefix(String...)	增加过滤表前缀	
addTableSuffix(String...)	增加过滤表后缀	
addFieldPrefix(String...)	增加过滤字段前缀	
addFieldSuffix(String...)	增加过滤字段后缀	
entityBuilder	实体策略配置	
controllerBuilder	Controller 策略配置	
mapperBuilder	Mapper 策略配置	
serviceBuilder	Service 策略配置	

❼ Entity 策略配置

Entity 策略配置（StrategyConfig）的示例代码如下：

```
new StrategyConfig.Builder()
    .entityBuilder()
    .superClass(BaseEntity.class)
    .disableSerialVersionUID()
    .enableChainModel()
    .enableLombok()
    .enableRemoveIsPrefix()
    .enableTableFieldAnnotation()
    .enableActiveRecord()
    .versionColumnName("version")
    .versionPropertyName("version")
    .logicDeleteColumnName("deleted")
    .logicDeletePropertyName("deleteFlag")
    .naming(NamingStrategy.no_change)
    .columnNaming(NamingStrategy.underline_to_camel)
    .addSuperEntityColumns("id", "created_by", "created_time", "updated_by",
        "updated_time")
    .addIgnoreColumns("age")
    .addTableFills(new Column("create_time", FieldFill.INSERT))
    .addTableFills(new Property("updateTime", FieldFill.INSERT_UPDATE))
    .idType(IdType.AUTO)
    .formatFileName("%sEntity")
    .build();
```

Entity 策略配置项的说明如表 18.9 所示。

表 18.9 Entity 策略配置项

配置项	说 明	示 例
nameConvert(INameConvert)	名称转换的实现	
superClass(Class<?>)	设置父类	BaseEntity.class
superClass(String)	设置父类	com.baomidou.global. BaseEntity
disableSerialVersionUID	禁用生成 serialVersionUID	默认值: true
enableColumnConstant	开启生成字段常量	默认值: false
enableChainModel	开启链式模型	默认值: false
enableLombok	开启 Lombok 模型	默认值: false
enableRemoveIsPrefix	开启 boolean 类型字段移除 is 前缀	默认值: false
enableTableFieldAnnotation	开启生成实体时生成字段注解	默认值: false
enableActiveRecord	开启 ActiveRecord 模型	默认值: false
versionColumnName(String)	乐观锁字段名（数据库）	
versionPropertyName(String)	乐观锁属性名（实体）	
logicDeleteColumnName(String)	逻辑删除字段名（数据库）	
logicDeletePropertyName(String)	逻辑删除属性名（实体）	
naming	数据库表映射到实体的命名策略	默认下画线转驼峰命名: NamingStrategy. underline_to_camel
columnNaming	数据库表字段映射到实体的命名策略	默认为 null，如果未指定按照 naming 执行
addSuperEntityColumns(String...)	添加父类公共字段	
addIgnoreColumns(String...)	添加忽略字段	
addTableFills(IFill...)	添加表字段填充	
addTableFills(List<IFill>)	添加表字段填充	
idType(IdType)	全局主键类型	
convertFileName(ConverterFileName)	转换文件名称	
formatFileName(String)	格式化文件名称	

❽ Controller 策略配置

Controller 策略配置（StrategyConfig）的示例代码如下:

```
new StrategyConfig.Builder()
    .controllerBuilder()
    .superClass(BaseController.class)
    .enableHyphenStyle()
    .enableRestStyle()
    .formatFileName("%sAction")
    .build();
```

Controller 策略配置项的说明如表 18.10 所示。

表 18.10　Controller 策略配置项

配 置 项	说　明	示　例
superClass(Class<?>)	设置父类	BaseController.class
superClass(String)	设置父类	com.baomidou.global.BaseController
enableHyphenStyle	开启驼峰转连字符	默认值：false
enableRestStyle	开启生成 @RestController 控制器	默认值：false
convertFileName(ConverterFileName)	转换文件名称	
formatFileName(String)	格式化文件名称	

❾ Service 策略配置

Service 策略配置（StrategyConfig）的示例代码如下：

```
new StrategyConfig.Builder()
    .serviceBuilder()
    .superServiceClass(BaseService.class)
    .superServiceImplClass(BaseServiceImpl.class)
    .formatServiceFileName("%sService")
    .formatServiceImplFileName("%sServiceImp")
    .build();
```

Service 策略配置项的说明如表 18.11 所示。

表 18.11　Service 策略配置项

配 置 项	说　明	示　例
superServiceClass(Class<?>)	设置 Service 接口的父类	BaseService.class
superServiceClass(String)	设置 Service 接口的父类	com.baomidou.global.BaseService
superServiceImplClass(Class<?>)	设置 Service 实现类的父类	BaseServiceImpl.class
superServiceImplClass(String)	设置 Service 实现类的父类	com.baomidou.global.BaseServiceImpl
convertServiceFileName(ConverterFileName)	转换 Service 接口文件名称	
convertServiceImplFileName(ConverterFileName)	转换 Service 实现类文件名称	
formatServiceFileName(String)	格式化 Service 接口文件名称	
formatServiceImplFileName(String)	格式化 Service 实现类文件名称	

❿ Mapper 策略配置

Mapper 策略配置（StrategyConfig）的示例代码如下：

```
new StrategyConfig.Builder()
    .mapperBuilder()
    .superClass(BaseMapper.class)
    .enableMapperAnnotation()
    .enableBaseResultMap()
    .enableBaseColumnList()
    .cache(MyMapperCache.class)
    .formatMapperFileName("%sDao")
```

```
.formatXmlFileName("%sXml")
.build();
```

Mapper 策略配置项的说明如表 18.12 所示。

表 18.12　Mapper 策略配置项

配　置　项	说　明	示　例
superClass(Class<?>)	设置父类	BaseMapper.class
superClass(String)	设置父类	com.baomidou.global. BaseMapper
enableMapperAnnotation	开启 @Mapper 注解	默认值：false
enableBaseResultMap	启用 BaseResultMap 生成	默认值：false
enableBaseColumnList	启用 BaseColumnList	默认值：false
cache(Class<? extends Cache>)	设置缓存实现类	MyMapperCache.class
convertMapperFileName(ConverterFileName)	转换 Mapper 类文件名称	
convertXmlFileName(ConverterFileName)	转换 XML 文件名称	
formatMapperFileName(String)	格式化 Mapper 文件名称	
formatXmlFileName(String)	格式化 XML 实现类文件名称	

下面通过一个实例讲解如何使用 MyBatis-Plus 代码生成器生成数据表对应的实体类、数据访问接口、Mapper 映射文件、控制器类、Service 接口及实现类等的代码。

【例 18-3】 在 Spring Boot 应用中使用 MyBatis-Plus 代码生成器生成数据表 user 对应的代码。

其具体实现步骤如下。

❶ 创建 Spring Boot Web 应用

创建基于 Lombok 依赖的 Spring Boot Web 应用 ch18_3，在该应用中操作的数据库与 14.5 节中一样，都是 springtest，操作的数据表是 user 表。

❷ 添加 MyBatis-Plus 代码生成器依赖

参照 18.4.1 节，添加 MyBatis-Plus 代码生成器 mybatis-plus-generator、Velocity 引擎模板 velocity-engine-core、mybatis-plus-boot-starter、mysql-connector-java 等依赖。

❸ 修改主类，配置 MyBatis-Plus 代码生成器

将 ch18_3 应用的主类 Ch183Application 的代码修改如下：

```
package com.ch18_3;
import com.baomidou.mybatisplus.core.mapper.BaseMapper;
import com.baomidou.mybatisplus.generator.FastAutoGenerator;
import com.baomidou.mybatisplus.generator.config.DataSourceConfig;
import com.baomidou.mybatisplus.generator.config.OutputFile;
import java.util.Collections;
public class Ch183Application {
    public static void main(String[] args) {
        String url = "jdbc:mysql://localhost:3306/
            springtest?useUnicode=true&characterEncoding=
            UTF-8&allowMultiQueries=true&serverTimezone=GMT%2B8";
        String username = "root";
        String password = "root";
```

```
                String finalProjectPath = "D:\\idea-workspace\\ch18_3";
                // 创建代码生成器
                FastAutoGenerator.create(new DataSourceConfig.Builder(url,
                    username, password))
                    // 全局配置
                    .globalConfig(builder -> {
                        // 设置作者
                        builder.author("chenheng")
                            // 禁止打开输出目录
                            .disableOpenDir()
                            // 指定输出目录
                            .outputDir(finalProjectPath + "/src/main/java");
                    })
                    // 包配置
                    .packageConfig(builder -> {
                        builder.parent("com.ch18_3")   // 设置父包名
                            .entity("po")
                            .service("service")
                            .serviceImpl("service.impl")
                            .mapper("mapper")
                            .controller("controller")
                            // 设置 mapperXml 生成路径
                            .pathInfo(Collections.singletonMap(OutputFile.xml,
                                finalProjectPath + "/src/main/resources/mapper"));
                    })
                    // 策略配置
                    .strategyConfig(builder -> {
                        // 对哪一张表生成代码
                        builder.addInclude("user")
                            // 添加实体策略
                            .entityBuilder()
                            .enableLombok()
                            //Mapper 策略配置
                            .mapperBuilder()
                            .superClass(BaseMapper.class);
                    })
                    .execute();
        }
    }
```

❹ 运行主类，生成对应代码

运行主类 Ch183Application，生成如图 18.3 所示的代码。

图 18.3　代码生成目录

18.5　CRUD 接口

MyBatis-Plus 利用 MyBatis 接口编程实现机制，默认提供了一系列增、删、改、查基础方法，并且开发人员对于这些基础方法不需要编写 SQL 语句即可进行处理。

▶ 18.5.1　Mapper CRUD 接口

MyBatis-Plus 内置了可以实现对单表 CRUD 的 Base-Mapper<T> 接口，泛型 T 为任意实体对象。BaseMapper<T> 接口是针对 Dao 层的 CRUD 方法进行封装。

在自定义数据访问接口时继承 BaseMapper<T> 接口，即可使用 BaseMapper<T> 接口方法进行单表的 CRUD，例如 public interface UserMapper extends BaseMapper<MyUser> {}。

BaseMapper<T> 接口方法具体如下。

❶ insert

BaseMapper<T> 接口提供了一个实现插入一条记录的方法，具体如下。

```
// 插入一条记录
int insert(T entity);
```

❷ delete

BaseMapper<T> 接口提供了许多删除方法，具体如下。

```
// 根据 entity 条件删除记录
int delete(@Param(Constants.WRAPPER) Wrapper<T> wrapper);
// 删除（根据 ID 批量删除）
int deleteBatchIds(@Param(Constants.COLLECTION) Collection<? extends
    Serializable> idList);
// 根据 ID 删除
int deleteById(Serializable id);
// 根据 columnMap 条件删除记录
int deleteByMap(@Param(Constants.COLUMN_MAP) Map<String, Object>
    columnMap);
```

在上述方法中，wrapper（Wrapper<T>）实体对象封装操作类（即条件构造器，可以为 null）；idList（Collection<? extends Serializable>）为主键 ID 列表（不能为 null 以及 empty）；id（Serializable）为主键 ID；columnMap（Map<String, Object>）为表字段 Map 对象。

❸ update

BaseMapper<T> 接口提供了两个更新方法，具体如下。

```
// 根据 whereWrapper 条件更新记录
int update(@Param(Constants.ENTITY) T updateEntity, @Param(Constants.
    WRAPPER) Wrapper<T> whereWrapper);
// 根据 ID 修改
int updateById(@Param(Constants.ENTITY) T entity);
```

❹ select

BaseMapper<T> 接口提供了许多查询方法，具体如下。

```
// 根据 ID 查询
T selectById(Serializable id);
// 根据 entity 条件查询一条记录
T selectOne(@Param(Constants.WRAPPER) Wrapper<T> queryWrapper);
// 查询（根据 ID 批量查询）
List<T> selectBatchIds(@Param(Constants.COLLECTION) Collection<? extends
    Serializable> idList);
// 根据 entity 条件查询全部记录
List<T> selectList(@Param(Constants.WRAPPER) Wrapper<T> queryWrapper);
// 查询（根据 columnMap 条件）
List<T> selectByMap(@Param(Constants.COLUMN_MAP) Map<String, Object>
    columnMap);
// 根据 Wrapper 条件查询全部记录
List<Map<String, Object>> selectMaps(@Param(Constants.WRAPPER) Wrapper<T>
    queryWrapper);
// 根据 Wrapper 条件查询全部记录。注意，只返回第一个字段的值
List<Object> selectObjs(@Param(Constants.WRAPPER) Wrapper<T> queryWrapper);
// 根据 entity 条件查询全部记录（并翻页）
IPage<T> selectPage(IPage<T> page, @Param(Constants.WRAPPER) Wrapper<T>
    queryWrapper);
// 根据 Wrapper 条件查询全部记录（并翻页）
IPage<Map<String, Object>> selectMapsPage(IPage<T> page, @Param(Constants.
    WRAPPER) Wrapper<T> queryWrapper);
// 根据 Wrapper 条件查询总记录数
```

```
Integer selectCount(@Param(Constants.WRAPPER) Wrapper<T> queryWrapper);
```

❺ ActiveRecord 模式

所谓 ActiveRecord 模式，是指在 Spring Boot 应用中，如果已注入对应实体的 BaseMapper，例如 public interface UserMapper extends BaseMapper<MyUser>{}，那么实体类 MyUser 只需继承 Model 类即可进行强大的 CRUD 操作，例如 public class MyUser extends Model<MyUser>{}。

▶ 18.5.2　Service CRUD 接口

通用 Service CRUD 封装 IService<T> 接口，进一步封装 CRUD，采用 get 查询单行、remove 删除、list 查询集合、page 分页等前缀命名方式区分 Mapper 层，避免混淆。创建 Service 接口及其实现类，示例代码如下：

```
public interface UserService extends IService<MyUser> { }
/* ServiceImpl 实现了 IService，提供了 IService 中基础功能的实现。若 ServiceImpl 无法
   满足业务需求，则可以使用自定义的 UserService 定义方法，并在实现类中实现 */
@Service
public class UserServiceImpl extends ServiceImpl<UserMapper, MyUser>
    implements UserService { }
```

IService<T> 接口针对业务逻辑层的封装，需要指定 Dao 层接口和对应的实体类，是在 BaseMapper<T> 基础上的加强，ServiceImpl<M, T> 是针对业务逻辑层的实现。

❶ save

通用 Service CRUD 接口提供了以下 save 方法：

```
// 插入一条记录（选择字段，策略插入）
boolean save(T entity);
// 插入（批量）
boolean saveBatch(Collection<T> entityList);
// 插入（批量）
boolean saveBatch(Collection<T> entityList, int batchSize);
// TableId 注解存在更新记录，否则插入一条记录
boolean saveOrUpdate(T entity);
// 根据 updateWrapper 尝试更新，否则继续执行 saveOrUpdate(T) 方法
boolean saveOrUpdate(T entity, Wrapper<T> updateWrapper);
// 批量修改插入
boolean saveOrUpdateBatch(Collection<T> entityList);
// 批量修改插入
boolean saveOrUpdateBatch(Collection<T> entityList, int batchSize);
```

❷ remove

通用 Service CRUD 接口提供了以下 remove 方法：

```
// 根据 entity 条件删除记录
boolean remove(Wrapper<T> queryWrapper);
// 根据 ID 删除
boolean removeById(Serializable id);
// 根据 columnMap 条件删除记录
boolean removeByMap(Map<String, Object> columnMap);
// 删除（根据 ID 批量删除）
boolean removeByIds(Collection<? extends Serializable> idList);
```

❸ update

通用 Service CRUD 接口提供了以下 update 方法：

```
// 根据 updateWrapper 条件更新记录，需要设置 sqlset
boolean update(Wrapper<T> updateWrapper);
// 根据 whereWrapper 条件更新记录
boolean update(T updateEntity, Wrapper<T> whereWrapper);
// 根据 ID 选择修改
boolean updateById(T entity);
// 根据 ID 批量更新
boolean updateBatchById(Collection<T> entityList);
// 根据 ID 批量更新
boolean updateBatchById(Collection<T> entityList, int batchSize);
```

❹ get、list、page 及 count

通用 Service CRUD 接口提供了以下 get、list、page 及 count 查询方法：

```
// 根据 ID 查询
T getById(Serializable id);
// 根据 Wrapper 查询一条记录。结果集如果是多个，则会抛出异常，随机取一条加上限制条件
wrapper.last("LIMIT 1")
T getOne(Wrapper<T> queryWrapper);
// 根据 Wrapper 查询一条记录
T getOne(Wrapper<T> queryWrapper, boolean throwEx);
// 根据 Wrapper 查询一条记录
Map<String, Object> getMap(Wrapper<T> queryWrapper);
// 根据 Wrapper 查询一条记录
<V> V getObj(Wrapper<T> queryWrapper, Function<? super Object, V> mapper);
// 查询所有
List<T> list();
// 查询列表
List<T> list(Wrapper<T> queryWrapper);
// 查询（根据 ID 批量查询）
Collection<T> listByIds(Collection<? extends Serializable> idList);
// 查询（根据 columnMap 条件）
Collection<T> listByMap(Map<String, Object> columnMap);
// 查询所有列表
List<Map<String, Object>> listMaps();
// 查询列表
List<Map<String, Object>> listMaps(Wrapper<T> queryWrapper);
// 查询全部记录
List<Object> listObjs();
// 查询全部记录
<V> List<V> listObjs(Function<? super Object, V> mapper);
// 根据 Wrapper 条件查询全部记录
List<Object> listObjs(Wrapper<T> queryWrapper);
// 根据 Wrapper 条件查询全部记录
<V> List<V> listObjs(Wrapper<T> queryWrapper, Function<? super Object, V>
    mapper);
// 无条件分页查询
IPage<T> page(IPage<T> page);
// 条件分页查询
IPage<T> page(IPage<T> page, Wrapper<T> queryWrapper);
// 无条件分页查询
IPage<Map<String, Object>> pageMaps(IPage<T> page);
// 条件分页查询
IPage<Map<String, Object>> pageMaps(IPage<T> page, Wrapper<T>
    queryWrapper);
// 查询总记录数
int count();
// 根据 Wrapper 条件查询总记录数
int count(Wrapper<T> queryWrapper);
```

❺ 链式 query 和 update

通用 Service CRUD 接口提供了以下 query 和 update 链式方法：

```
// 链式查询，普通
QueryChainWrapper<T> query();
// 链式查询，Lambda 式。注意，不支持 Kotlin
LambdaQueryChainWrapper<T> lambdaQuery();
// 示例
query().eq("column", value).one();
lambdaQuery().eq(Entity::getId, value).list();
// 链式更改，普通
UpdateChainWrapper<T> update();
// 链式更改，Lambda 式。注意，不支持 Kotlin
LambdaUpdateChainWrapper<T> lambdaUpdate();
// 示例
update().eq("column", value).remove();
lambdaUpdate().eq(Entity::getId, value).update(entity);
```

下面通过一个实例演示 Mapper CRUD 接口和 Service CRUD 接口的使用方法。

【例 18-4】 演示 Mapper CRUD 接口和 Service CRUD 接口的使用方法。

其具体实现步骤如下。

❶ 创建 Spring Boot Web 应用

创建基于 Lombok 依赖的 Spring Boot Web 应用 ch18_4。在该应用中操作的数据库与 14.5 节中一样，都是 springtest，操作的数据表是 user 表。

❷ 修改 pom.xml 文件

在 pom.xml 文件中添加 MySQL 连接器与 MyBatis-Plus 依赖，具体代码如下：

```
<dependency>
    <groupId>mysql</groupId>
    <artifactId>mysql-connector-java</artifactId>
    <version>8.0.29</version>
</dependency>
<dependency>
    <groupId>com.baomidou</groupId>
    <artifactId>mybatis-plus-boot-starter</artifactId>
    <version>3.5.3.1</version>
</dependency>
```

❸ 设置 Web 应用 ch18_4 的上下文路径及数据源配置信息

在 ch18_4 应用的 application.properties 文件中配置如下内容：

```
server.servlet.context-path=/ch18_4
# 数据库的地址
spring.datasource.url=jdbc:mysql://localhost:3306/
    springtest?useUnicode=true&characterEncoding=UTF-
    8&allowMultiQueries=true&serverTimezone=GMT%2B8
# 数据库的用户名
spring.datasource.username=root
# 数据库的密码
spring.datasource.password=root
# 数据库的驱动
spring.datasource.driver-class-name=com.mysql.cj.jdbc.Driver
# 设置包的别名（在 Mapper 映射文件中直接使用实体类名）
mybatis-plus.type-aliases-package=com.ch18_4.entity
# 告诉系统到哪里去找 mapper.xml 文件（映射文件）
mybatis-plus.mapper-locations=classpath:mappers/*.xml
# 在控制台中输出 SQL 语句日志
```

```
logging.level.com.ch18_4.mapper=debug
# 让控制台输出的 JSON 字符串的格式更美观
spring.jackson.serialization.indent-output=true
```

❹ 创建实体类

创建名为 com.ch18_4.entity 的包，并在该包中创建 MyUser 实体类，具体代码如下：

```
package com.ch18_4.entity;
import com.baomidou.mybatisplus.annotation.IdType;
import com.baomidou.mybatisplus.annotation.TableId;
import com.baomidou.mybatisplus.extension.activerecord.Model;
import lombok.Data;
import com.baomidou.mybatisplus.annotation.TableName;
@Data
@TableName("user")
public class MyUser extends Model<MyUser> {
    @TableId(value = "uid", type = IdType.AUTO)
    private Integer uid;
    private String uname;
    private String usex;
}
```

❺ 创建数据访问接口

创建名为 com.ch18_4.mapper 的包，并在该包中创建 UserMapper 接口。UserMapper 接口通过继承 BaseMapper<MyUser> 接口对实体类 MyUser 对应的数据表 user 进行 CRUD 操作。UserMapper 接口的代码如下：

```
package com.ch18_4.mapper;
import com.baomidou.mybatisplus.core.mapper.BaseMapper;
import com.ch18_4.entity.MyUser;
import org.springframework.stereotype.Repository;
@Repository
public interface UserMapper extends BaseMapper<MyUser> {}
```

❻ 创建 Service 接口及实现类

创建名为 com.ch18_4.service 的包，并在该包中创建 UserService 接口及实现类 UserServiceImpl。

UserService 接口继承 IService<MyUser> 接口，具体代码如下：

```
package com.ch18_4.service;
import com.baomidou.mybatisplus.extension.service.IService;
import com.ch18_4.entity.MyUser;
public interface UserService extends IService<MyUser> {
}
```

实现类 UserServiceImpl 继承 ServiceImpl<UserMapper, MyUser> 类，具体代码如下：

```
package com.ch18_4.service;
import com.baomidou.mybatisplus.extension.service.impl.ServiceImpl;
import com.ch18_4.entity.MyUser;
import com.ch18_4.mapper.UserMapper;
import org.springframework.stereotype.Service;
@Service
public class UserServiceImpl extends ServiceImpl<UserMapper, MyUser>
    implements UserService {}
```

❼ 配置分页插件 PaginationInnerInterceptor

MyBatis-Plus 基于 PaginationInnerInterceptor 拦截器，实现分页查询功能，所以需要事

先配置该拦截器才能实现分页查询功能。

创建名为 com.ch18_4.config 的包，并在该包中创建 MybatisPlusConfig 配置类，具体代码如下：

```
package com.ch18_4.config;
import com.baomidou.mybatisplus.annotation.DbType;
import com.baomidou.mybatisplus.extension.plugins.MybatisPlusInterceptor;
import com.baomidou.mybatisplus.extension.plugins.inner.
    PaginationInnerInterceptor;
import org.springframework.context.annotation.Bean;
import org.springframework.context.annotation.Configuration;
@Configuration
public class MybatisPlusConfig{
    @Bean
    public MybatisPlusInterceptor mybatisPlusInterceptor() {
        MybatisPlusInterceptor interceptor = new MybatisPlusInterceptor();
        interceptor.addInnerInterceptor(new PaginationInnerInterceptor
            (DbType.MYSQL));
        return interceptor;
    }
}
```

❽ 创建控制器类 MyUserController

创建名为 com.ch18_4.controller 的包，并在该包中创建控制器类 MyUserController。MyUserController 的代码如下：

```
package com.ch18_4.controller;
import com.baomidou.mybatisplus.core.metadata.IPage;
import com.baomidou.mybatisplus.extension.plugins.pagination.Page;
import com.ch18_4.entity.MyUser;
import com.ch18_4.mapper.UserMapper;
import com.ch18_4.service.UserService;
import org.springframework.beans.factory.annotation.Autowired;
import org.springframework.web.bind.annotation.GetMapping;
import org.springframework.web.bind.annotation.RestController;
import java.util.Arrays;
import java.util.List;
@RestController
public class MyUserController {
    @Autowired
    private UserMapper userMapper;
    @Autowired
    private UserService userService;
    @GetMapping("/testMapperSave")
    public MyUser testMapperSave(){
        MyUser mu = new MyUser();
        mu.setUname("testMapperSave 陈恒 1");
        mu.setUsex(" 女 ");
        int result = userMapper.insert(mu);
        // 实体类主键属性使用 @TableId 注解后，主键自动回填
        return mu;
    }
    @GetMapping("/testMapperDelete")
    public int testMapperDelete(){
        List<Long> list = Arrays.asList(17L, 18L, 19L);
        int result = userMapper.deleteBatchIds(list);
        return result;
    }
    @GetMapping("/testMapperUpdate")
    public MyUser testMapperUpdate(){
```

```
                MyUser mu = new MyUser();
                mu.setUid(1);
                mu.setUname(" 李四 ");
                mu.setUsex(" 男 ");
                int result = userMapper.updateById(mu);
                return mu;
        }
        @GetMapping("/testMapperSelect")
        public List<MyUser> testMapperSelect(){
                return userMapper.selectList(null);
        }
        @GetMapping("/testModelSave")
        public MyUser testModelSave(){
                MyUser mu = new MyUser();
                mu.setUname("testModelSave 陈恒 2");
                mu.setUsex(" 男 ");
                mu.insert();
                return mu;
        }
        @GetMapping("/testServiceSave")
        public List<MyUser> testServiceSave(){
                MyUser mu1 = new MyUser();
                mu1.setUname("testServiceSave 陈恒 1");
                mu1.setUsex(" 女 ");
                MyUser mu2 = new MyUser();
                mu2.setUname("testServiceSave 陈恒 2");
                mu2.setUsex(" 男 ");
                List<MyUser> list = Arrays.asList(mu1, mu2);
                boolean result = userService.saveBatch(list);
                return list;
        }
        @GetMapping("/testServiceUpdate")
        public List<MyUser> testServiceUpdate(){
                MyUser mu1 = new MyUser();
                mu1.setUid(23);
                mu1.setUname("testServiceSave 陈恒 11");
                mu1.setUsex(" 女 ");
                MyUser mu2 = new MyUser();
                mu2.setUid(24);
                mu2.setUname("testServiceSave 陈恒 22");
                mu2.setUsex(" 男 ");
                List<MyUser> list = Arrays.asList(mu1, mu2);
                boolean result = userService.updateBatchById(list);
                return list;
        }
        @GetMapping("/testServicePage")
        public List<MyUser> testServicePage(){
                //1 为当前页，5 为页面大小
                IPage<MyUser> iPage = new Page<>(1, 5);
                IPage<MyUser> page = userService.page(iPage);
                System.out.println(page.getPages());
                // 返回当前页的记录
                return page.getRecords();
        }
}
```

❾ **在应用程序的主类中扫描 Mapper 接口**

在应用程序的 Ch184Application 主类中使用 @MapperScan 注解扫描 MyBatis 的 Mapper 接口，核心代码如下：

```
@SpringBootApplication
```

```
@MapperScan(basePackages={"com.ch18_4.mapper"})
public class Ch184Application {
    public static void main(String[] args) {
        SpringApplication.run(Ch184Application.class, args);
    }
}
```

❿ 运行

首先运行 Ch184Application 主类，然后访问 http://localhost:8080/ch18_4/testMapperSave 进行测试。

18.6 条件构造器

MyBatis-Plus 提供了构造条件的类 Wrapper，它可以使用户根据自己的意图定义需要的条件。Wrapper 是一个抽象类，在一般情况下用它的子类 QueryWrapper 来实现自定义条件查询。在查询前首先创建条件构造器（QueryWrapper wrapper = new QueryWrapper<>()），然后调用构造器中的方法实现按条件查询。

AbstractWrapper 是 Wrapper 的 子 类， 也 是 QueryWrapper(LambdaQueryWrapper) 和 UpdateWrapper(LambdaUpdateWrapper) 的父类，用于生成 SQL 的 where 条件，entity 属性也用于生成 SQL 的 where 条件。条件构造器中的方法具体如下。

❶ allEq：全部 eq（或个别 isNull）

```
allEq(Map<R, V> params)
allEq(Map<R, V> params, boolean null2IsNull)
allEq(boolean condition, Map<R, V> params, boolean null2IsNull)
```

其中，params 的 key 为数据库的字段名，value 为字段值；null2IsNull 为 true 则在 map 的 value 为 null 时调用 isNull 方法，为 false 时忽略 value 为 null 的条件。

示例 1：map.put("id", 1); map.put("name", " 老王 "); map.put("age", null); wrapper.allEq(map)。等价 SQL：id = 1 and name = ' 老王 ' and age is null

示例 2：wrapper.allEq(map, false)。等价 SQL：id = 1 and name = ' 老王 '

```
allEq(BiPredicate<R, V> filter, Map<R, V> params)
allEq(BiPredicate<R, V> filter, Map<R, V> params, boolean null2IsNull)
allEq(boolean condition, BiPredicate<R, V> filter, Map<R, V> params, boolean
    null2IsNull)
```

其中，filter 为过滤函数，确定是否允许字段传入比对条件中。

示例 1：wrapper.allEq((k,v) -> k.contains("a"), map)。等价 SQL：name = ' 老王 ' and age is null

示例 2：wrapper.allEq((k,v) -> k.contains("a"), map, false)。等价 SQL：name = ' 老王 '

❷ eq：等于，=

```
eq(R column, Object val)
eq(boolean condition, R column, Object val)
```

示例：eq("name", " 老王 ")，等价于 name = ' 老王 '

❸ ne：不等于，<>

```
ne(R column, Object val)
```

```
ne(boolean condition, R column, Object val)
```

示例：ne("name", " 老王 ")，等价于 name <> ' 老王 '

❹ gt：大于，＞

```
gt(R column, Object val)
gt(boolean condition, R column, Object val)
```

示例：gt("age", 18)，等价于 age > 18

❺ ge：大于或等于，>=

```
ge(R column, Object val)
ge(boolean condition, R column, Object val)
```

示例：ge("age", 18)，等价于 age >= 18

❻ lt：小于，＜

```
lt(R column, Object val)
lt(boolean condition, R column, Object val)
```

示例：lt("age", 18)，等价于 age < 18

❼ le：小于或等于，<=

```
le(R column, Object val)
le(boolean condition, R column, Object val)
```

示例：le("age", 18)，等价于 age <= 18

❽ between

```
between(R column, Object val1, Object val2)
between(boolean condition, R column, Object val1, Object val2)
```

示例：between("age", 18, 30)，等价于 age between 18 and 30

❾ notBetween

```
notBetween(R column, Object val1, Object val2)
notBetween(boolean condition, R column, Object val1, Object val2)
```

示例：notBetween("age", 18, 30)，等价于 age not between 18 and 30

❿ like

```
like(R column, Object val)
like(boolean condition, R column, Object val)
```

示例：like("name", " 王 ")，等价于 name like '% 王 %'

⓫ notLike

```
notLike(R column, Object val)
notLike(boolean condition, R column, Object val)
```

示例：notLike("name", " 王 ")，等价于 name not like '% 王 %'

⓬ likeLeft

```
likeLeft(R column, Object val)
likeLeft(boolean condition, R column, Object val)
```

示例：likeLeft("name", " 王 ")，等价于 name like '% 王 '

⑬ likeRight

```
likeRight(R column, Object val)
likeRight(boolean condition, R column, Object val)
```

示例：likeRight("name", " 王 ")，等价于 name like ' 王 %'

⑭ isNull 和 isNotNull

```
isNull(R column)
isNull(boolean condition, R column)
isNotNull(R column)
isNotNull(boolean condition, R column)
```

示例 1：isNull("name")，等价于 name is null

示例 2：isNotNull("name")，等价于 name is not null

⑮ in 和 notIn

```
in(R column, Collection<?> value)
in(boolean condition, R column, Collection<?> value)
notIn(R column, Collection<?> value)
notIn(boolean condition, R column, Collection<?> value)
```

示例 1：in("age",{1,2,3})，等价于 age in (1,2,3)

示例 2：notIn("age",{1,2,3})，等价于 age not in (1,2,3)

⑯ inSql 和 notInSql

```
inSql(R column, String inValue)
inSql(boolean condition, R column, String inValue)
notInSql(R column, String inValue)
notInSql(boolean condition, R column, String inValue)
```

示例 1：inSql("age", "1,2,3,4,5,6")，等价于 age in (1,2,3,4,5,6)

示例 2：inSql("id", "select id from table where id < 3")，等价于 id in (select id from table where id < 3)

示例 3：notInSql("age", "1,2,3,4,5,6")，等价于 age not in (1,2,3,4,5,6)

示例 4：notInSql("id", "select id from table where id < 3")，等价于 id not in (select id from table where id < 3)

⑰ groupBy

```
groupBy(R... columns)
groupBy(boolean condition, R... columns)
```

示例：groupBy("id", "name")，等价于 group by id,name

⑱ orderByAsc、orderByDesc 和 orderBy

```
orderByAsc(R... columns)
orderByAsc(boolean condition, R... columns)
orderByDesc(R... columns)
orderByDesc(boolean condition, R... columns)
orderBy(boolean condition, boolean isAsc, R... columns)
```

示例 1：orderByAsc("id", "name")，等价于 order by id ASC,name ASC

示例 2：orderByDesc("id", "name")，等价于 order by id DESC,name DESC

示例 3：orderBy(true, true, "id", "name")，等价于 order by id ASC,name ASC

⑲ having

```
having(String sqlHaving, Object... params)
having(boolean condition, String sqlHaving, Object... params)
```

示例 1：having("sum(age) > 10")，等价于 having sum(age) > 10

示例 2：having("sum(age) > {0}", 11)，等价于 having sum(age) > 11

⑳ func

```
func(Consumer<Children> consumer)
func(boolean condition, Consumer<Children> consumer)
```

示例：func(i -> if(true) {i.eq("id", 1)} else {i.ne("id", 1)})

㉑ or 和 and

```
or()
or(boolean condition)
or(Consumer<Param> consumer)
or(boolean condition, Consumer<Param> consumer)
and(Consumer<Param> consumer)
and(boolean condition, Consumer<Param> consumer)
```

示例 1：eq("id",1).or().eq("name"," 老王 ")，等价于 id = 1 or name = ' 老王 '

示例 2：or(i -> i.eq("name", " 李白 ").ne("status", " 活着 "))，等价于 or (name = ' 李白 ' and status <> ' 活着 ')

示例 3：and(i -> i.eq("name", " 李白 ").ne("status", " 活着 "))，等价于 and (name = ' 李白 ' and status <> ' 活着 ')

㉒ nested：正常嵌套，不带 and 或者 or

```
nested(Consumer<Param> consumer)
nested(boolean condition, Consumer<Param> consumer)
```

示例：nested(i -> i.eq("name", " 李白 ").ne("status", " 活着 "))，等价于 (name = ' 李白 ' and status <> ' 活着 ')

㉓ apply：拼接 SQL

```
apply(String applySql, Object... params)
apply(boolean condition, String applySql, Object... params)
```

示例 1：apply("id = 1")，等价于 id = 1

示例 2：apply("date_format(dateColumn,'%Y-%m-%d') = '2008-08-08'")，等价于 date_format(dateColumn,'%Y-%m-%d') = '2008-08-08'"

示例 3：apply("date_format(dateColumn,'%Y-%m-%d') = {0}", "2008-08-08")，等价于 date_format(dateColumn,'%Y-%m-%d') = '2008-08-08'"

㉔ last：无视优化规则，直接拼接到 SQL 的最后

```
last(String lastSql)
last(boolean condition, String lastSql)
```

示例：last("limit 1")

㉕ exists 和 notExists

```
exists(String existsSql)
exists(boolean condition, String existsSql)
```

```
notExists(String notExistsSql)
notExists(boolean condition, String notExistsSql)
```

示例 1：exists("select id from table where age = 1")，等价于 exists (select id from table where age = 1)

示例 2：notExists("select id from table where age = 1")，等价于 not exists (select id from table where age = 1)

㉖ QueryWrapper 之 select 设置查询字段

```
select(String... sqlSelect)
select(Predicate<TableFieldInfo> predicate)
select(Class<T> entityClass, Predicate<TableFieldInfo> predicate)
```

示例 1：select("id", "name", "age")

示例 2：select(i -> i.getProperty().startsWith("test"))

㉗ UpdateWrapper 之 set 和 setSql

```
set(String column, Object val)
set(boolean condition, String column, Object val)
setSql(String sql)
```

示例 1：set("name", " 老李头 ")

示例 2：set("name", "")，数据库字段值变为空字符串

示例 3：set("name", null)，数据库字段值变为 null

示例 4：setSql("name = ' 老李头 '")

本章小结

MyBatis-Plus 是增强版的 MyBatis，对 MyBatis 只做增强，不做改变，因此灵活使用 MyBatis-Plus 的前提是掌握 MyBatis 的基础知识。

本章详细介绍了 Spring Boot 如何整合 MyBatis 及 MyBatis-Plus，希望读者掌握 MyBatis 及 MyBatis-Plus 在 Spring Boot 应用中的整合开发过程。

习题 18

（1）简述 MyBatis 与 MyBatis-Plus 的关系。

（2）简述 MyBatis-Plus 的特性。

（3）在 MyBatis-Plus 中，当实体类的类名与要操作表的表名不一致时需要使用（　　）注解标识实体类对应的表。

    A. @TableName   B. @TableId

    C. @TableField   D. @TableLogic

第 19 章 ▶ Spring Test 单元测试

学习目的与要求

本章重点讲解 Spring Test 单元测试的相关内容，包括 JUnit 5 的注解、断言以及单元测试用例。通过本章的学习，要求读者掌握 JUnit 5 的注解与断言机制的用法，掌握单元测试用例的编写。

本章主要内容

❖ JUnit 5 注解
❖ JUnit 5 断言
❖ 单元测试用例
❖ 使用 Postman 测试 Controller

单元测试（Unit Testing）是指对软件中的最小可测试单元进行检查和验证，是对开发人员所编写的代码进行测试。本章将重点讲解 JUnit 单元测试框架的应用。

19.1 JUnit 5 注解

▶ 19.1.1 JUnit 5 简介

JUnit 是一个 Java 语言的单元测试框架，是由 Erich Gamma 和 Kent Beck 编写的一个回归测试框架（Regression Testing Framework）。JUnit 测试是程序员测试，即所谓的白盒测试，因为程序员知道被测试的软件如何（How）完成功能和完成什么样（What）的功能。多数 Java 开发环境（例如 Eclipse、IntelliJ IDEA）都已经集成了 JUnit 作为单元测试工具。

JUnit 5 由 JUnit Platform、JUnit Jupiter 以及 JUnit Vintage 3 个部分组成，Java 运行环境的最低版本是 Java 8。

JUnit Platform：JUnit 提供的平台功能模块，通过 JUnit Platform，其他的测试引擎都可以接入 JUnit 实现接口和执行。

JUnit Jupiter：JUnit 5 的核心，是一个基于 JUnit Platform 的引擎实现，JUnit Jupiter 包含许多丰富的新特性，使得自动化测试更加方便和强大。

JUnit Vintage：兼容 JUnit 3、JUnit 4 版本的测试引擎，使得旧版本的自动化测试也可以在 JUnit 5 下正常运行。

JUnit 5 利用了 Java 8 或更高版本 Java 的特性，例如 lambda 函数，使测试更强大，更容易维护。JUnit 5 可以同时使用多个扩展，可以轻松地将 Spring 扩展与其他扩展（例如自定义扩展）结合起来，包容性强，可以接入其他的测试引擎。JUnit 5 的功能更强大，提供了新的断言机制、参数化测试、重复性测试等功能。

▶ 19.1.2 JUnit 5 注解

在单元测试中，JUnit 5 有以下应用在方法上的常用注解。

❶ @Test

@Test 注解表示方法是单元测试方法（返回值都是 void）。它与 JUnit 4 的 @Test 不同，它的职责非常单一，不能声明任何属性，扩展的测试将会由 Jupiter 提供。其示例代码如下：

```
@Test
void testSelectAllUser() {}
```

❷ @RepeatedTest

@RepeatedTest 注解表示单元测试方法可以重复执行，示例代码如下：

```
@Test
@RepeatedTest(value = 5)
void firstTest() {        // 该测试方法重复执行 5 次
    System.out.println(55555);
}
```

❸ @DisplayName

@DisplayName 注解为单元测试方法设置展示名称（默认为方法名），示例代码如下：

```
@Test
@DisplayName(" 测试用户名查询方法 ")
void findByUname() {}
```

❹ @BeforeEach

@BeforeEach 注解表示在每个单元测试方法之前执行，示例代码如下：

```
@BeforeEach
void setUp() {}
```

❺ @AfterEach

@AfterEach 注解表示在每个单元测试方法之后执行，示例代码如下：

```
@AfterEach
void tearDown() {}
```

❻ @BeforeAll

@BeforeAll 注解表示在所有单元测试方法之前执行。被 @BeforeAll 注解的方法必须为静态方法，该静态方法将在当前测试类的所有 @Test 方法前执行一次。其示例代码如下：

```
@BeforeAll
static void superBefore(){
    System.out.println(" 在最前面执行 ");
}
```

❼ @AfterAll

@AfterAll 注解表示在所有单元测试方法之后执行。被 @AfterAll 注解的方法必须为静态方法，该静态方法将在当前测试类的所有 @Test 方法后执行一次。其示例代码如下：

```
@AfterAll
static void superAfter(){
    System.out.println(" 在最后面执行 ");
}
```

⑧ @Disabled

@Disabled 注解表示单元测试方法不执行，类似于 JUnit 4 中的 @Ignore。

⑨ @Timeout

@Timeout 注解表示单元测试方法运行时如果超过了指定时间将会返回错误。其示例代码如下：

```java
@Test
@Timeout(value = 500, unit = TimeUnit.MILLISECONDS)
void testTimeout() throws InterruptedException {
    Thread.sleep(600);
}
```

▶ 19.1.3　JUnit 5 断言

断言，简单地理解就是用来进行判断的语句，判断待测试代码的结果和期望的结果是否一致，如果不一致，则说明单元测试失败。JUnit 5 的断言方法都是 org.junit.jupiter.api. Assertions 的静态方法（返回值为 void）。JUnit 5 有以下几种常用的断言方法。

❶ assertEquals 和 assertNotEquals

Assertions.assertEquals(Object expected, Object actual, String message) 方法的第一个参数是期望值，第二个参数是待测试方法的实际返回值，第三个参数 message 是可选的，表示判断失败的提示信息。判断两者的值是否相等，换而言之是不判断类型是否相等。其示例代码如下：

```java
@Test
void myTest(){
    int a = 1;
    long b = 1L;
    // 虽然 a 和 b 的类型不同，但判断依然是成功的，当 a 和 b 不相等时，测试不通过
    assertEquals(a, b, "a 和 b 不相等");
    MyUser au = new MyUser();
    MyUser bu = new MyUser();
    // 虽然 au 和 bu 指向不同的对象，但它们的值相同，判断依然是成功的
    assertEquals(au, bu, "au 和 bu 的对象属性值不相等");
    bu.setUname("ch");
    assertEquals(au, bu, "au 和 bu 的对象属性值不相等");
}
```

❷ assertSame 和 assertNotSame

assertSame 与 assertEquals 的区别是，assertSame 不仅判断值是否相等，还判断类型是否相同。对于对象，判断两者的引用是否为同一个。其示例代码如下：

```java
@Test
void yourTest(){
    int a = 1;
    long b = 1L;
    long c = 1L;
    //b 和 c 比较，判断成功，因为它们的类型也相同
    assertSame(b, c, " 测试失败 ");
    //a 和 b 比较，判断失败，因为它们的类型不相同
    assertSame(a, b, " 测试失败 ");
    MyUser au = new MyUser();
    MyUser bu = new MyUser();
    MyUser cu = bu;
    //bu 和 cu 比较，判断成功，因为它们的引用是同一个
```

```
        assertSame(bu, cu, "测试失败");
        //au 和 bu 比较，判断失败，因为它们的引用不相同
        assertSame(au, bu, "测试失败");
    }
```

❸ assertNull 和 assertNotNull

Assertions.assertNull(Object actual) 的实际测试值是 null，则单元测试成功。

❹ assertTrue 和 assertFalse

Assertions.assertTrue(boolean condition) 的实际测试值是 true，则单元测试成功。

❺ assertThrows

Assertions.assertThrows(Class<T> expectedType, Executable executable, String message) 判断 executable 方法在执行过程中是否抛出指定异常 expectedType，如果没有抛出异常，或者抛出的异常类型不对，则单元测试失败。其示例代码如下：

```
@Test
void testAssertThrows() {
    assertThrows(ArithmeticException.class, () -> errorMethod());
}
private void errorMethod() {
    int a[] = {1,2,3,4,5};
    for(int i = 0; i <= 5; i++){
        System.out.println(a[i]);
    }
}
```

❻ assertDoesNotThrow

assertDoesNotThrow(Executable executable) 判断测试方法是否抛出异常，如果没有抛出任何异常，则单元测试成功。其示例代码如下：

```
@Test
void testAssertDoesNotThrow() {
    assertDoesNotThrow(() -> rightMethod());
}
private void rightMethod() {
    int a = 1/1;
}
```

❼ assertAll

assertAll(Executable... executables) 判断一组断言是否都成功，如果都成功，整个单元测试成功。其示例代码如下：

```
@Test
void testAll(){
    assertAll(
        () -> assertEquals(1, 1),
        () -> assertNotEquals(1, 2),
        () -> assertNull(null)
    );
}
```

扫一扫

视频讲解

19.2 单元测试用例

本节讲解如何使用 JUnit 5 的注解与断言机制编写单元测试用例。在编写单元测试用例之前首先进行测试环境的构建。

▶ 19.2.1　测试环境的构建

在 Spring Boot Web 应用中已经集成了 JUnit 5 和 JSON 相关的 JAR 包，所以可以直接进行单元测试。为方便本章后续的单元测试，下面构建一个 Spring Boot Web 应用，具体步骤如下。

❶ 创建 Spring Boot Web 应用

创建基于 Lombok 依赖的 Spring Boot Web 应用 ch19_1。

❷ 修改 pom.xml 文件

在 pom.xml 文件中添加 MySQL 连接器与 MyBatis-Plus 依赖，具体代码如下：

```
<dependency>
    <groupId>mysql</groupId>
    <artifactId>mysql-connector-java</artifactId>
    <version>8.0.29</version>
</dependency>
<dependency>
    <groupId>com.baomidou</groupId>
    <artifactId>mybatis-plus-boot-starter</artifactId>
    <version>3.5.3.1</version>
</dependency>
```

❸ 设置 Web 应用 ch19_1 的上下文路径及数据源配置信息

在 ch19_1 应用的 application.properties 文件中配置以下内容：

```
server.servlet.context-path=/ch19_1
# 数据库的地址
spring.datasource.url=jdbc:mysql://localhost:3306/
    springtest?useUnicode=true&characterEncoding=UTF-
    8&allowMultiQueries=true&serverTimezone=GMT%2B8
# 数据库的用户名
spring.datasource.username=root
# 数据库的密码
spring.datasource.password=root
# 数据库的驱动
spring.datasource.driver-class-name=com.mysql.cj.jdbc.Driver
# 设置包的别名（在 Mapper 映射文件中直接使用实体类名）
mybatis-plus.type-aliases-package=com.ch19_1.entity
# 在控制台中输出 SQL 语句日志
logging.level.com.ch19_1.mapper=debug
# 让控制台输出的 JSON 字符串的格式更美观
spring.jackson.serialization.indent-output=true
```

❹ 创建实体类

创建名为 com.ch19_1.entity 的包，并在该包中创建 MyUser 实体类。该实体类与例 18-4 中的相同，这里不再赘述。

❺ 创建数据访问接口

创建名为 com.ch19_1.mapper 的包，并在该包中创建 UserMapper 接口。UserMapper 接口通过继承 BaseMapper<MyUser> 接口对实体类 MyUser 对应的数据表 user 进行 CRUD 操作。UserMapper 接口的代码与例 18-4 中的相同，这里不再赘述。

❻ 创建 Service 接口及实现类

创建名为 com.ch19_1.service 的包，并在该包中创建 UserService 接口及实现类 UserServiceImpl。UserService 接口及实现类 UserServiceImpl 的代码与例 18-4 中的相同，这里不再赘述。

❼ 创建控制器类 MyUserController

创建名为 com.ch19_1.controller 的包，并在该包中创建控制器类 MyUserController。MyUserController 的代码如下：

```
package com.ch19_1.controller;
import com.ch19_1.entity.MyUser;
import com.ch19_1.mapper.UserMapper;
import com.ch19_1.service.UserService;
import org.springframework.beans.factory.annotation.Autowired;
import org.springframework.web.bind.annotation.*;
import java.util.List;
@RestController
public class MyUserController {
    @Autowired
    private UserMapper userMapper;
    @Autowired
    private UserService userService;
    @GetMapping("/selectAllUsers")
    public List<MyUser> selectAllUsers(){
        return userMapper.selectList(null);
    }
    @PostMapping("/addAUser")
    public MyUser addAUser(MyUser mu){
        // 实体类主键属性使用 @TableId 注解后，主键自动回填
        int result = userMapper.insert(mu);
        return mu;
    }
    @PutMapping("/updateAUser")
    public boolean updateAUser(MyUser mu){
        return userService.updateById(mu);
    }
    @DeleteMapping("/deleteAUser")
    public boolean deleteAUser(MyUser mu){
        return userService.removeById(mu);
    }
    @GetMapping("/getOne")
    public MyUser getOne(int id){
        return userService.getById(id);
    }
}
```

❽ 在应用程序的主类中扫描 Mapper 接口

在应用程序的 Ch191Application 主类中使用 @MapperScan 注解扫描 MyBatis 的 Mapper 接口，核心代码如下：

```
@SpringBootApplication
@MapperScan(basePackages={"com.ch19_1.mapper"})
public class Ch191Application {
    public static void main(String[] args) {
        SpringApplication.run(Ch191Application.class, args);
    }
}
```

经过以上步骤完成测试环境的构建。下面使用 JUnit 5 测试框架对 ch19_1 应用中的 Mapper 接口、Service 层进行单元测试。

▶ 19.2.2 测试 Mapper 接口

在 IntelliJ IDEA 中选中类或接口的名字，按快捷键 Ctrl+Shift+T 创建测试类，如

图 19.1 所示。此时生成的测试类在 test 文件夹里，测试方法都是 void 方法。

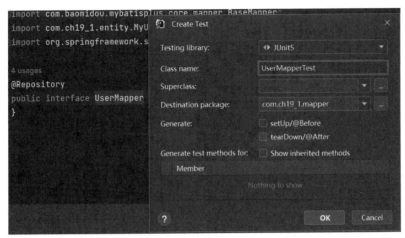

图 19.1　创建 Mapper 接口测试类

单击图 19.1 中的 OK 按钮，完成 Mapper 接口 UserMapper 的单元测试类 UserMapperTest 的创建。

@SpringBootTest 用于 Spring Boot 应用测试，它默认根据包名逐级向上找，一直找到 Spring Boot 主程序（包含 @SpringBootApplication 注解的类），并在单元测试时启动该主程序来创建 Spring 上下文环境，所以需要在单元测试类上使用 @SpringBootTest 注解标注后才能进行单元测试。

在测试类 UserMapperTest 中使用 JUnit 5 的注解与断言进行 Mapper 接口方法的测试。UserMapperTest 的代码具体如下：

```java
package com.ch19_1.mapper;
import com.ch19_1.entity.MyUser;
import org.junit.jupiter.api.Test;
import org.springframework.beans.factory.annotation.Autowired;
import org.springframework.boot.test.context.SpringBootTest;
import static org.junit.jupiter.api.Assertions.*;
@SpringBootTest
class UserMapperTest {
    @Autowired
    private UserMapper userMapper;
    @Test
    void getOne(){
        MyUser mu = userMapper.selectById(1);
        assertEquals(mu.getUid(), 1, "a与b不相等");
    }
}
```

运行上述测试类 UserMapperTest 中的测试方法即可进行 Mapper 接口方法的测试。例如右击 getOne 方法名，选择 Run 'getOne()' 运行测试方法 getOne，测试成功如图 19.2 所示。

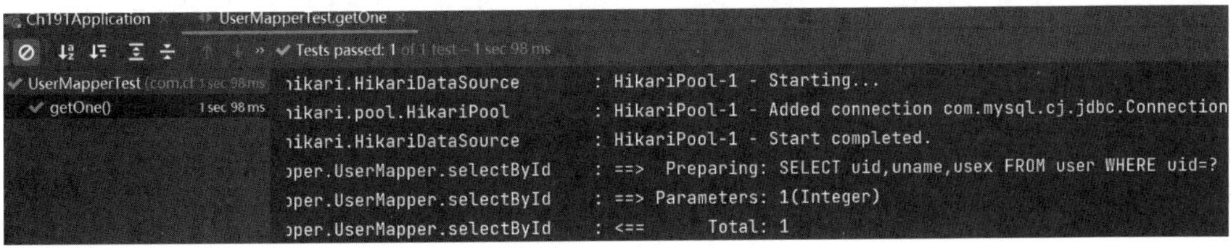

图 19.2　测试方法 getOne 的运行效果

▶ 19.2.3 测试 Service 层

测试 Service 层与测试 Mapper 接口类似，需要特别考虑 Service 是否依赖其他还未开发完毕的 Service（第三方接口）。如果依赖其他还未开发完毕的 Service，则需要使用 Mockito（Java Mock 测试框架，用于模拟任何 Spring 管理的 Bean）来模拟未完成的 Service。

假设 ch19_1 应用的 UserServiceImpl 类依赖一个还未开发完毕的第三方接口 UsexService。在 UsexService 接口中有一个获得用户性别的接口方法 getUsex，具体代码如下：

```
package com.ch19_1.service;
public interface UsexService {
    String getUsex(int id);
}
```

现在创建 UserServiceImpl 的测试类 UserServiceImplTest，在 UserServiceImplTest 类中使用 Mockito.mock 方法模拟第三方接口 UsexService 的对象，并进行测试。UserServiceImplTest 类的代码具体如下：

```
package com.ch19_1.service;
import org.junit.jupiter.api.Test;
import org.mockito.BDDMockito;
import org.mockito.Mockito;
import org.springframework.beans.factory.annotation.Autowired;
import org.springframework.boot.test.context.SpringBootTest;
import static org.junit.jupiter.api.Assertions.*;
import static org.mockito.ArgumentMatchers.anyInt;
@SpringBootTest
class UserServiceImplTest {
    @Autowired
    private UserService userService;
    // 模拟第三方接口 UsexService 的对象
    private UsexService usexService = Mockito.mock(UsexService.class);
    @Test
    void testGetOne() {
        int uid = 1;
        String expectedUsex = "女";
        /* given 是 BDDMockito 的一个静态方法，用来模拟一个 Service 方法调用返回，
           anyInt() 表示可以传入任何参数，willReturn 方法说明这个调用将返回
           "女"*/
        BDDMockito.given(usexService.getUsex(anyInt())).willReturn
           (expectedUsex);
        assertEquals(expectedUsex, userService.getById(uid).getUsex(),
           "测试失败，与期望值不一致");
    }
}
```

运行上述 testGetOne 测试方法，运行效果如图 19.3 所示。

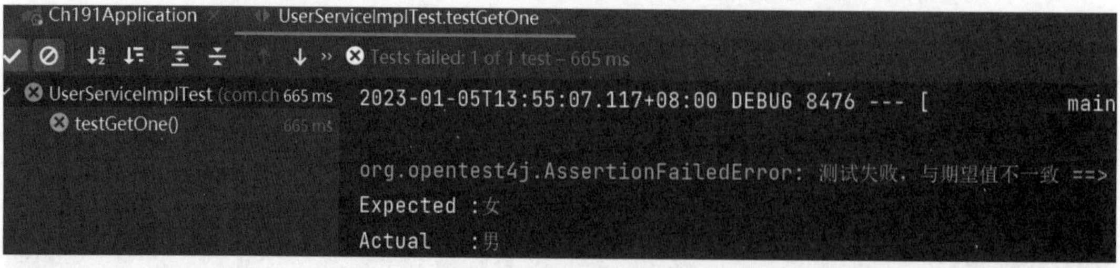

图 19.3　testGetOne 测试方法的运行效果

19.3 使用 Postman 测试 Controller 层

在 Spring 框架中可以使用 org.springframework.test.web.servlet.MockMvc 类进行 Controller 层的测试。MockMvc 类的核心方法如下：

```
public ResultActions perform(RequestBuilder requestBuilder)
```

通过 perform 方法调用 MockMvcRequestBuilders 的 get、post、multipart 等方法来模拟 Controller 请求，进而测试 Controller 层，模拟请求示例如下。

模拟一个 GET 请求：

```
mvc.perform(get("/getCredit/{id}", uid));
```

模拟一个 POST 请求：

```
mvc.perform(post("/getCredit/{id}", uid));
```

模拟文件上传：

```
mvc.perform(multipart("/upload").file("file", " 文件内容 ".getBytes("UTF-8")));
```

模拟请求参数：

```
// 模拟提交 errorMessage 参数
mvc.perform(get("/getCredit/{id}/{uname}", uid, uname).param
    ("errorMessage", " 用户名或密码错误 "));
// 模拟提交 check
mvc.perform(get("/getCredit/{id}/{uname}", uid, uname).param("job",
    " 收银员 ", "IT" ));
```

综上可知，在通过 MockMvc 类的 perform 方法测试 Controller 时需要编写复杂的单元测试程序。为了提高 Controller 层的测试效率，本节将讲解一个针对 Controller 层测试的接口测试工具 Postman。

Postman 是一个接口测试工具，在做接口测试时，Postman 相当于一个客户端，它可以模拟用户发起的各类 HTTP 请求，将请求数据发送至服务器端，获取对应的响应结果，从而验证响应中的结果数据是否和预期值相匹配。

Postman 主要是用来模拟各种 HTTP 请求的，例如 GET、POST、DELETE、PUT 等。Postman 与浏览器的区别在于有的浏览器不能输出 JSON 格式，而 Postman 能更直观地返回结果。

用户可以从官网 https://www.postman.com/ 下载对应的 Postman 安装程序，在安装成功后不需要创建账号即可使用。

下面讲解如何使用 Postman 测试 ch19_1 应用的 Controller 类 MyUserController。首先将 ch19_1 应用的主类启动，然后打开 Postman 客户端即可测试 Controller 类中的请求方法。

❶ 测试 selectAllUsers 方法

在 Postman 客户端中输入 Controller 请求方法 selectAllUsers 对应的 URL，并选择对应的请求方式 GET，然后单击 Send 按钮即可完成查询所有用户测试，如图 19.4 所示。

图 19.4　selectAllUsers 方法的测试结果

❷ 测试 addAUser 方法

在 Postman 客户端中输入 Controller 请求方法 addAUser 对应的 URL 与表单数据，并选择对应的请求方式 POST，然后单击 Send 按钮即可完成添加用户测试，如图 19.5 所示。

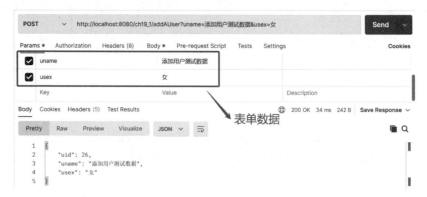

图 19.5　addAUser 方法的测试结果

❸ 测试 updateAUser 方法

在 Postman 客户端中输入 Controller 请求方法 updateAUser 对应的 URL 与表单数据，并选择对应的请求方式 PUT，然后单击 Send 按钮即可完成修改用户测试，如图 19.6 所示。

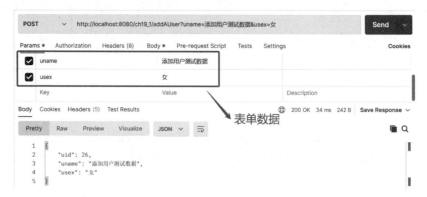

图 19.6　updateAUser 方法的测试结果

❹ **测试 deleteAUser 方法**

在 Postman 客户端中输入 Controller 请求方法 deleteAUser 对应的 URL 与表单数据，并选择对应的请求方式 DELETE，然后单击 Send 按钮即可完成删除用户测试，如图 19.7 所示。

图 19.7　deleteAUser 方法的测试结果

❺ **测试 getOne 方法**

在 Postman 客户端中输入 Controller 请求方法 getOne 对应的 URL 与表单数据，并选择对应的请求方式 GET，然后单击 Send 按钮即可完成查询一个用户测试，如图 19.8 所示。

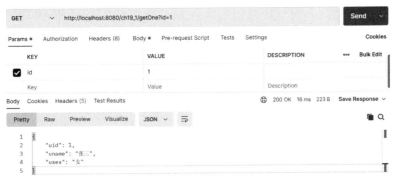

图 19.8　getOne 方法的测试结果

本章小结

本章首先重点讲解了 JUnit 5 的常用注解与断言；然后详细讲解了在 IntelliJ IDEA 中如何使用 JUnit 5 进行 Mapper 接口与 Service 层的单元测试；最后介绍了一个针对 Controller 层测试的接口测试工具 Postman，该测试工具在前后端分离开发中广泛应用于 RESTful 接口测试。

扫一扫

自测题

习题 19

（1）在 JUnit 5 测试框架中，测试方法的返回值是（　　）类型。

　　A. boolean　　　　　　B. int　　　　　　　　C. void　　　　　　　　D. 以上都不是

（2）在 JUnit 5 测试框架中，使用（　　）注解标注的方法是测试方法。

　　A. @Test　　　　　　B. @RepeatedTest　　　C. @BeforeEach　　　　D. @AfterEach

（3）简述断言方法 assertSame 与 assertEquals 的区别。

第20章 名片管理系统的设计与实现（Spring Boot+MyBatis-Plus）

学习目的与要求

本章通过名片管理系统的设计与实现讲述如何使用 Spring Boot+MyBatis-Plus 框架来实现一个 Web 应用。通过本章的学习，要求读者掌握 Spring Boot+MyBatis-Plus 框架应用开发的流程、方法以及技术。

本章主要内容

❖ 系统设计
❖ 数据库设计
❖ 系统管理
❖ 组件设计
❖ 系统的实现

本章系统使用 Spring Boot+MyBatis-Plus 框架实现各个模块，Web 引擎为 Tomcat 10，数据库采用的是 MySQL 8，集成开发环境为 IntelliJ IDEA。

20.1 系统设计

▶ 20.1.1 系统的功能需求

名片管理系统是针对注册用户使用的系统，该系统提供的功能如下：

（1）非注册用户可以注册为注册用户。

（2）成功注册的用户可以登录系统。

（3）成功登录的用户可以添加、修改、删除以及浏览自己客户的名片信息。

（4）成功登录的用户可以修改密码。

▶ 20.1.2 系统的模块划分

用户成功登录后进入管理主页面（main.html），可以对自己客户的名片信息进行管理。该系统的模块划分如图 20.1 所示。

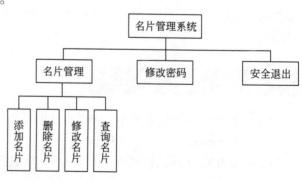

图 20.1　名片管理系统

20.2　数据库设计

在 MySQL 8.x 的数据库 ch20 中共创建两张与系统相关的数据表，即 usertable 和 cardtable。

▶ **20.2.1　数据库的概念结构设计**

根据系统设计与分析可以设计出如下数据结构。

（1）用户：包括 ID、用户名以及密码，其中用户名唯一。

（2）名片：包括 ID、名称、电话、邮箱、单位、职务、地址、照片以及所属用户，其中 ID 唯一，所属用户与"用户"的 ID 关联。

根据以上的数据结构，结合数据库设计的特点，可以画出如图 20.2 所示的数据库概念结构图。其中 ID 为正整数，值是从 1 开始递增的序列。

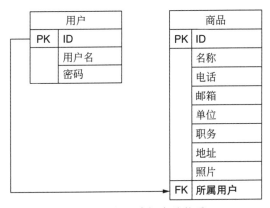

图 20.2　数据库概念结构图

▶ **20.2.2　数据库的逻辑结构设计**

将数据库概念结构图转换为 MySQL 数据库所支持的实际数据模型，即数据库的逻辑结构。

用户信息表（usertable）的设计如表 20.1 所示。

表 20.1　用户信息表

字　　段	含　　义	类　　型	长　　度	是否为空
id	ID（PK）	int	11	no
uname	用户名	varchar	50	no
upwd	密码	varchar	32	no

名片信息表（cardtable）的设计如表 20.2 所示。

表 20.2　名片信息表

字　　段	含　　义	类　　型	长　　度	是否为空
id	ID（PK）	int	11	no
name	名称	varchar	50	no

续表

字　　段	含　　义	类　　型	长　　度	是否为空
telephone	电话	varchar	20	no
email	邮箱	varchar	50	
company	单位	varchar	50	
post	职务	varchar	50	
address	地址	varchar	50	
logo_name	照片	varchar	30	
user_id	所属用户	int	11	no

20.3　系统管理

▶ 20.3.1　项目依赖管理

使用 IntelliJ IDEA 创建一个基于 Lombok 和 Thymeleaf 依赖的 Spring Boot Web 应用 ch20，并通过 pom.xml 文件添加应用所依赖的 JAR 包（包括 MyBatis-Plus、MySQL 连接器等依赖）。ch20 的 pom.xml 文件内容参见本书提供的源代码 ch20。

▶ 20.3.2　页面管理

为了方便管理，在 src/main/resources/static 目录下存放与系统相关的静态资源，例如与 BootStrap 相关的 CSS 和 JS；在 src/main/resources/templates 目录下存放与系统相关的 HTML 页面。由于篇幅有限，本章仅附上部分 HTML 和 Java 文件的代码，其他具体代码请读者参考本书提供的源代码 ch20。

本系统使用 Spring 框架的异常统一处理机制处理未登录异常和程序错误异常。为了显示异常信息，需要在 src/main/resources/templates 目录下创建一个名为 myError.html 的页面。myError.html 的代码如下：

```html
<!DOCTYPE html>
<html xmlns:th="http://www.thymeleaf.org">
<head>
<meta charset="UTF-8">
<title>错误页面</title>
<link rel="stylesheet" th:href="@{/css/bootstrap.min.css}"/>
</head>
<body>
    <div class="panel panel-primary">
        <div class="panel-heading">
            <h3 class="panel-title">异常处理页面</h3>
        </div>
    </div>
    <div class="container">
        <div>
            <h3><span th:text="${mymessage}"></span></h3><br>
            <p th:if="${mymessage} == 'noLogin'">
                <a th:href="@{/}">去登录</a>
            </p>
```

```
        </div>
    </div>
</body>
</html>
```

▶ 20.3.3　包管理

本系统的包层次结构如图 20.3 所示。

❶ config 包

该包存放的类是 MyBatis-Plus 分页插件的配置类
MybatisPlusConfig。

❷ controller 包

该包存放的类是系统的控制器类和异常处理类，
包括与名片管理相关的控制器类、与用户相关的控制
器类、验证码控制器类以及全局异常处理类。

❸ entity 包

该包存放的类是两个持久化类 Card 和 User，与
两张数据表对应。

❹ mapper 包

该包存放的是与两个持久化类 Card 和 User 对应
的数据操作接口 CardMapper 和 UserMapper。

图 20.3　包层次结构图

❺ service 包

该包存放的类是业务处理类，包括 Service 接口和 Service 实现类。

❻ util 包

该包存放的类是工具类，包括 MyUtil 类（文件的重命名）和 MD5Util 类（MD5 加密）。

▶ 20.3.4　分页插件配置类

名片管理系统共有一个配置类 MybatisPlusConfig，在 MybatisPlusConfig 配置类中配
置 MyBatis-Plus 的分页插件，具体代码如下：

```
package com.ch20.config;
import com.baomidou.mybatisplus.annotation.DbType;
import com.baomidou.mybatisplus.extension.plugins.MybatisPlusInterceptor;
import com.baomidou.mybatisplus.extension.plugins.inner.
    PaginationInnerInterceptor;
import org.springframework.context.annotation.Bean;
import org.springframework.context.annotation.Configuration;
@Configuration
public class MybatisPlusConfig{
    @Bean
    public MybatisPlusInterceptor mybatisPlusInterceptor() {
        MybatisPlusInterceptor interceptor = new MybatisPlusInterceptor();
        interceptor.addInnerInterceptor(new PaginationInnerInterceptor
            (DbType.MYSQL));
        return interceptor;
    }
}
```

▶ 20.3.5 全局配置文件

在名片管理系统的全局配置文件 application.properties 中配置应用的上下文路径及数据源配置信息。

全局配置文件 application.properties 的内容如下：

```
server.servlet.context-path=/ch20
# 数据库的地址
spring.datasource.url=jdbc:mysql://localhost:3306/
    ch20?useUnicode=true&characterEncoding=UTF-8&allowMultiQueries=
    true&serverTimezone=GMT%2B8
# 数据库的用户名
spring.datasource.username=root
# 数据库的密码
spring.datasource.password=root
# 数据库的驱动
spring.datasource.driver-class-name=com.mysql.cj.jdbc.Driver
# 设置包的别名（在 Mapper 映射文件中直接使用实体类名）
mybatis-plus.type-aliases-package=com.ch20.entity
# 在控制台中输出 SQL 语句日志
logging.level.com.ch20.mapper=debug
# 让控制台输出的 JSON 字符串的格式更美观
spring.jackson.serialization.indent-output=true
```

20.4　组件设计

名片管理系统的组件包括工具类、异常统一处理类和验证码类。

▶ 20.4.1 工具类

名片管理系统的工具类包括 MyUtil 和 MD5Util。在 MyUtil 类中定义一个文件重命名方法 getNewFileName，MyUtil 类的代码如下：

```
package com.ch20.util;
import java.text.SimpleDateFormat;
import java.util.Date;
public class MyUtil {
    /**
     * 将实际的文件名重命名
     */
    public static String getNewFileName(String oldFileName) {
        int lastIndex = oldFileName.lastIndexOf(".");
        String fileType = oldFileName.substring(lastIndex);
        Date now = new Date();
        SimpleDateFormat sdf = new SimpleDateFormat("YYYYMMDDHHmmssSSS");
        String time = sdf.format(now);
        String newFileName = time + fileType;
        return newFileName;
    }
}
```

在 MD5Util 类中定义了 MD5 加密方法，具体代码如下：

```
package com.ch20.util;
import java.security.MessageDigest;
public class MD5Util {
    /***
```

```
 * MD5 加密生成 32 位 MD5 码
 */
private static String string2MD5(String inStr) {
    MessageDigest md5 = null;
    try {
        md5 = MessageDigest.getInstance("MD5");
    } catch (Exception e) {
        e.printStackTrace();
        return "";
    }
    char[] charArray = inStr.toCharArray();
    byte[] byteArray = new byte[charArray.length];
    for (int i = 0; i < charArray.length; i++)
        byteArray[i] = (byte) charArray[i];
    byte[] md5Bytes = md5.digest(byteArray);
    StringBuffer hexValue = new StringBuffer();
    for (int i = 0; i < md5Bytes.length; i++) {
        int val = ((int) md5Bytes[i]) & 0xff;
        if (val < 16)
            hexValue.append("0");
        hexValue.append(Integer.toHexString(val));
    }
    return hexValue.toString();
}
/***
 * 按自己的规则加密
 */
public static String MD5(String inStr){
    String xy = "abc";
    String finalStr="";
    if(inStr!=null){
        String fStr = inStr.substring(0, 1);
        String lStr = inStr.substring(1, inStr.length());
        finalStr = string2MD5( fStr+xy+lStr);
    }else{
        finalStr = string2MD5(xy);
    }
    return finalStr;
}
```

▶ 20.4.2　异常统一处理

名片管理系统采用 @ControllerAdvice 注解实现异常的统一处理，统一处理了 NoLoginException 和 Exception 异常，具体代码如下：

```
package com.ch20.controller;
import org.springframework.ui.Model;
import org.springframework.web.bind.annotation.ControllerAdvice;
import org.springframework.web.bind.annotation.ExceptionHandler;
/**
 * 异常统一处理
 */
@ControllerAdvice
public class GlobalExceptionHandleController {
    @ExceptionHandler(value=Exception.class)
    public String exceptionHandler(Exception e, Model model) {
        String message = "";
        if (e instanceof NoLoginException) {
            message = "noLogin";
        } else {  // 未知异常
```

```
        message = "noError";
    }
    model.addAttribute("mymessage",message);
    return "myError";
    }
}
```

未登录异常类 NoLoginException 的代码如下：

```
package com.ch20.controller;
public class NoLoginException extends Exception{
    private static final long serialVersionUID = 1L;
    public NoLoginException() {
        super();
    }
    public NoLoginException(String message) {
        super(message);
    }
}
```

▶ 20.4.3 验证码

本系统验证码的使用步骤如下：

❶ 创建产生验证码的控制器类

在 controller 包中创建产生验证码的控制器类 ValidateCodeController，具体代码请读者参考本书提供的源代码 ch20。

❷ 使用验证码

在需要使用验证码的 HTML 页面中调用产生验证码的控制器显示验证码，示例代码片段如下：

```
<table style="width: 100%">
    <tr>
        <td><input type="text" class="form-control" th:field="*{code}"/>
            </td>
    <td><img th:src="@{/validateCode}" id="mycode"></td>
    <td><a href="javascript:refreshCode()">换一张 </a></td>
    </tr>
</table>
```

20.5 名片管理

▶ 20.5.1 领域模型与持久化实体类

领域模型简单地作为视图对象，它的作用是将某个指定页面的所有数据封装起来，与表单对应。持久层是关系型数据库，所以持久化实体类的每个属性对应数据表中的每个字段。

在本系统中，领域模型和持久化实体类是同一个类，与名片管理相关的持久化实体类是 Card（位于 entity 包中），具体代码如下：

```
package com.ch20.entity;
import com.baomidou.mybatisplus.annotation.IdType;
import com.baomidou.mybatisplus.annotation.TableField;
```

```
import com.baomidou.mybatisplus.annotation.TableId;
import com.baomidou.mybatisplus.annotation.TableName;
import lombok.Data;
import org.springframework.web.multipart.MultipartFile;
@Data
@TableName("cardtable")
public class Card {
    @TableId(value = "id", type = IdType.AUTO)
    private Integer id;
    private String name;
    private String telephone;
    private String email;
    private String company;
    private String post;
    private String address;
    // 表示该属性不是数据库表字段，但又是必需使用的
    @TableField(exist = false)
    private MultipartFile logo;
    private String logoName;
    private Integer userId;
}
```

▶ 20.5.2　Controller 层的实现

在本系统中与名片管理相关的功能包括添加、修改、删除、查询等，由控制器类 CardController 负责处理。由系统的功能需求可知，用户必须成功登录才能管理自己的名片，所以在用 CardController 处理添加、修改、删除、查询名片等功能前需要进行登录权限的验证。在 CardController 中使用 @ModelAttribute 注解的方法进行登录权限的验证。CardController 的具体代码如下：

```
package com.ch20.controller;
import com.ch20.entity.Card;
import com.ch20.entity.User;
import com.ch20.service.CardService;
import com.ch20.service.UserService;
import jakarta.servlet.http.HttpServletRequest;
import jakarta.servlet.http.HttpSession;
import org.springframework.beans.factory.annotation.Autowired;
import org.springframework.stereotype.Controller;
import org.springframework.ui.Model;
import org.springframework.web.bind.annotation.*;
@Controller
@RequestMapping("/card")
public class CardController {
    @Autowired
    private CardService cardService;
    @Autowired
    private UserService userService;
    /**
     * 权限控制
     */
    @ModelAttribute
    public void checkLogin(HttpSession session) throws NoLoginException{
        if(session.getAttribute("userLogin") == null) {
            throw new NoLoginException();
        }
    }
    @GetMapping("/toAdd")
```

```
public String toAdd(@ModelAttribute Card card){
    return "add";
}
@RequestMapping("/selectAllCards")
public String selectAllCards(int currentPage, Model model, HttpSession
    session){
    return cardService.selectAllCards(currentPage, model, session);
}
@PostMapping("/add")
public String add(@ModelAttribute Card card, HttpServletRequest
    request, String act, HttpSession session){
    return cardService.add(card, request, act, session);
}
@GetMapping("/detail")
public String detail(Integer id, String act, Model model){
    return cardService.detail(id, act, model);
}
@PostMapping("/delete")
@ResponseBody
public String delete(Integer id){
    return cardService.delete(id);
}
@GetMapping("/toUpdatePwd")
public String toUpdatePwd(Model model, HttpSession session){
    User user = (User)session.getAttribute("userLogin");
    model.addAttribute("user", user);
    return "updateUpwd";
}
@PostMapping("/updateUpwd")
public String updateUpwd(@ModelAttribute User user){
    return userService.updateUpwd(user);
}
@GetMapping("/loginOut")
public String loginOut(@ModelAttribute User user, HttpSession
    session){
    session.invalidate();
    return "login";
}
}
```

▶ 20.5.3　Service 层的实现

与名片管理相关的 Service 接口和实现类分别为 CardService 和 CardServiceImpl。在控制器获取一个请求后需要调用 Service 层中的业务处理方法进行处理。CardService 接口继承 IService<Card> 接口，CardServiceImpl 实现类继承 ServiceImpl<CardMapper, Card> 类。在 CardServiceImpl 类中，使用通用 Service CRUD 对名片进行 CRUD 操作。

CardService 接口的代码如下：

```
package com.ch20.service;
import com.baomidou.mybatisplus.extension.service.IService;
import com.ch20.entity.Card;
import jakarta.servlet.http.HttpServletRequest;
import jakarta.servlet.http.HttpSession;
import org.springframework.ui.Model;
public interface CardService extends IService<Card> {
    String selectAllCards(int currentPage, Model model, HttpSession
    session);
```

```
        String add(Card card, HttpServletRequest request, String act,
    HttpSession session);
        String detail(Integer id, String act, Model model);
        String delete(Integer id);
}
```

CardServiceImpl 实现类的代码如下：

```
package com.ch20.service;
import com.baomidou.mybatisplus.core.conditions.query.QueryWrapper;
import com.baomidou.mybatisplus.core.metadata.IPage;
import com.baomidou.mybatisplus.extension.plugins.pagination.Page;
import com.baomidou.mybatisplus.extension.service.impl.ServiceImpl;
import com.ch20.entity.Card;
import com.ch20.entity.User;
import com.ch20.mapper.CardMapper;
import com.ch20.util.MyUtil;
import jakarta.servlet.http.HttpServletRequest;
import jakarta.servlet.http.HttpSession;
import org.springframework.stereotype.Service;
import org.springframework.ui.Model;
import org.springframework.web.multipart.MultipartFile;
import java.io.File;
import java.io.IOException;
@Service
public class CardServiceImpl extends ServiceImpl<CardMapper, Card>
        implements CardService{
    @Override
    public String selectAllCards(int currentPage, Model model, HttpSession
        session) {
        User user = (User)session.getAttribute("userLogin");
        //5 为每页的大小
        IPage<Card> iPage = new Page<>(currentPage, 5);
        // 条件构造器
        QueryWrapper<Card> wrapper = new QueryWrapper<>();
        wrapper.eq("user_id", user.getId());
        // 分页查询
        IPage<Card> page = page(iPage, wrapper);
        model.addAttribute("allCards", page.getRecords());
        model.addAttribute("totalPage", page.getPages());
        model.addAttribute("currentPage", currentPage);
        return "main";
    }
    @Override
    public String add(Card card, HttpServletRequest request, String act,
        HttpSession session){
        MultipartFile myfile = card.getLogo();
        String rs = null;
        // 如果选择了上传文件，将文件上传到指定的目录 static/images
        if(!myfile.isEmpty()) {
            // 生产环境，服务器上
            //String path = request.getServletContext().getRealPath
                ("static/images");
            // 开发环境，工作空间
            String path = "D:\\idea-workspace\\ch20\\src\\main\\
                resources\\static\\images";
            // 获得上传文件的原名
            String fileName = myfile.getOriginalFilename();
            // 对文件重命名
```

```
            String fileNewName = MyUtil.getNewFileName(fileName);
            File filePath = new File(path + File.separator + fileNewName);
            // 如果文件目录不存在，则创建目录
            if(!filePath.getParentFile().exists()) {
                filePath.getParentFile().mkdirs();
            }
            // 将上传文件保存到一个目标文件中
            try {
                myfile.transferTo(filePath);
            } catch (IOException e) {
                throw new RuntimeException(e);
            }
            // 将重命名后的图片名存到 Card 对象中，在添加时使用
            card.setLogoName(fileNewName);
        }
        if("add".equals(act)) {
            User user = (User)session.getAttribute("userLogin");
            card.setUserId(user.getId());
            boolean result = save(card);
            if(result)      // 成功
                rs = "redirect:/card/selectAllCards?currentPage=1";
            else
                rs = "add";
        }else {          // 修改
            boolean result = updateById(card);
            if(result)
                rs = "redirect:/card/selectAllCards?currentPage=1";
            else
                rs = "update";
        }
        return rs;
    }
    @Override
    public String detail(Integer id, String act, Model model) {
        model.addAttribute("card", getById(id));
        if("update".equals(act))
            return "update";
        return "detail";
    }
    @Override
    public String delete(Integer id) {
        boolean result = removeById(id);
        if(result)
            return "/card/selectAllCards?currentPage=1";
        return "no";
    }
}
```

▶ 20.5.4　Dao 层的实现

Dao 层是数据访问层，即 @Repository 注解的数据操作接口，与名片管理相关的数据访问接口为 CardMapper，具体代码如下：

```
package com.ch20.mapper;
import com.baomidou.mybatisplus.core.mapper.BaseMapper;
import com.ch20.entity.Card;
import org.springframework.stereotype.Repository;
@Repository
```

```
public interface CardMapper extends BaseMapper<Card> {
}
```

▶ 20.5.5　添加名片

用户成功登录后进入名片管理系统的主页面，在"名片管理"下选择"添加名片"选项打开添加名片页面，然后输入客户的姓名、电话号码、E-Mail、单位、职务、地址、照片，单击"添加"按钮实现添加。如果成功，则跳转到查询视图；如果失败，则回到添加视图。

add.html 页面实现名片信息的添加，如图 20.4 所示。

图 20.4　添加名片页面

add.html 的代码如下：

```html
<!DOCTYPE html>
<html xmlns:th="http://www.thymeleaf.org">
<head>
    <base th:href="@{/}">
    <meta charset="UTF-8">
    <title>Title</title>
    <link rel="stylesheet" href="css/bootstrap.min.css"/>
</head>
<body>
<div th:include="header"></div>
<br><br><br>
<div class="container">
    <div class="bg-primary" style="width:70%; height: 60px;padding-top:
        0.5px;">
        <h3 align="center">添加名片 </h3>
    </div><br>
<form action="card/add?act=add" method="post" class="form-horizontal"
    th:object="${card}"  enctype="multipart/form-data">
<div class="form-group has-success">
    <label class="col-sm-2 col-md-2 control-label">姓名 </label>
    <div class="col-sm-4 col-md-4">
        <input type="text" class="form-control" placeholder=" 请输入姓名
            " th:field="*{name}"/>
    </div>
</div>
```

```
        <div class="form-group has-success">
            <label class="col-sm-2 col-md-2 control-label"> 电话号码 </label>
            <div class="col-sm-4 col-md-4">
                <input type="tel" class="form-control" placeholder=" 请输入电话 "
                    th:field="*{telephone}"/>
            </div>
        </div>
        <div class="form-group has-success">
            <label class="col-sm-2 col-md-2 control-label">E-Mail</label>
            <div class="col-sm-4 col-md-4">
                <input type="email" class="form-control" placeholder=" 请输入
                    E-Mail" th:field="*{email}"/>
            </div>
        </div>
        <div class="form-group has-success">
            <label class="col-sm-2 col-md-2 control-label"> 单位 </label>
            <div class="col-sm-4 col-md-4">
                <input type="text" class="form-control" placeholder=" 请输入单位
                    "th:field="*{company}"/>
            </div>
        </div>
        <div class="form-group has-success">
            <label class="col-sm-2 col-md-2 control-label"> 职位 </label>
            <div class="col-sm-4 col-md-4">
                <input type="text" class="form-control" placeholder=" 请输入职位
                    " th:field="*{post}"/>
            </div>
        </div>
        <div class="form-group has-success">
            <label class="col-sm-2 col-md-2 control-label"> 地址 </label>
            <div class="col-sm-4 col-md-4">
                <input type="text" class="form-control" placeholder=" 请输入地址
                    " th:field="*{address}"/>
            </div>
        </div>
        <div class="form-group has-success">
            <label class="col-sm-2 col-md-2 control-label"> 照片 </label>
            <div class="col-sm-4 col-md-4">
                <input type="file" placeholder="请选择客户照片 "  name="logo"
                    class="form-control"/>
            </div>
        </div>
        <div class="form-group">
            <div class="col-sm-offset-2 col-sm-10">
                <button type="submit"class="btn btn-success"> 添加 </button>
                <button type="reset" class="btn btn-primary"> 重置 </button>
            </div>
        </div>
        </div>
        </form>
    </div>
    </body>
    </html>
```

单击图 20.4 中的"添加"按钮，将添加请求通过"card/add?act=add"提交给控制器类 CardController（参见 20.5.2 节）的 add 方法进行添加功能的处理。如果添加成功，跳转到查询视图；如果添加失败，回到添加视图。

▶ 20.5.6　管理名片

用户成功登录后进入名片管理系统的主页面，在主页面中初始显示管理名片页面 main.html，管理名片页面的运行效果如图 20.5 所示。

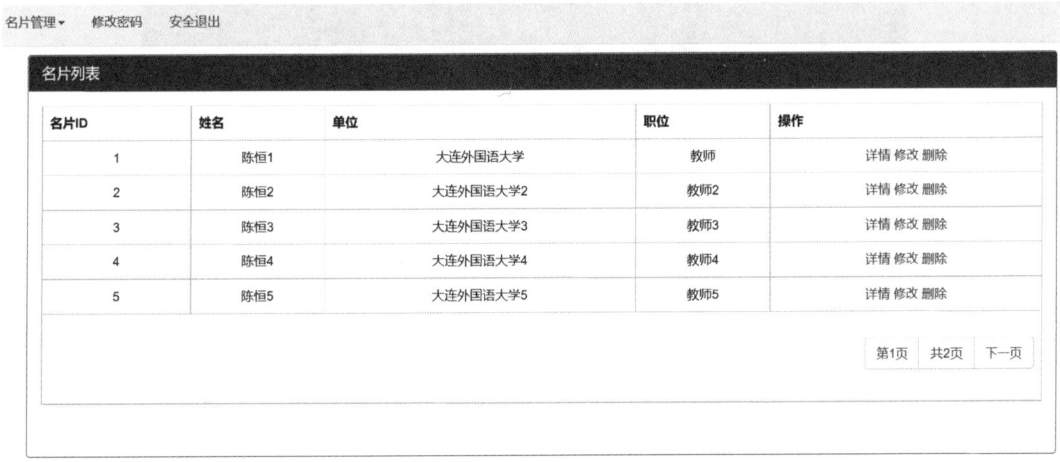

图 20.5　管理名片页面

单击图 20.5 中"名片管理"下的"管理名片"选项，打开管理主页面 main.html。"管理名片"选项的目标地址是一个 URL 请求，该请求路径为"card/selectAllCards?currentPage=1"，根据请求路径找到对应控制器类 CardController 的 selectAllCards 方法处理查询功能。

在图 20.5 中单击"详情"链接，打开名片详细信息页面 detail.html。"详情"链接的目标地址是一个 URL 请求，该请求路径为"card/detail(id=${card.id},act=detail)"，根据请求路径找到对应控制器类 CardController 的 detail 方法处理查询一个名片的功能。名片详细信息页面 detail.html 的运行效果如图 20.6 所示。

图 20.6　名片详细信息页面

在图 20.5 中单击"修改"链接，打开名片修改页面 update.html。"修改"链接的目标地址也是一个 URL 请求。该请求路径为"card/detail(id=${card.id},act=update)"，根据请求路径找到对应控制器类 CardController 的 detail 方法处理修改一个名片的功能。名片修改页面 update.html 的运行效果如图 20.7 所示。

图 20.7　名片修改页面

在图 20.5 中单击"删除"链接进行删除，删除成功后返回管理主页面 main.html。detail.html 和 update.html 的代码与添加页面 add.html 的代码基本相同，这里不再赘述，请读者参考本书提供的源代码 ch20。

main.html 的代码如下：

```
<!DOCTYPE html>
<html xmlns:th="http://www.thymeleaf.org">
<head>
    <base th:href="@{/}">
    <meta charset="UTF-8">
    <title> 名片管理页面 </title>
    <link rel="stylesheet" href="css/bootstrap.min.css"/>
    <script src="js/jquery-3.6.0.min.js"></script>
    <script type="text/javascript" th:inline="javascript">
        function deleteCard(cid){
            $.ajax(
                {
                // 请求路径，要注意的是 url 和 th:inline="javascript"
                url: [[@{/card/delete}]],
                // 请求类型
                type: "post",
                //data 表示发送的数据
                data: {
                id: cid
                },
                // 成功响应的结果
                success: function(obj){      //obj 响应数据
                    if(obj == "no"){
                        alert(" 删除失败！ ");
                    }else{
                        if(window.confirm(" 真的删除该名片吗？ ")){
                            // 获取路径
                            var pathName=window.document.location.
                                pathname;
```

```
                        // 截取，得到项目名称
                        var projectName=pathName.substring(0,
                            pathName.substr(1).indexOf('/')+1);
                        window.location.href = projectName + obj;
                    }
                }
            },
            error: function() {
                alert("处理异常！");
            }
        });
    }
    </script>
</head>
<body>
<div th:include="header"></div>
<br><br><br>
<div class="container">
    <div class="panel panel-primary">
        <div class="panel-heading">
            <h3 class="panel-title"> 名片列表 </h3>
        </div>
        <div class="panel-body">
            <div class="table table-responsive">
                <table class="table table-bordered table-hover">
                    <tbody class="text-center">
                    <tr>
                        <th> 名片 ID</th>
                        <th> 姓名 </th>
                        <th> 单位 </th>
                        <th> 职位 </th>
                        <th> 操作 </th>
                    </tr>
                    <tr th:if="${allCards.size() > 0}" th:each="card:
                        ${allCards}">
                        <td th:text="${card.id}"></td>
                        <td th:text="${card.name}"></td>
                        <td th:text="${card.company}"></td>
                        <td th:text="${card.post}"></td>
                        <td>
                    <a th:href="@{card/detail(id=${card.id},act=detail)}"
                        target="_blank"> 详情 </a>
                    <a th:href="@{card/detail(id=${card.id},act=update)}"
                        target="_blank"> 修改 </a>
                    <a th:href="'javascript:deleteCard(' + ${card.id} +
                        ')'"> 删除 </a>
                        </td>
                    </tr>
                    <tr th:if="${allCards.size() > 0}">
                        <td colspan="5" align="right">
                            <ul class="pagination">
                                <li><a> 第 <span th:text="${currentPage}" >
                                    </span> 页 </a></li>
                                <li><a> 共 <span th:text="${totalPage}" >
                                    </span> 页 </a></li>
                                <li>
                                    <span th:if="${currentPage} != 1" >
                    <a th:href="'card/selectAllCards?currentPage=' +
                        ${currentPage - 1}">上一页 </a>
                                    </span>
                                    <span th:if="${currentPage} !=
                                        ${totalPage}" >
```

```
                    <a th:href="'card/selectAllCards?currentPage=' +
                        ${currentPage + 1}">下一页 </a>
                                                </span>
                            </li>
                        </ul>
                    </td>
                </tr>
                </tbody>
            </table>
        </div>
    </div>
    </div>
</div>
</body>
</html>
```

20.6　用户相关

▶ 20.6.1　领域模型与持久化实体类

在本系统中，领域模型和持久化实体类是同一个类，与用户相关的持久化实体类是 User（位于 entity 包中），具体代码如下：

```
package com.ch20.entity;
import com.baomidou.mybatisplus.annotation.IdType;
import com.baomidou.mybatisplus.annotation.TableField;
import com.baomidou.mybatisplus.annotation.TableId;
import com.baomidou.mybatisplus.annotation.TableName;
import lombok.Data;
@Data
@TableName("usertable")
public class User {
    @TableId(value = "id", type = IdType.AUTO)
    private Integer id;
    private String uname;
    private String upwd;
    // 表示该属性不是数据库表字段，但又是必需使用的
    @TableField(exist = false)
    private String code;
    @TableField(exist = false)
    private String reupwd;
}
```

▶ 20.6.2　Controller 层的实现

在本系统中与用户相关的功能包括用户注册、用户登录以及用户检查等，由控制器类 UserController 负责处理。UserController 的具体代码如下：

```
package com.ch20.controller;
import com.ch20.entity.User;
import com.ch20.service.UserService;
import jakarta.servlet.http.HttpSession;
import org.springframework.beans.factory.annotation.Autowired;
import org.springframework.stereotype.Controller;
import org.springframework.ui.Model;
import org.springframework.web.bind.annotation.*;
@Controller
```

```
public class UserController {
    @Autowired
    private UserService userService;
    @GetMapping ("/")
    public String toLogin(@ModelAttribute User user) {
        return "login";
    }
    @GetMapping("/toRegister")
    public String toRegister(@ModelAttribute User user) {
        return "register";
    }
    @PostMapping("/checkUname")
    @ResponseBody
    public String checkUname(@RequestBody User user) {
        return userService.checkUname(user);
    }
    @PostMapping("/register")
    public String register(@ModelAttribute User user, Model model) {
        return userService.register(user);
    }
    @PostMapping("/login")
    public String login(@ModelAttribute User user, Model model, Http
        Session session) {
        return userService.login(user, model, session);
    }
}
```

▶ 20.6.3　Service 层的实现

与用户相关的 Service 接口和实现类分别为 UserService 和 UserServiceImpl，控制器在获取一个请求后需要调用 Service 层中的业务处理方法进行处理。

UserService 接口的代码如下：

```
package com.ch20.service;
import com.baomidou.mybatisplus.extension.service.IService;
import com.ch20.entity.User;
import jakarta.servlet.http.HttpSession;
import org.springframework.ui.Model;
public interface UserService extends IService<User> {
    String register(User user);
    String checkUname(User user);
    String login(User user, Model model, HttpSession session);
    String updateUpwd(User user);
}
```

UserServiceImpl 实现类的代码如下：

```
package com.ch20.service;
import com.baomidou.mybatisplus.core.conditions.query.QueryWrapper;
import com.baomidou.mybatisplus.extension.service.impl.ServiceImpl;
import com.ch20.entity.User;
import com.ch20.mapper.UserMapper;
import com.ch20.util.MD5Util;
import jakarta.servlet.http.HttpSession;
import org.springframework.stereotype.Service;
import org.springframework.ui.Model;
import java.util.HashMap;
import java.util.List;
import java.util.Map;
@Service
```

```java
public class UserServiceImpl extends ServiceImpl<UserMapper, User>
    implements UserService{
    @Override
    public String register(User user) {
        user.setUpwd(MD5Util.MD5(user.getUpwd()));
        if(save(user))
            return "login";
        return "register";
    }
    @Override
    public String checkUname(User user) {
        // 条件构造器
        QueryWrapper<User> wrapper = new QueryWrapper<>();
        wrapper.eq("uname", user.getUname());
        List<User> userList = list(wrapper);
        if(userList.size() > 0)
            return "no";
        return "ok";
    }
    @Override
    public String login(User user, Model model, HttpSession session) {
        String rand = (String)session.getAttribute("rand");
        if(!rand.equalsIgnoreCase(user.getCode())) {
            model.addAttribute("errorMessage", "验证码错误！");
            return "login";
        }
        user.setUpwd(MD5Util.MD5(user.getUpwd()));
        // 条件构造器
        QueryWrapper<User> wrapper = new QueryWrapper<>();
        Map<String,String> map = new HashMap<>();
        map.put("uname", user.getUname());
        map.put("upwd", user.getUpwd());
        wrapper.allEq(map);
        List<User> userList = list(wrapper);
        if(userList.size() > 0){
            session.setAttribute("userLogin", userList.get(0));
            return "forward:/card/selectAllCards?currentPage=1";
        }
        model.addAttribute("errorMessage", "用户名或密码错误！");
        return "login";
    }
    @Override
    public String updateUpwd(User user) {
        user.setUpwd(MD5Util.MD5(user.getUpwd()));
        updateById(user);
        return "login";
    }
}
```

▶ 20.6.4 Dao 层的实现

Dao 层是数据访问层，即 @Repository 注解的数据操作接口，与用户相关的数据访问接口为 UserMapper，具体代码如下：

```java
package com.ch20.mapper;
import com.baomidou.mybatisplus.core.mapper.BaseMapper;
import com.ch20.entity.User;
import org.springframework.stereotype.Repository;
@Repository
public interface UserMapper extends BaseMapper<User> {
}
```

▶ 20.6.5　注册

在系统的首页面（登录页面 login.html）单击"注册"链接，打开注册页面 register. html，效果如图 20.8 所示。

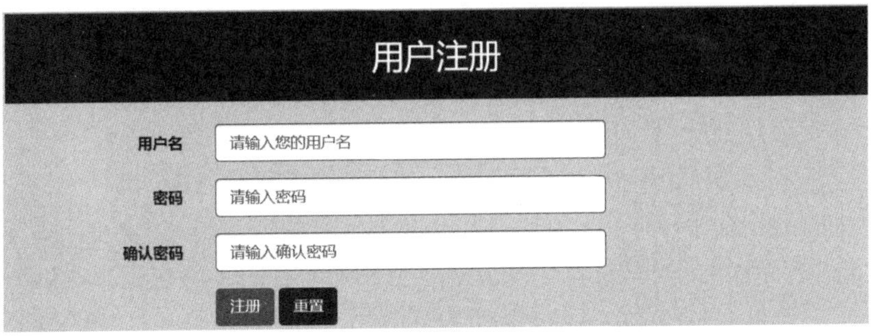

图 20.8　注册页面

在如图 20.8 所示的注册页面中输入"用户名"后，系统将通过 Ajax 提交"/checkUname"请求检测"用户名"是否可用。输入合法的用户信息，然后单击"注册"按钮，将实现注册功能。

register.html 的代码如下：

```
<!DOCTYPE html>
<html xmlns:th="http://www.thymeleaf.org">
<head>
    <base th:href="@{/}">
    <meta charset="UTF-8">
    <title>注册页面</title>
    <link href="css/bootstrap.min.css" rel="stylesheet">
    <script type="text/javascript" src="js/jquery-3.6.0.min.js"></script>
    <script type="text/javascript" th:inline="javascript">
        function checkUname() {
            // 获取输入的值 pname 为 id
            var uname = $("#uname").val();
            if(uname.trim().length == 0){
                alert("请输入用户名");
                return false;
            }
            $.ajax({
                // 发送请求的 URL 字符串，请求路径，要注意的是 url 和 th:inline=
                    "javascript"
                url:[[@{/checkUname}]],
                // 请求类型
                type: "post",
                // 定义发送请求的数据格式为 JSON 字符串
                contentType: "application/json",
                //data 表示发送的数据
                data: JSON.stringify({uname:uname}),
                // 成功响应的结果
                success: function(obj){     //obj 响应数据
                    if(obj == "no"){
                        $("#isExit").html("<font color=red size=5>×
                            </font>");
                        alert("用户已存在，请修改！");
                    }else{
                        $("#isExit").html("<font color=green size=5> √
```

```
                                </font>");
                            alert(" 用户可用 ");
                        }
                    },
                    // 请求出错
                    error:function(){
                        alert(" 数据发送失败 ");
                    }
                });
            }
            function checkBpwd(){
                if($("#upwd").val() != $("#reupwd").val()){
                    alert(" 两次密码不一致！ ");
                    $("#reupwd").focus();
                    return false;
                }
                document.myform.submit();
            }
        </script>
    </head>
<body class="bg-info">
<div class="container">
    <div class="bg-primary" style="width:70%; height: 80px;padding-top:
        5px;">
        <h2 align="center"> 用户注册 </h2>
    </div>
    <br>
<form action="register" th:object="${user}" method="post" name="myform"
    class="form-horizontal">
        <div class="form-group has-success">
            <label class="col-sm-2 col-md-2 control-label"> 用户名 </label>
            <div class="col-sm-4 col-md-4">
                <table style="width:100%">
                    <tr>
                        <td>
                            <input type="text" class="form-control"
                                placeholder=" 请输入您的用户名 " th:field=
                                    "*{uname}"
                                onblur="checkUname()"/>
                        </td>
                        <td>
                            <span id="isExit"></span>
                        </td>
                    </tr>
                </table>
            </div>
        </div>
        <div class="form-group has-success">
            <label class="col-sm-2 col-md-2 control-label"> 密码 </label>
            <div class="col-sm-4 col-md-4">
    <input type="password" class="form-control" placeholder=" 请输入密码 "
        th:field="*{upwd}"/>
            </div>
        </div>
        <div class="form-group has-success">
            <label class="col-sm-2 col-md-2 control-label"> 确认密码 </label>
            <div class="col-sm-4 col-md-4">
    <input type="password" class="form-control" placeholder=" 请输入确认密码 "
        th:field="*{reupwd}"/>
            </div>
```

```
                </div>
                <div class="form-group">
                    <div class="col-sm-offset-2 col-sm-10">
                        <button type="button" onclick="checkBpwd()" class="btn
                            btn-success">注册 </button>
                            <button type="reset" class="btn btn-primary">重置
                                </button>
                    </div>
                </div>
            </form>
        </div>
    </body>
</html>
```

▶ 20.6.6　登录

在浏览器中通过地址 http://localhost:8080/ch20 打开登录页面 login.html，效果如图 20.9 所示。

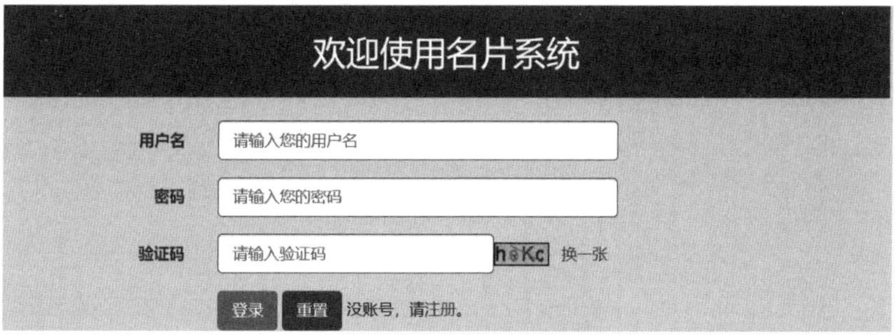

图 20.9　登录页面

在用户输入用户名、密码和验证码后，系统将对用户名、密码和验证码进行验证。如果用户名、密码和验证码都正确，则登录成功，将用户信息保存到 Session 对象，并进入系统管理主页面（main.html）；如果输入有误，则提示错误。

login.html 的代码如下：

```
<!DOCTYPE html>
<html xmlns:th="http://www.thymeleaf.org">
<head>
    <base th:href="@{/}"><!-- 不用 base 就使用 th:src="@{/js/jquery.min.
        js} -->
    <meta charset="UTF-8">
    <title> 登录页面 </title>
    <link href="css/bootstrap.min.css" rel="stylesheet">
    <script type="text/javascript" th:inline="javascript">
        function refreshCode(){
            document.getElementById("mycode").src = [[@{/validateCode}]] +
                "?t=" + Math.random();
        }
    </script>
</head>
<body class="bg-info">
<div class="container">
    <div class="bg-primary" style="width:70%; height: 80px;padding-top:
        5px;">
        <h2 align="center"> 欢迎使用名片系统 </h2>
```

```
        </div>
        <br>
        <form action="login" th:object="${user}" method="post" class="form-
            horizontal">
            <div class="form-group has-success">
                <label class="col-sm-2 col-md-2 control-label">用户名 </label>
                <div class="col-sm-4 col-md-4">
<input type="text" class="form-control" placeholder=" 请输入您的用户名 "
    th:field="*{uname}"/>
                </div>
            </div>
            <div class="form-group has-success">
                <label class="col-sm-2 col-md-2 control-label">密码 </label>
                <div class="col-sm-4 col-md-4">
<input type="password" class="form-control" placeholder=" 请输入您的密码 "
    th:field="*{upwd}"/>
                </div>
            </div>
            <div class="form-group has-success">
                <label class="col-sm-2 col-md-2 control-label">验证码 </label>
                <div class="col-sm-4 col-md-4">
                    <table style="width: 100%">
                        <tr>
<td><input type="text" class="form-control" placeholder=" 请输入验证码 "
    th:field="*{code}"/></td>
                            <td>
                                <img th:src="@{/validateCode}" id="mycode">
                            </td>
                            <td>
                                <a href="javascript:refreshCode()">换一张 </a>
                            </td>
                        </tr>
                    </table>
                </div>
            </div>
            <div class="form-group">
                <div class="col-sm-offset-2 col-sm-10">
                    <button type="submit" class="btn btn-success">登录 </button>
                    <button type="reset" class="btn btn-primary">重置 </button>
                    没账号，请 <a href="toRegister">注册 </a>。
                </div>
            </div>
            <div class="form-group">
                <div class="col-sm-offset-2 col-sm-10">
                    <font size="6" color="red">
                        <span th:text="${errorMessage}"></span>
                    </font>
                </div>
            </div>
        </form>
</div>
</body>
</html>
```

▶ 20.6.7　修改密码

在主页面中单击"修改密码"，打开密码修改页面 updateUpwd.html，如图 20.10 所示。

图 20.10　密码修改页面

在图 20.10 中输入新密码后，单击"修改"按钮，将请求通过"card/updateUpwd"提交给控制器类。根据请求路径找到对应控制器类 CardController（20.5.2 节）的 updateUpwd 方法处理密码修改请求。这里找控制器类 CardController 处理密码修改，是因为用户必须登录成功后才能修改密码。updateUpwd.html 的代码与注册页面基本相同，这里不再赘述。

▶ 20.6.8　安全退出

在管理主页面中单击"安全退出"，将返回登录页面。"安全退出"的目标地址是一个请求"card/loginOut"，找到控制器类 CardController（20.5.2 节）的对应处理方法 loginOut。这里找控制器类 CardController 处理安全退出，是因为用户必须登录成功后才能安全退出。

本章小结

本章讲述了名片管理系统的设计与实现。通过本章的学习，读者不仅应该掌握 Spring Boot+MyBatis-Plus 应用开发的流程、方法和技术，还应该熟悉名片管理的业务需求、设计以及实现。

习题 20

（1）在名片管理系统中是如何控制登录权限的？
（2）在名片管理系统中安全退出功能的程序做了什么工作？

图 书 资 源 支 持

感谢您一直以来对清华版图书的支持和爱护。为了配合本书的使用,本书提供配套的资源,有需求的读者请扫描下方的"书圈"微信公众号二维码,在图书专区下载,也可以拨打电话或发送电子邮件咨询。

如果您在使用本书的过程中遇到了什么问题,或者有相关图书出版计划,也请您发邮件告诉我们,以便我们更好地为您服务。

我们的联系方式:

清华大学出版社计算机与信息分社网站: https://www.shuimushuhui.com/

地　　址: 北京市海淀区双清路学研大厦 A 座 714

邮　　编: 100084

电　　话: 010-83470236　010-83470237

客服邮箱: 2301891038@qq.com

QQ: 2301891038 (请写明您的单位和姓名)

资源下载: 关注公众号"书圈"下载配套资源。

资源下载、样书申请

书圈

图书案例

清华计算机学堂

观看课程直播